协作通信与网络
——技术与系统设计

Cooperative Communications and Networking
Technologies and System Design

Y.-W. Peter Hong   Wan-Jen Huang   C.-C. Jay Kuo

徐平平　田　锦　武贵路
徐志国　周洪成　　译

U0386280

东南大学出版社
·南京·

Translation from English language edition：
Cooperative Communications and Networking.
Technologies and System Design
by Y.-W. Peter Hong Wan-Jen Huang and C.-C. Jay Kuo
Copyright © 2010 Springer US
Springer US is a part of Springer Science + Business Media
All Rights Reserved

图字：10-2013-359 号

图书在版编目(CIP)数据

协作通信与网络：技术与系统设计/(美)洪乐文,黄
菀珍,郭宗杰著;徐平平,田锦等译. —南京:东南大学出
版社，2014.8
书名原文：Cooperative Communications and
Networking：Technologies and System Design
ISBN 978-7-5641-5127-0

Ⅰ. ①协⋯ Ⅱ. ①洪⋯ ②黄⋯ ③郭⋯ ④徐⋯
⑤田⋯ Ⅲ. ①移动网 Ⅳ. ①TN929.5

中国版本图书馆 CIP 数据核字(2014)第 181665 号

协作通信与网络——技术与系统设计

出版发行	东南大学出版社	
社　　址	南京市四牌楼 2 号　　邮　编	210096
出 版 人	江建中	
网　　址	http://www.seupress.com	
电子邮箱	press@seupress.com	
经　　销	全国各地新华书店	
印　　刷	北京京华虎彩印刷有限公司	
开　　本	700 mm×1000 mm　1/16	
印　　张	22.75	
字　　数	446 千	
版　　次	2014 年 8 月第 1 版	
印　　次	2014 年 8 月第 1 次印刷	
书　　号	ISBN 978-7-5641-5127-0	
定　　价	70.00 元	

本社图书若有印装质量问题,请直接与营销部联系。电话(传真):025-83791830

序

    过去几年里,在无线协作通信与网络领域已经有了相当多的研究活动。如今,这个领域已经发展到一个成熟的水平,因此非常有必要整理这些研究成果并以统一的方式介绍这些研究成果。这恰恰是本书的目的和优点:以连贯和一致的方式来阐述协作通信与网络目前的发展情况。本书作者的辛苦努力对研究生学习无线通信前沿成果非常有益,并将激励科研人员去发现新的研究方向,同时也激励设计者不断地掌握最新的研究成果。

    《协作通信与网络——技术与系统设计》的作者们已发表过有关该领域的大量基础性研究成果。就这点优势而言,他们可以给出有关该领域的及时、综合的观点。考虑到一致性和独立性,作者们首先回顾了无线通信基本原理,特别重点讨论了分集技术、性能和设计中的权衡。在这些必要基础之上,作者首先分析了简单协作通信模型的例子,然后扩展到多中继、多信源的协作通信模型。本书最后介绍了协作通信如何与先进的无线传输技术相结合,还说明了物理层协作通信的优势是如何渗透到协议栈的更高层的。

    本书不仅可以作为学生、工业生产技术人员初学协作通信的入门读物,也可以作为协作通信领域科研人员、网络设计人员的参考书。

Minnesota,USA,April 2, 2010   *Georgios B. Giannakis*

前　言

在过去几年里,协作和中继通信是通信领域中被广泛探索的主题之一。尽管很多基本概念源自 20 世纪 60 年代有关中继信道的早期研究,但直到 20 世纪末 21 世纪初,在 Sendonaris, Erkip, Aazhang, Laneman, Tse, Wornell 等人的努力下这些技术才得以推广。协作通信的核心思想是所有用户通过协作的方式将消息传送至信宿,不像在传统网络中那样,为独立传送消息而与其他用户抢占信道资源。然而,虽然在过去几年里协作通信已经有所发展,但是协作通信已经发展为一种设计理念,而不是一种特定的信息传输技术。随着传统传输技术逐渐达到其工作极限,这种理念已经彻底改变了无线网络的设计方式,其允许我们增加网络覆盖范围、吞吐量和传输可靠性。最近几年,协作和中继技术已经逐渐发展为下一代无线通信标准,比如 IEEE 802.16 (WiMAX)或 LTE,并且该技术已运用到许多现代无线通信应用中,比如认知无线电和保密通信。随着协作通信应用范围的扩大,对工程师和科研人员来说,对这种设计理念有根本性的理解是很有必要的。鉴于此,我们为完成本书而做了大量工作。我们希望读者可以通过本书系统地学习协作通信。

我们对这个主题的研究源自我们在 21 世纪初发表的有关异步随机协作传输方案。那时,我们提出并分析了所谓的随机大型矩阵(Opportunistic Large Arrays, OLA)系统,在该系统网络中,用户可以参与协作通信并以随机非对称的方式中继信源消息,而且用户可以随时可靠地获知这些消息。随后,我们又研究了协作通信在传感网中的应用,主要研究其能量效率和利用传感器依赖性来提高通信效率的能力。最近几年,我们研究了大量的多用户协作通信系统的设计方案,仔细研究了物理层和 MAC 层的问题,比如中继辅助多用户监听方案和协作 MAC 层协议。我们发现这个学科真的非常有意思,而且我们为其大量的应用而着迷。现在,我们意识到随着越来越多的人研究这个学科,这些技术将会变得越来越先进和多样。然而,我们希望通过本书将协作通信中各先进的主题联系在一起,可以使读者对该学科有一个更全面的认识。

本书旨在通过介绍协作通信和中继技术的基本概念,以使工程师或研究生对这个不断发展的领域有个清晰的理解,同时使他们掌握在这个领域进行深入研究的基础知识。虽然本书并没有完全介绍在协作通信领域的所有研究成果,但涵盖的基本概念足够读者基本理解协作通信系统以及常遇到的挑战。本书的内容归纳如下:

- 第1章,我们将简单地介绍各种协作通信与中继技术,在随后的章节再对其进行详细介绍。此外,我们还将简述该技术的发展历史,并给出一份介绍该技术在下一代无线通信标准中所扮演角色的报告。

- 第2章,我们将回顾基本的无线通信和 MIMO 技术,因为有的读者并不熟悉无线通信领域。这些知识对理解本书其他章节所介绍的技术非常有帮助。

- 第3章,我们通过讲解一个仅包含两个用户和一个公共信宿的基本协作实例来介绍基本协作通信与中继技术。

- 第4章,将协作与中继技术扩展到多中继系统中。该系统中,这些中继一起形成分布式天线阵列,可以使用天线阵列来开发空间分集和复用增益。

- 第5章,从信息理论的观点来描述协作与中继信道的基本极限。

- 第6章,将协作与中继技术应用于多用户系统,该系统中多协作实体可能同步发射,或者多个源节点接入一个公共的协作信道。

- 第7章,我们将介绍协作与中继技术是如何与其他先进的无线传输技术比如 OFDM 和 MIMO 相结合,并说明这样做给系统带来的额外好处。

- 第8章,我们将介绍如何利用协作的优势开发介质访问控制(Medium Access Control,MAC)层以及如何设计 MAC 策略来增强物理层的协作通信。

- 第9章,我们将阐述几个有关跨层和网络的问题,这些问题可能会在协作网络中遇到,包括路由、QoS 和安全考虑。

在此,我们向助理研究员 Shu-Hsien Wang 女士、Jui-Yang Chang 先生、同事 Shih-Chin Lin 博士表示诚挚的感谢,他们为本书的编辑和校对做了大量工作。没有他们的帮助,我们绝不可能完成书稿。此外,我们还要感谢 Yung-

Shun Wang 先生、Miao-Feng Jian 女士、Chao-Wei Huang 女士在生成数据和插图上所做的工作，同时还要感谢 Meng-His Chen 先生、Ta-Yuan Liu 先生、Yi-Hua Lin 女士在校验本书原稿上所给予的帮助。

Hsinchu，Taiwan   *Y.-W. Peter Hong*

Kaohsiung，Taiwan   *Wan-Jen Huang*

Los Angeles，California   *C.-C. Jay Kuo*

April，2010

译者序

　　通信产业是目前最为活跃和前景广阔的产业。通信是信息的比特级、链路级传输和信息在网络内节点间的交换。基于有线信道的传输技术能够有效地克服信道畸变带来的非线性效应,实现高速率传输,基于无线信道的编码解码和调制解调技术已取得了重大进步,将 4G 商用技术奉献给业界,给通信行业带来勃勃生机。移动通信高速率(100 Mb/s 以上)传输仍然是移动通信的瓶颈。基于 MIMO 和 OFDM 原理的点对点直接链路传输技术还将继续得到研究和突破,新的思想仍在不断涌现。协作通信给正在奋进中的无线通信技术带来了新的思维模式。协作通信是在源节点和目的节点之间增加了中间节点进行接力传输。这种接力传输不同于传统中继传输(即主要是功率放大传输),而是吸收了网络编码和 MIMO 思想,主要采用在中间节点进行编码的方式来协作传输信息,使系统在目的节点的误码率性能更好。

　　东南大学和金陵科技学院的通信科学工作者们在推动时变多径信道的信道容量逼近工作中,选择了将《协作通信与网络——技术与系统设计》(Cooperative Communications and Networking—Technologies and System Design)这本书翻译成中文版奉献给广大通信工作者,给正在探索中的人们提供一个新的技术研究视野和技术路线。

　　本书第 2 章"无线通信和 MIMO 技术综述",奠定了本书的理论技术基础,也是未来研究移动通信必备的信道基础知识。第 3 章"两用户协作传输方案",阐述了解码转发(DF)、放大转发(AF)、编码协作(CC)和压缩转发(CF)四种典型方案,阐明了协作通信的几条基本路径和发展方向。第 4 章"多中继协作传输方案",介绍了在多中继节点场景下,利用正交协作、波束成形、空时编码等现代通信技术实际地实施协作通信传输。第 5 章"协作和中继网络的基本界限",理论分析了特定信道的协作通信信道容量和极限。至此,第 2、3、4 章综合在一起全面阐述了协作传输的物理层技术。

本书第 6 章"多源协作通信"，阐述了协作通信场景下的 TDMA/FDMA、CDMA、SDMA 和集中式与分布式协作伙伴选择多址信道接入方式。第 7 章"OFDM 和 MIMO 系统的协作中继"阐述了 OFDM 和 MIMO 两种特殊技术给协作通信带来的信道分配和编码领域的创新。第 8 章"协作网络的介质访问控制"，系统阐述了协作通信网络中的介质访问控制问题，说明了几种传统 MAC 技术如 CSMA/CA 在协作通信中的应用。第 9 章"协作网络中的网络和跨层问题"，展望未来的发展，在协作通信网络中，研究网络的 QoS 和跨层分析对系统的积极贡献。第 6、7、8、9 章整体对协作通信的介质访问层和网络层进行了全面分析，给出了高效的解决方案。

通读全书可以了解到，从无线信道的时变多径到多中继节点的协同工作有效地克服了移动通信信道衰落问题。多个源节点充分利用 OFDM、MIMO、SDMA 和跨层融合等技术于网络中，使得协作通信网络能在 MAC 和路由效率方面保证通信业务的 QoS 性能。

本书中文版面世的及时性有待提速，但其内容的技术性和有效性却是长期存在的，并将随着时间的推移更显其生命力。本书适用于各个层面的通信工作者，既可以用作提出新型通信理论的引导者，又可以作为最新的技术手册，提供解决工程问题的思路，激发工程技术人员的研究兴趣。本书的主要阅读群体是研究生或具有同等经历的通信科技工作者。本书作为通信工程专业本科生高年级的选修课教材，可以大幅度改变目前通信专业学生按照电子工程专业学习的模式，体现通信的专业特色。对于电子工程专业的学生和工程技术人员，如果有志于未来的移动通信工作，本书又不失为一个好的启蒙老师和领路人。无论哪位读者选择性地阅读本书都会收到事半功倍的有益效果。

祝愿所有阅读本书的专家、学者和爱好者都能有所收益。衷心欢迎各位读者对徐平平、田锦、武贵路、徐志国、周洪成几位译者提出宝贵意见。对于读者对译文中不甚准确的中文表述的理解，表示诚挚的感谢！译者的最大希望是，愿这部译著带给读者知识、能力和事业新的提升！

译　者
2013 年 12 月于南京

目 录

第 1 章 绪论·· 1

1.1 协作通信综述 ·· 1

1.2 协作和中继信道主要历程 ·· 4

1.3 协作通信和中继技术的标准化 ·· 5

1.4 本书概要 ·· 7

参考文献·· 8

第 2 章 无线通信和 MIMO 技术综述 ·· 13

2.1 无线信道的特点 ··· 13

2.1.1 路径损耗 ··· 13

2.1.2 阴影效应 ··· 15

2.1.3 多径衰落 ··· 15

2.2 采用空间分集技术 ··· 21

2.2.1 单输入多输出(SIMO)系统 ··· 21

2.2.2 多输入单输出(MISO)系统 ··· 28

2.2.3 多输入多输出(MIMO)系统 ··· 36

2.3 无线信道容量 ·· 39

2.3.1 AWGN 信道容量 ··· 40

2.3.2 平坦衰落信道容量 ·· 40

2.3.3 多天线容量 ··· 42

2.4 分集复用折中 ·· 48

参考文献 ·· 52

第3章 两用户协作传输方案 ···································· 55

　3.1　解码转发中继方案 ··· 56

　　3.1.1　基本 DF 中继方案 ·· 56

　　3.1.2　选择 DF 中继方案 ·· 65

　　3.1.3　解调转发中继方案 ·· 68

　3.2　放大转发中继方案 ··· 73

　　3.2.1　基本 AF 中继方案 ·· 74

　　3.2.2　增量 AF 中继方案 ·· 84

　3.3　编码协作 ··· 86

　　3.3.1　基本编码协作方案 ·· 86

　　3.3.2　编码协作的用户复用 ······································ 89

　3.4　压缩转发中继方案 ··· 96

　3.5　单中继系统中的信道估计 ······································ 97

　参考文献 ··· 102

第4章 多中继协作传输方案 ···································· 105

　4.1　正交协作 ·· 105

　　4.1.1　AF 中继的正交协作 ······································ 106

　　4.1.2　DF 中继的正交协作 ······································ 112

　4.2　发射波束成形 ·· 113

　　4.2.1　AF 中继的发射波束成形 ·································· 113

　　4.2.2　DF 中继的发射波束成形 ·································· 119

　4.3　选择中继 ·· 124

　　4.3.1　AF 中继的选择中继 ······································ 124

　　4.3.2　DF 中继的选择中继 ······································ 126

　4.4　分布式空时编码(DSTC) ······································ 129

　　4.4.1　DF 中继的分布式空时编码 ································ 130

　　4.4.2　AF 中继的分布式空时编码 ································ 135

　4.5　多中继系统中的信道估计 ······································ 142

　　4.5.1　AF 多中继系统的训练设计 ································ 143

4.5.2 DF 多中继系统的训练设计 ·············· 146

4.6 多中继协作通信的其他主题 ·············· 151

4.6.1 多跳协作传输 ·············· 152

4.6.2 异步协作传输 ·············· 159

参考文献 ·············· 162

第 5 章 协作和中继网络的基本界限 ·············· 166

5.1 高斯中继信道 ·············· 166

5.1.1 高斯中继信道的割集界限 ·············· 166

5.1.2 解码转发和退化中继信道 ·············· 169

5.1.3 压缩转发 ·············· 173

5.2 单中继衰落信道 ·············· 174

5.2.1 各态历经容量 ·············· 174

5.2.2 分集复用折中 ·············· 178

5.3 多中继网络 ·············· 183

5.3.1 高斯多中继网络的上界 ·············· 184

5.3.2 高斯多中继网络的下界和渐近容量结果 ·············· 186

5.3.3 多中继衰落信道 ·············· 189

参考文献 ·············· 194

第 6 章 多源协作通信 ·············· 195

6.1 时分/频分多址(TDMA/FDMA) ·············· 195

6.1.1 轮询调度 ·············· 197

6.1.2 机会调度 ·············· 201

6.2 码分多址(CDMA) ·············· 203

6.2.1 采用指定中继节点的上行链路 CDMA ·············· 204

6.2.2 采用共享中继节点的上行链路 CDMA ·············· 212

6.3 空分多址(SDMA) ·············· 219

6.4 伙伴选择策略 ·············· 223

6.4.1 集中式伙伴选择策略 ·············· 224

6.4.2 分散式伙伴选择策略 ···································· 230

参考文献 ··· 232

第7章 OFDM 和 MIMO 系统的协作中继 ·················· 234

7.1 OFDM 系统的简要回顾 ··························· 234

7.2 成对协作 OFDM 系统的资源分配 ················ 236

7.2.1 成对协作 OFDM 系统的功率分配 ············ 237

7.2.2 成对协作 OFDM 系统的子载波匹配 ·········· 241

7.3 多中继协作 OFDM 系统 ························· 244

7.3.1 OFDM 多中继系统的协作波束成形 ··········· 245

7.3.2 OFDM 多中继系统的选择中继 ··············· 250

7.4 分布式空频编码 ································· 253

7.4.1 解码转发空频编码 ························· 254

7.4.2 放大转发空频编码 ························· 262

7.5 MIMO 中继的协作 ······························ 265

参考文献 ··· 274

第8章 协作网络的介质访问控制 ·························· 277

8.1 时隙 ALOHA 的协作 ···························· 277

8.1.1 稳定域的定义 ···························· 280

8.1.2 协作对的稳定域 ·························· 281

8.2 协作网络中的冲突解决机制 ····················· 287

8.2.1 网络辅助分集多址接入 ···················· 287

8.2.2 中继用户的 NDMA 的增强 ················· 289

8.3 CSMA/CA 协作 ·································· 290

8.3.1 IEEE 802.11MAC 协议的概述 ·············· 291

8.3.2 基于 IEEE 802.11 协议的 CoopMAC ········· 292

8.3.3 CoopMAC 分析 ·························· 297

8.4 协作中继下的自动重发请求(ARQ) ··············· 300

8.5 协作网络的吞吐量最优调度协议 ················· 302

　　　8.5.1　非协作网络吞吐量最优控制策略的回顾 ··············· 303

　　　8.5.2　协作网络吞吐量最优控制策略 ························· 305

　参考文献 ··· 311

第9章　协作网络中的网络和跨层问题················· 314

　9.1　协作网络的服务质量 ······························· 314

　　　9.1.1　简单中继网络的服务质量 ······················· 317

　　　9.1.2　协作对的服务质量 ····························· 322

　9.2　协作网络路由 ································· 324

　　　9.2.1　协作路由的一般公式 ··························· 324

　　　9.2.2　协作路由的启发式算法 ························· 329

　9.3　协作网络安全问题 ······························· 333

　　　9.3.1　中继网络中的不端行为 ························· 333

　　　9.3.2　单中继协作网络中的安全问题 ··················· 334

　　　9.3.3　多中继协作网络中的安全问题 ··················· 337

　参考文献··· 342

缩略词··· 344

第1章 绪　　论

由于能够提供无束缚的连接和移动接入,在最近几年,无线通信受到广泛欢迎。然而,在世纪之交,人们为在无线信道上获得可靠和高数据率的通信而做出许多尝试,但由于存在多径衰落、阴影和路径损耗的影响,一直没有成功。这些影响导致信道质量随时间、频率和空间而变化,使得难以在无线环境中采用传统的有线通信技术。直到 20 年后,人们采用有效的发送分集和接收分集技术,利用信道的不同维度如时间、频率和空间进行分集,获得所谓的分集增益(diversity gain)。借助充分的信道信息,人们可以设计出基于时间、频率和空间的功率和比特分配策略,该策略将更多的资源分配给更可靠信道,避免在低劣信道上以与可靠信道同样的能量传输。即使不知道信道情况,也可以利用空时编码或空频编码增强传输的可靠性。特别是,多输入多输出(MIMO)[17, 47, 53] 系统理论的进步使得在现代无线收发器上嵌入多个天线以实现空间分集增益存在可能性。然而,由于无线设备的尺寸和成本在许多应用如传感网或蜂窝电话上受到限制,所以在单一终端上放置多根天线是不切实际的。在这种情况下,一个节点与网络中的其他节点协作,形成一个分布式天线系统成为一种可行性选择。该系统需要通过所谓的协作通信(cooperative communication)来完成。

1.1　协作通信综述

正如参考文献[36, 37, 41, 42]中所通俗阐明的,协作通信是允许系统中的用户通过中继彼此间的消息到达目的地来完成协作。这样做,用户可以有效地形成一个分布式天线阵列,达到集中式 MIMO 系统所获得的空间分集增益。一个成对协作通信系统,如图 1.1 所示,图中假设用户信号到达目的节点经历独立衰落信道。由于多径衰落,在目的节点的信噪比(SNR)随时间快速变化,当用户的信噪比下降到所需水

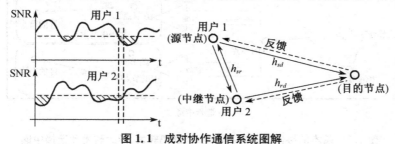

图 1.1　成对协作通信系统图解

平时引起通信中断(如图 1.1 中的阴影区所示)。然而,如果两个用户协作,中继发送彼此间的消息给目的节点,那么只有当两个用户同时经历不良信道时才会通信中断,这样就提高了传输可靠性。

根据不同的中继技术,如放大转发(AF)[36]、解码转发(DF)[36, 42]、选择中继(SR)[36]、编码协作[27]、压缩转发(CF)[34]等,文献中提出了许多协作策略。当这些方案在如图 1.1 中的成对协作系统中采用时,我们可以认为,在每个瞬时时间,只有一个用户作为源节点,而其他用户成为中继节点转发源节点消息给目的节点。源节点和中继节点的角色在任何瞬时时间都可以互换。图 1.2 中给出了 DF、AF 和 SR 方案的图解。这些方案的共同点是,协作传输首先由源节点(例如用户 1)向中继节点和目的节点广播消息。如果 DF 方案被采用,中继节点将解码消息并再生成一个新的消息并在随后的时隙传给目的节点。在目的节点,来自源节点和中继节点的信号合并以提供更好的检测性能。作为 DF 方案的扩展,由中继节点生成的消息可以被重新编码以提供额外的错误保护,这种方案也可以称为编码协作。如果采用 AF 方案,则仅放大接收到的信号并直接转发到目的节点而不解码报文。另一方面,SR 方案是一种动态方案,如果中继路径足够可靠,它将选择中继节点重发源消息。这个方案可在 DF 和 AF 方案后应用以提高协作效率。在众多文献提出的协作方案中,DF、AF 和 SR 方案是最基本和最广泛采用的方案。更复杂的方案,如 CF 方案,通过利用在中继节点处和目的节点处接收到的消息之间的统计相关性也可以设计出,但需要较高的实现复杂度。这些方案将会在第 3 章中进行描述。

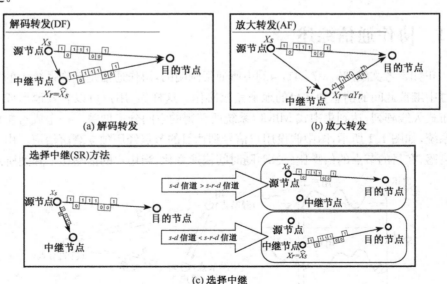

(a) 解码转发   (b) 放大转发

(c) 选择中继

图 1.2 基本的协作通信方案示例,即解码转发、放大转发和选择中继

　　大多数协作策略包括两个传输阶段：协调阶段和协作传输阶段。协调在协作系统中尤其需要，因为与集中式 MIMO 系统中相反，天线分布在不同的终端。虽然额外的协调开销可能会降低带宽效率，但高信噪比带来的较大分集增益时常能补偿这个开销。特别是，协调可以通过用户间直接通信或使用来自目的地的反馈来实现。以通过协调获得的消息为基础，协作伙伴将计算和发送消息，以减少传输成本或增强在接收端的检测性能。

　　在每个瞬时时间，一个用户作为源节点而其余的用户作为中继节点，上述协作通信方案很容易扩展到一个大型网络，如图 1.3 所示。中继节点一起形成一个分布式天线阵列，能够实现类似集中式 MIMO 系统的空间分集和复用增益[5, 57, 59]。这些技术包括分布式空时编码[3, 29, 30, 43, 56]、分布式波束成形[2, 31, 33] 和天线选择策略[7, 16, 58]。然而，协调成本会伴随协作用户数的增加而增加，因此必须设计一种高效的用户间通信或反馈通信策略以使得协作更有价值。

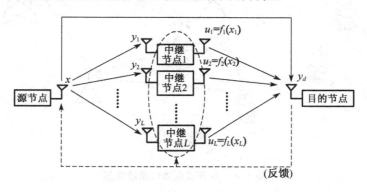

图 1.3　多中继协作通信系统图解

　　早期，大多数协作通信方面的文献考虑简单的场景，在系统中只有一个用户作为源节点，而其他所有用户作为对源节点的中继。当把这个方案应用到多个源节点的系统中时，如图 1.4 所示，我们必须假设源节点可以通过正交信道接入中继节点，并且中继节点具有足够的能量和带宽资源提供给所有用户。如果不是这种情况，许多多用户问题可能会出现在物理层和更高的网络层。从物理层的角度来看，这将导致多址干扰(MAI)，最终会控制 BER 性能，因而引起分集增益减少。此外，由于中继有限的能量和带宽资源，必须制定高效的资源分配政策以确保所有用户的高性能增益。从介质访问控制(MAC)层的角度来看，必须制定调度计划或随机接入协议来帮助解决竞争协作信道的用户之间的竞争。事实上，即使当物理层不存在协作优势，如参考文献[23]中表明的那样，在 MAC 层的协作仍然有益。

　　为了在现代通信系统中全面实现中继和协作通信技术，许多高层次的问题仍有待解决。其中最明显的是源节点—中继节点、中继节点—目的节点和源节点—

目的节点链路之间的资源分配问题。在包括多个中继站,每个中继站为不同的用户子集服务的蜂窝系统中,这个问题是尤其困难的。此外,如果协作用户/中继是移动的且中继站之间的切换很频繁,那么协作链路是不稳定的,所以用户的移动性也是一个重要的问题。其他必须解决的问题,如缓冲区管理和协作排队,必须加以处理,以确定各个中继或协作用户如何处理中继数据包;必须制定安全和认证机制,打击恶意或未经授权的中继的影响。在多跳网络中,寻找最佳的协作路由被称为 NP-hard 问题(非确定性多项式困难问题),因此必须设计高效的协作路由协议。其中的一些问题也将在这本书中(参见第 8 和第 9 章)得到解决,但在这些领域的研究仍处于初步阶段。

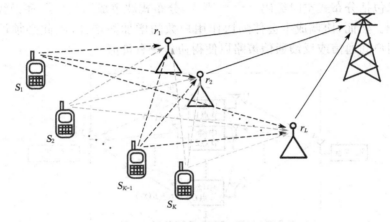

图 1.4   多源节点协作系统图解

1.2   协作和中继信道主要历程

基于协作通信的想法主要源于中继信道的研究,最初由 van der Meulen 在参考文献[49,50]中提出。在这些文献中,一般都考虑三终端通信问题并且还提供了中继信道(即包含一个源节点通过中继的帮助发送消息到目的节点的信道)的容量边界。在 1979 年后期,Cover 和 El Gammal 在参考文献[10]中发表了关于中继信道的更进一步的研究成果,容量内界和外界得到显著改善。由于许多成果仍无法被取代,直到今天这也被认为是中继信道方面最突出的工作。中继信道的研究一直持续到 20 世纪 80 年代,在参考文献[4,14]中努力延伸参考文献[10]的成果到多中继器,而半确定性中继信道的容量已在参考文献[15]中推导。然而,自 20 世纪 80 年代初以来,人们对这方面的兴趣大大降低,这可能是由于理论上的困难以及实际实施的挑战。事实上,几十年后,中继信道的基本性能限制(如容量)仍然是未知的。

有趣的是，在此期间，相关的问题上已经取得了重大进步，如广播信道 (BC)[6, 11, 20, 21, 39]、多址接入信道(MAC)[12, 13, 18]和多终端信源编码[44, 54]。在中继信道中，人们可以把从源节点传输至中继节点和目的节点看作一个 BC，而将从源节点和中继节点传输到目的节点看作一个 MAC。然而，由于中继器发送的数据与源节点相关，因而中继信道的问题也与多终端信源编码问题密切相关。因此，在这些领域所取得的成果为今天对中继信道的理解做出了重大贡献。特别地，关于广义反馈 MAC 的工作，例如参考文献[9, 32]，据说作为特殊情况包括了中继和协作通信，因为中继的信息被视为通过反馈提供的信息。这些成就为近期在这些领域的工作，例如参考文献[8, 28, 48, 51]，奠定了坚实的基础，使中继方法研究，例如参考文献[24, 35, 52, 55]，得到进一步发展。

早些年，对中继信道的研究大部分表现在信息理论领域，集中在信道的基本限制。但是，随着 MIMO[17, 45−47]和编码技术[19, 38]的发展以及由于已增加的实际实现的可行性，人们对通信和信号处理领域的兴趣最近几年呈指数级增长。特别是，对协作通信突然增加兴趣是从 Sendonaries 等人在参考文献[42]和 Laneman 等人在参考文献[36, 37]中的工作开始的，在信号处理领域 Scaglione 和 Hong 于参考文献[22, 41]中开始了此项工作。自那以后，中继和协作通信被迅速看作一种有效获取空间分集的方案并扩展了高数据速率的覆盖范围。在通信和信号处理领域无数的中继和协作传输方案迅速发展起来，高层次问题如介质访问控制、路由、服务质量的研究也被网络领域确定。

1.3　协作通信和中继技术的标准化

协作通信和中继技术逐渐地步入了它的无线标准化进程，如 IEEE 802.16j 和先进的长期演进(LTE-Advanced)。特别是，IEEE 802.16e 移动全球微波接入互操作性(WiMAX)标准[25]修订版 IEEE 802.16j[26]支持中继功能，用于增加蜂窝边界用户的吞吐量并且扩大建筑物内部、临时地点和移动运输车辆内部的系统覆盖范围[40]。中继站(RS)可以发送消息到离基站(BS)较远的其他 RS 以形成多跳中继网络。根据移动站点(MS)是否知道中继站的存在，IEEE 802.16j 标准的中继可以划分成透明(transparent)中继和非透明(nontransparent)中继。透明中继用于用户站(SS)能够直接接收来自 BS 的控制信息的情况。因此，RS 用于增强无附加控制信息传输的 SS 的吞吐量。相反，非透明中继用于服务位于 BS 覆盖范围的外部或边界的 MS，作为到 MS 的虚拟 BS。在此情况下，RS 必须能发射控制信息和同步到 MS。对于透明中继，必须通过中心调度获得带宽分配，而对于非透明中继，这可以在 RS 上分布式地完成。此外，透明中继与 BS 和 MS 通信必须使用同样的频带，而非透明中继可以在两个链路上利用不同的频带。虽然非透明中继允许更多的灵活性,但也需要增加实现的复杂度。

进一步地,协作中继功能实现 BS 和 RS 协作地发射到 MS,这也在IEEE 802.16j 中定义了。特别是,三种协作传输方案也是特定的,即协作源分集、协作发射分集和协作混合分集技术。在协作源分集方案中,协作发射机使用同样的时频信道同时发射同样的信号到 MS 以增强 MS 处的 SNR。在协作发射分集方案中,发射机共同形成分布式天线阵列,可以使用空时编码(以前在 16e[25] 中定义的)横跨分布式天线。协作混合分集方案是上述两种方案的合并,也利用了横跨分布式 RS(或 BS)的空时编码,但此时是两个以上的天线发射同样的信号。

除了 IEEE 802.16j 外,中继和协作传输技术最近也被第三代合作伙伴计划(3GPP)合并进最近的 LTE-Advanced 标准[1]。目的也是扩大高数据速率覆盖范围,改进组移动性,促进临时网络布局和增加蜂窝边界吞吐量。架构在同样频率带上的 LTE-Advanced 中的中继,可以根据到基站(或称为 eNodeB)还是到终端用户(或称为用户设备,UE)分成带内(inband)中继或带外(outband)中继。根据 UE 是否知道它们的存在,中继也可以分为透明或非透明中继,这与 IEEE 802.16j 相似。然而,根据中继策略,中继也是其自身的供者蜂窝或控制蜂窝的构成部分。虽然 LTE-Advanced 标准还没有最终定案,但至少在 Type 1 中继节点被合并进系统方面仍然具有一致性。Type 1 中继节点是一个带内中继节点,它控制自己的蜂窝,因此发射它自己的同步信号、参考符号、调度信息等。这种中继存在它自己的物理蜂窝 ID 并把 UE 作为一个独立的基站。在任何情况下,通过无线将中继站与 eNodeB 连接,到无线接入网络的反向有线连接不再必要,扩大覆盖范围的成本大大地减少。

除了中继功能外,LTE-Advanced 也结合了协调多点(CoMP)传输和接收[1],eNodeB在与 UE 的通信中协作,改进高数据速率的覆盖范围和蜂窝边界的吞吐量。特别是,在下行链路,协调传输策略可以分成联合处理(JP)和协调调度/波束成形(CS/CB)。用 JP,去往 UE 的数据可到达 CoMP 协作集合(即参与协调传输的 eNodeB)的每个点。可以利用两种 JP 传输,即:联合传输方案,例如数据从多点协作集合中同时发射以改进接收信号质量和/或取消来自其它数据传输的活动干扰;动态蜂窝选择方案,数据一次从一个点发射。例如,前者可以基于分布式波束成形或空时编码,而后者基于天线选择(参考第 4 章)。用 CS/CB,数据仅能到达服务蜂窝,但调度或波束成形判定可以在其他蜂窝的协调中完成以避免干扰。虽然 CoMP 不涉及中继,但可以利用第 4 章和第 6 章所述的相似策略获得协作,发射终端通过有线连接的情况除外。

总体上,不管是特定的中继还是 IEEE 802.16j 和 LTE-Advanced 采用的协作策略,这些例子都表明了中继和协作通信技术在下一代无线网络中的重要性。

1.4 本书概要

本书的目的是作为协作通信专业研究生课程以及该领域工作的工程师们的主要参考书。协作通信技术过去几年得到惊人地发展,我们集中描述建议的基本技术,希望为读者在该领域的进一步研究奠定基础。

第2章,介绍了无线通信,包括衰落信道、分集技术、信道容量和分集复用折中(DMT)概念的简要综述。

第3章,描述两用户系统的基本协作通信技术。在这些方案中,一个用户作为源节点而其他用户作为中继节点帮助转发源节点的消息到目的节点。基本技术如解码转发(DF)、放大转发(AF)和编码协作(CC)方案将被详细描述。对压缩转发(CF)将简要讨论,读者可参考第5章获取详细信息。对单中继场景下的信道估计方案也将描述。

第4章,描述包括多中继的协作传输方案。与单中继情况相似,我们假设在每个瞬时时间,仅有一个用户作为源节点而其他的用户可以被看作协作地中继源节点的消息到目的节点的分布式天线阵列。假设每个中继的正交信道可用,DF和AF方案可以延伸到多中继场景。当正交信道不存在时,中继所形成的分布式天线阵列可用于模拟许多MIMO技术遭受中继节点的单个约束或由于缺乏协调导致的限制。依靠源节点和中继节点可用的信道状态信息(CSI)级别可以采用不同的方案,如发射波束成形、选择中继或分布式空时编码方案。此外,也介绍了异步协作方案,以说明在中继节点之间没有全部协调时,怎样的协作才是有帮助的。而且,在一些中继节点处于源节点传输范围以外时,仍然要讨论多跳中继方案,以说明协作传输怎样有效地扩大广域无线传输覆盖范围。

第5章,介绍了中继信道的信息理论方面。回顾了Cover和El Gamal给出的中继信道容量基本成果,然后给出了大型中继网络的一些成果。由于协作通信的优势之一是模仿由常规MIMO系统提供的空间分集和复用增益,所以我们也讨论协作中继网络的分集复用折中(DMT)方面的一些成果。

第6章,讨论多源节点竞争协作信道使用的协作中继系统。我们讨论在时分多址(TDMA)、频分多址(FDMA)、码分多址(CDMA)和空分多址(SDMA)方案下协作用户的运行情况。在这些情况下,不同用户之间和源节点和中继节点之间的资源分配是重要的,以确保所有用户的高性能。然而,在CDMA和SDMA情况下,多址干扰的有效缓解的关键是保持通过协作获得的空间分集增益。最后,也介绍了伙伴选择算法,以说明怎样能有效选择协作伙伴。

第7章,讨论如OFDM和MIMO系统这样的先进通信系统顶层的协作中继的使用。在多载波系统情况下,除了允许用户的空间分集增益以外,还可利用频率分集,以协作地分配它们的功率给子载波。当理想 CSI 不可达时,引入空频编码开发分集增益。然而,当每个终端的多天线可用时,除了协作增益外,还可进一步地利用空间分集增益。与单天线协作系统相比,区别在于现在每个终端完全控制天线子集,因此施加在开发的传输方案上的限制更少。

第 8 章和第 9 章,讨论关于协作通信 MAC 层、网络层和交叉层的问题。特别地,在第 8 章,我们阐述物理层协作怎样影响 MAC 层设计以及在 MAC 层利用何种协作优势。这些问题的解决需要研究基本时隙 ALOHA 协议、CSMA/CA 协议和中心调度方案。在第 9 章,我们解决网络层或交叉层问题,如服务质量(QoS)补偿、多跳网络协作路由和安全问题。已表明,现有的 MAC 或网络层协议必须要修改或重新设计,以便完全地利用物理层协作的优势和探索 MAC 层及其上层协议的进一步优势。

参考文献

1. 3rd General Partnership Project: Technical specification group radio access network: Further advancements for E-UTRA physical layer aspects (Release 9). Tech. Rep. 36. 814 (V9. 0. 0) (2010)

2. Abdallah, M. M., Papadopoulos, H. C.: Beamforming algorithms for information relaying in wireless sensor networks. IEEE Transactions on Signal Processing **56**(10), 4772 – 4784 (2008)

3. Anghel, P., Leus, G., Kaveh, M.: Distributed space-time cooperative systems with regenerative relays. IEEE Transactions on Wireless Communications **5**(11), 3130 – 3141 (2006)

4. Aref, M. R.: Information flow in relay networks. Ph. D. thesis, Stanford University (1980)

5. Azarian, K., El Gamal, H., Schniter, P.: On the achievable diversity-multiplexing trade-off in half-duplex cooperative channels. IEEE Transactions on Information Theory **51**(12), 4152 – 4172 (2005)

6. Bergmans, P. P., Cover, T. M.: Cooperative broadcasting. IEEE Transactions on Information Theory **20**(3), 317 – 324 (1974)

7. Bletsas, A., Khisti, A., Reed, D. P., Lippman, A.: A simple cooperative diversity method based on network path selection. IEEE Journal on Selected Areas in Communications **24**(3), 659 – 672 (2006)

8. Caire, G., Shamai, S.: On the achievable throughput of a multiantenna Gaussian broadcast channel. IEEE Transactions on Information Theory **49**(7), 1691 – 1706 (2003)

9. Carleial, A. B.: Multiple-access channels with different generalized feedback signals. IEEE Transactions on Information Theory **28**(6), 841 – 850 (1982)

10. Cover, T., El Gamal, A.: Capacity theorems for the relay channel. IEEE Transactions on Information Theory **25**(5), 572 - 584 (1979)

11. Cover, T. M.: Broadcast channels. IEEE Transactions on Information Theory **18**(1), 2 - 14 (1972)

12. Cover, T. M., El Gamal, A., Salehi, M.: Multiple access channels with arbitrarily correlated sources. IEEE Transactions on Information Theory **26**(6), 648 - 657 (1980)

13. Cover, T. M., Leung, C. S. K.: An achievable rate region for the multiple-access channel with feedback. IEEE Transactions on Information Theory **27**(3), 292 - 298 (1981)

14. El Gamal, A.: On information flow in relay networks. In: Proceedings of IEEE National Telecommunications Conference, vol. 2, pp. D4. 1. 1 - D4. 1. 4. Miami, FL (1981)

15. El Gamal, A., Aref, M.: The capacity of the semideterministic relay channel. IEEE Transactions on Information Theory **IT - 28**(3), 536(1982)

16. Fareed, M. M., Uysal, M.: On relay selection for decode-and-forward relaying. IEEE Transactions on Wireless Communications **8**(7), 3341 - 3346 (2009)

17. Foschini, G. J.: Layered space-time architecture for wireless communication in a fading environment when using multi-element antennas. Bell System Technical Journal **1**, 41 - 59 (1996)

18. Gaarder, N., Wolf, J.: The capacity region of a multiple-access discrete memoryless channel can increase with feedback. IEEE Transactions on Information Theory **21**(1), 100 - 102 (1975)

19. Gallager, R. G.: Low density parity check codes. Ph. D. thesis, Massachusetts Institute of Technology (1963)

20. Gel'fand, S. I., Pinsker, M. S.: Capacity of a broadcast channel with one deterministic component. Problemy Peredachi Informatsii **16**(1), 24 - 34 (1980)

21. Han, T. S., Costa, M. H. M.: Broadcast channels with arbitrarily correlated sources. IEEE Transactions on Information Theory **33**(5), 641 - 650 (1987)

22. Hong, Y.-W., Scaglione, A.: Energy-efficient broadcasting with cooperative transmissions in wireless sensor networks. IEEE Transactions on Wireless Communications **5**(10), 2844 - 2855 (2006)

23. Hong, Y.-W. P., Lin, C.-K., Wang, S.-H.: Exploiting cooperative advantages in slotted ALOHA random access networks. to appear in IEEE Transactions on Information Theory (2010)

24. Host-Madsen, A., Zhang, J.: Capacity bounds and power allocation for wireless relay channels. IEEE Transactions on Information Theory **51**(6), 2020 - 2040 (2005)

25. IEEE Standard 802. 16e - 2005: IEEE Standard for Local and Metropolitan Area Networks-Part 16: Amendment for Physical and Medium Access Control Layers for Combined Fixed and Mobile Operation in Licensed Bands (2005)

26. IEEE Standard 802. 16j - 2009: IEEE Standard for Local and Metropolitan Area Networks-

Part 16: Air interface for broadband wireless access systems-Multihop relay specification (2009)

27. Janani, M., Hedayat, A., Hunter, T. E., Nosratinia, A.: Coded cooperation in wireless communications: Space-time transmission and iterative decoding. IEEE Transactions on Signal Processing **52**(2), 362 – 371 (2004)

28. Jindal, N., Vishwanath, S., Goldsmith, A.: On the duality of Gaussian multiple-access and broadcast channels. IEEE Transactions on Information Theory **50**(5), 768 – 783 (2004)

29. Jing, Y., Hassibi, B.: Distributed space-time coding in wireless relay networks. IEEE Transactions on Wireless Communications **5**(12), 3524 – 3536 (2006)

30. Jing, Y., Jafarkhani, H.: Distributed differential space-time coding for wireless relay networks. IEEE Transactions on Communications **56**(7), 1092 – 1100 (2008)

31. Jing, Y., Jafarkhani, H.: Network beamforming using relays with perfect channel information. IEEE Transactions on Information Theory **55**(6), 2499 – 2517 (2009)

32. King, R. C.: Multiple access channels with generalized feedback. Ph. D. thesis, Stanford University (1978)

33. Koyuncu, E., Jing, Y., Jafarkhani, H.: Distributed beamforming in wireless relay networks with quantized feedback. IEEE Journal on Selected Areas in Communications **26**(8), 1429 – 1439 (2008)

34. Kramer, G., Gastpar, M., Gupta, P.: Capacity theorems for wireless relay channels. In: Proc. 41st Annu. Allerton Conf. Communications, Control, and Computing, pp. 1074 – 1083. Monticello, IL (2003)

35. Kramer, G., Gastpar, M., Gupta, P.: Cooperative strategies and capacity theorems for relay networks. IEEE Transactions on Information Theory **51**(9), 3037 – 3063 (2005)

36. Laneman, J. N., Tse, D. N. C., Wornell, G. W.: Cooperative diversity in wireless networks: Efficient protocols and outage behavior. IEEE Transactions on Information Theory **50**(12), 3062 – 3080 (2004)

37. Laneman, J. N., Wornell, G. W.: Distributed space-time-coded protocols for exploiting cooperative diversity in wireless networks. IEEE Transactions on Information Theory **49**(10), 2415 – 2425 (2003)

38. MacKay, D. J. C.: Good error-correcting codes based on very sparse matrices. IEEE Transactions on Information Theory **45**(2), 399 – 432 (1999)

39. Marton, K.: A coding theorem for the discrete memoryless broadcast channel. IEEE Transactions on Information Theory **25**(3), 306 – 311 (1979)

40. Peters, S. W., Heath, Jr., R. W.: The future of WiMAX: Multihop relaying with IEEE 802. 16j. IEEE Communications Magazine pp. 104 – 111 (2009)

41. Scaglione, A., Hong, Y.-W.: Opportunistic large arrays: Cooperative transmission in wireless multihop ad hoc networks to reach far distances. IEEE Transactions on Signal Processing **51**(8), 2082 – 2092 (2003)

42. Sendonaris, A. , Erkip, E. , Aazhang, B. : User cooperation diversity-Part Ⅰ : System description" and "User cooperation diversity-Part Ⅱ : implementation aspects and performance analysis. IEEE Transactions on Communications **51**(11) 1927 – 1938 and 1939 – 1948 (2003)

43. Sirkeci-Mergen, B. , Scaglione, A. : Randomized space-time coding for distributed cooperative communication. IEEE Transactions on Signal Processing **55**(10), 5003 – 5017 (2007)

44. Slepian, D. , Wolf, J. : Noiseless coding of correlated information sources. IEEE Transactions on Information Theory **19**(4), 471 – 480 (1973)

45. Tarokh, V. , Jafarkhani, H. , Calderbank, A. : Space-time block codes from orthogonal designs. IEEE Transactions on Information Theory **45**(5), 1456 – 1467 (1999)

46. Tarokh, V. , Seshadri, N. , Calderbank, A. : Space-time codes for high data rate wireless communication: performance criterion and code construction. IEEE Transactions on Information Theory **44**(2), 744 – 765 (1998)

47. Telatar, İ. E. : Capacity of multi-antenna Gaussian channels. European Transactions on Telecommunications **10**(6), 585 – 595 (1999)

48. Tse, D. N. C. , Viswanath, P. , Zheng, L. : Diversity-multiplexing tradeoff in multipleaccess channels. IEEE Transactions on Information Theory **50**(9), 1859 – 1874 (2004)

49. van der Meulen, E. C. : Transmission of information in a T-terminal discrete memoryless channel. Ph. D. thesis, Department of Statistics, University of California, Berkeley, CA (1968)

50. van der Meulen, E. C. : Three-terminal communication channels. Advances in Applied Probability **3**(1), 120 – 154 (1971)

51. Vishwanath, S. , Jindal, N. , Goldsmith, A. : Duality, achievable rates, and sum-rate capacity of Gaussian MIMO broadcast channels. IEEE Transactions on Information Theory **49** (10), 2658 – 2668 (2003)

52. Wang, B. , Zhang, J. , Host-Madsen, A. : On the capacity of MIMO relay channels. IEEE Transactions on Information Theory **51**(1), 29 – 43 (2005)

53. Winters, J. H. : On the capacity of radio-communication systems with diversity in a Rayleigh fading environment. IEEE Journal on Selected Areas in Communications **5**(5), 871 – 878 (1987)

54. Wyner, A. , Ziv, J. : The rate-distortion function for source coding with side information at the decoder. IEEE Transactions on Information Theory **22**(1), 1 – 10 (1976)

55. Xie, L. -L. , Kumar, P. R. : An achievable rate for the multiple-level relay channel. IEEE Transactions on Information Theory **51**(4), 1348 – 1358 (2005)

56. Yiu, S. , Schober, R. , Lampe, L. : Distributed space-time block coding. IEEE Transactions on Communications **54**(7), 1195 – 1206 (2006)

57. Yuksel, M. , Erkip, E. : Multiple-antenna cooperative wireless systems: a diversity-multiplexing tradeoff perspective. IEEE Transactions on Information Theory **53**(10), 3371 – 3393

（2007）

58. Zhao, Y. , Adve, R. , Lim, T. : Improving amplify-and-forward relay networks: optimal power allocation versus selection. In: Proceedings on the IEEE International Symposium on Information Theory (ISIT), pp. 1234 - 1238 （2006）

59. Zheng, L. , Tse, D. N. C. : Diversity and multiplexing: A fundamental tradeoff in multiple-antenna channels. IEEE Transactions on Information Theory 49(5), 1073 - 1096 （2003）

第 2 章 无线通信和 MIMO 技术综述

为帮助理解贯穿于本书介绍的协作策略,我们在本章对无线通信和 MIMO 技术提供一个简要回顾。首先,我们介绍一些无线环境的基本特征,包括路径损耗、阴影和多径衰落,并描述时常被用来对抗这些信道效应的分集技术。然后,我们回顾加性高斯白噪声信道、衰落信道和多输入多输出(MIMO)信道的基本限制。最后,我们以对 MIMO 系统的分集复用折中(DMT)的讨论结束。对这些主题更详细的讨论可以在参考文献[11]和[37]找到。

2.1 无线信道的特点

由于无线硬件技术的进步和对移动接入的大量需求,无线通信的发展在过去短短的几十年里有惊人的进步。与传统的有线通信相比,无线信道传输的信号可能会遭遇剧烈的衰减、较大的延迟和严重的信号畸变。这些非理想效应常常来自三个因素,即路径损耗、阴影和多径衰落。在本节中,我们将简要描述这些因素及其对无线通信系统性能的影响。

2.1.1 路径损耗

考虑一个点对点的无线通信系统,在此系统中发射机通过无线介质发射一个电磁信号给接收机进行通信。信号穿过介质时强度衰减,因此随着传播距离的增加信号变弱。信号强度关于距离的衰减量可用发射功率 P_t 和接收功率 P_r 的比值来量化,表示为

$$\mathrm{PL} = \frac{P_t}{P_r}$$

这个比值用来量化路径损耗(path loss)的影响。该值取决于地理环境和一定的无线电属性,如环境的空旷性、传输距离、无线电波长、发射机和接收机的高度等。路径损耗通常以分贝为单位来表示,即

$$\mathrm{PL}_{(\mathrm{dB})} = 10\log_{10}\frac{P_t}{P_r} \tag{2.1}$$

下面给出几个路径损耗的模型。

自由空间传播

当无线电在自由空间传播时，在发射机和接收机之间存在一个视距（LOS）路径，此时信号的反射可以忽略。在这种情况下，接收信号的强度可以表达为[21]

$$P_r = P_t \left(\frac{\lambda_c}{4\pi d} \right)^2 G_t G_r \tag{2.2}$$

式中，d 是发射机和接收机之间的地理距离，G_t 和 G_r 分别是发射机天线和接收机天线的增益，λ_c 是电磁信号的波长。在这里，接收信号功率随着传输距离 d 的平方而衰减。

两径模型

除了自由空间传播模型，我们也可以考虑一个稍微更现实些的模型，该模型由一个视距路径和一个通过地面反射获得的路径组成，如图 2.1 所示。由于考虑两个传播路径，所以这个模型通常被称作"两径模型（two-ray model）"。我们用 d 表示发射机和接收机之间的距离，分别用 h_t 和 h_r 来表示发射天线和接收天线的有

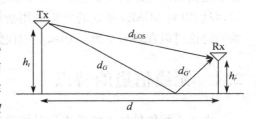

图 2.1　两径传播模型

效高度。此外，如图 2.1 所示，我们可以定义视距路径的长度为 d_{LOS}，发射天线和反射点之间的距离为 d_G，反射点和接收天线之间的距离为 $d_{G'}$。假设距离 d 远远大于发射天线和接收天线的高度（即 $d \gg h_t, h_r$），那么 $d \approx d_{LOS} \approx d_G + d_{G'}$，这样接收信号功率可以近似为[23, 27]

$$P_r \approx \left(\frac{h_t h_r}{d^2} \right)^2 G_t G_r P_t \tag{2.3}$$

由于视距路径和反射路径之间的干扰，当发射机和接收机之间的距离足够大时，接收信号功率随着距离 d 的四次方而衰减。

一般路径损耗模型

为实施对无线通信系统的分析研究，在用实验数据来表征关键参数的帮助下，用更简单的路径损耗模型常常是方便的。特别是，在实践中经常采用一个简单的路径损耗模型如下：

$$P_r = P_t K \left(\frac{d}{d_0} \right)^{-\alpha} \tag{2.4}$$

式中，d_0 是参考距离，K 是一个与天线增益和平均信道衰减相关的常数，α 是路径损耗指数。常数 K 由参考距离 d_0 处的接收功率的经验平均获得。由于天线附近区域的散射现象，公式（2.4）的简化模型只有当距离 d 大于参考距离 d_0 时有效。参考距离通常是室内 $1 \sim 10$ m 和户外 $10 \sim 100$ m[11]。路径损耗指数 α 的值取决于传播

环境,通常在 2～6 之间。路径损耗指数的实际值是通过对经验数据拟合规定的模型得到。几种典型环境的参数如下[9, 11, 20, 23, 30, 35, 36]:

- 自由空间:$\alpha = 2$
- 城市宏蜂窝:$3.7 \leqslant \alpha \leqslant 6.5$
- 城市微蜂窝:$2.7 \leqslant \alpha \leqslant 3.5$
- 办公大楼(在同一层):$1.6 \leqslant \alpha \leqslant 3.5$
- 办公大楼(在多层):$2 \leqslant \alpha \leqslant 6$
- 商店:$1.8 \leqslant \alpha \leqslant 2.2$
- 工厂:$1.6 \leqslant \alpha \leqslant 3.3$
- 家庭:$\alpha \approx 3$

简化的路径损耗模型以分贝为单位表示

$$P_{r(\text{dBm})} = P_{t(\text{dBm})} + K_{(\text{dB})} - 10\alpha \log_{10}\left(\frac{d}{d_0}\right) \tag{2.5}$$

建模的更多细节和无线通信中路径损耗现象的影响可以在参考文献[11, 23]中找到。

2.1.2　阴影效应

除了自由空间衰减所造成的功率损失外,无线电波也可能被传输路径中的重重障碍物所扭曲。这些障碍物吸收一部分信号能量,导致信号强度退化或造成随机散射。由于发射机、接收机和传输路径附近的障碍物如建筑物、树木、车辆或飞机之间的相对运动,其传播效应可能随时间慢慢地变化。这种缓慢的功率变化称为阴影效应(shadowing effect),被认为是一种大尺度(或宏观尺度)衰落。根据实验测量,接收信号强度的变化可以建模为对数正态分布随机变量,其概率密度函数(PDF)由参考文献[2, 7]给出

$$f_{\psi}(\psi) = \frac{\xi}{\sqrt{2\pi}\sigma_{\psi_{\text{dB}}}\psi}\exp\left(-\frac{(10\log_{10}\psi - \mu_{\psi_{\text{dB}}})^2}{2\sigma_{\psi_{\text{dB}}}^2}\right), \ \psi > 0 \tag{2.6}$$

式中,$\xi = 10/\ln(10)$ 是常数。接收信号强度用分贝表示,即 $\psi_{\text{dB}} \stackrel{\triangle}{=} 10\log_{10}\psi$,是一个均值为 $\mu_{\psi_{\text{dB}}}$ 和方差为 $\sigma_{\psi_{\text{dB}}}^2$ 的高斯随机变量。同时考虑路径损耗和阴影效应,我们可以简单地将服从对数正态分布的阴影效应和平均路径损耗相结合

$$\frac{P_r}{P_t}_{(\text{dB})} = 10\log_{10}K - 10\alpha\log_{10}\left(\frac{d}{d_0}\right) - \psi_{\text{dB}} \tag{2.7}$$

2.1.3　多径衰落

在无线通信系统中,信号通过充满反射体或散射体的环境传输,因此到达接收

器的最终信号通常为来自多个传播路径的信号的叠加。从不同路径到达的信号在接收机处的合成要么是增强的,要么是抵消的,因此,信号强度随着时间、空间和频率而快速地波动。这就是所谓的导致快速且小尺度(或微尺度)振幅和相位失真的多径衰落(multipath fading)效应。各种路径损耗、阴影和多径衰落对接收信号强度的影响如图 2.2。由于阴影和多径衰落分别对接收功率产生大尺度和小尺度的扰动,可以看到长期平均接收功率随传播距离而减少。

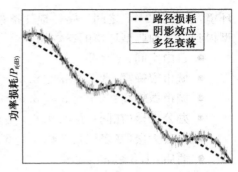

图 2.2 路径损耗、阴影效应和多径衰落的图示

连续时间通带模型

一般来说,在无线系统中的衰落信道可以建模为线性时变系统。我们考虑一个多散射的环境,接收信号建模为来自不同反射或散射路径的信号的叠加。假设发射机、接收机和(或)环境中的反射物、散射物是运动的,因此传播路径数量、信号传播距离和信道增益都是随时间而变化。

用 $x(t)$ 表示发射机发射的信号。由接收机观察到的时变信号可以表示为

$$y(t) = \sum_{i=1}^{N(t)} a_i(t) x(t - \tau_i(t)) \qquad (2.8)$$

其中, $N(t)$ 是在时刻 t 传输信号的传播路径数, $a_i(t)$ 和 $\tau_i(t)$ 分别是在时刻 t 第 i 路径的衰减和传播延迟。这里,接收信号可以表示为一个线性时变系统的输出

$$y(t) = \int_{-\infty}^{\infty} h(\tau, t) x(t - \tau) d\tau \qquad (2.9)$$

信道脉冲响应由下式得到

$$h(\tau, t) = \sum_{i=1}^{N(t)} a_i(t) \delta(\tau - \tau_i(t)) \qquad (2.10)$$

信道频率响应由下式得到

$$H(f, t) = \sum_{i=1}^{N(t)} a_i(t) e^{-j2\pi f \tau_i(t)} \qquad (2.11)$$

衰减和延迟取决于每个路径的传播距离。

连续时间基带等效模型

在实际的无线系统中,无线电频谱通常被分为并行的子带并且每个发射机的信号必须被限制在一个特定频带,如 $[f_c - W/2, f_c + W/2]$, f_c 是中心频率, W 称

为信号带宽。例如,全球移动通信系统(GSM)标准使用 890～915 MHz 频带给蜂窝上行链路(即移动台到基站),但每个移动台的传输只被分配给 $W=200$ KHz 的带宽。信号在传输前被"上变频"到中心频率 f_c,在接收机上被"下变频"回到基带 $(f_c=0)$ 来完成进一步处理。由于上变频和下变频的信号不会影响发射机和接收机上执行的基带信号处理,在后续章节中讨论的协作信号处理技术将主要使用等效基带信号模型进行介绍。从一个连续通带信号模型到一个连续时间基带等效模型的转换可如下描述。

一个带宽为 W 和中心频率为 f_c 的窄带通带信号 $x(t)$ 可以表示为

$$x(t) = \sqrt{2}\mathrm{Re}\big[x_b(t)e^{j2\pi f_c t}\big], \tag{2.12}$$

式中,$x_b(t)$ 是 $x(t)$ 的复基带等效信号。等效的基带信号 $x_b(t)$ 通过下变频 $x(t)$ 频谱的正向部分到基带求得。因此,在频域内,$x_b(t)$ 的功率谱密度(PSD)可以表示为

$$S_b(f) = \begin{cases} \sqrt{2}S(f+f_c), & f+f_c \geqslant 0 \\ 0, & f+f_c < 0 \end{cases} \tag{2.13}$$

式中,$S(f)$ 是 $x(t)$ 的功率谱密度(PSD)。两个 PSD 即 $S(f)$ 和 $S_b(f)$ 之间的关系如图 2.3 所示。

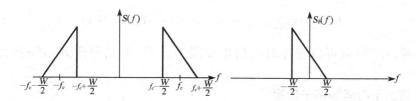

图 2.3　通带信号的功率谱密度及其相应的复基带等效信号图示

将式(2.12)带入式(2.8)得

$$y(t) = \sqrt{2}\mathrm{Re}\left[\left\{\sum_{i=1}^{N(t)} a_i(t)x_b(t-\tau_i(t))e^{-j2\pi f_c\tau_i(t)}\right\}e^{j2\pi f_c t}\right] \tag{2.14}$$

接收信号的等效基带形式表示为

$$y_b(t) = \sum_{i=1}^{N(t)} a_{i,b}(t)x_b(t-\tau_i(t)) \tag{2.15}$$

式中,$a_{i,b}(t) = a_i(t)e^{-j2\pi f_c\tau_i(t)}$ 是第 i 条路径的复数衰减。

离散时间基带等效模型

在收发器的信号处理技术设计中,使用离散时间信号模型时常更方便,通常是通过对连续时间基带信号采样获得。当 $x_b(t)$ 的带宽被限制到 $W/2$ 时,以 W 或更

高采样率获得的采样唯一地重现基带连续时间信号。也就是说,给定离散信号 $x[n] = x_b(n/W)$,对于全部变量 n,连续时间信号可以重建为

$$x_b(t) = \sum_n x[n]\operatorname{sinc}(Wt - n) \tag{2.16}$$

式中,$\operatorname{sinc}(t) = \sin(\pi t)/(\pi t)$。因此,输出信号的等效基带模型也可以根据取样 $\{x[n]\}$ 写成

$$y_b(t) = \sum_m x[m] \sum_{i=1}^{N(t)} a_{i,b}(t)\operatorname{sinc}(Wt - W\tau_i(t) - m) \tag{2.17}$$

时间 $t = n/W$ 的取样 $y_b(t)$ 可以表示为

$$
\begin{aligned}
y[n] &\triangleq y_b(n/W) = \sum_m x[m] \sum_i a_{i,b}(n/W)\operatorname{sinc}(n - m - W\tau_i(n/W)) \\
&= \sum_\ell x[n-\ell] \sum_i a_{i,b}(n/W)\sin c(\ell - W\tau_i(n/W)) \\
&\triangleq \sum_\ell x[n-\ell]h_\ell[n]
\end{aligned} \tag{2.18}
$$

式中,$\{h_\ell[n], \forall \ell\}$ 是在时间 $t = n/W$ 以第 ℓ 抽头观察到的离散时间基带等效信道的脉冲响应,写成

$$h_\ell[n] = \sum_{i=1}^{N(t)} a_{i,b}(n/W)\operatorname{sinc}(\ell - W\tau_i(n/W)) \tag{2.19}$$

注意方程(2.18)也可以看作时变信道序列 $\{h_\ell[n]\}$ 和信号序列 $\{x[n]\}$ 之间的卷积。

信道相干时间和相干带宽

两个重要的信道参数,即相干时间(coherence time)和相干带宽(coherence bandwidth),时常被用来描述衰落信道的时间和频谱特征。这些参数用来分别描述信道统计特性随时间和频率变化的快速程度。

特别地,假设基带等效信道脉冲响应的时域和频域重现可以分别表示为

$$h_b(\tau, t) = \sum_{i=1}^{N(t)} a_{i,b}(t)\delta(\tau - \tau_i(t)) \tag{2.20}$$

和

$$H_b(f, t) = \sum_{i=1}^{N(t)} a_{i,b}(t)e^{-j2\pi f \tau_i(t)} \tag{2.21}$$

$$= \sum_{i=1}^{N(t)} (a_i(t)e^{-j2\pi f_c \tau_i(t)})e^{-j2\pi f \tau_i(t)} \tag{2.22}$$

由于中心频率 f_c 通常较大,即使传播延迟 $\tau_i(t)$ 一个小的变化,每个路径[例如,对

于第 i 条路径,$\varphi_{i,b}(t) = 2\pi f_c \tau_i(t)$] 的相位也会变化很大。$\tau_i(t)$ 的时变引起相位 $\varphi_{i,b}(t)$ 改变导致的频移称为多普勒效应(Doppler effect)。第 i 条路径的多普勒频移(Doppler shift)定义为由时变导致的频移量,即

$$D_i \triangleq \frac{1}{2\pi}\frac{d}{dt}\phi_{i,b}(t)$$

考虑 $d\tau_i(t)/dt = v_i/c$ 的情况,其中 c 是光速(也就是说,第 i 条路径的传播长度以速率 v_i 随时间变化),则多普勒频移由 $D_i = f_c v_i/c$ 给出。在多径环境中,信道可能包含经历不同频移的多个路径。因此,我们定义不同路径的多普勒频移之间的最大差值为所谓的多普勒扩展(Doppler spread),即

$$D_s = \max_{i,j}|D_i - D_j| \tag{2.23}$$

由于第 i 条路径的相位,即 $\phi_{i,b}(t)$,每 $1/(4D_i)$ 秒旋转 $\pi/2$,那么由多条路径组成的脉冲响应 $h_b(\tau,t)$,每间隔 $1/(4D_s)$ 秒变化可能相当大。换句话说,我们认为等效信道脉冲响应与远短于 $1/(4D_s)$ 秒区间上的脉冲响应仍然大致相同。信道的相干时间定义为

$$T_c = 1/(4D_s)$$

在实际系统中,消息通常被编码成符号块,而编码往往取决于信道变化是否超过符号块变化。当相干时间 T_c 远远大于符号块的传输时间时,我们说,该系统正在经历慢衰落(slow fading)[或有时称为块衰落(block fading)]。在这种情况下,公式 (2.18) 中的信道系数 $h_\ell[n]$ 在整个符号块中常常被视为常数 h_ℓ。当 T_c 远小于符号块的传输时间时,我们说,该系统正在经历快衰落,在这种情况下,信道系数随每个符号周期变化。

通过观察 (2.22) 中的信道频率响应,你会发现,在任何给定的时间 t,存在频率 f_1 和 f_2,当 $|f_1 - f_2| = 1/(2|\tau_i(t) - \tau_j(t)|)$ 时,第 i 条路径和第 j 条路径之间的相位差以 π 为周期变化。这表明,由于多径在时间上扩展,快速频率响应也随不同的频率而变化。我们定义延迟扩展(delay spread)为不同路径传播延迟之间的最大差值,即

$$T_d = \max_{i,j}|\tau_i(t) - \tau_j(t)| \tag{2.24}$$

在这种情况下,我们可以说,信道的频率响应的会有频率相隔 $1/(2T_d)$ 的显著差异。因此,相干带宽可以被定义为

$$W_c = 1/(2T_d)$$

根据频域信道变化特征,如果相干带宽远远大于信号带宽,即 $W_c \gg W$,我们说,

该信道是平坦衰落(flat fading),否则是频率选择性衰落(frequency selective fading)。对于平坦衰落,离散时间信道[式(2.18)]可以简化成一个抽头输出,这样接收到的信号可以表示为

$$y[n] = h[n]x[n] \qquad (2.25)$$

对于频率选择性衰落,信道用式(2.18)中的多抽头输出来表示。

衰落系数统计模型

由于环境中存在大量的不确定性,给定信道每个抽头即式(2.18)中的系数 $h_\ell[n]$ 的分布,对于对信道进行统计建模是方便的。为简单起见,在本节中我们假定,该信道抽头是独立同分布的(i.i.d)。更通用的模型是考虑信道抽头之间的关联性,这可以在参考文献[16]中找到。特别地,一个具有大量散射环境的多径衰落可以被看作大量独立非视距(NLOS)分量的汇集。如果发射机和接收机之间的视距路径不存在,则式(2.19)中的离散信道的每个抽头的脉冲响应将是大量的 i.i.d 复数随机变量的叠加。因此,通过中心极限定理,信道系数实部和虚部近似为 i.i.d 零均值高斯随机变量。在这种情况下,接收信号包络将呈现瑞利分布,PDF 为

$$f(x) = \frac{2x}{\Omega}\exp\left(-\frac{x^2}{\Omega}\right), \ x \geqslant 0 \qquad (2.26)$$

式中,Ω 是由路径损耗和阴影效应决定的平均接收功率,接收信号的功率是均值为 Ω 的指数分布。

如果存在一条很强的 LOS 路径,信道系数的实部和虚部又将是 i.i.d 高斯分布,但均值不再是零。因此,接收信号的振幅是 PDF 的莱斯分布[24]

$$f(x) = \frac{2x(K+1)}{\Omega}\exp\left(-K - \frac{(K+1)x^2}{\Omega}\right)I_0\left(2x\sqrt{\frac{K(K+1)}{\Omega}}\right), \ x \geqslant 0 \qquad (2.27)$$

式中,Ω 是莱斯衰落的平均接收功率,K 是莱斯分布因子,$I_0(x)$ 是零阶一类修正贝塞尔函数,其定义为

$$I_0(x) = \frac{1}{2\pi}\int_0^{2\pi} e^{x\cos\theta} d\theta$$

一个能更好地适合不同环境的实验测量的更通用信道模型是 Nakagami 衰落模型[19]。在所谓的 Nakagami-m 衰落信道中,接收信号的包络为

$$f(x) = \frac{2m^m x^{2m-1}}{\Gamma(m)\Omega^m}\exp\left(-\frac{mx^2}{\Omega}\right), \ x \geqslant 0, \qquad (2.28)$$

式中,$m \geqslant 0.5$ 是衰落参数,Γ 是 γ 函数。当 $m = 1$ 时,Nakagami 分布简化成瑞利分

布;当 $m = \infty$ 时,等效于没有衰落的情况,即一个确定性信道。本书中,在关于协作系统的许多分析中我们使用瑞利衰落为代表性场景。这些分析中的大部分已由文献中的 Nakagami 或其他衰落模型完成。当这些主题出现时(参考第 4 章),读者可以参考合适的文献。

2.2　采用空间分集技术

在无线系统中,传输失败大多发生在信道深衰落情况下,导致所谓的通信中断。为了克服这个影响,我们可以在空间、时间和频率方面利用不同的分集技术来解决。由于空间分集是协作分集的基础,本节我们将集中讨论空间分集概念,协作分集将在全书中讨论。当发射机或接收机有多个天线时,可以利用空间分集。让我们考虑平坦衰落的场景,此时在时间段内没有符号间干扰发生,并且假设天线位置互相间隔相当远以至于不同发射机和接收机之间的信道系数是统计独立的。在发射机端预编码或者在目的节点合并信号都可以获得空间分集增益。下面,我们将这些技术使用在三个不同场景,即单输入多输出(SIMO)系统、多输入单输出(MISO)系统和多输入多输出(MIMO)系统。这些技术可以被延伸到其他维度的分集系统,如多径或频率选择性情况。

2.2.1　单输入多输出(SIMO)系统

当接收机装有多根天线时,我们可以在接收机端利用空间分集以增强系统性能。考虑这样一个系统,一个单天线发射机发射数据到有 N_r 根天线的接收机,如图 2.4 所示。设 $x[n]$ 是第 n 个符号周期发射的符号并设 $\mathbf{E}[|x[n]|^2] = 1$。接收机的第 k 根天线在第 n 个符号周期接收的信号可以表示为

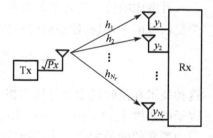

图 2.4　SIMO 系统图示

$$y_k[n] = \sqrt{P}h_k x[n] + w_k[n] \quad (2.29)$$

式中,P 是发射功率,h_k 是第 k 根接收天线观察到的信道系数,$w_k[n] \sim \mathcal{CN}(0, \sigma_k^2)$ 是第 k 根天线的白高斯噪声(AWGN)。信道系数 h_k 可以写成幅度 $|h_k|$ 和相位 ϕ_k 的形式,这样对 $k = 1, 2, \cdots, N_r$

$$h_k = |h_k| e^{j\phi_k}$$

在第 k 根天线的 SNR 被定义成

$$\gamma_k \triangleq \frac{P|h_k|^2}{\sigma_k^2} \qquad (2.30)$$

假设瞬时信道状态信息(CSI),即信道系数集合 $\{h_1, h_2, \cdots, h_{N_r}\}$ 在接收端已知。在执行信号检测前,接收机线性地合并接收符号 $y_1[n]$, $y_2[n]$, $\cdots$, $y_{N_r}[n]$,权重因子分别是 α_1, α_2, $\cdots$, α_{N_r},如图 2.5 所示,可以获得信号

$$z[n] = \sum_{k=1}^{N_r} \alpha_k y_k[n]$$

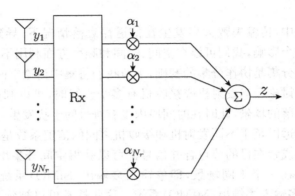

图 2.5 SIMO 系统中线性合并器图示

权重因子的值可以根据不同的信号合并技术[3-5, 22]决定。一些共同的技术在下面介绍。

等增益合并(EGC)

常考虑的技术是等增益合并(EGC),即 N_r 根天线接收到的每个信号乘以一个复权重因子,以补偿信道的相位转动。复权重因子为

$$\alpha_k = \mathrm{e}^{-j\phi_k}, \text{ 对于 } k = 1, 2, \cdots, N_r \tag{2.31}$$

这种技术在接收机中获得相位相干,因此大大地增加了接收信号强度。注意,权重因子的幅度 $|\alpha_1|$, $|\alpha_2|$, $\cdots$, $|\alpha_{N_r}|$ 是相同的,不取决于所有链路的 SNR 值。与后面要介绍的最大合并比(MRC)方案相比,这简化了方案的复杂性。等增益合并器(EGC)的输出由下式给出

$$
\begin{aligned}
z_{\mathrm{EGC}}[n] &= \sum_{k=1}^{N_r} \alpha_k y_k[n] \\
&= \sum_{k=1}^{N_r} \mathrm{e}^{-j\phi_k} \left(\sqrt{P} \mid h_k \mid \mathrm{e}^{j\phi_k} x[n] + w_k[n] \right) \\
&= \sqrt{P} \left(\sum_{k=1}^{N_r} \mid h_k \mid \right) x[n] + \sum_{k=1}^{N_r} \mathrm{e}^{-j\phi_k} w_k[n]
\end{aligned}
\tag{2.32}
$$

因此,等增益合并器输出端的最终 SNR 由下式给出

$$
\begin{aligned}
\gamma_{\text{EGC}} &= \frac{\mathbf{E}\left[\left|\sqrt{P}\left(\sum_{k=1}^{N_r}\mid h_k\mid\right)x[n]\right|^2\right]}{\mathbf{E}\left[\left|\sum_{k=1}^{N_r}\mathrm{e}^{-j\phi_k}w_k[n]\right|^2\right]}\\[2mm]
&= \frac{P\left(\sum_{k=1}^{N_r}\mid h_k\mid\right)^2\mathbf{E}[\mid x[n]\mid^2]}{\sum_{k=1}^{N_r}\mathbf{E}[\mid\mathrm{e}^{-j\phi_k}w_k[n]\mid]^2}\\[2mm]
&= \frac{P\left(\sum_{k=1}^{N_r}\mid h_k\mid\right)^2}{\sum_{k=1}^{N_r}\sigma_k^2}
\end{aligned}
\tag{2.33}
$$

EGC 的 SIMO 系统在瑞利衰落场景下的中断概率如图 2.6 所示。在此情况下,γ_{EGC} 的 PDF 不能获得闭型解,因此中断概率只能有数值解。在计算机仿真中,假设信道系数是零均值和单位方差的 i.i.d 循环对称高斯随机变量。假设在不同接收天线的噪声方差相同,这样 $\sigma_k^2 = \sigma_w^2$,$\forall k$。x 轴的 SNR 定义成 $\text{SNR} \triangleq P/\sigma_w^2$。决定中断事件的阈值定义为 $\gamma_0 = 1$。我们可以看到在图 2.6 中,由于接收信号同相(co-phasing),中断概率的衰减率将随接收天线的数量而增加,因此在接收机上利用空间分集。

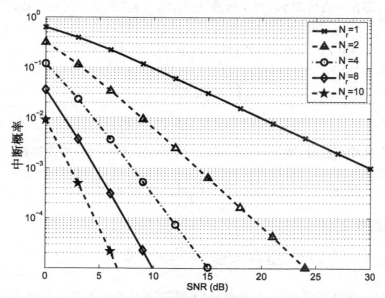

图 2.6　等增益合并方案的中断概率

选择合并(SC)

虽然 EGC 方案通过使信号同相,在接收机端极大地增加了 SNR,但实际上这时常很难达到,这是由于信道相位随时间迅速变化并且很难跟踪。当信号不能完全同相时,它们的附加项将会在空间分集中导致毁坏性的干扰和损耗。一种候选办法是采用选择合并(SC)方案,即在多根天线接收到的信号中,只有高 SNR 信号才被用于检测。在此情况下,权重因子可以表示为

$$\alpha_k = \begin{cases} 1, & \text{如果 } \gamma_k > \gamma_{k'}, \ \forall k' \neq k \\ 0, & \text{其他} \end{cases} \tag{2.34}$$

式中,$\gamma_k \triangleq P|h_k|^2/\sigma_k^2$。只有与高 SNR 天线关联的权重才等于 1,而其他天线等于零。选择合并器(SC)输出端的最终 SNR 等于

$$\gamma_{SC} = \max_{k=1,\cdots,N_r} \gamma_k \tag{2.35}$$

例如,让我们考虑瑞利衰落情况,设对所有 k,信道系数为均值为零且方差为 σ_h^2 即 $h_k \sim \mathcal{CN}(0, \sigma_h^2)$ 的 i.i.d. 复高斯分布。对所有 k,设信道增益 $|h_k|^2$ 是均值为 $E[|h_k|^2] = \sigma_h^2$ 的指数分布。令 $\sigma_1^2 = \cdots = \sigma_{N_r}^2 = \sigma_w^2$,在第 k 根天线上接收的 SNR,即 $\gamma_k \triangleq P|h_k|^2/\sigma_w^2$,也是均值为 $\bar{\gamma} = P\sigma_h^2/\sigma_w^2$ 的指数分布。PDF 为

$$f_{\gamma k}(\mu) = \frac{1}{\bar{\gamma}} e^{-\frac{u}{\bar{\gamma}}}, \ u \geq 0, \ \text{对于 } k = 1, 2, \cdots, N_r$$

中断概率,即在接收机端 γ_{SC} 低于所需 SNR(称为 γ_0)的概率可由下式计算:

$$\begin{aligned} \Pr(\gamma_{SC} \leq \gamma_0) &= \Pr\left(\max_k \gamma_k \leq \gamma_0\right) = \prod_{k=1}^{N_r} \Pr(\gamma_k \leq \gamma_0) \\ &= \prod_{k=1}^{N_r} (1 - e^{-\gamma_0/\bar{\gamma}}) \\ &= (1 - e^{-\gamma_0/\bar{\gamma}})^{N_r} \end{aligned} \tag{2.36}$$

当发射 SNR 相当高时,即 $\bar{\gamma} = P\sigma_h^2/\sigma_w^2 \gg 1$,中断概率可以按下式计算:

$$\Pr(\gamma_{SC} \leq \gamma_0) \approx \left(\frac{\gamma_0}{\bar{\gamma}}\right)^{N_r} = \gamma_0^{N_r} e^{-N_r \log\bar{\gamma}}$$

定义分集阶数为

$$d \triangleq -\lim_{\bar{\gamma} \to \infty} \frac{\log \Pr(\gamma \leq \gamma_0)}{\log \bar{\gamma}}$$

我们看到 SC 方案可以获得 N_r 阶分集,N_r 是接收天线的数量。在图 2.7 中,我们

展示了 SC 的 SIMO 系统的中断概率,其仿真参数由图 2.6 给出。我们确实可以观察到高 SNR 时获得的 N_r 阶分集。

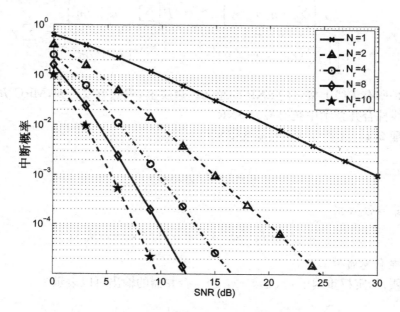

图 2.7　选择合并方案的中断概率

最大比合并(MRC)

虽然 EGC 和 SC 利用了信道状态信息(CSI)来决定它们的权重因子,但是在这些方案中使用的权重因子没有任何程度的优化。为了全部利用多根接收天线提供的空间分集,期望选择可最大化接收 SNR 的权重因子,从而减少中断概率。完成这个任务的方案称作最大比合并(MRC)方案。特别地,如给予瞬时 CSI,最大比合并器(MRC)的权重因子按下式给出

$$\alpha_k = h_k^* / \sigma_k^2 = |h_k| \, \mathrm{e}^{-j\phi_k} / \sigma_k^2, \text{ 对于 } k = 1, 2, \cdots, N_r \qquad (2.37)$$

这里,按照它们的本地信道质量决定信号权重因子并在接收机端调整相位同步以获得信号的加性相干相位。MRC 的输出由下式给出

$$
\begin{aligned}
z_{\mathrm{MRC}}[n] &= \sum_{k=1}^{N_r} \alpha_k (\sqrt{P} h_k x[n] + w_k[n]) \\
&= \sqrt{P} \left(\sum_{k=1}^{N_r} \alpha_k h_k \right) x[n] + \sum_{k=1}^{N_r} \alpha_k w_k[n] \\
&= \sqrt{P} \left(\sum_{k=1}^{N_r} \frac{|h_k|^2}{\sigma_k^2} \right) x[n] + \sum_{k=1}^{N_r} \frac{h_k^*}{\sigma_k^2} w_k[n] \qquad (2.38)
\end{aligned}
$$

最终 SNR 按下式计算

$$\gamma_{\mathrm{MRC}} = \frac{P\left(\sum_{k=1}^{N_r} \mid h_k \mid^2/\sigma_k^2\right)^2}{\mathbf{E}\left[\left|\sum_{k=1}^{N_r}(h_k^*/\sigma_k^2)w_k[n]\right|^2\right]} = \frac{P\left(\sum_{k=1}^{N_r} \mid h_k \mid^2/\sigma_k^2\right)^2}{\sum_{k=1}^{N_r} \mid h_k \mid^2/\sigma_k^2} = \sum_{k=1}^{N_r}\gamma_k \quad (2.39)$$

本质上是所有天线上接收的 SNR 的总和。事实上,我们可以看到,MRC 方案可以在所有线性合并技术中获得最大 SNR。

定理 2.1 线性合并器的输出 SNR

$$z[n] = \sum_{k=1}^{N_r}\alpha_k y_k[n]$$

用系数集合最大化

$$\alpha_k = c \cdot h_k^*/\sigma_k^2, \text{对于 } k=1,2,\cdots,N_r \quad (2.40)$$

式中,c 是任意常数。

证明:给定权重因子 $\alpha_1, \alpha_2, \cdots, \alpha_{N_r}$,合并器的输出可以表示为

$$z = \sum_{k=1}^{N_r}\alpha_k(\sqrt{P}h_k x + w_k) = \sqrt{P}\left(\sum_{k=1}^{N_r}\alpha_k h_k\right)x + \sum_{k=1}^{N_r}\alpha_k w_k$$

SNR 由下式给出

$$\gamma = \frac{P\left|\sum_{k=1}^{N_r}\alpha_k h_k\right|^2}{\sum_{k=1}^{N_r} \mid \alpha_k \mid^2\sigma_k^2} = \frac{P\mid\boldsymbol{\alpha}^T\mathbf{h}\mid^2}{\boldsymbol{\alpha}^H\boldsymbol{\Sigma}\boldsymbol{\alpha}} \quad (2.41)$$

式中,$\boldsymbol{\alpha} = [\alpha_1, \alpha_2, \cdots, \alpha_{N_r}]^T$, $\mathbf{h} = [h_1, h_2, \cdots, h_{N_r}]^T$, $\boldsymbol{\Sigma} = \mathrm{diag}(\sigma_1^2, \sigma_2^2, \cdots, \sigma_{N_r}^2)$。利用柯西-施瓦兹不等式,我们可以说明

$$\gamma = \frac{P\mid\boldsymbol{\alpha}^T\mathbf{h}\mid^2}{\boldsymbol{\alpha}^H\boldsymbol{\Sigma}\boldsymbol{\alpha}} = \frac{P\mid(\boldsymbol{\Sigma}^{1/2}\boldsymbol{\alpha}^*)^H(\boldsymbol{\Sigma}^{-1/2}\mathbf{h})\mid^2}{\mid\boldsymbol{\Sigma}^{1/2}\boldsymbol{\alpha}\mid^2}$$

$$\leqslant \frac{P\mid\boldsymbol{\Sigma}^{1/2}\boldsymbol{\alpha}\mid\boldsymbol{\Sigma}^{-1/2}\mathbf{h}\mid^2}{\mid\boldsymbol{\Sigma}^{1/2}\boldsymbol{\alpha}\mid^2} = P\mid\boldsymbol{\Sigma}^{-1/2}\mathbf{h}\mid^2 = \sum_{k=1}^{N_r}\gamma_k \quad (2.42)$$

当 $\boldsymbol{\alpha} = c\boldsymbol{\Sigma}^{-1}\mathbf{h}^*$ 时,c 是任意常数,等式成立。即对于 $k=1,\cdots,N_r$,当 $\alpha_k = c \cdot h_k^*/\sigma_k^2$ 时,SNR 最大。

设信道是均值为 σ_h^2 且噪声方差相等的 i.i.d. 瑞利分布,即 $\sigma_1^2 = \cdots = \sigma_{N_r}^2 = \sigma_w^2$。在此情况下,每个链路的 SNR 将是均值为 $\bar{\gamma} = P\sigma_h^2/\sigma_w^2$ 的 i.i.d. 指数分布。因此,

MRC 的输出端 SNR,即 $\gamma_{\mathrm{MRC}} = \gamma_1 + \gamma_2 + \cdots + \gamma_{N_r}$,可以建模成 $2N_r$ 自由度的卡方随机变量。γ_{MRC} 的均值和方差分别是 $N_r\bar{\gamma}$ 和 $2N_r\bar{\gamma}$。γ_{MRC} 的 PDF 可以写为

$$f_{\gamma_{\mathrm{MRC}}}(u) = \frac{u^{N_r-1}e^{-u/\bar{\gamma}}}{\bar{\gamma}^{N_r}(N_r-1)!},\ u \geqslant 0$$

因此,中断概率可以按下式计算

$$\Pr(\gamma_{\mathrm{MRC}} \leqslant \gamma_0) = \int_0^{\gamma_0} f_{\gamma_{\mathrm{MBC}}}(u)\,\mathrm{d}u = 1 - e^{-\gamma_0/\bar{\gamma}}\sum_{k=1}^{N_r}\frac{(\gamma_0/\bar{\gamma})^{k-1}}{(k-1)!} \qquad (2.43)$$

通过采用指数项的泰勒展开,这样

$$e^{-\gamma_0/\bar{\gamma}} = \sum_{k=0}^{\infty}\frac{(-1)^k(\gamma_0/\bar{\gamma})^k}{k!}$$

在式(2.43)中,对于 $0 \leqslant n \leqslant N_r-1$,$\gamma_0/\bar{\gamma}$ 的第 n 次幂的对应项可以按下式计算

$$-\sum_{k=0}^{n}\frac{(-1)^k(\gamma_0/\bar{\gamma})^k}{k!} \cdot \frac{(\gamma_0/\bar{\gamma})^{n-k}}{(n-k)!} = -\sum_{k=0}^{n}\frac{(-1)^k \cdot 1^{(n-k)}}{k!(n-k)!}\left(\frac{\gamma_0}{\bar{\gamma}}\right)^n$$
$$= -(-1+1)^n\left(\frac{\gamma_0}{\bar{\gamma}}\right)^n$$
$$= 0$$

相反,$\gamma_0/\bar{\gamma}$ 的第 N_r 次幂的对应项可以按下式计算

$$-\sum_{k=1}^{N_r}\frac{(-1)^k \cdot 1^{(N_r-k)}}{k!(N_r-k)!}\left(\frac{\gamma_0}{\bar{\gamma}}\right)^{N_r} = \left[-\sum_{k=1}^{N_r}\frac{(-1)^k \cdot 1^{(N_r-k)}}{k!(N_r-k)!} + \frac{1}{N_r!}\right]\left(\frac{\gamma_0}{\bar{\gamma}}\right)^{N_r}$$
$$= \frac{1}{N_r!}\left(\frac{\gamma_0}{\bar{\gamma}}\right)^{N_r}$$

因此,中断概率可以表示为

$$\Pr(\gamma_{\mathrm{MRC}} \leqslant \gamma_0) = \frac{1}{N_r!}\left(\frac{\gamma_0}{\bar{\gamma}}\right)^{N_r} + \mathcal{O}\left(\left(\frac{\gamma_0}{\bar{\gamma}}\right)^{N_r+1}\right) \qquad (2.44)$$

在高 SNR 时,即当 $\bar{\gamma} \gg 1$,式(2.44)中的首项占主要部分,因此中断概率可以进一步近似为

$$\Pr(\gamma_{\mathrm{MRC}} \leqslant \gamma_0) \approx \frac{\gamma_0^{N_r}}{N_r!}e^{-N_r\log\bar{\gamma}} = \left(\frac{\gamma_0}{(N_r!)^{1/N_r}P\sigma_h^2/\sigma_w^2}\right)^{N_r}$$

这表明,MRC 方案获得 N_r 阶分集,类似于 SC 方案。但是,可以获得 $(N_r!)^{1/N_r}$ 的编码增益,如果 MRC 方案得到同样的中断概率,则其幂方比 SC 方案需要的幂方少 $(N_r!)^{1/N_r}$ 倍。

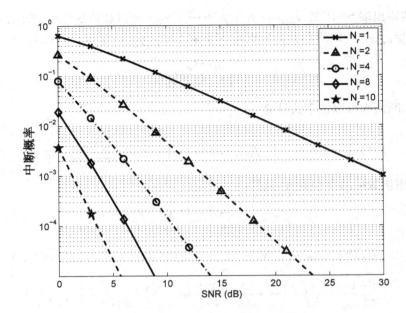

图 2.8　最大比合并方案的中断概率

　　在图 2.8 中,我们看到各种接收天线数量的 MRC 方案的中断概率。仿真参数与图 2.6 和图 2.7 中考虑的参数相同。通过比较 MRC 与 SC 方案获得的中断概率,可以看到,MRC 需要的幂方次数比 SC 方案少 $(N_r!)^{1/N_r}$,以获得同样的中断概率。换句话说,虽然两个方案都获得了同样的分集阶数,但 MRC 方案获得了 $\frac{10}{N_r}\log_{10}(N_r!)$ dB 的额外编码增益。这个编码增益是通过相干合并以及接收信号的权重优化获得的。这个优势随接收天线数量的增加而增加,可以在图 2.7 和图 2.8 曲线的比较中得到验证。此外,通过比较图 2.6 和图 2.8,可以看到,由于 EGC 和 MRC 方案在接收机端相干合并信号,它们的中断性能之间的区别仅在 1~2 dB 以内。

2.2.2　多输入单输出(MISO)系统

　　当发射机装有多根天线时,可以在多根发射天线之间分配数据符号,以便在发射机端利用空间分集。这里,我们考虑系统的发射机端有 N_t 根天线,接收机端只有 1 根天线,如图 2.9 所示。

　　令 $\{x[n]\}$ 是需要发射的数据序列,并假设数据符号是随时间推移的

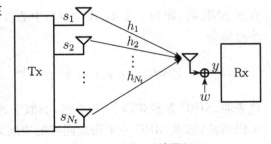

图 2.9　MISO 系统图示

零均值和单位方差 i.i.d.。根据特殊的发射分集方案,首先处理数据以形成发射符号矢量序列 $\{\mathbf{s}[n]\}$,其中 $\mathbf{s}[n] = [s_1[n], s_2[n], \cdots, s_{N_t}[n]]^T$ 是第 n 个符号周期 N_t 根天线上发射的矢量符号。假设发射的符号满足总功率约束

$$\mathbf{E}[\mid \mathbf{s} \mid^2] = \sum_{k=1}^{N_t} \mathbf{E}[\mid s_k[n] \mid]^2 \leqslant 1 \tag{2.45}$$

在第 n 个符号周期,接收机获得的信号由下式给出

$$y[n] = \sum_{k=1}^{N_t} \sqrt{P} h_k s_k[n] + w[n]$$

式中,P 是总的发射功率,$h_k \sim \mathcal{CN}(0, \sigma_h^2)$ 是第 k 根发射天线和接收机之间的信道系数,$w[n]$ 是均值为零且方差为 σ_w^2 的 AWGN。

根据发射机端不同层次的 CSI,需要不同的信号处理技术来利用空间分集。这些技术在下面介绍。

发射波束成形(完全 CSI)

在发射波束成形情况下,每个符号期的数据乘以权重系数集以在传输前预补偿信道效应。发射波束成形(或更一般的线性预编码方案)的说明在图 2.10 中给出。

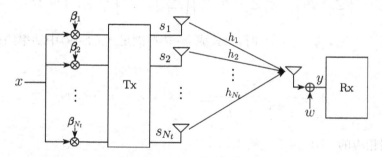

图 2.10　在 MISO 系统中的线性预编码(例如,发射波束成形)

令 $\beta_1, \beta_2, \cdots, \beta_{N_t}$ 是分别施加在 N_t 根天线上的权重因子。在第 k 根天线上发射的信号是

$$s_k[n] = \beta_k x[n]$$

式中,传输功率是

$$P_k = \mathbf{E}[\mid \sqrt{P} s_k[n] \mid^2] = P \cdot \mid \beta_k \mid^2$$

用线性预编码发射符号,在接收机端观察到的信号可以写为

$$y[n] = \sum_{k=1}^{N_t} \sqrt{P} h_k \beta_k x[n] + w[n] \tag{2.46}$$

在接收机端对应的 SNR 由下式给出

$$\gamma = \frac{P \left| \sum_{k=1}^{N_t} h_k \beta_k \right|^2}{\sigma_w^2} \qquad (2.47)$$

当完全瞬时 CSI（即信道系数 $\{h_k\}_{k=1}^{N_t}$）在发射机端可得到，权重系数集合 $\{\beta_k\}_{k=1}^{N_t}$ 可被选择以最大化在式（2.47）中给出的接收 SNR，满足式（2.45）中给出的功率约束[14]。优化问题可以按如下方式构成

$$\max_{\beta_1, \cdots, \beta_{N_t}} \frac{P \left| \sum_{k=1}^{N_t} h_k \beta_k \right|^2}{\sigma_w^2} \qquad (2.48)$$

$$满足 \quad \sum_{k=1}^{N_t} |\beta_k|^2 \leqslant 1 \qquad (2.49)$$

同定理 2.1 的证明相似，我们可以说明，通过利用柯西-施瓦兹不等式，有

$$\left| \sum_{k=1}^{N_t} h_k \beta_k \right|^2 \leqslant \left(\sum_{k=1}^{N_t} |h_k|^2 \right) \left(\sum_{k=1}^{N_t} |\beta_k|^2 \right) = \sum_{k=1}^{N_t} |h_k|^2$$

当 $k = 1, \cdots, N_t$，$\beta_k = c \cdot h_k^*$ 时，等式成立。选择满足式（2.49）中功率约束的 c，得到

$$\beta_k = \frac{h_k^*}{\sqrt{\sum_{k'=1}^{N_t} |h_{k'}|^2}}, \quad 对于 k = 1, \cdots, N_t \qquad (2.50)$$

接收机端相应的 SNR 由下式给出

$$\gamma_{BFM} = \frac{P \left| \sum_{k=1}^{N_t} \frac{h_k h_k^*}{\sqrt{\sum_{k'=1}^{N_t} |h_{k'}|^2}} \right|^2}{\sigma_w^2} = \sum_{k=1}^{N_t} \frac{P |h_k|^2}{\sigma_w^2} \qquad (2.51)$$

注意，发射波束成形获得的 SNR 等于每根发射天线和接收天线之间的 SNR 之和，就像每根发射天线在不同时间瞬时轮流发射到接收机并在每次传输中利用全功率 P。这说明与 SISO 系统相比，发射波束成形能够获得 N_t 倍的性能增益。值得注意的是，发射波束成形获得的 SNR 与 SIMO 系统中 MRC 获得的 SNR 相同，因此中断性能也是同样的。事实上，采用发射机端的完全 CSI，MISO 系统可以看作一个双 SIMO 系统，因此发射波束成形也可以称作发射 MRC 方案。

虽然发射波束成形在 SNR 上能获得很大增益，但在发射机端的瞬时 CSI 需求

阻碍了它在实际系统中的使用。为了解决这些问题,在文献中的几项工作已完成。例如,完成这项任务的一个方式是让能估计 CSI 的接收机计算优化波束成形系数并通过专门的反馈信道把它发送到发射机。由于反馈信道的速率限制,优化波束成形系数的设置应该先被量化,再通过反馈信道[17, 18, 26, 38]被送出。应该设计矢量量化器(VQ)的码本,以精确地表示波束成形系数。应该用取决于信道时变的频率周期性地计算这些系数。当瞬时 CSI 不能获得即信道迅速变化时,可以改为根据信道统计特性(替代了瞬时实现)推导波束成形系数,这一问题在参考文献[25, 41]中进行讨论。

天线选择(局部 CSI)

假设发射机只能获得信道幅度信息而不是信道相位信息。这种情况在实际中也许会出现,这是由于相位变化比信道幅度变化快得多。因此,估计相位变化更难。没有精确的相位信息,不同天线发射的信号在接收机端无法同相。在这种情况下,也许更期望信号只在有最好信道的天线发射,以避免毁坏性的干扰。这被称作天线选择(antenna selection)方案[28, 29]。天线选择的概念与 SIMO 系统中的选择合并概念相似。

设第 k^* 根天线是经历了最高瞬时 SNR 的天线,即

$$k^* = \arg \max_k \frac{P \mid h_k \mid^2}{\sigma_w^2} \tag{2.52}$$

并可被选择发射,这样当 $k = k^*$ 时,$\beta_k = 1$;当 $k \neq k^*$ 时,$\beta_k = 0$。在此情况下,接收机获得的信号是

$$y[n] = \sqrt{P} h_{k^*} x[n] + w[n]$$

且最终 SNR 由下式给出

$$\gamma_{AS} = \frac{P \mid h_{k^*} \mid^2}{\sigma_w^2} = \max_k \frac{P \mid h_k \mid^2}{\sigma_w^2} \tag{2.53}$$

在 MISO 系统中天线选择方案的中断性能与 SIMO 系统中选择合并的中断性能是同样的,这是由于它们获得了同样的接收 SNR。实际上,信道只能在接收机端被估计,在接收机端才能完成天线选择并且有最好信道的天线的标记才能被反馈到发射机。

空时编码(无 CSI)

当发射机端没有信道信息时,空间分集不能被编码数据完全利用,因为空间分集只考虑了空间维度,像前面的线性预编码方案中那样,如传输波束成形和天线选择。但是,编码数据在空间和时间上可以利用空间分集,这就是所谓的空时编码(STC)方案。其关键思想可以通过著名的 Alamouti 码例子[1]说明,描述如下:

让我们考虑一个发射机有 $N_t = 2$ 根天线和接收机有一根天线的 MISO 系统。$x[1]$ 和 $x[2]$ 是两个连续的信息符号,在 $i = 1, 2$ 时,使 $\mathbf{E}[|x[i]|]^2 = 1$。通过使用 Alamouti 空时编码方案,在两个连续的符号周期,两根天线发射的码字可以写成

$$\mathbf{S} \triangleq \begin{bmatrix} s_1[1] & s_2[1] \\ s_1[2] & s_2[2] \end{bmatrix} = \begin{bmatrix} x[1] & x[2] \\ -x^*[2] & x^*[1] \end{bmatrix} \tag{2.54}$$

式中,在 $k = 1, 2$ 和 $n = 1, 2$ 时,$s_k[n]$ 是第 k 根天线发射的第 n 个符号。令 P 是每个符号周期的总发射功率。因为发射机端没有 CSI,我们假设 P 在发射天线之间被平均分配。接收机在这两个连续符号周期观察到的信号由下式给出

$$y[1] = \sqrt{\frac{P}{2}}(h_1 s_1[1] + h_2 s_2[1]) + w[1]$$

$$= \sqrt{\frac{P}{2}}(h_1 x[1] + h_2 x[2]) + w[1]$$

$$y[2] = \sqrt{\frac{P}{2}}(h_1 s_1[2] + h_2 s_2[2]) + w[2]$$

$$= \sqrt{\frac{P}{2}}(-h_1 x^*[2] + h_2 x^*[1]) + w[2] \tag{2.55}$$

式中,h_k 是第 k 根发射天线和接收机之间的信道系数,$w[n] \sim \mathcal{CN}(0, \sigma_w^2)$ 是 AWGN。注意,$y[2]$ 中的数据符号根据原始符号的复共轭获得。因此,通过采用 $y[2]$ 的复共轭,我们可以定义接收信号矢量为

$$\mathbf{y} = \begin{bmatrix} y[1] \\ y^*[2] \end{bmatrix} = \sqrt{\frac{P}{2}} \begin{bmatrix} h_1 & h_2 \\ h_2^* & -h_1^* \end{bmatrix} \begin{bmatrix} x[1] \\ x[2] \end{bmatrix} + \begin{bmatrix} w[1] \\ w^*[2] \end{bmatrix}$$

$$= \sqrt{\frac{P}{2}} \mathbf{Hx} + \mathbf{w} \tag{2.56}$$

其中

$$\mathbf{H} = \begin{bmatrix} h_1 & h_2 \\ h_2^* & -h_1^* \end{bmatrix} \tag{2.57}$$

是有效信道矩阵,$\mathbf{x} = [x[1], x[2]]^T$ 是数据符号矢量,$\mathbf{w} = [w[1], w^*[2]]^T$ 是有零均值和方差矩阵 $\mathbf{C}_w = \sigma_w^2 \mathbf{I}$ 的 AWGN 矢量。假设以等概率发射信号星座 χ^2 中的每个符号矢量 $\mathbf{x}$,那么关于 $\mathbf{x}$ 的最优决策可由最大似然(ML)检测器给出,检测到的符号矢量为

$$\hat{\mathbf{x}} = \arg\max_{\mathbf{x} \in \chi^2} f(\mathbf{y} \mid \mathbf{x}) = \arg\min_{\mathbf{x} \in \chi^2} \left\| \mathbf{y} - \sqrt{\frac{P}{2}} \mathbf{Hx} \right\|^2$$

这里，$f(\mathbf{y}\mid\mathbf{x})$ 是 $\mathbf{y}$ 关于 $\mathbf{x}$ 的条件密度函数。注意 ML 检测器简化为 AWGN 信道中的最小距离检测器。ML 检测器的一个缺点是，解码的复杂度随着数据矢量长度呈指数增长。然而，这个问题用 Alamouti STC 方案可以智能化地解决，式 (2.57)中的有效信道矩阵可被证明是正交的，即

$$\mathbf{H}^H\mathbf{H} = (\mid h_1\mid^2 + \mid h_2\mid^2)\mathbf{I}_{2\times2} \tag{2.58}$$

在这种情况下，我们可以用信道矩阵乘接收信号矢量来获得

$$\mathbf{z} = \mathbf{H}^H\mathbf{y} = \sqrt{\frac{P}{2}}\mathbf{H}^H\mathbf{H}\mathbf{x} + \mathbf{H}^H\mathbf{w}$$

$$= \sqrt{\frac{P}{2}}(\mid h_1\mid^2 + \mid h_2\mid^2)\mathbf{x} + \bar{\mathbf{w}} \tag{2.59}$$

式中，$\bar{\mathbf{w}} = \mathbf{H}^H\mathbf{w}$ 是一个零均值带协方差矩阵的高斯噪声矢量

$$\mathbf{C}_{\bar{\mathbf{w}}} = \mathbf{E}[\bar{\mathbf{w}}\bar{\mathbf{w}}^H] = \mathbf{E}[\mathbf{H}^H\mathbf{w}\mathbf{w}^H\mathbf{H}]$$

$$= \mathbf{H}^H(\sigma_w^2\mathbf{I}_{2\times2})\mathbf{H}$$

$$= \sigma_w^2(\mid h_1\mid^2 + \mid h_2\mid^2)\mathbf{I}_{2\times2} \tag{2.60}$$

注意：$\mathbf{z}$(用 $z[1]$ 和 $[2]$ 表示)的第一和第二项分别只取决于符号 $x[1]$ 和 $x[2]$，且噪声 $\mathbf{H}^H\mathbf{w}$ 的所有项是不相关的。因此，对 $\mathbf{x}$ 的联合 ML 检测可以去耦，成为用标量变量 $x[1]$ 和 $x[2]$ 执行的两个独立的 ML 检测。等效的最优 ML 检测器为

$$\hat{x}[1] = \arg\min_{x[1]\in\chi}\left|z[1] - \sqrt{\frac{P}{2}}(\mid h_1\mid^2 + \mid h_2\mid^2)x[1]\right|^2$$

和

$$\hat{x}[1] = \arg\min_{x[1]\in\chi}\left|z[2] - \sqrt{\frac{P}{2}}(\mid h_1\mid^2 + \mid h_2\mid^2)x[2]\right|^2$$

实现降低解码复杂度的关键是构造空时码，以获得正交的有效信道矩阵 $\mathbf{H}$。式(2.59)中每个数据符号的最终 SNR 可用下式计算

$$\gamma_{\text{Ala}} = \frac{P(\mid h_1\mid^2 + \mid h_2\mid^2)^2}{2\sigma_w^2(\mid h_1\mid^2 + \mid h_2\mid^2)} = \frac{P(\mid h_1\mid^2 + \mid h_2\mid^2)}{2\sigma_w^2}$$

$$= \frac{\gamma_1 + \gamma_2}{2} \tag{2.61}$$

与发射波束成形方案相比，Alamouti 方案获得的 SNR 减少一半。SNR 的降低是在预料之中的，这是由于在空时码方案中发射机不知道瞬时 CSI。对于瑞利衰落信道，SNR γ_{Ala} 可以建模为有 4 个自由度的卡方随机变量。因此，这表明当

$E[\gamma_1] = E[\gamma_2] = \gamma$ 时,中断概率近似按 $(1/\overline{\gamma})^2$ 衰减。这说明不需要 CSI 的瞬时信息,用 Alamouti STC 方案可实现二阶分集。此外,与 SISO 情况相比频谱效率无损失,这是由于在每个符号周期平均发射一个符号。

上述例子中,我们看到在空间和时间上用 STC 方案对数据符号进行编码可以获得空间分集,这样在不同符号周期每个符号可以在不同的天线上发射。文献中多数研究了两类空时编码,也就是空时分组编码(STBC)[1, 13, 15, 32]和空时网格编码(STTC)[33, 39]。在 STTC 中,发射符号从一个网格图生成,因此这些符号具有记忆性。在 STBC 中,数据符号被编码成一块一块的,并排成一个 $T \times N_t$ 码矩阵序列,每个码矩阵在 T 连续符号周期内由 N_t 根发射天线发射。STTC 和 STBC 的解码都由 ML 检测器(在 STTC 情况下使用 Viterbi 算法)实现,这需要较高的解码复杂度。

让我们更详细地考虑 STBC 方案,此时 M 个数据符号的每块被编码成一个 $T \times N_t$ 码字

$$\mathbf{S} \triangleq \begin{bmatrix} s_1[1] & s_2[1] & \cdots & s_{N_t}[1] \\ s_1[2] & s_2[2] & \cdots & s_{N_t}[2] \\ \vdots & \vdots & \ddots & \vdots \\ s_1[T] & s_2[T] & \cdots & s_{N_t}[T] \end{bmatrix} \tag{2.62}$$

在这里,N_t 是发射天线数,T 是整个时间的码字长度。每个码字必须满足发射功率约束 $E[\|\mathbf{S}\|_F^2] \leqslant T$,其中,$\|\mathbf{S}\|_F^2 = \sum_{i,j} |\mathbf{S}_{i,j}|^2$ 代表矩阵 $\mathbf{S}$ 的 Frobenius 范数。在这种情况下,STC 的编码率等于每信道使用的 M/T 符号,在式(2.54)给出的 Alamouti 码的情况下,它等于 1。让 $\mathbf{y} = [y[1], y[2], \cdots, y[T]]^T$ 是 T 符号周期接收信号的矢量,可由下式给出

$$\mathbf{y} = \sqrt{\frac{P}{N_t}} \mathbf{S}\mathbf{h} + \mathbf{w} \tag{2.63}$$

式中,$\mathbf{h} = [h_1, h_2, \cdots, h_{N_t}]^T$ 是在 N_t 根天线上的信道系数矢量,$\mathbf{w}$ 是一个相关矩阵为 $\sigma_w^2 \mathbf{I}_{T \times T}$ 的 $T \times 1$ 高斯白噪声矢量。当每个码字等概率发射时,最优解码方案由 ML 解码给出,即

$$\hat{\mathbf{S}} = \arg \min_{\mathbf{S} \in \mathcal{S}} \left\| y - \sqrt{\frac{P}{N_t}} \mathbf{S}\mathbf{h} \right\|^2 \tag{2.64}$$

式中,$\mathcal{S}$ 是所有可能的码字集合。ML 解码方法也可以容易地扩展到多个接收天线的情况。尽管 ML 解码是最优的,但整体上解码复杂度随 M 呈指数增长。

正如 Alamouti 码的例子所说明的,允许有效信道矩阵正交的码字可以减少解

码复杂度。这个通过列相互正交的码矩阵实现。这类 STBC 称为正交 STBC (OSTBC)[1, 32]。这类码中最著名的例子之一是前面提到的 Alamouti 码。对于码率为 1 的 OSTBC 设计，即 $N_t = T = M$（如 Alamouti 码），接收机端 SNR 可以写成

$$\gamma_{\mathrm{OSTBC}} = \frac{P}{N_t \sigma_w^2} \sum_{\ell=1}^{N_t} \mid h_\ell \mid^2$$

我们可以看到，通过 MIMO 系统中的 N_t 根发射天线，OSTBC 实现与发射波束成形相同的分集阶数，但 SNR 损失 $10\log_{10} N_t$ dB。此外，由于其正交设计，通过简单的线性变换，最佳 ML 解码可以去耦成标量 M 的 ML 解码操作，这要求复杂度仅仅随 M 线性增加。

尽管 OSTBC 理想情况下能够实现上面描述的全面分集，但对于任意数量的发射天线并不总是能够找到一个全速率和全分集的编码，尤其是当使用复杂星座时。事实已经表明，全速率全分集 OSTBC 仅存在在 $N_t = 2$ 时，即 Alamouti 码[32]。在更一般的情况下利用空间分集，你可以考虑其他可以实现更高速率的完整分集的 STC。下面，我们将介绍两个一般标准 STC 设计。

假设我们考虑式（2.62）给出的一般 STBC 矩阵，其具有式（2.64）给出的最优 ML 检测器。在这种情况下，$j \neq i$，$\mathbf{S}_i$ 和 $\mathbf{S}_j$ 之间成对错误概率（PEP），即当 $\mathbf{S}_i$ 被发射时接收机检测 $\mathbf{S}_j$ 的概率，由下式给出

$$\begin{aligned}
\Pr(\mathbf{S}_i \rightarrow \mathbf{S}_j \mid \mathbf{h}) &= \Pr\left(\left\| \mathbf{y} - \sqrt{\frac{P}{N_t}} \mathbf{S}_j \mathbf{h} \right\|^2 < \left\| \mathbf{y} - \sqrt{\frac{P}{N_t}} \mathbf{S}_i \mathbf{h} \right\|^2 \right) \\
&= \Pr\left(\left\| \mathbf{w} - \sqrt{\frac{P}{N_t}} (\mathbf{S}_j - \mathbf{S}_i) \mathbf{h} \right\|^2 < \| \mathbf{w} \|^2 \right) \\
&= Q\left(\sqrt{\frac{P \mathbf{h}^H \mathbf{D}_{i,j} \mathbf{h}}{2 N_t \sigma_w^2}} \right) \\
&\leqslant \exp\left(-\frac{P \mathbf{h}^H \mathbf{D}_{i,j} \mathbf{h}}{4 N_t \sigma_w^2} \right)
\end{aligned} \tag{2.65}$$

式中，$\mathbf{D}_{i,j} = (\mathbf{S}_j - \mathbf{S}_i)^H (\mathbf{S}_j - \mathbf{S}_i)$ 是码字对 $\mathbf{S}_i$ 和 $\mathbf{S}_j$ 之间的非负定距离矩阵。式（2.65）中的不等式是由 $Q(x) \leqslant e^{-1/2 x^2}$ 这个条件得出。将 $\mathbf{D}_{i,j}$ 的特征值分解表示为 $\mathbf{D}_{i,j} = \mathbf{U} \mathbf{\Lambda} \mathbf{U}^H$，其中，$\mathbf{U}$ 是 $N_t \times N_t$ 酉矩阵，$\mathbf{\Lambda} = \mathrm{diag}(\lambda_1, \lambda_2, \cdots, \lambda_{N_t})$ 是非负项对角矩阵。然后，以信道实现为条件的 PEP 可以表示为

$$\Pr(\mathbf{S}_i \rightarrow \mathbf{S}_j \mid \mathbf{h}) \leqslant \exp\left(-\frac{P \mathbf{h}^H \mathbf{U} \mathbf{\Lambda} \mathbf{U}^H \mathbf{h}}{4 N_t \sigma_w^2} \right) = \prod_{\ell=1}^{N_t} \exp\left(-\frac{P \mid b_\ell \mid^2 \lambda_\ell}{4 N_t \sigma_w^2} \right) \tag{2.66}$$

式中，$\mathbf{b} = [b_1, b_2, \cdots, b_{N_t}]^T = \mathbf{U}^H \mathbf{h}$。假设信道系数是 i.i.d. 循环对称复杂高斯分

布,即 $\mathbf{h} \sim \mathcal{CN}(\mathbf{0}, \sigma_h^2 \mathbf{I}_{N_t \times N_t})$。由于 $\mathbf{b}$ 来自 $\mathbf{h}$ 的酉变换,所以 $\mathbf{b}$ 与 $\mathbf{h}$ 有相同的分布,因此 $\{\,|\,b\ell\,|^2, \forall \ell\}$ 为具有均值 σ_h^2 的 i.i.d. 指数分布。因此,信道统计的平均 PEP 由下式给出

$$
\begin{aligned}
\Pr(\mathbf{S}_i \to \mathbf{S}_j) &\leqslant \prod_{\ell=1}^{N_t} \mathbf{E}\left[\exp\left(-\frac{P\,|\,b_\ell\,|^2 \lambda_\ell}{4 N_t \sigma_w^2}\right)\right] \\
&= \prod_{\ell=1}^{N_t} \left[1 + \frac{P \lambda_\ell \sigma_h^2}{4 N_t \sigma_w^2}\right]^{-1}
\end{aligned}
\tag{2.67}
$$

在高信噪比条件下,PEP 上界可以近似为

$$
\Pr(\mathbf{S}_i \to \mathbf{S}_j) \lesssim \prod_{\ell=1}^{r} \left[\frac{P \lambda_\ell \sigma_h^2}{4 N_t \sigma_w^2}\right]^{-1} = \left(\frac{P \sigma_h^2}{4 N_t \sigma_w^2}\right)^{-r} \prod_{\ell=1}^{r} \lambda_\ell^{-1}
\tag{2.68}
$$

式中,r 是距离矩阵 $\mathbf{D}_{i,j}$ 的秩。当 SNR 增加时,从式(2.68)可以观察到,STC 方案的整体误差概率以不低于 $r_{\min}$ 的速率呈指数衰减,$r_{\min}$ 是所有不同码字对之间距离矩阵的最小秩。为优化 STC 的错误性能,基于 PEP 的两个设计准则如下[8]:

1. **秩准则**:STC 的设计应使得任何一对独特码字之间的距离矩阵的最小秩尽可能大。如果所有不同码字对的距离矩阵满秩,STC 能够获得最大的分集增益。

2. **判定准则**:STC 的设计应使得所有距离矩阵的非零特征值的最小积尽可能大。当距离矩阵满秩时,这等效于让所有不同码字对的距离矩阵的最小判定最大。

由于距离矩阵的最小秩决定了分集增益且非零特征值的积只影响编码增益,所以在设计空时编码时,应该把更多重点放在秩准则上。

2.2.3　多输入多输出(MIMO)系统

当发射机和接收机都装有多根天线时,发射机端的预编码和接收机端的信号组合都可以用来利用额外的自由度。假设发射机和接收机分别有 N_t 和 N_r 根天线,如图 2.11 所示。令 $s_1[n], s_2[n], \cdots, s_{N_t}[n]$ 是在第 n 个符号周期中在 N_t 根天线上同时发射的符号,并设

$$
\sum_{j=1}^{N_t} \mathbf{E}[\,|\,s_j[n]\,|^2] \leqslant 1
\tag{2.69}
$$

N_r 根接收天线观察到的信号可分别由以下式子给出

$$
\begin{aligned}
y_1[n] &= \sqrt{P}(h_{1,1} s_1[n] + h_{2,1} s_2[n] + \cdots + h_{N_t,1} s_{N_t}[n]) + w_1[n], \\
y_2[n] &= \sqrt{P}(h_{1,2} s_1[n] + h_{2,2} s_2[n] + \cdots + h_{N_t,2} s_{N_t}[n]) + w_2[n], \\
&\vdots \qquad \vdots \\
y_{N_r}[n] &= \sqrt{P}(h_{1N_r} s_1[n] + h_{2N_r} s_2[n] + \cdots + h_{N_t N_r} s_{N_t}[n]) + w_{N_r}[n]
\end{aligned}
$$

式中，P 是总发射功率，$h_{i,j}$ 是第 i 根发射天线和第 j 根接收天线之间的信道系数，$w_j[n] \sim \mathcal{CN}(0, \sigma_w^2)$ 是第 j 根接收天线上发生的 AWGN。

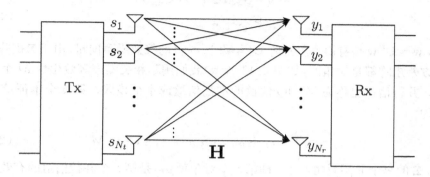

图 2.11　多输入多输出(MIMO)信道模型

令 $\mathbf{s}[n] = [s_1[n], s_2[n], \cdots, s_{N_t}[n]]^T$，$\mathbf{y}[n] = [y_1[n], y_2[n], \cdots, y_{N_r}[n]]^T$ 是 MIMO 信道的输入和输出向量。接收信号用向量形式表示，有

$$\mathbf{y}[n] = \sqrt{P}\mathbf{H}\mathbf{s}[n] + \mathbf{w}[n] \tag{2.70}$$

式中，$\mathbf{H}$ 是每个元素是 $[\mathbf{H}]_{ij} = h_{j,i}$ 的 $N_r \times N_t$ 信道矩阵，$\mathbf{w}[n] = [w_1[n], w_2[n], \cdots, w_{N_r}[n]]^T$ 是有零均值和协方差矩阵 $\sigma_w^2 \mathbf{I}_{N_r \times N_r}$ 的加性高斯白噪声向量。

在发射机和接收机有完全 CSI 同时，我们可以利用 $\mathbf{H}$ 的信息，分别在发射机和接收机端设计预编码方案和信号组合方案。假设 $\mathbf{H}$ 的秩是 M，在 $M \leqslant \min(N_t/N_r)$ 时，可以在一个时间发射 M 个符号，这样接收机能够成功地分离所有发射符号。我们对信道矩阵的采用奇异值分解(SVD)，得到

$$\mathbf{H} = \mathbf{U}\boldsymbol{\Sigma}\mathbf{V}^H \tag{2.71}$$

式中，在 $\mathbf{U}$ 和 $\mathbf{V}$ 是 $N_r \times N_r$ 和 $N_t \times N_t$ 酉矩阵，$\boldsymbol{\Sigma}$ 是降阶 $\mathbf{H}$ 的奇异值组成的 $N_r \times N_r$ 对角矩阵。由于 $\mathbf{H}$ 的秩是 M，在 $\boldsymbol{\Sigma}$ 的对角线上有 M 个非零奇异值，即 $\mu_1 \geqslant \mu_2 \geqslant \cdots \geqslant \mu_M$。

令 $\{x_1, x_2, \cdots, x_M\}$ 是发射符号集。假设 $\mathbf{H}$ 在发射机端是已知的，每个符号可以预编码为

$$s = \mathbf{V}\mathbf{x} \tag{2.72}$$

式中，$\mathbf{x} = [x_1, x_2, \cdots, x_M, 0, \cdots, 0]^T$ 满足发射功率约束

$$\mathbf{E}[\|\mathbf{s}\|^2] = \mathbf{E}[\|\mathbf{V}\mathbf{x}\|^2] = \mathbf{E}[\|\mathbf{x}\|^2] \leqslant 1$$

请注意，在这里我们已经丢弃了符号指数 n，这只是为了便于表示。在接收机端，我们利用 $\mathbf{H}$ 的奇异值分解来分开发射的符号。这可以通过下式实现

$$\begin{aligned}
\mathbf{z} = \mathbf{U}^H\mathbf{y} &= \mathbf{U}^H(\sqrt{P}\mathbf{H}\mathbf{s}+\mathbf{w}) \\
&= \sqrt{P}\mathbf{U}^H(\mathbf{U}\boldsymbol{\Sigma}\mathbf{V}^H)\mathbf{V}\mathbf{x}+\bar{\mathbf{w}} \\
&= \sqrt{P}\boldsymbol{\Sigma}\mathbf{x}+\bar{\mathbf{w}}
\end{aligned} \tag{2.73}$$

式中，$\bar{\mathbf{w}}=\mathbf{U}^H\mathbf{w}$ 是有协方差矩阵 $\mathbf{E}\left[\bar{\mathbf{w}}\bar{\mathbf{w}}^H\right]=\sigma_w^2\mathbf{I}$ 的等效噪声向量。由于 $\boldsymbol{\Sigma}$ 矩阵和 $\bar{\mathbf{w}}$ 的协方差矩阵都是对角的，如图 2.13 所示，我们用不相关噪声等效生成 M 个并行信道。并行信道也称为 MIMO 信道的本征信道或本征模式。第 k 个本征信道的输出为

$$z_k = \sqrt{P}\mu_k x_k + \bar{w}_k,\ \text{for } k=1,2,\cdots,M \tag{2.74}$$

因此，$\boldsymbol{\Sigma}$ 的每个非零对角元素，即第 k 个对角项 μ_k，是第 k 个并行信道的有效信道系数。使用 MIMO 传输方案，如果 $\mathbf{x}$ 中非零元素数量大于 $\mathrm{rank}(\mathbf{H})=M$，接收机不能接收到一些符号，这是由于发射机和接收机端的线性变换把这些符号 x_{M+1}，x_{M+2}，$\cdots$，x_{M_t} 映射到信道矩阵 $\mathbf{H}$ 的无效空间。在本征信道发射的符号可以被分配不同的功率和使用不同的速率编码。分配给不同本征信道的功率可以根据有效信道系数 $\{\mu_k\}$ 和基于不同优化准则进一步优化，如最大容量准则（参考 2.3 节）或最小成对错误概率准则等。

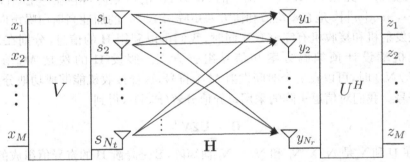

图 2.12　MIMO 信道中发射机端预编码和接收机端线性合并的图示

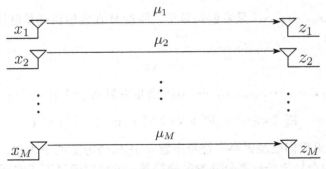

图 2.13　等效平行信道图示

假设任何两根发射天线之间或任何两根接收天线之间的距离够大,这样所有的信道系数都是独立分布的。更具体地说,对于 $i=1,2,\cdots,N_t$ 和 $j=1,2,\cdots,N_r$,$\{h_{i,j}\}$ 是有零均值和 $\sigma^2 h$ 方差的 i.i.d. 复杂圆对称高斯随机变量。接下来,我们将会看到当 CSI 在发射机和接收机端都可用时,$N_t \times N_r$ MIMO 信道能够实现 $N_t N_r$ 阶分集。给定 CSI,发射机能够应用上述奇异值分解技术把 MIMO 信道分解为 $M=\mathrm{rank}(\mathbf{H})$ 的正交本征信道。考虑一个极端的例子,一个公共的符号在所有本征信道上发射,即 $x_k = x/\sqrt{M}$,其中 $\mathbf{E}\left[\mid x\mid^2\right]=1$。所有本征信道收到的信号在接收机用 MRC 合并,输出端所得的 SNR 是

$$\gamma_{\mathrm{MIMO}} = \sum_{m=1}^{M} \frac{P\mid\mu_k\mid^2}{M\sigma_w^2} = \sum_{i=1}^{N_t}\sum_{j=1}^{N_r}\frac{P\mid h_{i,j}\mid^2}{M\sigma_w^2}$$

这是均值为 $\bar{\gamma}=\dfrac{P\sigma_h^2}{\sigma_w^2}$ 和自由度为 $2N_t N_r$ 的卡方分布。等式来自于,$\{\mid\mu_i\mid^2\}$ 的总和即 $\mathbf{H}\mathbf{H}^H$ 的特征值等于 $\mathbf{H}\mathbf{H}^H$ 的迹这样的事实依据。同式(2.44)类似,用泰勒展开后,相应的中断概率简化表示为

$$\Pr(\gamma_{\mathrm{MIMO}} \leqslant \gamma_0) = \frac{1}{(N_t N_r)!}\left(\frac{M\gamma_0}{\bar{\gamma}}\right)^{N_t N_r} + \mathcal{O}\left(\left(\frac{M\gamma_0}{\bar{\gamma}}\right)^{N_t N_r+1}\right) \quad (2.75)$$

在高信噪比模式,$\bar{\gamma}\gg1$,式(2.75)中的第二项可以消除,中断概率随信噪比衰减到 $N_t N_r$ 阶。因此,这表明当每个发射天线和接收天线之间的信道是 i.i.d. 时,MIMO 信道的分集阶数是 $N_t N_r$。

然而,当信道变化太快时,发射机认知瞬时 CSI 有时会被禁止。如果在发射机端可以得到信道系数统计,那么仍有可能利用信道系数的相关矩阵在发射机端和接收机端设计预编码器和解码器,允许的发射符号数量取决于相关矩阵的秩。当在发射机端不能得到 CSI 时,我们仍然可以在发射机端运用空时编码来利用空间分集,如MIMO系统中所示,而在接收机端以降低编码增益为代价。

2.3　无线信道容量

在本节中,我们研究无线信道在其香农容量[31]方面的基本限制,即以任意小错误概率,发射机和接收机之间可以实现的最大速率。信道容量时常被用来描述一个通信信道的限制。总的来说,对于一个输入 X 和输出 Y 的信道,其容量可以表示为[6,(7.1)]

$$C = \max_{p(x)} I(X;Y) \quad (2.76)$$

式中，$I(X;Y) \triangleq \mathbf{E}\left[\log_2\left(\frac{p(x,y)}{p(x)p(y)}\right)\right]$ 是 X 和 Y 之间的互信息。通过这个公式，当对所有可能的输入分布 $p(x)$ 优化时，信道容量可以看作对于输入信道，信道输出可以提供的最大信息量。

下面，我们将简要介绍 AWGN 和无线衰落信道的容量，然后扩展到多天线发射机和/或接收机的情况。

2.3.1 AWGN 信道容量

考虑单输入单输出 AWGN 信道，给出的输入输出关系是

$$y = \sqrt{P}x + w$$

式中，x 是单位功率约束 $\mathbf{E}\left[|x|\right]^2 \leqslant 1$ 的复杂信道输入，P 是发射机利用的发射功率，w 是接收机接收到的有零均值和 σ_w^2 方差的加性高斯噪声。在 AWGN 信道，给定输入 x，信道输出 y 是均值为 $\sqrt{P}x$ 和方差为 σ_w^2 的高斯分布。通过最大化整个输入分布的互信息，AWGN 信道的容量为

$$C = \max_{p(x)} I(X;Y)$$

$$= \log_2\left(1 + \frac{P}{\sigma_w^2}\right) \tag{2.77}$$

$$= \log_2(1 + \text{SNR}) \quad \text{每信道使用比特数} \tag{2.78}$$

其中，$\text{SNR} = P/\sigma_w^2$ 是发射机端的发射信噪比，在 AWGN 情况下它等于在接收机端的信噪比。由于信道容量是信噪比的函数，增加发射信噪比值可增强传输速率。

2.3.2 平坦衰落信道容量

考虑这样的无线衰落场景，如前面章节介绍的，由于路径损耗的影响、阴影和多径衰落效应，信道质量随时间和空间变化。为简单起见，这里我们考虑平坦衰落信道。由于信道系数是随机参数，衰落信道容量也是随机量。对于信道系数为 h 的给定信道实现，信道输出为

$$y = \sqrt{P}hx + w$$

式中，x 是有单位功率约束 $\mathbf{E}\left[|x|\right]^2 \leqslant 1$ 的信道输入，P 是发射功率，w 是零均值和 σ_w^2 方差的 AWGN。在给定信道状态 h 时，信道容量可以表示为

$$C = \log_2\left(1 + \frac{P|h|^2}{\sigma_w^2}\right) = \log_2(1 + \text{SNR}|h|^2) \tag{2.79}$$

进一步考虑到信道随机变量,我们可以考虑两个容量的测量,一个是各态历经容量(ergodic capacity),它是对多个信道状态的每个消息进行编码而获得的速率;另一个是中断容量(outage capacity),这是在中断概率约束下所获得的速率。这些测量在下面介绍。

各态历经容量

各态历经容量定义为对多个信道实现编码而获得的容量。对于高斯输入情况,各态历经容量可被表征成

$$
\begin{aligned}
C &= \mathbf{E}_{|h|^2}\left[\log_2(1 + \mathrm{SNR}\,|\,h\,|^2)\right] \\
&= \int_0^\infty f_{|h|^2}(u)\log_2(1 + \mathrm{SNR}u)\mathrm{d}u
\end{aligned}
\tag{2.80}
$$

当只能在接收机端获得 CSI 时,对足够大量的信道实现编码可以实现各态历经容量。当也能在发射机端获得 CSI 且传输功率固定时,各态历经容量将与只有接收机端 CSI 的情况一致。一般来说,用发射机端 CSI,功率可以随着时间的推移优化地分配,使用注水算法,进一步增加各态历经容量。然而,这样做没有明显的增益[12]。

中断容量

中断容量是通信技术在衰落信道中的另一个流行的性能测量。中断是接收机端不能可靠地解码消息的事件。从信息理论的角度看,给定传输速率 R 和信道实现 h,如果信道容量小于传输速率,即 $\log_2(1 + \mathrm{SNR}\,|\,h\,|^2) < R$,我们说发生中断。因此,信道实现 h 下的中断概率可以表示为传输速率的函数,由下式给出

$$
\begin{aligned}
p_{\mathrm{out}}(R) &\stackrel{\triangle}{=} \Pr(\log_2(1 + \mathrm{SNR}\,|\,h\,|^2) < R) \\
&= \Pr(\mathrm{SNR}\,|\,h\,|^2 < 2^R - 1)
\end{aligned}
\tag{2.81}
$$

ϵ 中断容量定义为衰落信道可以达到的最大传输速率,以至于中断概率小于 ϵ,即

$$
C_\epsilon = \underset{\{R: R \geqslant 0, \ p_{\mathrm{out}}(R) \leqslant \epsilon\}}{\arg\max} p_{\mathrm{out}}(R)
\tag{2.82}
$$

其中,$\epsilon \in [0, 1]$ 是常数阈值。

中断概率可以使用信道系数的 PDF 或接收信噪比计算。例如,在瑞利信道即信道系数的包络是瑞利分布的,接收信噪比 $\mathrm{SNR}\,|\,h\,|^2$ 随均值 $\mathrm{SNR}\,\sigma_h^2$ 呈指数分布,传输速率 R 给出的瑞利信道中断概率为

$$
\begin{aligned}
p_{\mathrm{out}}(R) &= \Pr(\mathrm{SNR}\,|\,h\,|^2 < 2^R - 1) \\
&= 1 - \exp\left(-\frac{2^R - 1}{\mathrm{SNR}\,\sigma_h^2}\right)
\end{aligned}
$$

一般情况下,可以从中断概率函数即 $p_{\mathrm{out}}^{-1}(\bullet)$ 的倒数获得中断容量,或者从中

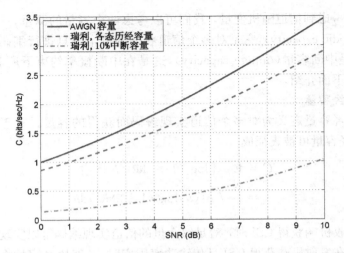

图 2.14 衰落信道的各态历经容量和中断容量以及 AWGN 信道的容量

断概率曲线的数值形式中找到。AWGN 信道的容量和瑞利衰落信道的各态历经容量及中断容量在图 2.14 中进行比较。衰落信道系数的方差设置为 1。我们可以看到,在瑞利衰落情况下,10% 中断容量远小于各态历经容量。然而,我们也可以看到,即使衰落信道和 AWGN 信道的平均信噪比相同,衰落信道的各态历经容量仍然劣于 AWGN 信道容量。这是因为,在衰落情况下,即使 SNR 有时较高,但由于对数函数为凹函数,在这些情况下的容量增益也不成比例。当比较两个容量表达式时,随之而来的是 Jensen 不等式。

从中断概率的定义看,当信道输入速率是 C_ϵ 时,可以完成可靠传输的中断概率为 ϵ。测量信道容量更为实际的做法是测量中断容量,这是由于中断容量对可靠通信提供了一定程度的保证。接下来,我们研究多发射和/或多接收天线信道的中断容量及各态历经容量。

2.3.3 多天线容量

考虑包含有单天线的发射机和有 N_r 根天线的接收机的 SIMO 系统。这里,我们假设在每个接收机端的 AWGN 是零均值和 σ_w^2 方差的 i.i.d 高斯分布。所有天线接收的信号可以使用 MRC 合并以达到最大接收 SNR。所得到的 SNR 由下式给出

$$\gamma = \sum_{k=1}^{N_r} \frac{P \mid h_k \mid^2}{\sigma_w^2} = \mathrm{SNR} \sum_{j=1}^{N_r} \mid h_k \mid^2$$

式中,$\mathrm{SNR} = P/\sigma_w^2$ 是发射机 SNR,h_k 是发射天线和第 k 根接收天线之间的信道系数。在衰落信道中,信道系数 $\{h_k\}_{k=1}^{N_r}$ 是随机的。给定信道系数集合 $\{h_1, h_2, \cdots, h_{N_r}\}$,SIMO 信道系统的信道容量为

$$C = \log_2 \left(1 + \text{SNR} \sum_{k=1}^{N_r} |h_k|^2 \right) \tag{2.83}$$

从瑞利衰落和莱斯衰落信道获得的接收信噪比分别具有中心和非中心卡方分布。
然后可以从接收 SNR 分布中得到各态历经容量或中断容量。瑞利衰落下 SIMO
信道的各态历经容量和 10% 中断容量分别在图 2.15 和 2.16 中说明。所有的信
道系数方差被设置为 1。图示表明信道容量随发射 SNR(以 dB 为单位)线性增加，
信道容量的增加速率相同，而与接收天线数无关。

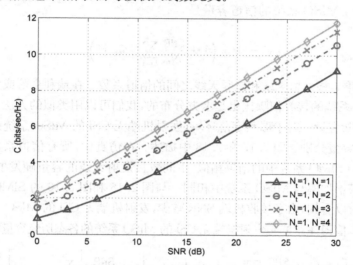

图 2.15　一个单输入多输出(SIMO)信道的各态历经容量

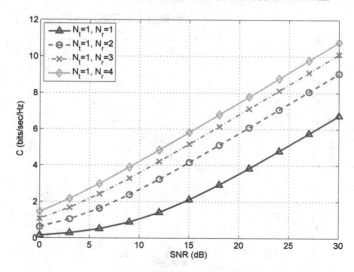

图 2.16　一个单输入多输出(SIMO)信道的中断容量

在有 N_t 根发射天线和一根接收天线的 MISO 系统中，发射信号在接收机端被线性合并，最大的接收 SNR 取决于 CSI 在发射机端的有效利用率。当发射机利用了完全 CSI 时，数据符号可以乘以一组波束成形因子以最大化接收 SNR。接收机端的 SNR 与 SIMO 系统上的接收 SNR 相同。因此，含有利用了完全 CSI 的发射机的 MISO 系统的各态历经容量和中断容量与图 2.15 和图 2.16 中 SIMO 系统的性能相同。另一方面，信道信息在发射机端不可用时，我们可以采用空时编码利用空间分集。最终的 SNR 是利用了完全 CSI 的发射机情况的 $1/N_t$ 倍。因此，给定信道系数 $\{h_k\}$，MISO 系统的信道容量是

$$C = \log_2\Big(1 + \frac{\text{SNR}}{N_t}\sum_{k=1}^{N_t} \mid h_k \mid^2\Big) \tag{2.84}$$

式中，h_k 是第 k 根发射天线和接收天线之间的信道系数。在瑞利衰落或莱斯衰落情况下，MISO 系统的接收信噪比也是卡方分布的，我们可以用类似的方法找到各态历经容量和中断容量。对于瑞利衰落环境，发射机端无 CSI 的 MISO 系统的各态历经容量和中断容量分别于图 2.17 和 2.18 中描述。在仿真中，所有信道系数的方差被设置为 1。与 SIMO 系统中的结果相似，不同数目发射天线的容量随发射 SNR 的增加而增加，其增加率与 MISO 系统中相同。与图 2.15 和图 2.16 的 SIMO 系统结果相比，我们可以看到，由于接收机端 SNR 减少，发射机端无 CSI 的 MISO 系统的容量降低。此外，值得注意的是发射机端无 CSI 的 MISO 系统的各态历经容量的上界为

$$\mathbf{E}\Big[\log\Big(1+\frac{\text{SNR}}{N_t}\sum_{k=1}^{N_t} \mid h_k \mid^2\Big)\Big] \leqslant \log\Big\{1+\frac{\text{SNR}}{N_t}\mathbf{E}\Big[\sum_{k=1}^{N_t} \mid h_k \mid^2\Big]\Big\}$$

$$= \log(1+\text{SNR}) = C_{\text{AWGN}}$$

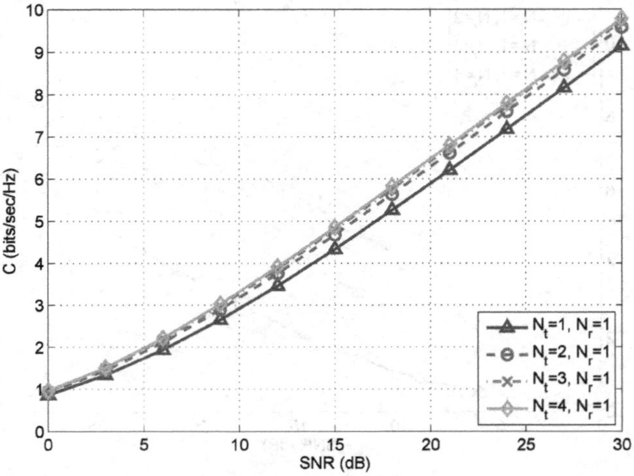

图 2.17 多输入单输出(MISO)信道的各态历经容量

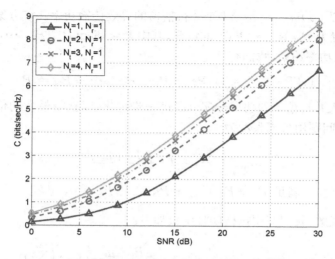

图 2.18 多输入单输出(MISO)信道的中断容量

在发射机和接收机分别具有 N_t 根天线和 N_r 根天线的 MIMO 系统中,信道容量也取决于发射机对 CSI 的利用率。当发射机有信道信息时,输入符号可被进一步设计以获得优化的传输速率。让我们考虑静态信道状态 $\mathbf{H}$,其中第 (j, i) 个元素 $\{\mathbf{H}\}_{j, i} = h_{i, j}$ 是第 i 根发射天线和第 j 根接收天线之间的信道系数。发射机端具有完全 CSI,则信道容量由下式给出[10, 34]

$$C = \max_{\mathbf{R}_s: \, \mathrm{Tr}(\mathbf{R}_s)=1} \log_2 \Big(\det \Big[\mathbf{I}_{N_r \times N_r} + \frac{P}{\sigma_w^2} \mathbf{H} \mathbf{R}_s \mathbf{H}^H \Big] \Big) \tag{2.85}$$

式中,$\mathbf{R}_s = \mathbf{E}[\mathbf{ss}^H]$ 是输入信号的协方差,$\mathrm{Tr}(\mathbf{R}_s) = 1$ 表示功率约束并对输入符号的半正定协方差矩阵进行优化。回想一下,在 2.2 节中,我们用信道矩阵的 SVD 把 MIMO 系统分解成一系列平行信道。使信道矩阵的 SVD 是 $\mathbf{H} = \mathbf{U}\boldsymbol{\Sigma}\mathbf{V}^H$,其中 $\mathbf{U}$ 和 $\mathbf{V}$ 是 $N_r \times N_r$ 和 $N_t \times N_t$ 酉矩阵,并且 $\boldsymbol{\Sigma}$ 是降阶奇异值构成的的对角矩阵。如图 2.12 和 2.13 所示,在发射机端发送预编码信号 $\mathbf{s} = \mathbf{Vx}$ 并在接收机端用 $\mathbf{z} = \mathbf{U}^H\mathbf{x}$ 解码,MIMO 信道被分解为 $M = \mathrm{rank}(\mathbf{H})$ 平行信道。第 k 个分解的信道可以表示为

$$z_k = \sqrt{P}\mu_k x_k + \overline{w}_k, \quad \text{对于 } k = 1, 2, \cdots, M$$

式中,μ_k 是第 k 个分解信道的有效信道系数,也是对角矩阵 $\boldsymbol{\Sigma}$ 的第 k 个元素。采用预编码和解码方案,预编码器输入 $\mathbf{x}$ 和解码器输出 $\mathbf{z}$ 之间的互信息等于 M 个并行信道容量的总和,即

$$I(\mathbf{x}; \mathbf{z}) = \sum_{k=1}^{M} \log_2 \Big(1 + \frac{P_k \mid \mu_k \mid^2}{\sigma_w^2} \Big) \tag{2.86}$$

式中，$P_k = \mathbf{E}[|\sqrt{P}x_k|^2]$ 是第 k 个并行信道的等效传输功率。该方案等效为输入协方差被设置为 $P \cdot \mathbf{R}_s = \mathbf{VPV}^H$ 的情况，其中 $\mathbf{P} = \mathrm{diag}(P_1, P_2, \cdots, P_M, 0, \cdots, 0)$。为了满足功率约束，我们有

$$\mathrm{Tr}(P \cdot \mathbf{R}_s) = \mathrm{Tr}(\mathbf{P}) = P_1 + P_2 + \cdots + P_M = P \tag{2.87}$$

M 个输入并行信道的功率分配可以进一步优化，以获得最大的信道容量。也就是说，优化问题用公式表示为

$$\max_{P_1, \cdots, P_M} \sum_{k=1}^{M} \log_2\left(1 + \frac{P_k |\mu_k|^2}{\sigma_w^2}\right),$$
$$\text{满足 } P_1 + P_2 + \cdots + P_M \leqslant P; P_k \geqslant 0, \ \forall k$$

为了找到最优解，我们使用拉格朗日函数如下：

$$\mathcal{L}(P_1, \cdots, P_M, \lambda) = \sum_{k=1}^{M} \log_2\left(1 + \frac{P_k |\mu_k|^2}{\sigma_w^2}\right) - \lambda\left(\sum_{k=1}^{M} P_k - P\right) \tag{2.88}$$

式中，λ 是为满足总功率约束设定的拉格朗日乘子。拉格朗日函数对 $P_1, P_2, \cdots, P_M$ 取一阶导数可以得到最优传输功率。此外，由于传输功率 $\{P_k, \forall k\}$ 是非负的，最优功率分配必须满足 Karush-Kuhn-Tucker(KKT) 条件，对于 $k = 1, \cdots, K$，如果 $P_k > 0$，有

$$\frac{\partial \mathcal{L}(P_1, \cdots, P_M, \lambda)}{\partial P_k} = 0$$

如果 $P_k = 0$，则

$$\frac{\partial \mathcal{L}(P_1, \cdots, P_M, \lambda)}{\partial P_k} \leqslant 0$$

更具体地，如果在 $P_k = 0$ 那点拉格朗日函数对 P_k 的一阶导数是负的，那么在 P_k 负值点拉格朗日函数取得最大值，而对于 $P_k \geqslant 0$，拉格朗日函数对 P_k 将单调递减。在这种情况下 P_k 的最优值是 0。否则，最优 P_k 是正的并且可以通过令一阶导数为零被找到。$\mathcal{L}(P_1, \cdots, P_M, \lambda)$ 对 P_k 的一阶导数为

$$\frac{\partial \mathcal{L}(P_1, \cdots, P_M, \lambda)}{\partial P_k} = (\log_2 e) \cdot \left(1 + \frac{P_k |\mu_k|^2}{\sigma_w^2}\right)^{-1} \cdot \frac{|\mu_k|^2}{\sigma_w^2} - \lambda \tag{2.89}$$

在 KKT 条件下，最优传输功率是

$$P_k = \begin{cases} 0, & \text{如果}(\log_2 e)|\mu_k|^2/\sigma_w^2 \leqslant \lambda \\ \dfrac{\log_2 e}{\lambda} - \dfrac{\sigma_w^2}{|\mu_k|^2}, & \text{其他} \end{cases}$$
$$= \left(\eta - \frac{\sigma_w^2}{|\mu_k|^2}\right)^+, \ k = 1, 2, \cdots, M \tag{2.90}$$

式中，$\eta = \log_2 e/\lambda$ 是一常量，满足式(2.87)和 $(x)^+ = \max(x, 0)$ 的总功率约束。η 的值可以用注水算法找到，见图 2.19。在式(2.90)中的最优解决方案称为注水解决方案。用最优预编码器和最优解码器，给出信道容量如下：

$$C = \sum_{k: P_k > 0} \log_2 \left(\frac{\eta \mid \mu_k \mid^2}{\sigma_w^2} \right) \qquad (2.91)$$

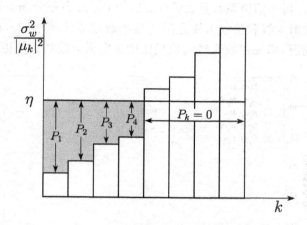

图 2.19　注水解决方案示意图

再次考虑衰落信道的例子，如果发射机知道瞬时信道状态 **H**，信道输入符号的协方差 $\mathbf{R}_s$ 总是可以被合理地调整来实现信道容量。因此，在发射机端有完全 CSI 的 MIMO 系统的各态历经容量为

$$C = \mathbf{E}_{\mathbf{H}} \left[\max_{\mathbf{R}_s: \operatorname{Tr}(\mathbf{R}_s)=1} \log_2 \left(\det \left[\mathbf{I}_{N_r \times N_r} + \operatorname{SNR} \mathbf{H} \mathbf{R}_s \mathbf{H}^H \right] \right) \right] \qquad (2.92)$$

如果发射机只知道信道分布，信道输入符号的协方差矩阵可以利用信道统计被设置以最大化平均信道容量。因此，在发射机端有统计 CSI 的 MIMO 系统的各态历经容量由下式给出

$$C = \max_{\mathbf{R}_s: \operatorname{Tr}(\mathbf{R}_s)=1} \mathbf{E}_{\mathbf{H}} \left[\log_2 \left(\det \left[\mathbf{I}_{N_r \times N_r} + \operatorname{SNR} \mathbf{H} \mathbf{R}_s \mathbf{H}^H \right] \right) \right] \qquad (2.93)$$

相反，如果发射机没有任何信道信息，那么通过 $\mathbf{R}_s = \frac{1}{N} \mathbf{I}_{N_t \times N_t}$ 可以简单地设置输入符号的协方差，而各态历经容量的结果是

$$C = \mathbf{E}_H \left[\log_2 \left(\det \left[\mathbf{I}_{N_r \times N_r} + \frac{\operatorname{SNR}}{N_t} \mathbf{H} \mathbf{H}^H \right] \right) \right] \qquad (2.94)$$

可以验证，在高信噪比状态下，各态历经容量可以近似为[10]

$$C \sim \min(N_t, N_r)\log_2 \mathrm{SNR} + \mathcal{O}(1) \qquad (2.95)$$

这意味着在发射机端没有 CSI 可以用的 MIMO 系统中,各态历经容量随发射信噪比(以 dB 为单位)以最小速率 (N_t, N_r) 线性增加。值得注意的是,由于 $\min(N_t, N_r) = 1$,MISO 系统中遍历容量的增加率不取决于发射天线数。对于发射机端没有 CSI 的MIMO系统而言,各种发射天线和接收天线数量的各态历经容量的比较如图 2.20 所示。每个信道系数是 $\mathcal{CN}(0, 1)$ 的 i.i.d. 高斯分布。可以观察到,各态历径容量随发射天线和接收天线之间的最小数量成比例增加。而且,对于发射机端无 CSI 的情况,增加接收天线的数量比增加发射天线的数量更有效。

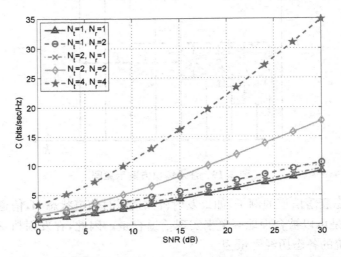

图 2.20   仅在接收机端可用 CSI 的多输入多输出(MIMO)信道的各态历经容量

2.4   分集复用折中

MIMO 无线通信的一种基本思想是分集增益和复用增益之间的内在折中。研究表明,提高分集增益就必须损失系统中某些可用的自由度并牺牲获得较高的传输速率的能力。同样地,为了实现传输速率的更快增加,对于发射功率,必须折中错误概率的指数衰减率。本节将介绍这些概念。

我们首先研究一个有瑞利衰落信道的简单 SISO 系统。接收机接收到的信号为

$$y[m] = \sqrt{P}hx[m] + w[m] \qquad (2.96)$$

式中,P 是传输功率;$h \sim \mathcal{CN}(0, 1)$ 是信道系数,它是一个复高斯随机变量;$w[m]$ 是零均值和 σ_w^2 方差的 AWGN;$x[m]$ 是具有单位功率约束的发射信号,即

$\mathbf{E}[\,|\,x[m]\,|^2\,] \leqslant 1$。假设发射符号以脉冲幅度调制(PAM)调制。例如,数据速率 $R=1$ bit/s/Hz 的 PAM 星座点是 $\{\pm 1\}$(即 BPSK 调制),平均误符号率(SER)由下式给出

$$p_e = \mathbf{E}_{|h|^2}\left[Q(\sqrt{2\,|\,h\,|^2\mathrm{SNR}})\right] = \frac{1}{2}\left(1-\sqrt{\frac{\mathrm{SNR}}{1+\mathrm{SNR}}}\,\right)$$

$$= \frac{1}{2}\left(1-\sqrt{\frac{(d/2)^2}{1+(d/2)^2}}\,\right) \qquad (2.97)$$

式中,$\mathrm{SNR} = P/\sigma_w^2$ 是发射 SNR,$d = 2\sqrt{\mathrm{SNR}}$ 是两个信号点之间的欧几里德距离。在一般情况下,对于一个速率为 R 的 PAM 调制,在星座图中有 2^R 个点,范围从 $-\sqrt{\mathrm{SNR}}$ 到 $+\sqrt{\mathrm{SNR}}$。当 R 很大时,任何两个星座点之间的最小距离可以近似为

$$D_{\min} \approx \frac{2\sqrt{\mathrm{SNR}}}{2^R}$$

速率为 R 的采用 PAM 调制的 SISO 系统的错误概率依据最小距离可以近似为

$$p_e \approx \frac{1}{2}\left(1-\sqrt{\frac{(D_{\min}/2)^2}{(D_{\min}/2)^2+1}}\,\right) = \frac{1}{2}\left(1-\sqrt{\frac{D_{\min}^2}{D_{\min}^2+4}}\,\right) \qquad (2.98)$$

在高信噪比情况下,最小距离 $D_{\min}$ 足够大时,通过泰勒近似,我们对式(2.98)中的错误概率作进一步近似得

$$p_e \approx \frac{1}{2}\left(1-\sqrt{\frac{D_{\min}^2}{D_{\min}^2+4}}\,\right) \approx \frac{1}{D_{\min}^2} = \frac{2^{2R-2}}{\mathrm{SNR}} \qquad (2.99)$$

从式(2.99)我们可以发现错误概率是数据速率 R 和 SNR 的函数。如果发射 SNR 增加到 4 倍(即 $P'=4P$),数据速率 R 不变,则最小距离被放大,错误概率被四等分,即 $p'_e = p_e/4$。另一方面,我们可以修正错误概率,即最小距离,并且我们可以把星座图中点的数量加倍,由此来增加传输速率,即 $R'=R+1$。因此,发射功率的增加要么降低错误概率到四分之一,要么使传输速率增加一倍。因此,传输速率提高 $\Delta R < 1$,通过使用在两种极端情况之中的分时,错误概率下降到 $p'_e > p_e/4$。由于数据速率增加接近一倍,我们用错误性能换取额外的数据速率。从这个例子可以中观察到,当发射 SNR 增加时,减少错误概率和增加数据速率之间需要折中。这个折中称为分集复用折中(DMT)。在对 DMT 进行一个更深层次的研究之前,让我们用数学定义分集增益和复用增益。

定义 2.1 用发射信噪比表示平均错误概率即,$p_e(\mathrm{SNR})$,系统的分集增益被定义为

$$d = - \lim_{\text{SNR} \to \infty} \frac{\log p_e(\text{SNR})}{\log \text{SNR}} \tag{2.100}$$

系统的分集增益表征了平均错误概率如何随信噪比减少。更具体地说,如果在高信噪比状态下一个通信系统实现分集增益 d,则平均错误差概率范围是

$$p_e(\text{SNR}) \sim c \cdot \text{SNR}^{-d}$$

其中,一些常数 c 与信噪比无关。就是说,在高信噪比状态下,增加发射信噪比 3 dB 实现了减少错误概率 $c \cdot 2^{-d}$。在文献中,式(2.100)中的错误概率有时用中断概率代替。过去两种概率都用于定义分集增益。例如,考虑采用 PAM 调制的 SISO 信道,最大的分集是 $D_{\max} = 1$,因为错误概率随式(2.99)给出的 SNR 的倒数衰减。在带有 N_t 根发射天线和 N_r 根接收天线的 MIMO 系统中,正如式(2.75)给出的,一般的最大分集增益为 $d_{\max}^* = N_t \times N_r$。

复用增益概念定义如下。

定义 2.2 可实现速率用发射信噪比表示,即 $R(\text{SNR})$,系统的复用增益被定义为

$$r = \lim_{\text{SNR} \to \infty} \frac{R(\text{SNR})}{\log \text{SNR}} \tag{2.101}$$

具体而言,在高信噪比状态下,带有复用增益 r 的通信系统的传输速率标记为

$$R(\text{SNR}) \sim r \cdot \log(\text{SNR})$$

换句话说,对于一个带有复用增益 r 的系统,发射信噪比每增加 3 dB 会导致传输速率增加 r bits/s/Hz。复用增益表征了传输速率随 $\log$ SNR 按比例增加,此时错误概率(或中断概率)的渐近衰减率不会改变。当在任何信噪比下错误概率不变时,可实现最大复用增益。例如,PAM 调制的 SISO 系统的最大复用增益 $r_{\max} = 1/2$。对于带有 N_t 根发射天线和 N_r 根接收天线且发射机端无 CSI 的 MIMO 信道,在高信噪比瑞利衰落场景下,各态历经容量由式(2.95)给出。这个各态历经容量可以被看作任意小错误概率下可达到的速率。从式(2.95)取近似值,MIMO 信道的最大复用增益等于

$$r_{\max}^* = \min(N_t, N_r)$$

当 $N_t = N_r = 1$ 时,最大复用增益是 1,这意味着 PAM 调制的未编码传输方案不能实现 SISO 信道的最高复用增益。

从 PAM 的例子中我们知道,我们不能同时获得最大分集增益和最大复用增益。对于一个给定了复用增益 $r \leqslant r_{\max}^*$ 的信道,高信噪比下的传输速率是 $R(\text{SNR}) = r \cdot \log \text{SNR}$,分集增益可以从系统的错误性能或中断性能得到。分集增益和复

用增益之间的数学关系定义如下。

定义 2.3　给定一个多路复用率 r，如果可得分集增益 $d(r)$，则在高信噪比条件下

$$R(\text{SNR}) = r \cdot \log(\text{SNR}) \tag{2.102}$$

并且

$$d(r) = -\lim_{\text{SNR}\to\infty} \frac{\log p_e(\text{SNR})}{\log \text{SNR}} \tag{2.103}$$

考虑 PAM 调制的 SISO 系统，例如，最大分集增益是 $d_{\max} = 1$ 且最大复用增益是 $r_{\max} = 1/2$。在这种情况下，通过这两种情况中的分时可获得 $r \leqslant 1/2$ 的复用增益。最终的分集增益为

$$d(r) = 1 - 2r, \ 0 \leqslant r \leqslant 1/2$$

对于一般的 MISO 系统，其瑞利衰落系数 $h \sim CN(0,1)$，给定速率 $R = r\log \text{SNR}$ 的错误概率为

$$\begin{aligned}
p_e &= \Pr\{\log(1 + |h|^2 \text{SNR}) < r\log \text{SNR}\} \\
&= \Pr\left\{|h|^2 < \frac{\text{SNR}^r - 1}{\text{SNR}}\right\} \\
&= 1 - \exp\left(-\frac{\text{SNR}^r - 1}{\text{SNR}}\right) \\
&\approx \frac{1}{\text{SNR}^{1-r}}
\end{aligned}$$

因此，一般 SISO 信道的最优分集复用折中在瑞利衰落环境下可表示为

$$d^*(r) = 1 - r, \ r \in [0,1] \tag{2.104}$$

对于一个有 N_t 根发射天线的 MISO 系统，错误概率衰减比一般 SISO 系统快 N_t 倍。MISO 系统的分集复用折中为

$$d^*(r) = N_t(1 - r), \ r \in [0,1]$$

在一个获得分集增益和复用增益之间关系的图上，可以找出点 $(r, d^*(r))$，$r \in (0,1)$。对于 SISO 系统和 MISO 系统，最优 DMT 只是一条直线。线的端点是最大分集增益点和最大多路复用增益点。

另一方面，对于有 N_t 根发射天线和 N_r 根接收天线的 MIMO 系统，证明可实现的分集复用折中是[40]

$$d^{*}(r) = (N_t - r)(N_r - r), \quad r = 0, 1, \cdots, \min(N_t, N_r) \qquad (2.105)$$

通过整个复用增益的分时,最大 DMT 的曲线是分段线性连接点

$$(r, (N_t - r)(N_r - r)), \quad r = 0, 1, \cdots, \min(N_t, N_r)。$$

随着 $r \to 0$,用非常低的复用增益实现最大分集增益 $N_t \times N_r$。当 $r \to \min(N_T, N_R)$ 时,我们得到最大复用增益,但分集增益为 0。此外,对于一个给定的分集阶数,当发射和接收天线数同时增加 1 时,复用增益仅增加 1。

参考文献

1. Alamouti, S. M. : A simple transmit diversity technique for wireless communications. IEEE Journal on Selected Areas in Communications **16**(8), 1451 – 1458 (1998)

2. Bernhardt, R. : Macroscopic diversity in frequency reuse radio systems. IEEE Journal on Selected Areas in Communications **5**(5), 862 – 870 (1999)

3. Beverage, H. H. , Peterson, H. O. : Diversity receiving system of RCA communications, inc. , for radiotelegraphy. In: Proceedings of IRE, pp. 531 – 561 (1931)

4. Brennan, D. : Linear diversity combining techniques. Proceedings of the IEEE **91**(2), 331 – 356 (2003)

5. Brennan, D. G. : On the maximal signal-to-noise ratio realizable from several noisy signals. In: Proceedings of IRE, p. 1530 (1955)

6. Cover, T. M. , Thomas, J. A. : Elements of Information Theory, 2 edn. Wiley-Interscience (2006)

7. Cox, D. , Murray, R. , Norris, A. : 800 MHz attenuation measured in and around suburban houses. AT&T Bell Laboratory Technical Journal **63**(6), 921 – 954 (1984)

8. Duman, T. M. , Ghrayeb, A. : Coding for MIMO Communication Systems, John-Wiley & Sons Ltd. (2007)

9. Erceg, V. , Greenstein, L. , Tjandra, S. , Parkoff, S. , Gupta, A. , Kulic, B. , Julius, A. A. , Bianchi, R. : An empirically based path loss model for wireless channels in suburban environments. IEEE Journal on Selected Areas in Communications **17**(7), 1205 – 1211 (1999)

10. Foschini, G. J. : Layered space-time architecture for wireless communication in a fading environment when using multi-element antennas. Bell System Technical Journal **1**, 44 – 59 (1996)

11. Goldsmith, A. : Wireless Communications. Cambridge University Press (2005)

12. Goldsmith, A. J. , Varaiya, P. P. : Capacity of fading channels with channel side information. IEEE Transactions on Information Theory **43**(6), 1986 – 1992 (1997)

13. Hassibi, B. , Hochwald, B. : High-rate codes that are linear in space and time. IEEE Transactions on Information Theory **48**(7), 1804 – 1824 (2002)

14. Jafar, S. A. , Goldsmith, A. : On optimality of beamforming for multiple antenna systems. In: Proc. on IEEE International Symposium on Information Theory (ISIT), pp. 321 (2001)

15. Jafarkhani, H. : A quasi-orthogonal space-time block code. IEEE Transactions on Communications **49**(1), 1 – 4 (2001)

16. Jakes, W. C. : Microwave Mobile Communications, 2 edn. IEEE Press (1994)

17. Love, D. J. , Heath, Jr. , R. W. , Strohmer, T. : Grassmannian beamforming for multiple-input multiple-output wireless systems. IEEE Transactions on Information Theory **49**(10), 2735 – 2747 (2003)

18. Mukkavilli, K. , Sabharwal, A. , Erkip, E. , Aazhang, B. : On beamforming with finite rate feedback in multiple-antenna systems. IEEE Transactions on Information Theory **49** (10), 2562 – 2579 (2003)

19. Nakagami, N. : The m-distribution, a general formula for intensity distribution of rapid fading. Statistical Methods in Radio Wave Propagation, Edited by W. G. Hoffman, Oxford, England (1960)

20. Owen, F. , Pudney, C. : Radio propagation for digital cordless telephones at 1700 MHz and 900 MHz. IEEE Electronics Letters **25**(1), 52 – 53 (1989)

21. Parsons, D. : The Mobile Radio Propagation Channel. Willey (1994)

22. Peterson, H. O. , Beverage, H. H. , Moore, J. : Diversity telephone receiving system of RCA communications, inc. In: Proceedings of IRE, pp. 562 – 584 (1931)

23. Rappaport, T. : Wireless Communications, 2nd edn. Prentice-Hall (2001)

24. Rice, S. : Mathematical analysis of random noise. AT&T Bell Laboratory Technical Journal **23**(2), 282 – 333 (1944)

25. Roh, J. C. , Rao, B. D. : Multiple antenna channels with partial channel state information at the transmitter. IEEE Transactions on Wireless Communications **3**(2), 677 – 688 (2004)

26. Roh, J. C. , Rao, B. D. : Transmit beamforming in multiple-antenna systems with finite rate feedback: a VQ-based approach. IEEE Transactions on Information Theory **52**(3), 1101 – 1112 (2006)

27. Rustako, Jr. , A. J. , Amiray, N. , Owens, G. , Roman, R. : Radio propagation at microwave frequencies for line-of-sight microcellular mobile and personal communications. IEEE Transactions on Vehicular Technology **40**(1), 203 – 210 (1991)

28. Sanayei, S. , Nosratinia, A. : Antenna selection in MIMO systems. IEEE Communications Magazine **42**(10), 68 – 73 (2004)

29. Sanayei, S. , Nosratinia, A. : Asymptotic capacity analysis of transmit antenna selection. In: Proc. on IEEE International Symposium on Information Theory (ISIT), pp. 241 (2004)

30. Seidel, S. , Rappaport, T. , Jain, S. , Lord, M. , Singh, R. : Path loss, scattering, and multipath delay statistics in four European cities for digital cellular and microcellular radio-telephone. IEEE Transactions on Vehicular Technology **40**(4), 721 – 730 (1991)

31. Shannon, C. E. : A mathematical theory of communication. Bell System Technical Journal

27(3), 379 – 423, 623 – 656 (1948)

32. Tarokh, V. , Jafarkhani, H. , Calderbank, A. : Space-time block codes from orthogonal designs. IEEE Transactions on Information Theory **45**(5), 1456 – 1467 (1999)

33. Tarokh, V. , Seshadri, N. , Calderbank, A. : Space-time codes for high data rate wireless communication: performance criterion and code construction. IEEE Transactions on Information Theory **44**(2), 744 – 765 (1999)

34. Telatar, I. E. : Capacity of multi-antenna Gaussian channels. European Transactions on Tele communications **10**(6), 585 – 595 (1999)

35. de Toledo, A. F. , Turkmani, A. M. D. : Propagation into and within buildings at 900, 1800, and 2300 MHz. In: Proc. on IEEE Vehicular Technology Conference (VTC), pp. 633 –636 (1992)

36. de Toledo, A. F. , Turkmani, A. M. D. , Parsons, J. D. : Estimating coverage of radio transmission into and within buildings at 900, 1800, and 2300 MHz. IEEE Personal Communications Magazine **5**(2), pp. 40 – 47 (1998)

37. Tse, D. , Viswanath, P. : Fundamentals of Wireless Communication. Cambridge University Press (2005)

38. Xia, P. , Giannakis, G. B. : Design and analysis of transmit-beamforming based on limited-rate feedback. IEEE Transactions on Signal Processing **54**(5), 1853 – 1863 (2006)

39. Yan, Q. , Blum, R. : Improved space-time convolutional codes for quasi-static slow fading channels. IEEE Transactions on Wireless Communications **1**(4), 563 – 571 (2002)

40. Zheng, L. , Tse, D. N. C. : Diversity and multiplexing: A fundamental tradeoff in multiple-antenna channels. IEEE Transactions on Information Theory **49**(5), 1073 – 1096 (2003)

41. Zhou, S. , Giannakis, G. : Optimal transmitter eigen-beamforming and space-time block coding based on channel mean feedback. IEEE Transactions on Signal Processing **50**(10), 2599 – 2613 (2002)

第3章 两用户协作传输方案

协作通信是指允许用户帮助发射彼此的消息到目的地的系统或技术。大多数协作传输方案包括两个传输阶段:一是协调阶段,用户与对方和/或目的地交换自己的源数据和控制信息;二是协作阶段,这时用户协作地重发他们的消息到目的地。一个基本的协作系统包括两个用户传输到一个共同目的地,见图3.1。在任何瞬时时间,一个用户作为源节点而其他用户作为中继节点。在协调阶段(即阶段Ⅰ),源用户向中继节点和目的节点广播其数据;在协作阶段(即阶段Ⅱ),中继节点(要么通过自身,要么通过与源节点协作)转发源数据,以增强在目的节点的接收。在不同的瞬时时间,两个用户也许会交换他们作为源节点和中继节点的角色。要在多个用户之间实现这种协作,需根据用户的相对位置、信道状况和收发器的复杂性而使用不同的中继技术。在本章中,我们将介绍一些基本的协作中继技术,如解码转发(DF)[18]、放大转发(AF)[18]、编码协作(CC)[10、12、14]、压缩转发(CF)[9、17、20、21]等。此外,为了实践目的,我们简要讨论如何在协作系统中进行信道估计以实现目的节点的相干检测。

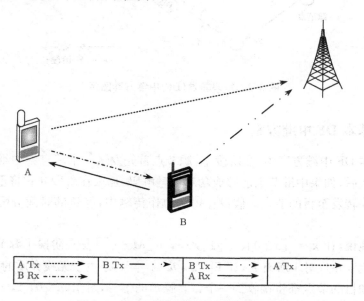

图3.1 一个两用户协作网络的简单协议

3.1 解码转发中继方案

解码转发(DF)中继方案是指这样的情况:中继节点对源节点发送的消息显式解码,然后转发一个新生成的信号到目的节点,如图 3.2 所示。该方案也被称为再生中继(regenerative relaying)方案,它在各种文献中被广泛地采用,包括常规多跳网络中涉及的那些文献。在本节中,我们将介绍三种 DF 中继方案:基本 DF 中继方案(基本 DF)、选择 DF 中继方案(选择 DF)和解调转发(DeF)中继方案。在基本 DF 中的阶段 II 是指派中继节点转发源消息,因为在阶段 I 它已经成功地对源消息进行了解码。然而,在选择 DF 中,如果中继节点在阶段 I 不能够成功地解码消息,在阶段 II 允许源节点自身重发消息。此外,由于有限的收发器能力或缺乏信道码本信息,中继节点不能完成信道解码或信道编码的情况下,可以采用 DeF 中继方案,此时中继节点一个符号接一个符号地先解调再转发消息。这些方案将在下面阐述。

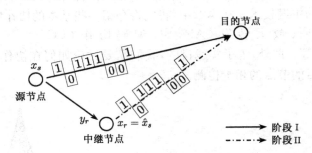

图 3.2 解码转发(DF)中继方案图示

3.1.1 基本 DF 中继方案

在基本 DF 中继方案中,在阶段 I,源节点首先发送一个消息给中继节点和目的节点。然后,如果中继节点能够成功对消息解码,那么在阶段 II 它将重新生成相同的消息并转发至目的节点。假设在每次协作传输中,等长的时间分配给阶段 I 和阶段 II。

具体地说,让 $\mathbf{x}_s = [x_s[0]、x_s[1], \cdots, x_s[M-1]]$ 是在阶段 I 源节点发送的长 M 的码字,并且对于所有 m,让 $\mathbf{E}[|x_s[m]|^2] = 1$。由于无线介质的广播特性,中继节点和目的节点都将接收到一个带有噪声的信号,对于 $m = 0, 1, \cdots, M-1$,分别为

$$y_r[m] = h_{s,r}\sqrt{P_s}x_s[m] + w_r[m] \tag{3.1}$$

$$y_d^{(1)}[m] = h_{s,d}\sqrt{P_s}x_s[m] + w_d^{(1)}[m] \tag{3.2}$$

这里,P_s 是源节点传输功率,$h_{s,r}$ 和 $h_{s,d}$ 分别是源节点到中继节点($s\text{-}r$) 和源节点到目的节点($s\text{-}d$) 链路的信道系数,$w_r[m] \sim \mathcal{CN}(0, \sigma_r^2)$ 和 $w_d^{(1)}[m] \sim \mathcal{CN}(0, \sigma_d^2)$ 分别是中继节点和目的节点的加性高斯白噪声(AWGN)。整个码字传输过程中假定信道保持恒定,但从块到块码字独立和等同地变化。对足够长的码字,可以采用信道编码定理并假定在中继节点解码是成功的,当且仅当传输速率不超过 $s\text{-}r$ 链路的容量时,容量由下式给出

$$C_{s,r}(\gamma_{s,r}) = \log_2(1 + \gamma_{s,r}) \quad \text{每信道使用比特数} \tag{3.3}$$

式中,$\gamma_{s,r} = P_s \mid h_{s,r} \mid^2 / \sigma_r^2$。如果所需平均端到端速率是 R,那么这个码字 $\mathbf{x}_s$ 必须用速率 $2R$ 编码,因为在整个传输过程中它会被发送两次(即一次由源节点发送,一次由中继节点发送)。在这种情况下,如果 $2R > C_{s,r}(\gamma_{s,r})$,$s\text{-}r$ 链接上将发生中断。

当中继节点能够正确解码消息,即当 $2R \leqslant C_{s,r}(\gamma_{s,r})$,它将使用相同的码本① 将消息重新编码成一个码字 $\mathbf{x}_r$,这样 $\mathbf{x}_r = \mathbf{x}_s$,而在阶段 II 重新发送消息到目的节点。因此,在阶段 II 目的节点收到的信号为

$$y_d^{(2)}[m] = h_{r,d}\sqrt{P_r}x_s[m] + w_d^{(2)}[m], \text{对于 } m = 0, 1, \cdots, M-1 \tag{3.4}$$

式中,P_r 是中继节点传输功率,$h_{r,d}$ 是中继节点到目的节点($r\text{-}d$) 链路的信道系数,$w_d^{(2)}[m] \sim \mathcal{CN}(0, \sigma_d^2)$ 是在阶段 II 的第 m 个符号周期目的节点的 AWGN。

在两阶段协作方案中,在目的节点收到消息的两个拷贝——一个在阶段 I [即式(3.2)],另一个在阶段 II [即式(3.4)]。当源节点和目的节点之间的距离很大时,$s\text{-}d$ 链路上接收到的信号可以忽略,因此在目的地这个信号可以被丢弃。然而,如果两个信号都有可比强度,在目的节点它们可被恰当地合并来提高检测性。接下来,我们称前者为无分集合并情况(即情况 I),后者为有分集合并情况(即情况 II)。下面分析这两种情况下的中断概率并且根据信道状态信息(CSI)的不同假定,推导源节点和中继节点之间的最优功率分配。

情况 I:无分集合并

在无分集合并情况下,目的节点检测仅仅基于阶段 II 时从中继节点接收的信号。该方案与常规的多跳(在这种情况下,或者是双跳)传输相同。在这种情况下,为了成功地在 $s\text{-}r$ 和 $r\text{-}d$ 两个链路传送一个码字,那么码字的速率一定会受到两个链路的容量的约束,即

---

① 在这种情况下,假设中继节点使用了与源节点同样的信道码本。涉及在源节点和中继节点有不同码本的信息理论研究将在第 5 章讨论。

$$2R \leqslant \min\{\log_2(1+\gamma_{s,r}),\ \log_2(1+\gamma_{r,d})\} \tag{3.5}$$

式中，$\gamma_{s,r} = P_s\mid h_{s,r}\mid^2/\sigma_r^2$，$\gamma_{r,d} = P_r\mid h_{r,d}\mid^2/\sigma_d^2$。因此，情况 I（无分集合并）端到端平均可达速率为

$$C_{\text{BasicDF},\ I}(\gamma_{s,r},\ \gamma_{r,d}) = \frac{1}{2}\min\{\log_2(1+\gamma_{s,r}),\ \log_2(1+\gamma_{r,d})\} \tag{3.6}$$

因此，当 $R > C_{\text{BasicDF},\ I}$ 时发生中断。

让我们考虑瑞利衰落场景，此时 $h_{s,r}$、$h_{r,d}$ 和 $h_{s,d}$ 是零均值且方差分别是 $\eta_{s,r}^2$、$\eta_{r,d}^2$ 和 $\eta_{s,d}^2$ 的独立循环对称复高斯随机变量。中断概率计算如下：

$$\begin{aligned}
p_{\text{out}} &= \Pr(\min\{\log_2(1+\gamma_{s,r}),\ \log_2(1+\gamma_{r,d})\} < 2R)\\
&= 1 - \Pr(\min\{\log_2(1+\gamma_{s,r}),\ \log_2(1+\gamma_{r,d})\} \geqslant 2R)\\
&= 1 - \Pr(\log_2(1+\gamma_{s,r}) \geqslant 2R,\ \log(1+\gamma_{r,d}) \geqslant 2R)
\end{aligned}$$

假设 $h_{s,r}$ 和 $h_{r,d}$ 是独立的且服从 $h_{s,r} \sim \mathcal{CN}(0,\ \eta_{s,r}^2)$ 和 $h_{r,d} \sim \mathcal{CN}(0,\ \eta_{r,d}^2)$ 分布，则 $\gamma_{s,r}$ 和 $\gamma_{r,d}$ 的指数分布平均值分别为

$$\bar{\gamma}_{s,r} \triangleq \frac{P_s\eta_{s,r}^2}{\sigma_r^2} \quad \text{和} \quad \bar{\gamma}_{r,d} \triangleq \frac{P_s\eta_{r,d}^2}{\sigma_d^2}$$

因此，中断概率可以进一步估计为

$$\begin{aligned}
P_{\text{out}} &= 1 - \Pr(\gamma_{s,r} \geqslant 2^{2R}-1)\Pr(\gamma_{r,d} \geqslant 2^{2R}-1)\\
&= 1 - \exp\left(-\frac{2^{2R}-1}{\bar{\gamma}_{s,r}}\right)\exp\left(-\frac{2^{2R}-1}{\bar{\gamma}_{r,d}}\right)
\end{aligned} \tag{3.7}$$

给定总功率约束 $P_s + P_r \leqslant 2P$，对一些 $\beta \in (0,1)$，我们可以设置 $P_s = 2\beta P$ 和 $P_r = 2(1-\beta)P$ 并让 $\sigma_r^2 = \sigma_d^2 = \sigma_w^2$。例如，如果 $\beta = 1/2$，我们有 $P_s = P_r = P$。那么，在高信噪比（即当 $\text{SNR} \triangleq P/\sigma_w^2 \gg 0$）时，中断概率可以近似为

$$p_{\text{out}} \approx \frac{2^{2R}-1}{\bar{\gamma}_{s,r}} + \frac{2^{2R}-1}{\bar{\gamma}_{r,d}} = \frac{2^{2R}-1}{\text{SNR}}\left(\frac{1}{2\beta\eta_{s,r}^2} + \frac{1}{2(1-\beta)\eta_{r,d}^2}\right) \tag{3.8}$$

这表明，无分集合并的基本 DF 的分集阶数等于 1。值得说明的是，在直接传输情况下，中断概率为

$$\begin{aligned}
p_{\text{out}}^{\text{direct}} &= \Pr(\log_2(1+\gamma_{s,d}) < R) = \Pr(\gamma_{s,d} < 2^R-1)\\
&= 1 - \exp\left(-\frac{2^R-1}{\bar{\gamma}_{s,d}}\right) \approx \frac{2^R-1}{\text{SNR}} \cdot \frac{1}{\eta_{s,d}^2}
\end{aligned} \tag{3.9}$$

式中，$\gamma_{s,d} = P\mid h_{s,d}\mid^2/\sigma_w^2$，$\bar{\gamma}_{s,d} = \mathbf{E}[\gamma_{s,d}] = P\eta_{s,d}^2/\sigma_w^2$。式（3.8）与式（3.9）相比可以看出，在直接传输中，采用多跳传输（即无分集合并的基本 DF）不会获得分集增

益。尽管可能如此,多跳传输在实践中在最少自适应性传输速率和最大传输功率是有限的情况下可能仍然是有用的。

虽然在这种情况下不能获得分集增益,但仍然可以利用功率分配来提高编码增益。具体地说,给定总功率约束 $P_s + P_r \leqslant 2P$,在式(3.7)中,通过最小化中断概率可找到 P_s 和 P_r 之间的最优功率分配。由于指数函数的单调性[8]优化问题可以用公式表示如下:

$$\min_{P_s, P_r} \frac{1}{P_s \eta_{s,r}^2/\sigma_r^2} + \frac{1}{P_r \eta_{r,d}^2/\sigma_d^2} \tag{3.10}$$

$$满足 \quad P_s + P_r \leqslant 2P \quad 且 \quad P_s, P_r \geqslant 0 \tag{3.11}$$

通过引入拉格朗日乘子,可推导出最优功率分配为

$$P_s = 2P \cdot \frac{\eta_{r,d}^2/\sigma_d^2}{\eta_{s,r}^2/\sigma_r^2 + \eta_{r,d}^2/\sigma_d^2} \quad and \quad P_r = 2P \cdot \frac{\eta_{s,r}^2/\sigma_r^2}{\eta_{s,r}^2/\sigma_r^2 + \eta_{r,d}^2/\sigma_d^2} \tag{3.12}$$

因此,将式(3.12)代入式(3.7)并假设 $\sigma_r^2 = \sigma_d^2 = \sigma_w^2$,那么最小中断概率可表达为

$$p_{\text{out}} = 1 - \exp\left(-\frac{2^{2R}-1}{P}\left(\frac{1}{\eta_{s,r}^2/\sigma_r^2} + \frac{1}{\eta_{r,d}^2/\sigma_d^2}\right)\right) \tag{3.13}$$

$$= 1 - \exp\left(-\frac{2^{2R}-1}{\text{SNR}}\left(\frac{1}{\eta_{s,r}^2} + \frac{1}{\eta_{r,d}^2}\right)\right) \tag{3.14}$$

注意,当通过最小化的中断概率找到最优功率分配时,只需已知信道统计特性。然而,当在源节点和中继节点可得到瞬时 CSI 时,可以进一步推导出最优功率分配来最大化两跳容量 $C_{\text{BasicDF},1}(\gamma_{s,r}, \gamma_{r,d})$。在这种情况下,通过解决以下优化问题[31]决定最优功率分配:

$$\max_{P_s, P_r} \frac{1}{2}\min\left\{\log_2\left(1 + \frac{P_s|h_{s,r}|^2}{\sigma_r^2}\right), \log_2\left(1 + \frac{P_r|h_{r,d}|^2}{\sigma_d^2}\right)\right\} \tag{3.15}$$

$$满足 \quad P_s + P_r \leqslant 2P \quad 且 \quad P_s, P_r \geqslant 0 \tag{3.16}$$

可以观察到,最大化式(3.15)给出的两跳容量,功率约束 $P_s + P_r \leqslant 2P$ 必须被同等满足。因此,随着 P_s 的增加,式(3.15)的第一项会增加,而第二项将减少,当 P_s 减少时反之亦然。由于在没有另一项减少时式(3.15)的最小值内的任一项不可能增加,因而两项相等时结果最大,也就是

$$\frac{P_s|h_{s,r}|^2}{\sigma_r^2} = \frac{P_r|h_{r,d}|^2}{\sigma_d^2}$$

在瞬时 CSI 下的最优功率分配如下:

$$P_s = 2P \cdot \frac{|h_{r,d}|^2/\sigma_d^2}{|h_{s,r}|^2/\sigma_r^2 + |h_{r,d}|^2/\sigma_d^2} \tag{3.17a}$$

并且

$$P_r = 2P \cdot \frac{|h_{s,r}|^2/\sigma_r^2}{|h_{s,r}|^2/\sigma_r^2 + |h_{r,d}|^2/\sigma_d^2} \tag{3.17b}$$

此外,假设 $\sigma_r^2 = \sigma_d^2 = \sigma_w^2$,由此产生的两跳容量由下式代替给出

$$\frac{1}{2}\log_2\left(1 + \frac{2\mathrm{SNR}}{1/|h_{s,r}|^2 + 1/|h_{r,d}|^2}\right)$$

注意,在直接传输的情况下容量为

$$\log_2(1 + \mathrm{SNR} \cdot |h_{s,d}|^2)$$

例如,我们考虑 $|h_{s,d}|^2 \propto 1/d^a$ 与 $|h_{s,r}|^2$,$|h_{r,d}|^2 \propto 1/\left(\frac{d}{2}\right)^a$ 的情况(即中继节点位于源节点和目的节点中间的情况)。当 $x \leqslant 1$,取近似 $\log(1+x) \approx x$,利用基本 DF(无分集合并)容量和直接传输容量之间的比率,在低信噪比时可以获得 2^{a-1} 的增益。

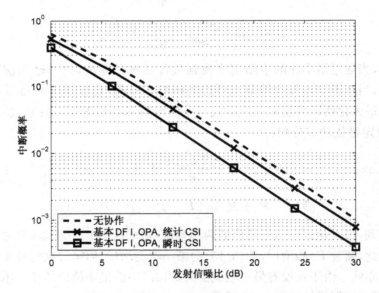

图 3.3　情况 Ⅰ(无分集合并)中基本 DF 中继方案的性能比较

图 3.3 中显示了无分集合并的基本 DF 中继方案的中断概率与发射信噪比(即 $\mathrm{SNR} = P/\sigma_w^2$)的关系。这里,速率设置为 $R = 1$ bit/s/Hz。设 $d_{s,r}$,$d_{r,d}$ 和 $d_{s,d}$ 分别是源节点—中继节点、中继节点—目的节点和源节点—目的节点之间的距离。

假定信道系数独立,服从 $h_{s,r} = \mathcal{CN}(0, d_{s,r}^{-\alpha})$, $h_{r,d} = \mathcal{CN}(0, d_{r,d}^{-\alpha})$ 和 $h_{s,d} = \mathcal{CN}(0, d_{s,d}^{-\alpha})$ 分布,路径损耗指数 α 设为3。在这个实验中,我们假设中继节点位于源节点和目的节点中间,这样 $d_{s,d} = 1$ 和 $d_{s,r} = d_{r,d} = 1/2$。设置 $d_{s,d} = 1$ 意味着其结果被 $s-d$ 链路性能归一化。采用式(3.12)中的最优功率分配(OPA)可以获得统计 CSI 曲线,采用式(3.17)中的最优功率分配可以获得瞬时 CSI 曲线。可以观察到,因为没有获得分集增益,所有三个曲线关于信噪比以同样的速率减少。此外,无分集合并的基本 DF 方案由于缺乏带宽效率(在协作传输期间发送相同的码字两次)也许难以超越直接传输。然而,当在瞬时 CSI 下推导最优功率分配时,可以观察到巨大的功率增益。

情况Ⅱ:有分集合并

在前面的例子中,只有中继节点发射的信号用于目的节点检测。然而,由于无线媒介的广播性,在阶段Ⅰ时源节点发射的信号在目的节点也可以收到,因此可以与接收的来自中继节点的信号合并以增加分集。当 $s-d$ 链路的质量与 $r-d$ 链路的质量相比较时,这是特别有用的。首先回顾在基本 DF 方案中,允许中继节点在阶段Ⅱ转发源节点消息,仅当它能够成功地解码在阶段Ⅰ的消息时。如果是这样的话,目的节点将收到两份信号的拷贝,如式(3.2)和式(3.4)给出的,可被聚集成矢量。

$$\mathbf{y}_d[m] = \begin{bmatrix} y_d^{(1)}[m] \\ y_d^{(2)}[m] \end{bmatrix} = \begin{bmatrix} \sqrt{P_s} h_{s,d} \\ \sqrt{P_r} h_{r,d} \end{bmatrix} x_s[m] + \begin{bmatrix} w_d^{(1)}[m] \\ w_d^{(2)}[m] \end{bmatrix} \tag{3.18}$$

式中,$m = 0, \cdots, M-1$。信号模型与常规的单输入多输出(SIMO)系统相似,而最大比合并器(MRC)可以用来最大化目的节点的接收 SNR。特别的是,阶段Ⅰ和阶段Ⅱ接收的信号分别乘以权重系数 $\sqrt{P_s} h_{s,d}^*$ 和 $\sqrt{P_r} h_{r,d}^*$,得到

$$\begin{aligned} \tilde{y}_d[m] &= [\sqrt{P_s} h_{s,d}^* \sqrt{P_r} h_{r,d}^*] \mathbf{y}_d[m] \\ &= (P_s \mid h_{s,d} \mid^2) + P_r \mid h_{r,d} \mid^2) x_s[m] + \tilde{w}_d[m] \end{aligned} \tag{3.19}$$

式中,$\tilde{w}_d[m] = \sqrt{P_s} h_{s,d}^* w_d^{(1)}[m] + \sqrt{P_r} h_{r,d}^* w_d^{(2)}[m] \sim \mathcal{CN}(0, \sigma_d^2(P_s \mid h_{s,d} \mid^2 + P_r \mid h_{r,d} \mid^2))$ 是 MRC 输出端的有效噪声。NRC 输出端的 SNR 由下式给出

$$\gamma_{\text{BasicDF}, \, \text{Ⅱ}} = \frac{P_s \mid h_{s,d} \mid^2}{\sigma_d^2} + \frac{P_r \mid h_{r,d} \mid^2}{\sigma_d^2} = \gamma_{s,d} + \gamma_{r,d} \tag{3.20}$$

式中,$\gamma_{s,d} = P_s \mid h_{s,d} \mid^2 / \sigma_d^2$,$\gamma_{r,d} = P_r \mid h_{r,d} \mid^2 / \sigma_d^2$。如果中继节点对消息进行了成功解码,DF 方案(有分集合并)的阶段Ⅱ获得的速率由下式给出

$$\log_2(1 + \gamma_{s,d} + \gamma_{r,d}) \tag{3.21}$$

但是,为了让中继节点在阶段Ⅰ成功对信息进行解码,源节点发送的速率比 $s-r$ 链

路的容量小,即 $\log_2(1+\gamma_{s,r})$,其中 $\gamma_{s,r}=P_s\mid h_{s,r}\mid^2/\sigma_r^2$。因此可获得的最大端到端速率为

$$C_{\text{BasicDF},\prod(\gamma)}=\frac{1}{2}\min\{\log_2(1+\gamma_{s,r}),\ \log_2(1+\gamma_{s,d}+\gamma_{r,d})\}\quad(3.22)$$

式中, $\gamma=(\gamma_{s,r},\gamma_{s,d},\gamma_{r,d})$。因此,在情况 II(即有分集合并)下基本 DF 中继方案的中断概率可以按下式计算

$$
\begin{aligned}
p_{\text{out}} &= \text{Pr}\Big(\frac{1}{2}\min\ \{\log_2(1+\gamma_{s,r}),\ \log_2(1+\gamma_{s,d}+\gamma_{r,d})\}<R\Big)\\
&= \text{Pr}\Big(\frac{1}{2}\log_2(1+\gamma_{s,r})<R\Big)\\
&\quad + \text{Pr}\Big(\frac{1}{2}\log_2(1+\gamma_{s,r})\geqslant R\Big)\text{Pr}\Big(\frac{1}{2}\log_2(1+\gamma_{s,d}+\gamma_{r,d})<R\Big)\\
&= \text{Pr}(\gamma_{s,r}<2^{2R}-1)+\text{Pr}(\gamma_{s,r}\geqslant 2^{2R}-1)\text{Pr}(\gamma_{s,d}+\gamma_{r,d}<2^{2R}-1)
\end{aligned}
$$

在瑞利衰落场景下,SNR $\gamma_{s,r}$ 呈均值为 $\bar{\gamma}_{s,r}=P_s\eta_{s,r}^2/\sigma_r^2$ 的指数分布。因此,我们有

$$p_{\text{out}}=1-\exp\Big(-\frac{2^{2R}-1}{\bar{\gamma}_{s,r}}\Big)+\exp\Big(-\frac{2^{2R}-1}{\bar{\gamma}_{s,r}}\Big)\text{Pr}(\gamma_{s,d}+\gamma_{r,d}<2^{2R}-1)$$

$$(3.23)$$

为了进一步估计 p_{out},必须获得 $\gamma_{s,d}+\gamma_{r,d}$ 的分布。一般地,对于任何两个独立指数随机变量 U 和 V, $W=U+V$ 的 CDF 可以按下式计算[18]

$$
\text{Pr}(W\leqslant w)=
\begin{cases}
1-\Big[\dfrac{\mu_u}{\mu_u-\mu_v}e^{-\frac{w}{\mu_u}}+\dfrac{\mu_v}{\mu_v-\mu_u}e^{-\frac{w}{\mu_v}}\Big], & \text{当 } \mu_u\neq\mu_v\\
1-\Big(1+\dfrac{w}{\mu}\Big)e^{-\frac{w}{\mu}}, & \text{当 } \mu_u=\mu_v=\mu
\end{cases}
$$

式中, μ_u 和 μ_v 分别是 U 和 V 的均值。由于 $\gamma_{s,d}$ 和 $\gamma_{r,d}$ 分别是均值为 $P_s\eta_{s,d}^2/\sigma_d^2$ 和 $P_r\eta_{r,d}^2/\sigma_d^2$ 的独立指数随机变量,我们可以利用上述结果证明

$$\text{Pr}(\gamma_{s,d}+\gamma_{r,d}<2^{2R}-1)$$

$$
=
\begin{cases}
1-\dfrac{\bar{\gamma}_{s,d}}{\bar{\gamma}_{s,d}-\bar{\gamma}_{r,d}}\exp\Big(-\dfrac{2^{2R}-1}{\bar{\gamma}_{s,d}}\Big)-\dfrac{\bar{\gamma}_{r,d}}{\bar{\gamma}_{r,d}-\bar{\gamma}_{s,d}}\exp\Big(-\dfrac{2^{2R}-1}{\bar{\gamma}_{r,d}}\Big), & \text{如果 } \bar{\gamma}_{s,d}\neq\bar{\gamma}_{r,d}\\
1-\Big(1+\dfrac{2^{2R}-1}{\bar{\gamma}_{s,d}}\Big)\exp\Big(-\dfrac{2^{2R}-1}{\bar{\gamma}_{s,d}}\Big), & \text{如果 } \bar{\gamma}_{s,d}=\bar{\gamma}_{r,d}
\end{cases}
$$

$$(3.24)$$

把式(3.24)代入式(3.23),中断概率可表示为

$$
p_{\text{out}} = \begin{cases}
1 - \exp\left(-\dfrac{2^{2R}-1}{\bar{\gamma}_{s,r}}\right)\left[\dfrac{\bar{\gamma}_{s,d}}{\bar{\gamma}_{s,d}-\bar{\gamma}_{r,d}}\exp\left(-\dfrac{2^{2R}-1}{\bar{\gamma}_{s,d}}\right)\right. \\
\left. +\dfrac{\bar{\gamma}_{r,d}}{\bar{\gamma}_{r,d}-\bar{\gamma}_{s,d}}\exp\left(-\dfrac{2^{2R}-1}{\bar{\gamma}_{r,d}}\right)\right], & \text{如果 } \bar{\gamma}_{s,d} \neq \bar{\gamma}_{r,d} \\
1 - \left(1+\dfrac{2^{2R}-1}{\bar{\gamma}_{s,d}}\right)\exp\left(-\dfrac{2^{2R}-1}{\bar{\gamma}_{s,r}}-\dfrac{2^{2R}-1}{\bar{\gamma}_{s,d}}\right), & \text{如果 } \bar{\gamma}_{s,r} = \bar{\gamma}_{r,d}
\end{cases}
$$

$$(3.25)$$

在高信噪比(即当 $\bar{\gamma}_{s,d}$, $\bar{\gamma}_{s,r}$, $\bar{\gamma}_{r,d} \gg 0$) 时,我们可以采用一阶泰勒近似(式中,当 x 充分小,$e^x \approx 1-x$) 获得中断概率的近似值为

$$
p_{\text{out}} \approx \begin{cases}
\dfrac{2^{2R}-1}{\bar{\gamma}_{s,r}}, & \text{如果 } \bar{\gamma}_{s,d} \neq \bar{\gamma}_{r,d} \\
\dfrac{2^{2R}-1}{\bar{\gamma}_{s,r}} + \dfrac{(2^{2R}-1)^2}{\bar{\gamma}_{s,d}}\left(\dfrac{1}{\bar{\gamma}_{s,r}}+\dfrac{1}{\bar{\gamma}_{s,d}}\right), & \text{如果 } \bar{\gamma}_{s,r} = \bar{\gamma}_{r,d}
\end{cases}
$$

令 $P_s = 2\beta P$ 且 $P_r = 2(1-\beta)P$ $(0 < \beta \leqslant 1)$,设 $\sigma_r^2 = \sigma_d^2 = \sigma_w^2$,我们进一步得到

$$
p_{\text{out}} \approx \begin{cases}
\dfrac{2^{2R}-1}{2\beta\eta_{s,r}^2}\dfrac{1}{\text{SNR}}, & \text{如果 } \beta\eta_{s,d}^2 \neq (1-\beta)\eta_{r,d}^2 \\
\dfrac{2^{2R}-1}{2\beta\eta_{s,r}^2}\dfrac{1}{\text{SNR}} + O\left(\dfrac{1}{\text{SNR}^2}\right), & \text{如果 } \beta\eta_{s,d}^2 = (1-\beta)\eta_{r,d}^2
\end{cases}
$$

$$(3.26)$$

式中,$\text{SNR} = P/\sigma_w^2$。这表明基本 DF 中继方案的分集阶数仍然等于 1,即使在目的节点端利用了分集合并。这是由于在协作传输发生之前中继节点必须首先能够成功解码报文这个事实。因此,所获得的速率受到 s-r 链路容量的限制。但是,如果我们允许目的节点只根据从源节点接收到的信号解码报文,这也可以得到改进。这就导致了在接下来讨论的所谓的选择 DF 中继方案。

为了进一步最小化中断概率,我们也可以推导最大程度简化式(3.24)中表达式的最优功率分配。然而这种情况下很难得到闭型解,因此必须采用数值方法来代替。另一方面,当发射器端有瞬时 CSI 时,也可利用最优功率分配以最大化式(3.22)中给出的可达端到端速率。特别地,给定总功率约束 $P_s + P_r \leqslant 2P$,通过解决下面的优化问题[31]可以找到最优功率分配:

$$
\max_{P_s, P_r} \frac{1}{2}\min\left\{\log_2\left(1+\frac{P_s|h_{s,r}|^2}{\sigma_r^2}\right), \log_2\left(1+\frac{P_s(|h_{s,d}|^2}{\sigma_d^2}+\frac{P_r|h_{r,d}|^2}{\sigma_d^2}\right)\right\}
$$

$$
\text{满足} \quad P_s + P_r \leqslant 2P \quad \text{且} \quad P_s, P_r \geqslant 0
$$

由于当 $P_s + P_r = 2P$ 时获得的速率最大,我们可以用 $2P-P_s$ 代替 P_r 并省略常数因子 1/2 以简化问题为

$$\max_{0 \leqslant P_s \leqslant 2P} \min \left\{ \log_2\left(1 + \frac{P_s \mid h_{s,r} \mid^2}{\sigma_r^2}\right), \log_2\left(1 + \frac{P_s(\mid h_{s,d} \mid^2 - \mid h_{r,d} \mid^2 +}{\sigma_d^2}\right.\right.$$

$$\left.\left. \frac{2P \mid h_{r,d} \mid^2}{\sigma_d^2}\right)\right\} \tag{3.27}$$

当 $\mid h_{s,d} \mid^2 \geqslant \mid h_{r,d} \mid^2$ 时,可以观察到在式(3.27)中的最小运算内的两项随功率 P_s 单调递增,因此选择 $P_s = 2P$ 和 $P_r = 0$ 可最大化可达速率。这意味着,当 s-d 链路的质量优于 r-d 链路的质量时不必依赖于来自中继的帮助。另一方面,当 $\mid h_{s,d} \mid^2 < \mid h_{r,d} \mid^2$ 时,最小运算中的第一项随 P_s 增加,而第二项随 P_s 减少。在此情况下,当两项相等时结果最大,因此优化功率分配由下式给出

$$P_s = 2P \cdot \frac{\mid h_{r,d} \mid^2/\sigma_d^2}{\mid h_{s,r} \mid^2/\sigma_r^2 + (\mid h_{r,d} \mid^2 - \mid h_{s,d} \mid^2)/\sigma_d^2} \tag{3.28a}$$

和

$$P_r = 2P \cdot \frac{\mid h_{s,r} \mid^2/\sigma_r^2 - \mid h_{s,d} \mid^2/\sigma_d^2}{\mid h_{s,r} \mid^2/\sigma_r^2 + (\mid h_{r,d} \mid^2 - \mid h_{s,d} \mid^2)/\sigma_d^2} \tag{3.28b}$$

将情况 I 和情况 II 的结果即式(3.17)和式(3.28)相比较可以观察到,当在目的节点使用分集合并时,源节点被分配更多的功率。原因是,当利用分集合并时,源节点发射的信号可以在中继节点和目的节点都用作检测,因此这在协作传输中对获得较高的性能是更加必要的。

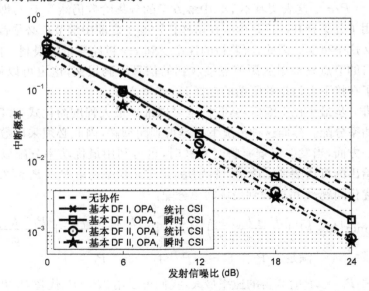

图 3.4 基本 DF 中继方案的性能比较

在图 3.4 中,我们比较基本 DF 中继策略在目的节点有无使用分集合并时的中断概率。这个实验根据瞬时 CSI 和统计 CSI(通过数值最小化中断概率获得)用优化功率分配(OPA)完成。仿真场景与图 3.3 的仿真场景一样。我们可以看到所有方案中分集阶数相同,但当利用了基于瞬时 CSI 的最优功率分配或者在目的地完成了分集合并时才观察到功率增益。

3.1.2   选择 DF 中继方案

在基本 DF 中继方案中,由于需要中继节点成功地解码源节点的消息,因而中断性能受到 $s-r$ 链路质量的限制。然而,如果考虑并不坚持让中继节点参与阶段 II 的协作传输,分集阶数可以得到改善。具体来说,在选择 DF 中继方案中(如在参考文献[18]提出的),如果中继节点不能够成功地解码阶段 I 的消息,源节点可以选择在阶段 II 自身重新发送消息。我们假定源节点可以获取 $s-r$ 链路上的瞬时 CSI 信息,因此可以推断出中继节点是否已成功对消息进行解码。

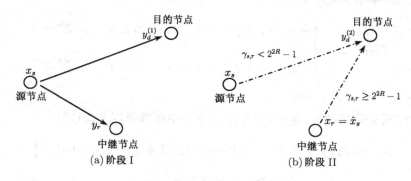

图 3.5   选择 DF 中继方案图示

选择 DF 中继方案承担两个阶段的传输,见图 3.5。在阶段I,类似于基本 DF 方案,源节点发送一个长度为 M 的码字 $\mathbf{x}_s = [x_s[0], \cdots, x_s[M-1]]$ 给中继节点和目的节点。中继节点和目的节点接收的信号分别由式(3.1)和式(3.2)给出。类似地,为达到端到端速率 R,源节点必须用速率 $2R$ 编码消息。因此,只有 $2R < \log_2(1+\gamma_{s,r})$ 时,中继节点才能够成功地解码消息。如果中继节点能够成功地解码消息,它将重新生成相同的码字 $\mathbf{x}_r = \mathbf{x}_s$,并转发到目的节点。否则,在阶段 II,源节点将重新发送码字 $\mathbf{x}_s$,无需中继节点的帮助。在阶段 II,目的节点收到的信号为

$$y_d^{(2)}[m] = \begin{cases} h_{r,d}\sqrt{P_r}x_s[m] + w_d^{(2)}[m], & \text{如果 } \gamma_{s,r} \geqslant 2^{2R}-1 \\ h_{s,d}\sqrt{P_r}x_s[m] + w_d^{(2)}[m], & \text{如果 } \gamma_{s,r} < 2^{2R}-1 \end{cases} \qquad (3.29)$$

式中,$\gamma_{s,r} \overset{\triangle}{=} P_s|h_{s,r}|^2/\sigma_r^2$ 是 $s-r$ 链路的信噪比,$w_d^{(2)}[m] \sim \mathcal{CN}(0, \sigma_d^2)$ 是阶段 II

时目的节点的 AWGN。请注意，源节点在阶段 Ⅱ 也用功率 P_r 发送消息，以至于这两种情况下利用相同的总功率 $P_s + P_r = 2P$。值得注意的是，在这里，我们只使用了简单的重复代码，在阶段 Ⅱ 由源节点或中继节点发射的码字是阶段 Ⅰ 发射的码字的重复。一般来说，可以使用更强大的代码（见第 5 章），但重复代码足以实现基于选择 DF 中继的阶数为 2 的完全分集。假设源节点或中继节点的地址是附加到阶段 Ⅱ 的消息中，这样目的节点可以确定发射机身份并在 MRC 中施加适当的权重系数。那么可以获得的 MRC 输出端的有效 SNR 为

$$
\gamma_{\text{SDF}} \triangleq \begin{cases} \gamma_{s,d}^{(1)} + \gamma_{r,d}, & \text{如果 } \gamma_{s,r} \geqslant 2^{2R} - 1 \\ \gamma_{s,d}^{(1)} + \gamma_{s,d}, & \text{如果 } \gamma_{s,r} < 2^{2R} - 1 \end{cases} \tag{3.30}
$$

式中，$\gamma_{s,d}^{(1)} \triangleq P_s \mid h_{s,d} \mid^2 / \sigma_d^2$，$\gamma_{s,d}^{(2)} \triangleq P_r \mid h_{s,d} \mid^2 / \sigma_d^2$ 分别是阶段 Ⅰ 和阶段 Ⅱ s-d 链路的 SNR，$\gamma_{r,d} \triangleq P_r \mid h_{r,d} \mid^2 / \sigma_d^2$ 是 r-d 链路的 SNR。因此，选择 DF 方案可获得的端到端速率由下式给出

$$
C_{\text{SDF}}(\gamma) = \begin{cases} \frac{1}{2} \log_2 (1 + \gamma_{s,d}^{(1)} + \gamma_{r,d}), & \text{如果 } \gamma_{s,r} \geqslant 2^{2R} - 1 \\ \frac{1}{2} \log_2 (1 + \gamma_{s,d}^{(1)} + \gamma_{s,d}), & \text{如果 } \gamma_{s,r} < 2^{2R} - 1 \end{cases} \tag{3.31}
$$

式中，$\gamma = (\gamma_{s,r}, \gamma_{r,d}, \gamma_{s,d}^{(1)}, \gamma_{s,d}^{(2)})$。

在瑞利衰落假设下，选择 DF 中继方案的中断概率按下式计算

$$
\begin{aligned}
p_{\text{out}} = {} & \Pr(\gamma_{s,r} \geqslant 2^{2R} - 1) \Pr\left(\frac{1}{2} \log_2 (1 + \gamma_{s,d}^{(1)} + \gamma_{r,d}) < R \right) \\
& + \Pr(\gamma_{s,r} < 2^{2R} - 1) \Pr\left(\frac{1}{2} \log_2 (1 + \gamma_{s,d}^{(1)} + \gamma_{s,d}^{(2)}) < R \right) \\
= {} & \Pr(\gamma_{s,r} \geqslant 2^{2R} - 1) \Pr(\gamma_{s,d}^{(1)} + \gamma_{r,d} < 2^{2R} - 1) \\
& + \Pr(\gamma_{s,r} < 2^{2R} - 1) \Pr(\gamma_{s,d}^{(1)} + \gamma_{s,d}^{(2)} < 2^{2R} - 1)
\end{aligned} \tag{3.32}
$$

由于 $\mid h_{s,r} \mid^2$ 和 $\mid h_{s,d} \mid^2$ 分别是均值为 $\eta_{s,r}^2$ 和 $\eta_{s,d}^2$ 的指数随机变量，所以我们有

$$
\Pr(\gamma_{s,r} < 2^{2R} - 1) = 1 - \exp\left(-\frac{2^{2R-1}}{\overline{\gamma}_{s,r}} \right) \tag{3.33}
$$

和

$$
\begin{aligned}
\Pr(\gamma_{s,d}^{(1)} + \gamma_{s,d}^{(2)} < 2^{2R} - 1) &= \Pr\left(\mid h_{s,d} \mid^2 < \frac{2^{2R} - 1}{(P_s + P_r) / \sigma_d^2} \right) \\
&= 1 - \exp\left(-\frac{2^{2R-1}}{\overline{\gamma}_{s,d}^{(1)} + \overline{\gamma}_{s,d}^{(2)}} \right)
\end{aligned} \tag{3.34}
$$

式中，$\overline{\gamma}_{s,d}^{(1)} = P_s \eta_{s,d}^2 / \sigma_d^2$，$\overline{\gamma}_{s,d}^{(2)} = P_r \eta_{s,d}^2 / \sigma_d^2$。然而，由于 $\overline{\gamma}_{s,d}^{(1)}$ 和 $\gamma_{r,d}$ 分别是均值为

$P_s\eta_{s,d}^2/\sigma_d^2$ 和 $P_r\eta_{r,d}^2/\sigma_d^2$ 的独立指数随机变量,概率 $\Pr(\gamma_{s,d}^{(1)}+\gamma_{r,d}<2^{2R}-1)$ 也可以使用式(3.24)中的结果推导得出。把这些结果代入式(3.32),中断概率可被一步求值

$$
p_{\text{out}}=\begin{cases}
1-\exp\left(-\dfrac{c}{\bar{\gamma}_{s,r}}\right)\left[\dfrac{\bar{\gamma}_{s,d}^{(1)}\exp(-c/\bar{\gamma}_{s,d}^{(1)})}{\bar{\gamma}_{s,d}^{(1)}-\bar{\gamma}_{r,d}}+\dfrac{\bar{\gamma}_{r,d}\exp(-c/\bar{\gamma}_{r,d})}{\bar{\gamma}_{r,d}-\bar{\gamma}_{s,d}^{(1)}}\right]\\
\quad-\exp\left(-\dfrac{c}{\bar{\gamma}_{s,d}^{(1)}+\bar{\gamma}_{s,d}^{(2)}}\right)\left[1-\exp\left(-\dfrac{c}{\bar{\gamma}_{s,r}}\right)\right],\quad \text{如果}\quad \bar{\gamma}_{s,d}^{(1)}\neq\bar{\gamma}_{r,d}\\
1-\left(1+\dfrac{c}{\bar{\gamma}_{s,d}^{(1)}}\right)\exp\left(-\dfrac{c}{\bar{\gamma}_{s,r}}-\dfrac{c}{\bar{\gamma}_{s,d}^{(1)}}\right)\\
\quad-\exp\left(-\dfrac{c}{\bar{\gamma}_{s,d}^{(1)}+\bar{\gamma}_{s,d}^{(2)}}\right)\left[1-\exp\left(-\dfrac{c}{\bar{\gamma}_{s,r}}\right)\right],\quad \text{如果}\quad \bar{\gamma}_{s,d}^{(1)}=\bar{\gamma}_{r,d}
\end{cases}
$$

式中,$c=2^{2R}-1$。设 $P_s=2\beta P$,$P_r=2(1-\beta)P$ 且 $\sigma_r^2=\sigma_d^2=\sigma_w^2$。通过一阶泰勒近似,高信噪比状态下的中断概率近似为

$$
p_{\text{out}}\approx\begin{cases}
\dfrac{(2^{2R}-1)^2}{4\beta\eta_{s,r}^2\eta_{s,d}^2}\,\dfrac{1}{\text{SNR}^2}&\text{如果}\quad \bar{\gamma}_{s,d}^{(1)}\neq\bar{\gamma}_{r,d}\\
\dfrac{(2^{2R}-1)^2}{4\beta^2\eta_{s,d}^2}\left[\dfrac{1+\beta}{\eta_{s,r}^2}+\dfrac{1}{\eta_{s,d}^2}\right]\dfrac{1}{\text{SNR}^2}&\text{如果}\quad \bar{\gamma}_{s,d}^{(1)}=\bar{\gamma}_{r,d}
\end{cases}\tag{3.35}
$$

式中,$\text{SNR}=P/\sigma_w^2$。因此,选择 DF 方案的分集阶数等于 2。能够获得这个结果是由于传输不再单纯地依靠在中继节点的成功解码,源消息可以通过两个独立衰落路径即直接路径或中继路径其中之一随机发射。

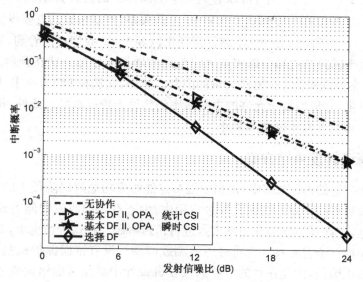

图 3.6　中继节点位于源节点和目的节点中间时,选择 DF 中继方案和
　　　　有分集合并的基本 DF 中继方案的性能比较

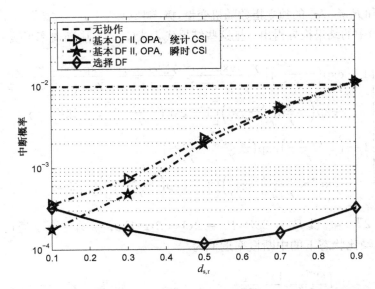

图 3.7　依据源节点和目的节点之间的距离,选择 DF 中继方案和
有分集合并的基本 DF 中继方案的性能比较

　　在图 3.6 中,我们比较选择 DF 方案和有分集合并的基本 DF 方案的中断概率。此处,假设与图 3.3 和图 3.4 相似,中继节点位于源节点和目的节点中间。我们可以看到,选择 DF 方案确实获得二阶分集,因此中断概率以基本 DF 方案两倍快的速率减少。在图 3.7 中,可以看到对于上面描述的各种方案,当 SNR = P/σ_w^2 = 20 dB 时,中断概率与距离 $d_{s,r}$ = $1 - d_{r,d}$ 的关系。信道系数的方差设置为 $\eta_{s,r}^2$ = $d_{s,r}^{-\alpha}$,$\eta_{r,d}^2$ = $d_{r,d}^{-\alpha}$ 和 $\eta_{s,d}^2$ = $d_{s,d}^{-\alpha}$,路径损耗指数等于 3。我们可以看到,基本 DF 方案的中断概率随源节点和中继节点之间距离的增加而增加。这在预料之中,因为基本 DF 方案性能受到 s-r 链路质量的限制。然而,在选择 DF 方案中,即使当 s-r 链路质量退化,分集增益所允许的中断概率仍然处于较低水平。此外,我们可以观察到当 $d_{s,r} \approx 0.5$ 时中断概率最小。

3.1.3　解调转发中继方案

　　在前面描述的 DF 方案中,仅当中继节点能够成功地解码阶段 I 的消息时,它才能发送源节点的消息。然而在许多应用中,由于有限的收发器能力或缺乏信道码本的信息,也许并不期望在中继节点进行信道解码。在这种情况下,源节点发射的信号只能被一个符号接一个符号地检测或解调。没有错误保护机制,转发的符号可能是不正确的,因此在目的节点的接收机设计中必须考虑错误概率。未编码系统的 DF 研究将被称为解调转发(DeF)中继方案[2、27、28]。

在 DeF 中继方案中,协作也需要两个传输阶段。在阶段 I,源节点发送符号块 $\mathbf{x}_s = [x_s[0], \cdots, x[M-1]]^T$ 到中继节点和目的节点,接收的信号分别由式(3.1)和式(3.2)给出。假设在发射机采用二进制相移键控(BPSK)调制,使得对所有的 m,$x_s[m] \in \{-1, +1\}$。在中继节点的最大似然(ML)检测器可以表示为

$$\hat{x}_s[m] = \mathrm{sgn}(\Re\{h_{s,r}^* y_r[m]\}) \tag{3.36}$$

式中,

$$\mathrm{sgn}(u) = \begin{cases} 1, & \text{如果 } u > 0 \\ 0, & \text{如果 } u = 0 \\ -1, & \text{如果 } u > 0 \end{cases}$$

是符号函数。因此,误码率(BER)由下式给出

$$\varepsilon_r(\gamma_{s,r}) \triangleq \mathrm{P}_r(\hat{x}_s[m] \neq x_s[m]) = Q\sqrt{2\gamma_{s,r}} \tag{3.37}$$

式中,$\gamma_{s,r} = P_s |h_{s,r}|^2 / \sigma_r^2$ 是 $s-r$ 链路的 SNR,Q 函数定义为

$$Q(u) = \frac{1}{\sqrt{2\pi}} \int_u^\infty e^{-t^2/2} \mathrm{d}t \tag{3.38}$$

即标准正态随机变量的互补 CDF。

在阶段 II,中继节点转发检测到的符号到目的节点,不管它是否被正确地检测到。因此,在目的节点接收的信号由下式给出

$$y_d^{(2)}[m] = h_{r,d} \sqrt{P_r} x_r[m] + w_d^{(2)}[m] \tag{3.39}$$

式中,对于 $m = 0, \cdots, M-1$,$x_r[m] = \hat{x}_s[m]$。如果已知中继节点的错误概率,也可以在目的地采用 ML 检测器,合并在阶段 I 和阶段 II 接收到的信号。由于检测是以一个符号接一个符号为基础进行的,所以下面的讨论中我们将省略时间指数 m。

令

$$f_{Y_d^{(1)}}(y_d^{(1)} \mid h_{s,d}, x_s) = \frac{1}{\pi\sigma_d^2} \exp\left(-\frac{|y_d^{(1)} - h_{s,d}\sqrt{P_s} x_s|^2}{\sigma_d^2}\right)$$

是 $y_d^{(1)}$ 的条件 PDF,给定信道 $h_{s,d}$ 和信源符号 x_s,并令

$$f_{Y_d^{(2)}}(y_d^{(2)} \mid h_{s,r}, h_{r,d}, x_s) = [1 - \varepsilon_r(\gamma_{s,r})] \frac{1}{\pi\sigma_d^2} \exp\left(-\frac{|y_d^{(2)} - h_{r,d}\sqrt{P_r} x_s|^2}{\sigma_d^2}\right)$$

$$+ \varepsilon_r(\gamma_{s,r}) \frac{1}{\pi\sigma_d^2} \exp\left(-\frac{|y_d^{(2)} + h_{r,d}\sqrt{P_r} x_s|^2}{\sigma_d^2}\right) \tag{3.40}$$

$y_d^{(2)}$ 的条件 PDF,给出信道 $h_{s,r}$,$h_{r,d}$ 和信源符号 x_s。第一和第二项对应中继节点作出正确判定和相反的不正确决定的情况。对两个阶段的接收信号,即 $y_d^{(1)}$ 和 $y_d^{(2)}$,ML 检测器可被推导为

$$
\begin{aligned}
\hat{x}_s &= \arg\max_{x \in \{-1,+1\}} f_{Y_d^{(1)}}(y_d^{(1)} \mid h_{s,d}, x) f_{Y_d^{(2)}}(y_d^{(2)} \mid h_{s,r}, h_{r,d}, x) \\
&= \arg\max_{x \in \{-1,+1\}} \ln f_{Y_d^{(1)}}(y_d^{(1)} \mid h_{s,d}, x) + \ln f_{Y_d^{(2)}}(y_d^{(2)} \mid h_{s,r}, h_{r,d}, x) \\
&= \arg\max_{x \in \{-1,+1\}} 2\mathrm{Re}\{\omega_{s,d} y_d^{(1)} x\} + \ln[(1 - \varepsilon_r(\gamma_{s,r})) \exp(2\mathrm{Re}\{\omega_{r,d} y_d^{(2)} x\}) \\
&\quad + \varepsilon_r(\gamma_{s,r}) \exp(-2\mathrm{Re}\{\omega_{r,d} y_d^{(2)} x\})]
\end{aligned}
$$

$$(3.41)$$

式中,$\omega_{s,d} = h_{s,d}^* \sqrt{P_s}/\sigma_d^2$ 和 $\omega_{r,d} = h_{r,d}^* \sqrt{P_r}/\sigma_d^2$ 是在目的节点的合并器系数。当中继节点无噪声,这样对于所有的 $\gamma_{s,r}$,$\varepsilon_r(\gamma_{s,r}) = 0$,ML 检测降低到式(3.19)中采用的 MRC 合并器。然而,对于较大的星座图,式(3.40)的条件 PDF 和式(3.41)的 ML 检测器变得异常复杂。此外,由于在中继节点可能发生的错误及平均误符号率,因此对未编码 DeF 方案的分集阶数不容易评估。下面,我们介绍参考文献[28]中提出的次最优协作 MRC 检测器并说明即使在次最优设计中如何实现完全分集。由于全分集由次最优接收机实现,它也一定可以通过 ML 检测器实现。

次最优协作 MRC(C - MRC)检测器[28]

ML 最复杂的地方是需要考虑对中继节点发生的错误的所有可能合并,例如,在式(3.40)和式(3.41)中。为简化计算,可考虑次最优方案,不管中继节点的检测是否正确,在目的节点的 ML 检测器检测中继符号 x_r(代替实际的源符号 x_s)。在这种情况下,中继链路(如 $s-r-d$ 链路)的错误概率由下式给出

$$
\begin{aligned}
\hat{p}_{e,\text{relay}}(\gamma_{s,r}, \gamma_{r,d}) &= \varepsilon_r(\gamma_{s,r})[1 - \varepsilon_d(\gamma_{r,d})] + [1 - \varepsilon_r(\gamma_{s,r})]\varepsilon_d(\gamma_{r,d}) \\
&= Q(\sqrt{2\gamma_{s,r}})[1 - Q(\sqrt{2\gamma_{r,d}})] \\
&\quad + [1 - Q(\sqrt{2\gamma_{s,r}})]Q(\sqrt{2\gamma_{r,d}})
\end{aligned}
$$

如果中继链路被看作有效单跳 AWGN 信道,对于中继链路,有效 SNR 可以定义为

$$
\gamma_{\text{eff}} \triangleq \frac{1}{2}[Q^{-1}(\hat{p}_{e,\text{relay}})]^2 \tag{3.42}
$$

上式通过转化使用中继路径的 BER 的式(3.37)中的关系得到,即 $\hat{p}_{e,\text{relay}}(\gamma_{s,r}, \gamma_{r,d})$。直观地,在阶段 II,从中继节点接收到的信号被看作有效 AWGN 信道,使用的信号模型由下式给出

$$
y_d^{(2)}[m] = h_{r,d}\sqrt{P_r} x_r[m] + w_d^{(2)}[m] = h_{\text{eff}}\sqrt{P_s} x_s[m] + \tilde{w}_d^{(2)}[m]
$$

式中，$h_{\text{eff}} = \sqrt{P_r}h_{r,d}/\sqrt{P_s}$ 是阶段 II 的有效 $s-d$ 信道系数，$\widetilde{w}_d^{(2)}[m]$ 是含有在中继节点的检测错误的有效噪声。噪声方差由 $\widetilde{\sigma}_d^2 = P_s \mid h_{\text{eff}} \mid^2/\gamma_{\text{eff}} = P_r \mid h_{r,d} \mid^2/\gamma_{\text{eff}}$ 给出。它在参考文献[28]中也被提到

$$\gamma_{\min} - \frac{3.24}{\upsilon} < \gamma_{\text{eff}} \leqslant \gamma_{\min} \tag{3.43}$$

式中，$\gamma_{\min} \triangleq \min\{\gamma_{s,r}, \gamma_{r,d}\}$，$\upsilon = 2$（BPSK 的情况下）。因此，在高信噪比时，$\gamma_{\text{eff}}$ 可非常接近于 $\gamma_{\min}$。

考虑中继错误，C-MRC 接收器[28]合并阶段 I 和阶段 II 的信号，使用的合并系数

$$\omega_{s,d} = \frac{\sqrt{P_s}h_{s,d}^*}{\sigma_d^2} \quad \text{且} \quad \omega_{\text{eff}} = \frac{\sqrt{P_s}h_{\text{eff}}^*}{\widetilde{\sigma}_d^2} = \frac{\gamma_{\text{eff}}}{\gamma_{r,d}}\frac{\sqrt{P_r}h_{r,d}^*}{\sigma_d^2}$$

因此，C-MRC 输出端的信号可表示为

$$y_d = \omega_{s,d}y_d^{(1)} + \omega_{\text{eff}}y_d^{(2)}$$
$$= \begin{cases} (\omega_{s,d}h_{s,d}\sqrt{P_s} + \omega_{\text{eff}}h_{r,d}\sqrt{P_r})x_s + \omega_{s,d}w_d^{(1)} + \omega_{\text{eff}}w_d^{(2)}, & \text{如果 } \hat{x}_r = x_s \\ (\omega_{s,d}h_{s,d}\sqrt{P_s} - \omega_{\text{eff}}h_{r,d}\sqrt{P_r})x_s + \omega_{s,d}w_d^{(1)} + \omega_{\text{eff}}w_d^{(2)}, & \text{如果 } \hat{x}_x = -x_s \end{cases}$$

基于合并器的 ML 检测器输出由下式给出

$$\hat{x}_s = \underset{x \in \{-1, +1\}}{\arg\max} \mid y_d - (\omega_{s,d}h_{s,d}\sqrt{P_s} + \omega_{\text{eff}}h_{\text{eff}}\sqrt{P_s})x \mid^2$$

由于 BPSK 符号是实数值，它满足考虑到合并器输出只有实数部分，即 $\text{Re}\{y_d\}$，噪声方差为 $\sigma^2 = (\mid \omega_{s,d} \mid^2 + \mid \omega_{\text{eff}} \mid^2)\sigma_d^2/2$。C-MRC 接收器的 BER 性能可被计算为

$$p_{e(\gamma_{s,r},\gamma_{r,d},\gamma_{s,d})}$$
$$= [1 - \varepsilon_r(\gamma_{s,r})]\int_0^\infty \frac{1}{\sqrt{2\pi\sigma^2}}\exp\left(-\frac{(y_d + (\omega_{s,d}h_{s,d} + \omega_{\text{eff}}h_{\text{eff}})\sqrt{P_s})^2}{2\sigma^2}\right)dy$$
$$+ \varepsilon_r(\gamma_{s,r})\int_0^\infty \frac{1}{\sqrt{2\pi\sigma^2}}\exp\left(-\frac{(y_d + (\omega_{s,d}h_{s,d} - \omega_{\text{eff}}h_{\text{eff}})\sqrt{P_s})^2}{2\sigma^2}\right)dy$$
$$= [1 - Q(\sqrt{2\gamma_{s,r}})]Q\left(\sqrt{\frac{2(\gamma_{s,d} + \gamma_{\text{eff}})^2}{\gamma_{s,d} + \gamma_{\text{eff}}^2/\gamma_{r,d}}}\right) + Q(\sqrt{2\gamma_{s,r}})Q\left(\sqrt{\frac{2(\gamma_{r,d} - \gamma_{\text{eff}})^2}{\gamma_{s,d} + \gamma_{\text{eff}}^2/\gamma_{r,d}}}\right)$$
$$\tag{3.44}$$

为推导出可达的分集阶数，我们首先确定式(3.44)中第一项的界限如下

$$[1 - Q(\sqrt{2\gamma_{s,r}})]Q\left(\sqrt{\frac{2(\gamma_{s,d} + \gamma_{\text{eff}})^2}{\gamma_{s,d} + \gamma_{\text{eff}}^2/\gamma_{r,d}}}\right) \leqslant Q(\sqrt{2(\gamma_{s,d} + \gamma_{\text{eff}})})$$

它由条件 $\gamma_{\text{eff}} \leqslant \gamma_{r,d}$ 产生。通过利用式(3.43)的下限并且应用切尔诺夫界 $\left[其中, Q(x) \leqslant \frac{1}{2}e^{-x^2/2}\right]$，第一项超过 $\gamma_{s,r}$，$\gamma_{r,d}$ 和 $\gamma_{s,d}$ 的平均值可被进一步设定界限为

$$\mathbf{E}_{\gamma_{s,r}, \gamma_{r,d}, \gamma_{s,d}}[Q(\sqrt{2(\gamma_{s,d} + \gamma_{\text{eff}})})]$$

$$\leqslant \frac{1}{2}\mathbf{E}_{\gamma_{s,d}}[\exp(-\gamma_{s,d})]\mathbf{E}_{\gamma_{s,r}, \gamma_{r,d}}[\exp(-\min\{\gamma_{s,r}, \gamma_{r,d}\})]e^{1.62}$$

$$= \frac{e^{1.62}(\bar{\gamma}_{s,r} + \bar{\gamma}_{r,d})}{2(1 + \bar{\gamma}_{s,d})(\bar{\gamma}_{s,r} + \bar{\gamma}_{r,d} + \bar{\gamma}_{s,r}\bar{\gamma}_{r,d})}。$$

我们考虑 $P_s = 2\beta P$，$P_r = 2(1-\beta)P$ 和 $\sigma_r^2 = \sigma_d^2 = \sigma_w^2$ 的情况。有 $\text{SNR} = P/\sigma_w^2$，当 $\text{SNR} \to \infty$，对于一些常数 k_1，等式右边可以近似为 k_1/SNR^2。类似地，通过在第二项利用切尔诺夫界，在式(3.44)中的第二项的平均值也可被设定界限

$$\mathbf{E}_{\gamma_{s,r}, \gamma_{r,d}, \gamma_{s,d}}\left[Q(\sqrt{2\gamma_{s,r}})Q\left(\sqrt{\frac{2(\gamma_{s,d} - \gamma_{\min})^2}{\gamma_{s,d} + \gamma_{\text{eff}}^2/\gamma_{r,d}}}\right)\right]$$

$$\leqslant \mathbf{E}_{\gamma_{s,r}, \gamma_{r,d}, \gamma_{s,d}}\left[\frac{1}{2}\exp(-\gamma_{s,r})\frac{1}{2}\exp\left(-\frac{(\gamma_{s,d} - \gamma_{\text{eff}})^2}{\gamma_{s,d} + \gamma_{\text{eff}}^2/\gamma_{r,d}}\right)\mathbf{1}_{\gamma_{r,d} \geqslant \gamma_{\min}}\right]$$

$$+ \mathbf{E}_{\gamma_{s,r}, \gamma_{r,d}, \gamma_{s,d}}\left[\frac{1}{2}\exp(-\gamma_{s,r})\mathbf{1}_{\gamma_{s,r} < \gamma_{\min}}\right]$$

通过评估预期和利用 $\gamma_{\min} \triangleq \min\{\gamma_{s,r}, \gamma_{r,d}\}$，可以证明，当 $\text{SNR} \to \infty$ 时，对一些常数 k_2（详细内容见参考文献[28]中的附录 B），第二项的平均值也近似为 k_2/SNR^2。因此，尽管是次最优设计，C-MRC 检测器仍然实现阶数为 2 的分集。

在图 3.8(即参考文献[28]中的图 7)，显示 C-MRC 的误码率以及最优 ML 检测器和在[19,25]提到的 λ-MRC 方案的误码率。在 λ-MRC 中，$y_d^{(2)}$ 的合并器系数由 $w'_{\text{eff}} = \lambda h_{r,d}^* \sqrt{P_r}$ 给出，其中 λ 是最佳选择以最小化 BER。在实验中，考虑三个不同的平均信噪比集合，即 $(\bar{\gamma}_{s,r}, \bar{\gamma}_{r,d}, \bar{\gamma}_{s,d}) = (\text{SNR} + 30\text{ dB}, \text{SNR}、\text{SNR})$，$(\text{SNR}、\text{SNR} + 30\text{ dB}, \text{SNR})$ 和 $(\text{SNR}、\text{SNR}、\text{SNR})$。从图 3.8 中可以观察到，C-MRC 的性能限制了 ML 和 λ-MRC 的性能。因此，ML 和 λ-MRC 两个方案也能够实现二阶分集。

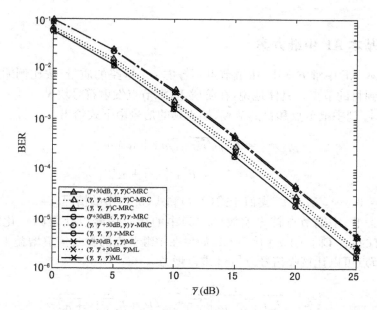

图 3.8 在解调和转发中继方案中 **C - MRC** 和 λ **- MRC** 的误码率比较

（来自于 Wang，Cano 和 Giannakis，©[2007] IEEE）

3.2 放大转发中继方案

在放大转发（AF）中继方案中，中继节点放大接收来自源节点的模拟信号并将其转发到目的节点（对消息或符号无需显式解码或解调），如图 3.9 所示。这些方案也被称为非再生中继方案。在这里，中继节点不需要知道源节点的编码或调制方案。此外，除了 AF 方案的低复杂度外，当 $s\text{-}r$ 链路的质量不足以保证中继节点上的可靠解码时，AF 方案也有令人期望的结果。在这种情况下，放大模拟信号保存软信息以供目的节点的进一步利用。在本节中，我们描述 AF 中继方案的两个变形，即基本 AF 中继方案（在目的节点有或无分集合并）和增量 AF 中继方案。这些方案的中断概率也将被

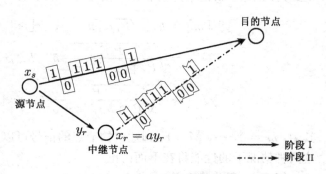

图 3.9 放大和转发（AF）中继方案图示

分析。

3.2.1 基本 AF 中继方案

在基本 AF 中继方案中，中继节点不考虑 $s-r$ 链路的质量，按比例缩放转发接收的信号到目的节点。具体地说，在阶段 I，源节点发射符号块 $\mathbf{x}_s = [x_s[0], \cdots, x_s[M-1]]$ 到中继节点和目的节点，接收到的信号由下式给出

$$y_r[m] = h_{s,r}\sqrt{P_s}x_s[m] + w_r[m] \tag{3.45}$$

$$y_d^{(1)}[m] = h_{s,d}\sqrt{P_s}x_s[m] + w_d^{(1)}[m] \tag{3.46}$$

其中，$m = 0, \cdots, M-1$。类似于式(3.1)和式(3.2)中的情况。

在阶段 II，中继节点首先缩放(3.45)中的接收信号以获得归一化发射矢量 $\mathbf{x}_r$，对所有的 m，$\mathbf{E}[|x_r[m]|^2] = 1$。如果在中继节点的瞬时信道增益 $|h_{s,r}|^2$ 已知，中继节点可以让接收信号 $y_r[m]$ 乘以增益

$$G_v = \frac{1}{\sqrt{\mathbf{E}\left[\frac{|y_r[m]|^2}{|h_{s,r}|^2}\right]}} = \frac{1}{\sqrt{P_s|h_{s,r}|^2 + \sigma_r^2}} \tag{3.47}$$

得到

$$x_r[m] = G_v y_r[m] = \sqrt{\frac{P_s}{P_s|h_{s,r}|^2 + \sigma_r^2}}h_{s,r}x_s[m]$$
$$+ \frac{1}{\sqrt{P_s|h_{s,r}|^2 + \sigma_r^2}}w_r[m] \tag{3.48}$$

注意，增益 G_v 取决于 $s-r$ 信道的 $h_{s,r}$，因此随不同的传输间隔而变化。所以，这个方案通常被称为可变增益放大转发中继方案。然后，以功率 P_r，中继节点将信号 $\mathbf{x}_r$ 转发到目的节点，目的节点接收到的信号可以表示为

$$y_d^{(2)}[m] = h_{r,d}\sqrt{P_r}x_r[m] + w_d^{(2)}[m]$$
$$= \sqrt{\frac{P_sP_r}{P_s|h_{s,r}|^2 + \sigma_r^2}}h_{s,r}h_{r,d}x_s[m]$$
$$+ \sqrt{\frac{P_r}{P_s|h_{s,r}|^2 + \sigma_r^2}}h_{r,d}w_r[m] + w_d^{(2)}[m] \tag{3.49}$$

其中，$m = 0, \cdots, M-1$。到达目的节点的信号可以用于有或无分集合并的检测。这两种情况下的性能将在下面讨论。

情况 I：无分集合并

在无分集合并情况下，只有信号 $y_d^{(2)}$ 将会用于在目的节点的检测。通过式(3.

49)，在这种情况下的接收信噪比可以按下式计算

$$\gamma_{\text{BasicAF,I}} = \frac{\dfrac{P_s P_r}{P_s \mid h_{s,r} \mid^2 + \sigma_r^2} \mid h_{s,r} \mid^2 \mid h_{r,d} \mid^2}{\dfrac{P_r \sigma_r^2}{P_s \mid h_{s,r} \mid^2 + \sigma_r^2} \mid h_{r,d} \mid^2 + \sigma_d^2} = \frac{\gamma_{s,r} \gamma_{r,d}}{\gamma_{s,r} + \gamma_{r,d} + 1} \quad (3.50)$$

式中，$\gamma_{s,r} = \dfrac{P_s \mid h_{s,r} \mid^2}{\sigma_r^2}$，$\gamma_{r,d} = \dfrac{P_r \mid h_{r,d} \mid^2}{\sigma_d^2}$。因此，最大可实现的端到端的传输速率由下式给出

$$C_{\text{BasicAF,I}}(\gamma_{s,r}, \gamma_{r,d}) = \frac{1}{2} \log\left(1 + \frac{\gamma_{s,r} \gamma_{r,d}}{\gamma_{s,r} + \gamma_{r,d} + 1}\right) \quad (3.51)$$

如果端到端的传输速率是 R，中断概率为

$$p_{\text{out}} = \Pr(\gamma_{\text{BasicAF,I}} < 2^{2R} - 1) \quad (3.52)$$

这个概率取决于有效信噪比即 $\gamma_{\text{BasicAF,I}}$ 的分布，而有效信噪比很难求得闭型值。然而，在高信噪比时，式（3.50）中的分母为常数 1，可以省略，则有效信噪比可以近似为

$$\gamma_{\text{BasicAF,I}} \approx \frac{\gamma_{s,r} \gamma_{r,d}}{\gamma_{s,r} + \gamma_{r,d}} = \left(\frac{1}{\gamma_{s,r}} + \frac{1}{\gamma_{r,d}}\right)^{-1} \quad (3.53)$$

即高信噪比时，有效信噪比（即 $\gamma_{\text{BasicAF,I}}$）可以近似表示为在每跳上信噪比的谐波均值。在瑞利衰落场景中，此时 $h_{s,r} \sim \mathcal{CN}(0, \eta_{s,r}^2)$，$h_{r,d} \sim \mathcal{CN}(0, \eta_{r,d}^2)$ 且 $h_{s,d} \sim \mathcal{CN}(0, \eta_{s,d}^2)$，信噪比 $\gamma_{s,r}$ 和 $\gamma_{r,d}$ 是均值分别为 $\bar{\gamma}_{s,r} = \dfrac{P_s \eta_{s,r}^2}{\sigma_r^2}$ 和 $\bar{\gamma}_{r,d} = \dfrac{P_r \eta_{r,d}^2}{\sigma_d^2}$ 的指数分布。因此，式（3.53）中 $\gamma_{\text{BasicAF,I}}$ 的近似表达式分布由下式给出[6]

$$F(u) = \Pr\left(\left(\frac{1}{\gamma_{s,r}} + \frac{1}{\gamma_{r,d}}\right)^{-1} < u\right)$$

$$= 1 - \frac{2u}{\sqrt{\bar{\gamma}_{s,r} \bar{\gamma}_{r,d}}} K_1\left(\frac{2u}{\sqrt{\bar{\gamma}_{s,r} \bar{\gamma}_{r,d}}}\right) \exp\left(-\frac{u}{\bar{\gamma}_{s,r}} - \frac{u}{\bar{\gamma}_{r,d}}\right) \quad (3.54)$$

式中，$K_1(\cdot)$ 是第二类一阶修正贝塞尔函数。利用式（3.54）中 $\gamma_{\text{BasicAF,I}}$ 的 CDF，情况 I（无分集合并）中基本 AF 中继方案的中断概率可以近似为

$$p_{\text{out}} \approx 1 - \frac{2(2^{2R} - 1)}{\sqrt{\bar{\gamma}_{s,r} \bar{\gamma}_{r,d}}} K_1\left(\frac{2(2^{2R} - 1)}{\sqrt{\bar{\gamma}_{s,r} \bar{\gamma}_{r,d}}}\right) \exp\left(-\frac{2^{2R} - 1}{\bar{\gamma}_{s,r}} - \frac{2^{2R} - 1}{\bar{\gamma}_{r,d}}\right) \quad (3.55)$$

此外，在高信噪比时，因为 x 足够小，所以我们可以利用 $K_1(x) \approx 1/x$ [见参考文献[1]中第 375 页的式（9.6.9）] 这个属性，使中断概率近似为

$$p_{\text{out}} \approx 1 - \exp\left(-\frac{2^{2R}-1}{\bar{\gamma}_{s,r}} - \frac{2^{2R}-1}{\bar{\gamma}_{r,d}}\right) \tag{3.56}$$

注意,式(3.56)中的中断概率与无分集合并的基本 DF 方案的[见式(3.7)]相同。利用一阶泰勒近似,我们可以进一步将中断概率近似为

$$p_{\text{out}} \approx \left(\frac{2^{2R}-1}{2\beta\eta_{s,r}^2} + \frac{2^{2R}-1}{2(1-\beta)\eta_{r,d}^2}\right) \cdot \frac{1}{\text{SNR}}$$

式中,我们设置 $P_s = 2\beta P$ 和 $P_r = 2(1-\beta)P$。因此,无分集合并的基本 AF 中继方案的分集阶数等于 1。

给定总功率约束 $P_s + P_r \leqslant 2P$,当仅信道统计已知时通过最小化中断概率,或当瞬时 CSI 可用时通过最大化可达端到端速率,可以找到源节点和中继节点之间的最优功率分配。当仅信道统计已知时,最优功率分配很难获得,因为得不到中断概率的闭型表达式。但是在高信噪比时,我们已经证明了近似的中断概率表达式,正如在式(3.56)中给出的,与基本 DF 方案中的相同,因此最优功率分配也可由式(3.12)近似得到。

另一方面,当瞬时 CSI 可用时,功率分配问题可以表示如下:

$$\max_{P_s, P_r} \frac{1}{2}\log\left(1 + \frac{\frac{P_s|h_{s,r}|^2}{\sigma_r^2} \cdot \frac{P_r|h_{r,d}|^2}{\sigma_d^2}}{\frac{P_s|h_{s,r}|^2}{\sigma_r^2} + \frac{P_r|h_{r,d}|^2}{\sigma_d^2} + 1}\right) \tag{3.57}$$

$$\text{满足} \quad P_s + P_r \leqslant 2P \quad \text{且} \quad P_s, P_r \geqslant 0 \tag{3.58}$$

由于对数函数的单调性和总功率约束满足等式时结果最大这个事实,优化问题可以重新表示如下[30]:

$$\max_{P_s} \frac{\frac{P_s|h_{s,r}|^2}{\sigma_r^2} \cdot (2P-P_s)\frac{|h_{r,d}|^2}{\sigma_d^2}}{P_s\frac{|h_{s,r}|^2}{\sigma_r^2} + (2P-P_s)\frac{|h_{r,d}|^2}{\sigma_d^2} + 1} \tag{3.59}$$

$$\text{满足} \quad 0 \leqslant P_s \leqslant 2P \tag{3.60}$$

通过取式(3.59)中结果关于 P_s 的一阶导数并令其为零,可得最优功率分配为

$$P_s = \frac{\sqrt{1 + \frac{2P|h_{r,d}|^2}{\sigma_d^2}} \cdot 2P}{\sqrt{1 + \frac{2P|h_{r,d}|^2}{\sigma_d^2}} + \sqrt{1 + \frac{2P|h_{s,r}|^2}{\sigma_r^2}}} \tag{3.61a}$$

$$P_r = \frac{\sqrt{1 + \dfrac{2P \mid h_{s,r} \mid^2}{\sigma_r^2}} \cdot 2P}{\sqrt{1 + 2P \dfrac{\mid h_{r,d} \mid^2}{\sigma_d^2}} + \sqrt{1 + 2P \dfrac{\mid h_{s,r} \mid^2}{\sigma_r^2}}} \tag{3.61b}$$

注意,源节点和中继节点的功率分配分别与 $1 + 2P \mid h_{r,d} \mid^2 / \sigma_d^2$ 和 $1 + 2P \mid h_{s,r} \mid^2 / \sigma_r^2$ 的平方根成比例。

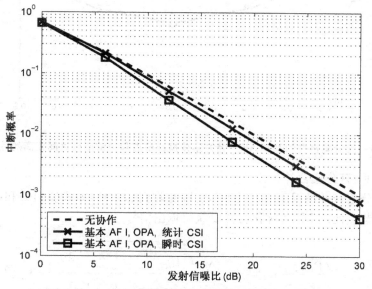

图 3.10　无分集合并的基本 AF 中继方案的性能比较

在图 3.10 中,我们说明无分集合并的基本 AF 方案的中断概率与发射信噪比即 $\mathrm{SNR} = P/\sigma_w^2$ 的关系。使用图 3.3 给出的仿真参数并假设中继节点位于源节点和目的节点的中间来进行实验。式(3.61)和式(3.12)分别给出了有瞬时 CSI(参见瞬时 CSI 曲线)情况下和只有信道统计数据(见统计 CSI 曲线)情况下的功率分配。由于在目的节点利用无分集合并,只能得到一阶分集,因此与无协作(即直接传输)的情况相比可观察到小改进(从物理层的角度来看)。事实上,由于采用两阶段传输,带宽效率降低到中继情况下的 1/2,因此中断性能可能比直接传输情况的更坏。然而,正如前面提到的,从实用角度来看中继可能仍然是期望的。在图 3.11 中,我们说明 $\mathrm{SNR} = 20\ \mathrm{dB}$ 时,中断概率与源节点和中继节点之间的距离即 $d_{s,r} = 1 - d_{r,d}$ 的关系。仿真环境与图 3.7 中的一样。可以观察到中继节点的最优位置是在源节点和目的节点的中间。这表明,当 $s{-}r$ 链路和 $r{-}d$ 链路的信噪比足够均衡,式(3.50)中的有效信噪比接近它的最大值。

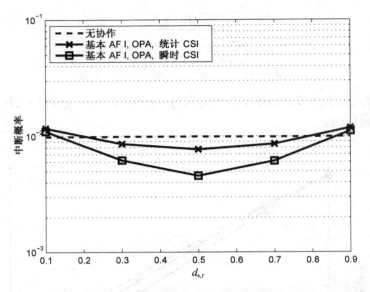

图 3.11 无分集合并的基本 AF 中继方案依据源节点和中继节点之间距离的性能比较

情况 Ⅱ：有分集合并

在有分集合并情况下，阶段 Ⅰ 和阶段 Ⅱ 收到的信号，即式(3.46)和(3.49)，可以在目的节点使用 MRC 优化合并以获得输出信号

$$\tilde{y}_d = \frac{\sqrt{P_s}\,h_{s,d}^*}{\sigma_d^2} \cdot y_d^{(1)} + \frac{\sqrt{\dfrac{P_s P_r}{P_s\mid h_{s,r}\mid^2 + \sigma_r^2}}\,h_{s,r}^*\,h_{r,d}^*}{\dfrac{P_r}{P_s\mid h_{s,r}\mid^2 + \sigma_r^2}\mid h_{r,d}\mid^2 \sigma_r^2 + \sigma_d^2} \cdot y_d^{(2)} \quad (3.62)$$

MRC 输出的有效信噪比下式给出

$$\gamma_{\text{BasicAF},\,\text{Ⅱ}} = \frac{P_s\mid h_{s,d}\mid^2}{\sigma_r^2} + \frac{\dfrac{P_s\mid h_{s,r}\mid^2}{\sigma_r^2} \cdot P_r\dfrac{\mid h_{r,d}\mid^2}{\sigma_d^2}}{\dfrac{P_s\mid h_{s,r}\mid^2}{\sigma_r^2} + \dfrac{P_r\mid h_{r,d}\mid^2}{\sigma_d^2} + 1}$$

$$= \gamma_{s,d} + \frac{\gamma_{s,r}\gamma_{r,d}}{\gamma_{s,r} + \gamma_{r,d} + 1} \quad (3.63)$$

因此，对于有分集合并的基本 AF 中继方案，最大可实现端到端传输速率为

$$C_{\text{BasicAF},\,\text{Ⅱ}}(\gamma_{s,r},\,\gamma_{r,d},\,\gamma_{s,d}) = \frac{1}{2}\log_2\left(1 + \gamma_{s,d} + \frac{\gamma_{s,r}\gamma_{r,d}}{\gamma_{s,r} + \gamma_{r,d} + 1}\right) \quad (3.64)$$

类似于之前的情况，发生中断时，传输速率 R 大于 $C_{\text{BasicAF},\,\text{Ⅱ}}$。假设处于瑞利衰落之下，中断概率可计算为

$$p_{\text{out}} = \Pr\left(\gamma_{s,d} + \frac{\gamma_{s,r}\gamma_{r,d}}{\gamma_{s,r}+\gamma_{r,d}+1} \leqslant 2^{2R}-1\right)$$

$$= \int_0^\infty \Pr\left(\gamma_{s,d} + \frac{\gamma_{s,r}\gamma_{r,d}}{\gamma_{s,r}+\gamma_{r,d}+1} \leqslant 2^{2R}-1 \mid \gamma_{s,d}=u\right) f_{\gamma_{s,d}}(u)\,du$$

$$= \int_0^{2^{2R}-1} \frac{1}{\bar{\gamma}_{s,d}} \exp\left(-\frac{u}{\bar{\gamma}_{s,d}}\right) \Pr\left(\frac{\gamma_{s,r}\gamma_{r,d}}{\gamma_{s,r}+\gamma_{r,d}+1} \leqslant 2^{2R}-1-u\right)du$$

$$\tag{3.65}$$

式中，我们利用 $\gamma_{s,d}$ 是具有均值 $\bar{\gamma}_{s,d} \triangleq P_s\eta_{s,d}^2/\sigma_d^2$ 的指数分布这个事实。在高信噪比时，整体概率可以近似为

$$\Pr\left(\frac{\gamma_{s,r}\gamma_{r,d}}{\gamma_{s,r}+\gamma_{r,d}+1} \leqslant 2^{2R}-1-u\right) \approx \Pr\left(\frac{\gamma_{s,r}\gamma_{r,d}}{\gamma_{s,r}+\gamma_{r,d}} \leqslant 2^{2R}-1-u\right)$$

$$= 1 - \frac{2(2^{2R}-1-u)}{\sqrt{\bar{\gamma}_{s,r}\bar{\gamma}_{r,d}}} K_1\left(\frac{2(2^{2R}-1-u)}{\sqrt{\bar{\gamma}_{s,r}\bar{\gamma}_{r,d}}}\right) \exp\left(-\frac{2^{2R}-1-u}{\bar{\gamma}_{s,r}} - \frac{2^{2R}-1-u}{\bar{\gamma}_{r,d}}\right)$$

$$\approx 1 - \exp\left(-\frac{2^{2R}-1-u}{\bar{\gamma}_{s,r}} - \frac{2^{2R}-1-u}{\bar{\gamma}_{r,d}}\right) \tag{3.66}$$

因为 x 足够小，最后的等式来自于 $K_1(x) \approx 1/x$ [见参考文献[1]中第 375 页的式(9.6.9)]近似。将式(3.66)代入式(3.65)，在高信噪比下中断概率可以近似为

$$p_{\text{out}} \approx \int_0^{2^{2R}-1} \frac{1}{\bar{\gamma}_{s,d}} \exp\left(-\frac{u}{\bar{\gamma}_{s,d}}\right) \left[1 - \exp\left(-\frac{2^{2R}-1-u}{\bar{\gamma}_{s,r}} - \frac{2^{2R}-1-u}{\bar{\gamma}_{r,d}}\right)\right]du$$

$$= 1 - \exp\left(-\frac{2^{2R}-1}{\bar{\gamma}_{s,d}}\right) - \frac{1}{1 - \frac{\bar{\gamma}_{s,d}}{\bar{\gamma}_{s,r}} - \frac{\bar{\gamma}_{s,d}}{\bar{\gamma}_{r,d}}}$$

$$\times \left[\exp\left(-\frac{2^{2R}-1}{\bar{\gamma}_{s,r}} - \frac{2^{2R}-1}{\bar{\gamma}_{r,d}}\right) - \exp\left(-\frac{2^{2R}-1}{\bar{\gamma}_{s,d}}\right)\right] \tag{3.67}$$

通过应用二阶泰勒近似，因为 x 足够小，$e^{-x} \approx 1-x+\frac{x^2}{2}$，则中断概率可以进一步近似

$$p_{\text{out}} \approx \frac{1}{2} \frac{2^{2R}-1}{\bar{\gamma}_{s,d}} \left[\frac{2^{2R}-1}{\bar{\gamma}_{s,r}} + \frac{2^{2R}-1}{\bar{\gamma}_{r,d}}\right]$$

$$= \frac{1}{8}\left(\frac{2^{2R}-1}{\text{SNR}}\right)^2 \frac{1}{\beta\eta_{s,d}^2}\left[\frac{1}{\beta\eta_{s,r}^2} + \frac{1}{(1-\beta)\eta_{r,d}^2}\right] \tag{3.68}$$

式中，我们设置 $P_s = 2\beta P$，$P_r = 2(1-\beta)P$ 且 $\sigma_r^2 = \sigma_d^2 = \sigma_w^2$。因此，有分集合并的基本 AF 中继方案的分集阶数等于 2，即中断概率下降速率是直接传输或无分集合并情况下下降速率的两倍。尽管在 AF 中继方案中，在中继节点噪声随着信号

而放大,但在基本 AF 方案中可以获得的分集增益大于基本 DF 方案中获得的分集增益,这是由于协作传输不依赖于在中继节点成功解码(事实上,在中继节点没有执行解码)。这类似于在 DeF 中继方案中观察到的情况,即不管中继节点是否正确地检测到符号,中继节点都转发它们以实现完整分集。

当只有信道统计已知时,可以找到最优功率分配以最小化式(3.67)的中断概率。不幸的是,在这种情况下不容易获得最优功率分配的闭型表达式,因此我们必须采用数值方法。另一方面,当瞬时 CSI 已知时,通过最大化可达端到端传输速率实现最优功率分配[30]。优化问题可以表示如下:

$$\max_{P_s, P_r} \frac{1}{2} \log \left(1 + \frac{P_s \mid h_{s,d} \mid^2}{\sigma_d^2} + \frac{\frac{P_s \mid h_{s,r} \mid^2}{\sigma_r^2} \cdot \frac{P_r \mid h_{r,d} \mid^2}{\sigma_d^2}}{\frac{P_s \mid h_{s,r} \mid^2}{\sigma_r^2} + \frac{P_r \mid h_{r,d} \mid^2}{\sigma_d^2} + 1} \right) \quad (3.69)$$

$$\text{满足} \quad P_s + P_r \leqslant 2P \quad \text{且} \quad P_s, P_r \geqslant 0 \quad (3.70)$$

为了符号的简化,不失一般性,我们假设噪声方差为 $\sigma_r^2 = \sigma_d^2 = 1$。然后,由于对数函数的单调性和总功率约束必须满足等式即 $P_s = P_r = 2P$ 的事实,那么优化问题可以被重新计算如下

$$\max_{P_s} P_s \mid h_{s,d} \mid^2 + \frac{P_s \mid h_{s,r} \mid^2 \cdot (2P - P_s) \mid h_{r,d} \mid^2}{P_s \mid h_{s,r} \mid^2 + (2P - P_s) \mid h_{r,d} \mid^2 + 1} \quad (3.71)$$

$$\text{满足} \quad 0 \leqslant P_s \leqslant 2P \quad (3.72)$$

对目标函数求导数并令其为零,如参考文献[30]中的推导,最优功率分配为

$$P_s = \frac{2P \mid h_{s,r} \mid^2 \mid h_{r,d} \mid^2 + 2P \mid h_{s,d} \mid^2 \mid h_{r,d} \mid^2 + \mid h_{s,d} \mid^2}{f(\mathbf{h}) + \sqrt{\frac{1 + 2P \mid h_{s,r} \mid^2}{1 + 2P \mid h_{r,d} \mid^2} \mid h_{s,r} \mid^2 \mid h_{r,d} \mid^2 f(\mathbf{h})}} \quad (3.73a)$$

$$P_r = \frac{2P \mid h_{s,r} \mid^2 \mid h_{r,d} \mid^2 - 2P \mid h_{s,d} \mid^2 \mid h_{s,r} \mid^2 - \mid h_{s,d} \mid^2}{f(\mathbf{h}) + \sqrt{\frac{1 + 2P \mid h_{r,d} \mid^2}{1 + 2P \mid h_{s,r} \mid^2} \mid h_{s,r} \mid^2 \mid h_{r,d} \mid^2 f(\mathbf{h})}} \quad (3.73b)$$

式中,当满足下列条件时,$f(\mathbf{h}) \triangleq \mid h_{s,r} \mid^2 \mid h_{r,d} \mid^2 + \mid h_{s,d} \mid^2 \mid h_{r,d} \mid^2 - \mid h_{s,r} \mid^2 \mid h_{s,d} \mid^2$,:

(C1) $2P \mid h_{s,r} \mid^2 \mid h_{r,d} \mid^2 - 2P \mid h_{s,d} \mid^2 \mid h_{s,r} \mid^2 - \mid h_{s,d} \mid^2 > 0$;

(C2) $\mid h_{s,r} \mid^2 \mid h_{r,d} \mid^2 + \mid h_{s,d} \mid^2 \mid h_{r,d} \mid^2 - \mid h_{s,r} \mid^2 \mid h_{s,d} \mid^2 > 0$。

另一方面,当条件不满足时,从源节点到目的节点的直接传输达到一个更高的速率,因而给出最优功率分配 $P_s = 2P$ 和 $P_r = 0$。值得注意的是,当 $h_{s,d} = 0$,式(3.73)中的解减少到无分集合并情况下式(3.61)中的解。与式(3.61)中的解相比,更多的功率被分配给源节点,因为它有助于在中继节点和目的节点的接收,因此对整个系统性能有更大的影响。在基本 DF 方案中也发现类似的观察结果。

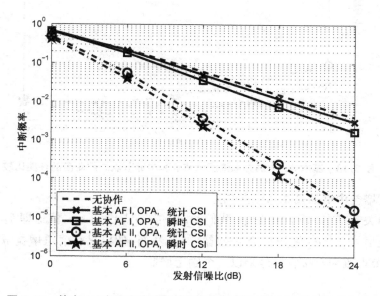

图 3.12 基本 **AF** 中继方案关于发射信噪比即 **SNR**$=P/\sigma_w^2$ 的性能比较

在图 3.12 中,我们绘制了对于有无分集合并的基本 AF 方案,$\sigma_d^2 = \sigma_r^2 = \sigma_w^2$ 的情况下,中断概率与 $\mathrm{SNR} = P/\sigma_w^2$ 的关系。使用图 3.3 给出的参数并假设中继节点是位于源节点和目的节点的中间来完成仿真。当在目的节点利用分集合并时,假设已知瞬时 CSI,可以从式(3.73)中获得最优功率分配(OPA)。从图 3.12 可以观察到,随着发射信噪比提高,有分集合并得到的中断概率以两倍于无分集合并得到的中断概率的速率减少。此外,当瞬时 CSI 可用时,与基于统计 CSI 的最优功率分配情况相比,获得大约 2 dB 增益。用简单的统计 CSI,通过最小化由式(3.67)近似的中断概率可获得 OPA 的数值解。此外,在图 3.13 中,我们绘制了中断概率与 s-r 距离即 $d_{s,r} = 1 - d_{r,d}$ 的关系,此时 $\mathrm{SNR} = 20$ dB。我们可以观察到,除了分集合并的情况,最优中继节点位置大约在源节点和目的节点的中间。这是因为,采用情况 II 的最优功率分配,同式(3.61)相比将有更多的功率分配给源节点,但是在 s-r 链路和 r-d 链路的信噪比必须均衡以达到更大的有效信噪比(见对图 3.11的描述)。因此,中继节点的位置必须靠近目的节点。

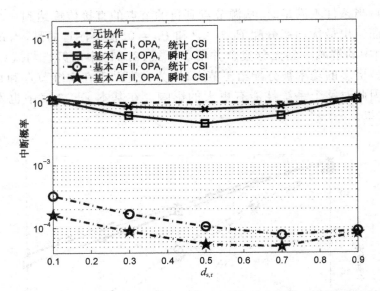

图 3.13 基本 AF 中继方案依据源节点和中继节点之间距离的性能比较

固定增益中继的基本 AF 的扩展

前面关于基本 AF 的讨论中,我们假定中继节点已知 $s-r$ 信道即 $h_{s,r}$,因此能够对接收信号 $y_r[m]$ 施加一个可变增益 G_v。然而,如果只有信道增益 $\eta_{s,r}^2$ 均值已知,中继节点改为对接收信号乘以一个固定增益

$$G_f = \frac{1}{\sqrt{\mathbf{E}[|y_r[m]|^2]}} = \frac{1}{\sqrt{P_s\eta_{s,r}^2 + \sigma_r^2}} \tag{3.74}$$

来获得

$$x_r[m] = G_f y_r[m] = \sqrt{\frac{P_s}{P_s\eta_{s,r}^2 + \sigma_r^2}} h_{s,r} x_s[m] + \frac{1}{\sqrt{P_s\eta_{s,r}^2 + \sigma_r^2}} w_r[m]$$

式中,也满足 $\mathbf{E}[|x_r[m]|^2] = 1$ 的约束。这被称为固定增益 AF 中继方案。然后,用功率 P_r,中继节点将信号 $\mathbf{x}_r$ 转发到目的节点,目的节点接收的信号可以表示为

$$y_d^{(2)}[m] = \sqrt{P_r} h_{r,d} x_r[m] + w_d^{(2)}[m]$$
$$= \sqrt{\frac{P_s P_r}{P_s\eta_{s,r}^2 + \sigma_r^2}} h_{s,r} h_{r,d} x_s[m] + \sqrt{\frac{P_r}{P_s\eta_{s,r}^2 + \sigma_r^2}} h_{r,d} w_r[m] + w_d^{(2)}[m]$$

其中,$m = 0, \cdots, M-1$。

假设在目的节点利用 MRC 将阶段 I 和阶段 II 收到的信号进行合并。MRC

输出端的有效信噪比为

$$\gamma_{\text{BasicAF}, \text{II}}^{\text{fixed}} = \gamma_{s,d} + \frac{\gamma_{s,r}\gamma_{r,d}}{\gamma_{r,d} + (\overline{\gamma}_{s,r} + 1)} \tag{3.75}$$

注意,表达式(3.75)与式(3.63)相似,但第二项的分母中 $\gamma_{s,r}$ 被替换为期望值 $\overline{\gamma}_{s,r}$。中断概率按下式计算

$$p_{\text{out}} = P_r\Big(\gamma_{s,d} + \frac{\gamma_{s,r}\gamma_{r,d}}{\gamma_{r,d} + (\overline{\gamma}_{s,r} + 1)} \leqslant 2^{2R} - 1\Big)$$

$$= \int_0^{2^{2R}-1} \frac{1}{\overline{\gamma}_{s,d}} \exp\Big(-\frac{u}{\overline{\gamma}_{s,d}}\Big) P_r\Big(\frac{\gamma_{s,r}\gamma_{r,d}}{\gamma_{r,d} + b} \leqslant c - u\Big) du \tag{3.76}$$

式中,$c \overset{\triangle}{=} 2^{2R} - 1$, $b \overset{\triangle}{=} 1 + \overline{\gamma}_{s,r}$。在积分内部的概率可被进一步求值

$$\text{Pr}\Big(\frac{\gamma_{s,r}\gamma_{r,d}}{\gamma_{r,d} + b} \leqslant c - u\Big)$$

$$= \int_0^\infty \frac{1}{\overline{\gamma}_{r,d}} \exp\Big(-\frac{y}{\overline{\gamma}_{r,d}}\Big)\Big\{1 - \exp\Big[-\frac{c-u}{\overline{\gamma}_{s,r}}\Big(1 + \frac{b}{y}\Big)\Big]\Big\} dy$$

$$= 1 - \frac{1}{\overline{\gamma}_{r,d}} \exp\Big(-\frac{c-u}{\overline{\gamma}_{s,r}}\Big) \int_0^\infty \exp\Big(-\frac{y}{\overline{\gamma}_{r,d}} - \frac{(c-u)b}{\overline{\gamma}_{s,r}y}\Big) dy$$

$$\overset{(a)}{=} 1 - 2\sqrt{\frac{b(c-u)}{\overline{\gamma}_{s,r}\overline{\gamma}_{r,d}}} \exp\Big(-\frac{c-u}{\overline{\gamma}_{s,r}}\Big) K_1\Big(2\sqrt{\frac{b(c-u)}{\overline{\gamma}_{s,r}\overline{\gamma}_{r,d}}}\Big)$$

$$\overset{(b)}{\approx} 1 - \exp\Big(-\frac{c-u}{\overline{\gamma}_{s,r}}\Big)$$

式中,对于足够小的 x,(a)从参考文献[7]和参考文献[4]中的方程(3.324.1)导出,(b)从 $K_1(x) \approx 1/x$ 近似{见参考文献[1]第 375 页的方程(9.6.9)}导出。将其代入式(3.76),可得近似的中断概率

$$p_{\text{out}} \approx \int_0^{2^{2R}-1} \frac{1}{\overline{\gamma}_{s,d}} \exp\Big(-\frac{u}{\overline{\gamma}_{s,d}}\Big)\Big[1 - \exp\Big(-\frac{c-u}{\overline{\gamma}_{s,r}}\Big)\Big] du$$

$$= 1 - \exp\Big(-\frac{2^{2R}-1}{\overline{\gamma}_{s,d}}\Big) - \frac{1}{\overline{\gamma}_{s,d}\Big(\frac{1}{\overline{\gamma}_{s,d}} - \frac{1}{\overline{\gamma}_{s,r}}\Big)}$$

$$\times \Big[\exp\Big(-\frac{2^{2R}-1}{\overline{\gamma}_{s,r}}\Big) - \exp\Big(\frac{2^{2R}-1}{\overline{\gamma}_{s,d}}\Big)\Big] \tag{3.77}$$

此外,采用二阶泰勒近似,因为 x 足够小,$e^x \approx 1 - x + \frac{x^2}{2}$,中断概率可以进一步近

似为

$$p_{\text{out}} \approx \frac{1}{2} \frac{2^{2R}-1}{\bar{\gamma}_{s,d}} \frac{2^{2R}-1}{\bar{\gamma}_{s,r}} = \frac{1}{8} \left(\frac{2^{2R}-1}{\text{SNR}} \right)^2 \frac{1}{\beta^2 \eta_{s,d}^2 \eta_{s,r}^2} \quad (3.78)$$

式中,我们设置 $P_s = 2\beta P$, $P_r = 2(1-\beta)P$, $\sigma_r^2 = \sigma_d^2 = \sigma_w^2$。这表明,即使瞬时 CSI 在中继节点不可用时,仍然可以实现二阶分集。然而,与可变增益中继的情况相比,可以观察到编码增益的损失。此外,在固定增益中继的情况下,当瞬时 $s-r$ 信道增益很大时,中继节点的瞬时输出功率可能太大。在实际系统中,功率放大器的增益是受限的,这可能导致削波错误,从而降低协作的优势。

3.2.2 增量 AF 中继方案

在前面的小节,我们已经说明基本 AF 中继方案能够实现完全分集,此时阶段Ⅰ和阶段Ⅱ接收的信号在目的节点被合并以供检测。然而,在前面部分中介绍的中继方案(包括 DF 方案)与直接传输相比可能没有带宽效率,因为在整个协作传输期间,相同的码字被发射两次。为改进这一点,我们可以采用增量中继方案[18],如图 3.14 所示,仅当阶段Ⅰ的源节点传输失败时,才利用协作传输的阶段Ⅱ。这将带来更高的带宽效率,因为第二个传输阶段并不总是必需的并且可以在目的节点通过一个简单的反馈机制获得。下面描述的增量中继方案可用于 AF 系统,也可以很容易地应用到 DF 系统。

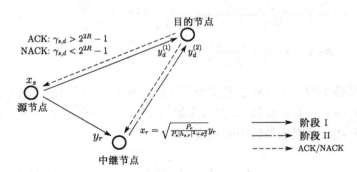

图 3.14 增量 AF 中继方案说明

按照之前的中继方案,源节点在阶段Ⅰ首先发射一符号块 $\mathbf{x}_s = [x_s[0], \cdots, x_s[M-1]]^T$,而在中继节点和目的节点接收的信号分别由式(3.45)和式(3.46)给出。在阶段Ⅰ,目的节点基于接收到的信号 $\mathbf{y}_d^{(1)} = [y_d^{(1)}[0], \cdots, y_d^{(1)}[M-1]]^T$,试图对这些消息进行解码。为实现端到端传输速率 R,在需要第二个传输阶段的情况下,阶段Ⅰ发射的码字必须用 $2R$ 速率对消息编码。如果目标节点仅仅基于在阶段Ⅰ收到的信号能够成功地解码消息,那么目的节点将广播 ACK(即确认)消息来通知源节点和中继节点这次成功。在这种情况下,中继节点将丢弃来自源节点的接收信号,而源节点将继续传送一个新的消息。注意,这个事件发生时,

$$2R \leqslant \log_2(1 + \gamma_{s,d})$$

并且实现 $2R$ 的端到端传输速率。另一方面,如果直接传输失败,即当 $2R > \log_2(1 + \gamma_{s,d})$ 时,目的节点将广播一个 NACK(即否定应答)消息来通知源节点和中继节点这次失败。只有在这种情况下中继节点将参与协作传输并在阶段 II 转发其接收到的信号的缩放版本到目的节点。在目的节点收到的这两个阶段的信号同样由式 (3.46) 和式 (3.49) 给出。MRC 输出端的有效 SNR 由式 (3.63) 给出。在这种情况下,因为利用两个阶段的传输,传输速率等于 R,而只有满足以下条件时,目的节点解码成功

$$R \leqslant \frac{1}{2} \log_2\left(1 + \gamma_{s,d} + \frac{\gamma_{s,r}\gamma_{r,d}}{\gamma_{s,r} + \gamma_{r,d} + 1}\right)$$

　　显然,增量中继方案的传输速率变化取决于 s-r 链路的质量。如果 $\gamma_{s,d} \geqslant 2^{2R} - 1$,传输速率将高达 $2R$,但如果 $\gamma_{s,d} < 2^{2R} - 1$,速率将只等于 R。因此,平均传输速率由下式计算:

$$\begin{aligned}
\bar{R} &= 2R \cdot \Pr(\gamma_{s,d} \geqslant 2^{2R} - 1) + R \cdot \Pr(\gamma_{s,d} < 2^{2R} - 1) \\
&= R + R\exp\left(-\frac{2^{2R} - 1}{\bar{\gamma}_{s,d}}\right)
\end{aligned} \tag{3.79}$$

式中,$\bar{\gamma}_{s,d} \triangleq P_s\eta_{s,d}^2/\sigma_d^2$。注意,平均速率 $\bar{R}$ 大于 R,但当直接链路信噪比 $\bar{\gamma}_{s,d}$ 增加时,可以接近 $2R$。因此,与前述的中继方案相比,带宽效率得到改进。

　　在增量中继方案中,只有当在阶段 I 的直接传输和阶段 II 的协作传输两个同时失效时才发生中断。因此,中断概率为

$$\begin{aligned}
p_{out} &= \Pr\left(\gamma_{s,d} < 2^{2R} - 1, \ \gamma_{s,d} + \frac{\gamma_{s,r}\gamma_{r,d}}{\gamma_{s,r} + \gamma_{r,d} + 1} < 2^{2R} - 1\right) \\
&= \Pr\left(\gamma_{s,d} + \frac{\gamma_{s,r}\gamma_{r,d}}{\gamma_{s,r} + \gamma_{r,d} + 1} < 2^{2R} - 1\right)
\end{aligned} \tag{3.80}$$

式中第二个等式来自于第一个事件包含第二个事件这个事实

$$\{\gamma_{s,d} < 2^{2R} - 1\} \supseteq \left\{\gamma_{s,d} + \frac{\gamma_{s,r}\gamma_{r,d}}{\gamma_{s,r} + \gamma_{r,d} + 1} < 2^{2R} - 1\right\}$$

注意,增量中继方案的中断概率与有分集合并的基本 AF 中继方案的中断概率相同,因此实现相同的二阶分集。然而,值得说明的是,即使不牺牲分集增益,频谱效

率的增加也需要一个来自目的节点的简单反馈。

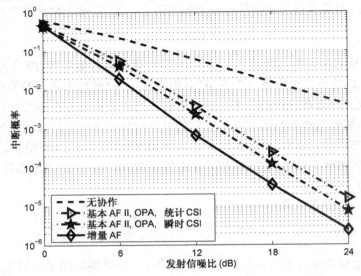

图 3.15 增量 AF 中继方案与基本 AF 中继方案关于传输功率的性能比较

在图 3.15 中,我们绘制了增量 AF 中继方案和有分集合并的基本 AF 中继方案的中断概率与发射信噪比(即 $SNR = P/\sigma_w^2$)的关系。仿真中采用的参数与图 3.3 中相应参数相同。中继节点位于源节点和目的节点的中间。对于增量 AF 中继方案,我们假设源节点和中继节点以等功率发射,即 $P_S = P_r = P$。我们可以看到,虽然这里考虑的所有 AF 中继方案实现相同的分集阶数,但由于其增加了带宽效率,增量 AF 中继方案存在一个额外的编码增益。

3.3 编码协作

编码协作(CC)可以看作 DF 中继方案的衍生物,它在协作传输的两个阶段利用了更多的功率信道编码(而不是 DF 方案中的简单重复编码)。当使用重复编码时,相同的码字被(源节点或中继节点)发射两次,因此带宽效率下降一半。相反,在编码协作方案中[10-12, 14, 22],同一消息的不同部分由两个阶段发射。具体来说,源消息在码字的第一部分被编码并在阶段Ⅰ通过源节点发射,增量冗余编码(例如,以额外的奇偶符号形式)在阶段Ⅱ在码字的第二部分由源节点或中继节点发射。接下来,编码协作方案使用二进制纠错码描述,但这个概念可以扩展到非二进制码。

3.3.1 基本编码协作方案

让我们考虑一个基本的两用户编码协作方案,其中一个用户作为源节点而另一个用户作为中继节点,转发源数据到目的地。图 3.16 中给出了基本编码协作方案图示。假设每个源消息可以速率为 R 且长度为 N 的码字即 $\mathbf{x} = [x[0],\,\cdots,\,x[N-1]]^T$ 编码,并且在协作传输的两个阶段发射。码字的前 N_1 个符号即 $\mathbf{x}^{(1)} = [x[0],\,\cdots,\,x[N_1-1]]^T$ 用速率 $R_1 > R$ 编码源消息,其余 $N_2 = N - N_1$ 个符号,即 $\mathbf{x}^{(2)} = [x[N_1],\,\cdots,\,x[N_1+N_2-1]]^T$,包括编码的消息的额外奇偶符号。尽管码字 $\mathbf{x}^{(1)}$ 的第一部分可以单独对消息编码,但是 $\mathbf{x}^{(1)}$ 和 $\mathbf{x}^{(2)}$ 一起合并形成一个更加增强的 R 速率的码字。

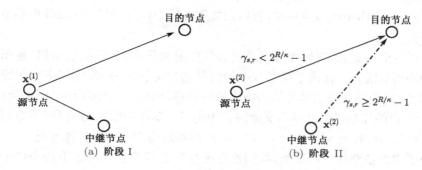

图 3.16　单一中继节点的基本编码协作图示

在阶段 I,源节点发送码字的前 N_1 个符号,即 $\mathbf{x}^{(1)}$,而在中继节点和目的节点所接收到的信号由以下公式得出

$$y_r[m] = h_{s,r}\sqrt{P_s}x_s[m] + w_r[m]$$
$$y_d^{(1)}[m] = h_{s,d}\sqrt{P_s}x_s[m] + w_d^{(1)}[m]$$

其中,$m = 0,\,\cdots,\,N_1-1$。定义 $\kappa = N_1/N$,这样在阶段 I 的速率 $R_1 = R/\kappa$。如果中继节点可以成功地解码消息,它将会生成码字的剩余 N_2 个符号,即 $\mathbf{x}^{(2)}$,并在阶段 II 把它发送到目的节点。如果中继节点无法成功解码,源节点将自己发送剩余的 N_2 个符号。请注意,当 $\log_2(1+\gamma_{s,r}) < R/\kappa$ 时,s-r 链路发生中断。与选择 DF 中继方案类似,我们假设源节点已知 s-r 信道的信息,因此可以推断中继节点是否已成功解码消息。在阶段 II,目的节点接收到的信号可以表示为

$$y_d^{(2)}[m] = \begin{cases} h_{r,d}\sqrt{P_r}x[N_1+m] + w_d^{(2)}[m], & \text{如果 } \gamma_{s,r} \geqslant 2^{R/\kappa} - 1 \\ h_{s,d}\sqrt{p_r}x[N_1+m] + w_d^{(2)}[m], & \text{其他} \end{cases}$$

其中,$m = 0,\,\cdots,\,N_2-1$,假设在阶段 II,源节点和中继节点使用的功率都是 P_r。目的节点根据两个阶段接收到的信号,通过级联进行解码,即

$$\mathbf{y}_d = [(\mathbf{y}_d^{(1)})^T (\mathbf{y}_d^{(2)})^T]^T$$

式中，$\mathbf{y}_d^{(1)} = [y_d^{(1)}[0], \cdots, y_d^{(1)}[N_1-1]]^T$ 且 $\mathbf{y}_d^{(2)} = [y_d^{(2)}[0], \cdots, y_d^2[N_2-1]]^T$

如果阶段 Ⅱ 的信号是从中继节点接收的，那么可达速率由以下公式给出

$$C_{CC}^{(a)}(\gamma_{s,d}, \gamma_{r,d}) = k\log_2(1+\gamma_{s,d}) + (1-k)\log_2(1+\gamma_{r,d})$$

如果这两个阶段的信号都是从源节点接收的，可达速率由以下公式给出

$$C_{CC}^{(b)}(\gamma_{s,d}) = \log_2(1+\gamma_{s,d})$$

与基于重复编码的方案不同，编码协作的可达速率没有下降 1/2。由于总的 N 个符号中的 N_2 个由中继节点传输，所以在协作传输中，以比率 $1-\kappa$ 表征中继节点参与的程度。

值得说明的是，编码协作可以通过各种信道编码实现，包括块编码、卷积码或者两种编码的混合。在码字两部分中的符号通过穿孔区分，使用速率兼容穿孔卷积（RCPC）码的乘积码或其他编码协作的级联样例在参考文献[10,11]中给出，使用 Turbo 码的那些样例在参考文献[14]中给出。基于重复编码的 DF 方案可以看作 $N_1 = N_2 = M$ 且 $\mathbf{x}_s = \mathbf{x}^{(1)} = \mathbf{x}^{(2)} = \mathbf{x}_r$ 的编码协作的一种特殊情况。

为了要评估整体中断概率，我们首先推导出在两个独立情况下的条件中断概率，即：情况（a），中继节点对消息成功解码；情况（b），中继节点没有对消息成功解码。在情况（a），中继节点会在阶段 Ⅱ 转发码字的第二部分并且目的节点会根据两个阶段接收到的信号的级联进行解码。设

$$\mathcal{O}_{s,r} = \{\log_2(1+\gamma_{s,r}) < R/\kappa\}$$

是 s-r 链路上发生中断的事件并设 $\mathcal{O}_{s,r}^c$ 是 $\mathcal{O}_{s,r}^c$ 的互补事件。情况（a）的条件中断概率可由以下公式推断得到：

$$\begin{aligned} p_{\text{out}}^{(a)} &= \Pr(\kappa\log_2(1+\gamma_{s,d}) + (1-\kappa)\log_2(1+\gamma_{r,d}) < R \mid \mathcal{O}_{s,r}^c) \\ &= \Pr((1+\gamma_{s,d})^\kappa (1+\gamma_{r,d})^{(1-\kappa)} < 2^R) \end{aligned} \tag{3.81}$$

第二个等式取自于 $\gamma_{s,d}$ 和 $\gamma_{r,d}$ 独立于 $\gamma_{s,r}$ 的事实。在情况（b），由于中继节点无法成功解码，源节点自己发送码字的第二部分。在这种情况下，条件中断概率如下：

$$p_{\text{out}}^{(b)} = \Pr(\log_2(1+\gamma_{s,d}) < R \mid \mathcal{O}_{s,r}) = \Pr(\gamma_{s,d} < 2^R - 1) \tag{3.82}$$

通过对以上两例的平均，平均中断概率可以计算为

$$p_{\text{out}} = \Pr(\gamma_{s,\gamma} \geqslant 2^{R/\kappa}-1) p_{\text{out}}^{(a)} + \Pr(\gamma_{s,\gamma} < 2^{R/\kappa}-1) p_{\text{out}}^{(b)} \tag{3.83}$$

$$\begin{aligned} &= \Pr(\gamma_{s,\gamma} \geqslant 2^{R/\kappa}-1)\Pr((1+\gamma_{s,d})^\kappa (1+\gamma_{\gamma,d})^{(1-\kappa)} < 2^R) \\ &\quad + \Pr(\gamma_{s,\gamma} < 2^{R/\kappa}-1)\Pr(\gamma_{s,d} < 2^R-1) \end{aligned} \tag{3.84}$$

我们定义事件为

$$\mathcal{A} \stackrel{\triangle}{=} \left\{ (1+\gamma_{s,d})^{\kappa} (1+\gamma_{\gamma,d})^{(1-\kappa)} < 2^R \right\}$$

$$= \left\{ \gamma_{s,d} < \frac{2^{R/(1-\kappa)}}{(1+\gamma_{s,d})^{\kappa/(1-\kappa)}} - 1 \stackrel{\triangle}{=} a(\gamma_{s,d}) \right\}$$

事件 $\mathcal{A}$ 发生时，一定是这种情况：由于 $\gamma_{r,d}$ 严格为正，$(1+\gamma_{s,d})^{\kappa/(1-\kappa)} < 2^{R/(1-\kappa)}$（或等效于 $\gamma_{s,d} < 2^{R/\kappa}-1$）。因此在瑞利衰落假设下，我们有

$$\Pr((1+\gamma_{s,d})\kappa(1+\gamma_{r,d})^{(1-\kappa)} < 2^R) = \mathbf{E}_{\gamma_{s,d},\gamma_{r,d}}[\mathbf{1}_{\mathcal{A}}]$$

$$= \int_0^{2^{R/\kappa}-1} \int_0^{a(x)} \frac{1}{\overline{\gamma}_{s,d}} \exp\left(-\frac{x}{\overline{\gamma}_{s,d}}\right) \frac{1}{\overline{\gamma}_{r,d}} \exp\left(-\frac{y}{\overline{\gamma}_{r,d}}\right) dy dx$$

$$= \int_0^{2^{R/\kappa}-1} \frac{1}{\overline{\gamma}_{s,d}} \exp\left(-\frac{x}{\overline{\gamma}_{s,d}}\right) \left[1 - \exp\left(-\frac{a(x)}{\overline{\gamma}_{r,d}}\right)\right] dx$$

$$= \left[1 - \exp\left(-\frac{2^{R/\kappa}-1}{\overline{\gamma}_{s,d}}\right)\right] - \underbrace{\int_0^{2^{R/\kappa}-1} \frac{1}{\overline{\gamma}_{s,d}} \exp\left(-\frac{x}{\overline{\gamma}_{s,d}} - \frac{a(x)}{\overline{\gamma}_{s,d}}\right) dx}_{\stackrel{\triangle}{=} \psi(\overline{\gamma}_{s,d}, \overline{\gamma}_{r,d}, R, \kappa)}$$

$$(3.85)$$

式中，上述积分定义为 $\mathbf{\Psi}(\overline{\gamma}_{s,d}, \overline{\gamma}_{r,d}, R, \kappa)$。将式(3.8.5)代入式(3.8.4)中，对平均中断概率可以进一步求值为

$$p_{\text{out}} = \exp\left(-\frac{2^{R/\kappa}-1}{\overline{\gamma}_{s,r}}\right)\left[1 - \exp\left(-\frac{2^{R/\kappa}-1}{\overline{\gamma}_{s,d}}\right) - \mathbf{\Psi}(\overline{\gamma}_{s,d}, \overline{\gamma}_{r,d}, R, \kappa)\right]$$

$$+ \left[1 - \exp\left(-\frac{2^{R/\kappa}-1}{\overline{\gamma}_{s,d}}\right)\right]\left[1 - \exp\left(-\frac{2^R-1}{\overline{\gamma}_{s,d}}\right)\right] \qquad (3.86)$$

假设为了符号的简化，使 $P_s = P_r = P$ 且 $\sigma_r^2 = \sigma_d^2 = \sigma_w^2$。在高信噪比时，即当 $\text{SNR} = P/\sigma_w^2 \gg 0$ 时，中断概率可以近似为[12]

$$p_{\text{out}} \approx \frac{1}{\text{SNR}}\left[\frac{(2^R-1)(2^{R/\kappa}-1)}{\eta_{s,d}^2 \eta_{s,r}^2} + \frac{\Lambda(R,\kappa)}{\eta_{s,d}^2 \eta_{r,d}^2}\right] + O\left(\frac{1}{\text{SNR}^3}\right)$$

式中，

$$\mathbf{\Lambda}(R,\kappa) = \begin{cases} \left(\frac{\kappa}{1-2\kappa}\right)2^{R/\kappa} - \left(\frac{1-\kappa}{1-2\kappa}\right)2^{R/(1-\kappa)} + 1, & \kappa \neq \frac{1}{2} \\ R\ln 2 \cdot 2^{2R+1} - 2^{2R} + 1, & \kappa = \frac{1}{2} \end{cases} \qquad (3.87)$$

这表明，编码协作能够得到完全分集，同时实现较高的带宽效率。

3.3.2　编码协作的用户复用

我们假设在基于 DF、AF 和 CC 的编码协作方案中，在任何瞬时时间（或在任

何单一信道),只有一个用户作为源节点而其他用户作为中继节点转发源消息到目的节点。然而,在成对的协作系统中,两个用户都可能有自身的数据要传输,因此它们的传输都必须被复用,可以是时分复用、频分复用或码分复用(如使用 TD-MA、FDMA或CDMA 方案),以允许无干扰访问协作信道。例如,在 TDMA 中,两个用户可以轮流作为源节点,如图 3.17(a)所示;在 FDMA 中,两个用户可以在两个不同频率的信道中互换角色,如图 3.17(b)所示。由于在前面的章节中讨论到每个信道都可被独立处理,因此只关注在一个单一信道的中继节点操作。但是,联合考虑两个信道的操作可能会产生简化的协作协议。在下文中,我们将描述参考文献[12]中建议的用户复用方案,它利用了 CC 系统中的这一概念。

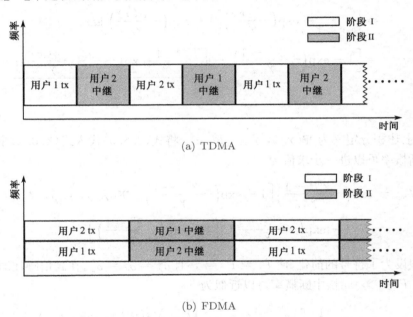

(a) TDMA

(b) FDMA

图 3.17　成对协作系统的复用方案说明

考虑一个由两个用户组成的系统,例如用户 1 和用户 2,协作发送它们的消息到目的节点。在阶段Ⅰ,用户的消息通过正交信道发送,各自与目的节点同时接收到消息。假设,使用循环冗余校验(CRC)码检验消息,以便每个用户都可以确定从其伙伴处收到的消息是否被正确解码。如果用户成功地解码消息,用户将对方码字的第二部分转发到目的节点;如果没有,用户以它自己的码字的第二部分替代发送。与原 CC 方案不同是,在此情况下,不论源用户是否在阶段Ⅱ发送自己码字的一部分,都只取于决它在阶段Ⅰ是否成功解码其伙伴的消息。因此,$s-r$ 信道的信息或来自中继节点的反馈信息不再需要,所以该协议在实践中更容易实现。

令 $h_{i,j}$ 是从用户 i 到用户 j 的链路的信道系数。假设用户间信道不满足互相关性,使得 $h_{1,2}$ 和 $h_{2,1}$ 是独立的。然而,为简单起见,假设双方用户用相同功率 P 发射且 $\sigma_r^2 = \sigma_d^2 = \sigma_w^2$。在瑞利衰落场景下,信道系数 $h_{1,2}$,$h_{2,1}$,$h_{1,d}$ 和 $h_{2,d}$ 假定为均值为 0 且方差分别为 $\eta_{1,2}^2$、$\eta_{2,1}^2$、$\eta_{1,d}^2$ 和 $\eta_{2,d}^2$ 的复高斯分布。在整个传输过程中可能会发生 4 种情况,如图 3.18 所示。在情况(a),两个用户成功解码对方的消息并在阶段 II 给其他用户发送额外奇偶校验码元。在情况(b),任何用户都没有成功解码其他用户的消息,因此都会发送自己码字的第二部分。在情况(c),用户 2 对用户 1 成功解码,但用户 1 对用户 2 并未成功解码。其结果是,没有用户发送用户 2 的码字的第二部分。情况(d)与情况(c)相同,但用户 1 和用户 2 的角色互换。

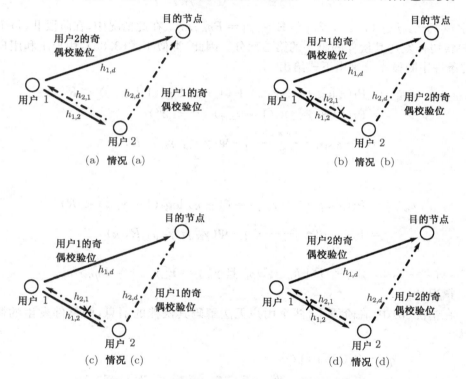

图 3.18 在两用户传输编码协作中的 4 种信号传输情况示意图

我们定义

$$\mathcal{O}_{1,2} \triangleq \{\log_2(+\gamma_{1,2}) < R/\kappa\} = \{\gamma_{1,2} < 2^{R/\kappa} - 1\}$$

为从用户 1 到用户 2 的信道上发生中断的事件,$\gamma_{1,2} \triangleq P \mid h_{2,1} \mid^2 / \sigma_w^2$,并定义

$$\mathcal{O}_{2,1} \triangleq \{\log_2(1 + \gamma_{2,1}) < R/\kappa\} = \{\gamma_{2,1} < 2^{R/\kappa} - 1\}$$

为从用户 2 到用户 1 的信道上发生中断的事件，$\gamma_{2,1} \triangleq P \mid h_{2,1} \mid^2 / \sigma_w^2$。这些情况下的中断概率分别在下面评估。

情况(a)

情况(a)中，在阶段 I，两个用户都能够成功地解码其伙伴的消息，则事件发生的概率为

$$
\begin{aligned}
q_a &= \Pr(\mathcal{O}_1^c \bigcap \mathcal{O}_2^c) \\
&= \Pr(\gamma_{1,2} \geqslant 2^{R/\kappa} - 1) \cdot \Pr(\gamma_{1,2} \geqslant 2^{R/\kappa} - 1) \\
&= \exp\left(-\frac{2^{R/\kappa}-1}{\gamma_{1,2}}\right) \exp\left(-\frac{2^{R/\kappa}-1}{\gamma_{1,2}}\right)
\end{aligned}
\tag{3.88}
$$

式中，对于 $i, j \in \{1, 2\}$，$\bar{\gamma}_{i,j} = \mathbf{E}[\gamma_{i,j}] = P\eta_{i,j}^2 / \sigma_w^2$。在此情况中，在阶段 II，每个用户将协作发送其伙伴的码字的第二部分。因此，类似于式(3.85)，用户 1 和用户 2 的条件中断概率分别由下式给出

$$
\begin{aligned}
p_{\text{out},1}^{(a)} &= \Pr(\kappa \log_2(1+\gamma_{1,d}) + (1-\kappa)\log_2(1+\gamma_{2,d}) < R) \\
&= \Pr((1+\gamma_{1,d})^\kappa (1+\gamma_{2,d})^{(1-\kappa)} < 2^R) \\
&= 1 - \exp\left(-\frac{2^{R/\kappa}-1}{\gamma_{1,d}}\right) - \boldsymbol{\Psi}(\gamma_{1,d}, \gamma_{2,d}, R, \kappa)
\end{aligned}
$$

和

$$
\begin{aligned}
p_{\text{out},2}^{(a)} &= \Pr(\kappa \log_2(1+\gamma_{2,d}) + (1-\kappa)\log_2(1+\gamma_{1,d}) < R) \\
&= 1 - \exp\left(-\frac{2^{R/\kappa}-1}{\gamma_{2,d}}\right) - \boldsymbol{\Psi}(\gamma_{2,d}, \gamma_{1,d}, R, \kappa)
\end{aligned}
$$

式中，对 $i = 1, 2$，$\gamma_{i,d} \triangleq P \mid h_{i,d} \mid^2 / \sigma_w^2$ 且 $\bar{\gamma}_{i,d} = \mathbf{E}[\gamma_{i,d}] = P\eta_{i,d}^2 / \sigma_w^2$。

情况(b)

在情况(b)中，在阶段 I，两个用户无法解码其伙伴的消息，则事件发生的概率为

$$
\begin{aligned}
q_b &= \Pr(\mathcal{O}_{1,2} \bigcap \mathcal{O}_{2,1}) \\
&= \left[1 - \exp\left(-\frac{2^{R/\kappa}-1}{\gamma_{1,2}}\right)\right]\left[1 - \exp\left(-\frac{2^{R/\kappa}-1}{\gamma_{2,1}}\right)\right]
\end{aligned}
$$

由于两个用户不能成功解码对方的消息，它们在阶段 II 中都将发送自己码字的第二部分。用户 1 和用户 2 的条件中断概率分别由下式给出

$$
p_{\text{out},1}^{(b)} = \Pr(\log_2(1+P\gamma_{1,d}) < R) = 1 - \exp\left(-\frac{2^R-1}{\gamma_{1,d}}\right)
$$

$$
p_{\text{out},2}^{(b)} = \Pr(\log_2(1+P\gamma_{2,d}) < R) = 1 - \exp\left(-\frac{2^R-1}{\gamma_{2,d}}\right)
$$

情况(c)

在情况(c)中,在阶段 I,由用户 1 发送的消息被用户 2 成功解码,但用户 2 的消息没有被用户 1 成功解码。此事件发生的概率是

$$q_c = \Pr(\mathcal{O}_{1,2}^c \bigcap \mathcal{O}_{2,1}^c) = \exp\left(-\frac{2^{R/\kappa}-1}{\gamma_{1,2}}\right)\left[1-\exp\left(-\frac{2^{R/\kappa}-1}{\gamma_{2,1}}\right)\right]$$

然后,在阶段 II,两个用户在它们各自的信道上同时发送用户 1 码字的第二部分。阶段 II 中任何用户都不发送用户 2 码字的第二部分,因此只要根据在阶段 I 接收的信号,就能在目的节点完成它的消息解码。按照与式(3.85)相似的推导,用户 1 的条件中断概率可以计算为

$$
\begin{aligned}
p_{\mathrm{out},1}^{(c)} &= \Pr(\kappa \log_2(1+\gamma_{1,d}) + (1-\kappa)\log_2(1+\gamma_{1,d}+\gamma_{2,d}) < R) \\
&= \Pr((1+\gamma_{1,d})^\kappa (1+\gamma_{1,d}+\gamma_{2,d})^{(1-\kappa)} < 2^R) \\
&= \left[1-\exp\left(-\frac{2^R-1}{\bar{\gamma}_{1,d}}\right)\right] - \underbrace{\int_0^{2^R-1}\frac{1}{\bar{\gamma}_{1,d}}\exp\left(-\frac{x}{\bar{\gamma}_{1,d}}-\frac{b(x)}{\bar{\gamma}_{2,d}}\right)dx}_{\triangleq \Phi(\bar{\gamma}_{1,d},\,\bar{\gamma}_{2,d},\,R,\,\kappa)}
\end{aligned}
$$

式中,上述积分定义为 $\Phi(\bar{\gamma}_{1,d},\,\bar{\gamma}_{2,d},\,R,\,\kappa)$ 且

$$b(x) \triangleq \frac{2^{R/(1-\kappa)}}{(1+x)^{\kappa/(1-\kappa)}} - 1 - x$$

用户 2 的条件中断概率更容易获取

$$p_{\mathrm{out},2}^{(c)} = \Pr(\kappa \log_2(1+\gamma_{2,d}) < R) = 1 - \exp\left(-\frac{2^{R/\kappa}-1}{\bar{\gamma}_{2,d}}\right)$$

情况(d)

情况(d)与情况(c)完全一样,但是用户 1 和用户 2 的角色对调。事件发生的概率由下式给出

$$q_d = \Pr(\mathcal{O}_{1,2} \bigcap \mathcal{O}_{2,1}^c) = \left[1-\exp\left(-\frac{2^{R/\kappa}-1}{\bar{\gamma}_{1,2}}\right)\right]\exp\left(-\frac{2^{R/\kappa}-1}{\bar{\gamma}_{2,1}}\right)$$

类似于情况(c),用户 1 和用户 2 的条件中断概率分别由下式给出

$$p_{\mathrm{out},1}^{(d)} = 1 - \exp\left(-\frac{2^{R/\kappa}-1}{\gamma_{1,d}}\right)$$

和

$$p_{\mathrm{out},2}^{(d)} = \left[1-\exp\left(-\frac{2^R-1}{\bar{\gamma}_{2,d}}\right)\right] - \Phi(\gamma_{2,d},\,\gamma_{1,d},\,R,\,\kappa)$$

通过对上述四种情况的讨论,对于 $i \in \{1, 2\}$,用户 i 的平均中断概率可以通过以下公式获得

$$p_{\text{out}, i}^{\text{ind}} = q_a \cdot p_{\text{out}, i}^{(a)} + q_b \cdot p_{\text{out}, i}^{(b)} + q_c \cdot p_{\text{out}, i}^{(c)} + q_d \cdot p_{\text{out}, i}^{(d)}$$

式中,上标"ind"表明用户间信道被认为是独立的(或非可逆的)。在高信噪比下,即 $\text{SNR} \gg 0$,在参考文献[12]中已证明平均中断概率可近似表示为

$$p_{\text{out}, i}^{\text{ind}} \approx \frac{1}{\text{SNR}^2} \left[\frac{(2^{R/\kappa} - 1)^2}{\eta_{i, d}^2 \eta_{i, j}^2} + \frac{\Lambda(R, \kappa)}{\eta_{i, d}^2 \eta_{j, d}^2} \right] + \mathcal{O}\left(\frac{1}{\text{SNR}^3} \right)$$

式中,$i \neq j \in \{1, 2\}$,$\Lambda(R, \kappa)$ 已在式(3.87)中定义。这表明,上述用户复用方案中,即使用户没有从中继节点的反馈中获取帮助,但所实现的用户分集阶数依然可以为2。

值得注意的是,当用户间信道互易(即 $h_{1,2} = h_{2,1}$)时,只有情况(a)和情况(b)会发生,因此中断概率可以减少为式(3.86)导出的结果。在高信噪比下,用户 i 的中断概率可以近似表示为下式

$$p_{\text{out}, i}^{\text{rec}} \approx \frac{1}{\text{SNR}^2} \left[\frac{(2^R - 1)(2^{R/\kappa} - 1)}{\eta_{i, d}^2 \eta_{i, j}^2} + \frac{\Lambda(R, \kappa)}{\eta_{i, d}^2 \eta_{j, d}^2} \right] + \mathcal{O}\left(\frac{1}{\text{SNR}^3} \right) \tag{3.89}$$

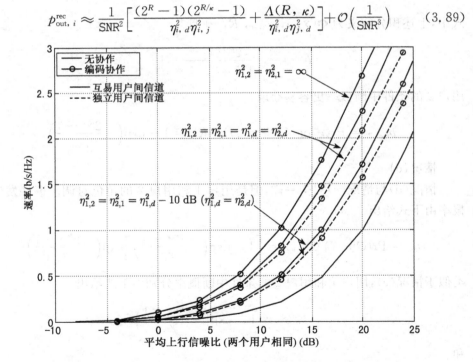

图 3.19　10%中断容量与各个用户间信道方差的平均上行信噪比的关系。相互独立和可逆的用户间信道都考虑了

(来自于 Hunter, Sanayei 和 Nosratinia,修改了坐标,© [2006] IEEE)

在图 3.19 中(即参考文献[12]中的图 5),所比较的是独立和互易用户间信道情况下编码协作获得的 10% 中断容量。没有用户协作的情况也被作为比较的基础。假设用户间的平均上行信噪比是相同的,即 $\bar{\gamma}_{1,d} = \bar{\gamma}_{2,d}$,用户间信道在两个方向上的统计数据也被假定是相同的,即 $\eta_{1,2}^2 = \eta_{2,1}^2$。给出了 3 种不同场景的中断容量:无噪声的用户间信道的场景(即 $\eta_{1,2}^2 = \eta_{2,1}^2 = \infty$),用户间和上行链路信道具有相同方差的场景(即 $\eta_{1,d}^2 = \eta_{2,d}^2 = \eta_{1,2}^2 = \eta_{2,1}^2$),以及用户间的信噪比为比上行信噪比小 10 dB 的场景。我们可以观察到,编码协作在互易用户间信道可以更好地执行。原因是,在独立用户间信道中,在任何情况下,不论在情况(c)还是情况(d),某个用户码字的第二部分都将不会被发送,因此会增加中断概率。在阶段 II 中,无论用户间的传输是成功或失败,某个用户的奇偶校验符号疏忽在互易用户间信道中不会产生。在图 3.19 中,我们可以看到,与中断容量 $R = 1$ 的直接传输相比,编码协作提供了 4~7 dB 的性能增益。

在采用独立用户间信道的 CC 方案中,在情况(c)和情况(d)的阶段 II 中,由于产生某个用户的奇偶校验符号疏忽,导致这些情况的条件中断概率大大增加。为了避免这种性能损失,可以采用一种策略,使得即使用户可以成功将其伙伴的消息解码,仍允许每个用户使用传输功率的一部分来发送它自己的码字。这个方案被称为空时编码协作(STCC)方案[12, 14]。更具体地说,在成功解码伙伴的消息后,用户只利用功率 $(1 - \beta)P$ 发送伙伴码字的第二部分,而余下的功率 βP 用来发送自己的码字。不同用户的编码在各自的信道传输。同样,在整个传输过程中可能发生 4 种情况:情况(a),两个用户成功解码对方的消息;情况(b),用户无法解码对方的消息;情况(c),只有用户 2 能解码对方的消息;情况(d),只有用户 1 能解码对方的消息。和以前的方案形成对比,由于每个用户将扩大其功率的一部分来发送自己的消息,即使在它成功地解码对方的消息时,所以情况(c)和情况(d)中没有码字被完全忽略。空时编码协作最初在参考文献[14]中提出,使得在快衰落信道中能够使用协作编码。在快衰落环境中,假设传输过程中两个阶段的信道是独立的,因此利用来自其伙伴的协作并非总是有优势的。所以预留部分资源来传输其自己的奇偶校验符号能减少中断概率。

在图 3.20 中(即参考文献[12]中的图 4),将空时编码协作方案的中断概率描绘为互易用户间信道的情况和独立用户间信道的情况。速率设置为 $R = 1/2$ b/s/Hz。假定用户的平均上行信噪比相同,用户间信道在两个方向上的方差也被假定相同。给定的信道参数与图 3.19 使用的参数相同。可以观察到,与 STCC 方案相比,原来的 CC 方案获得了较低的平均中断概率。然而,当情况(c)或情况(d)发生时,STCC 能够避免因某个用户的码字疏忽而造成中断概率非常大的增加。

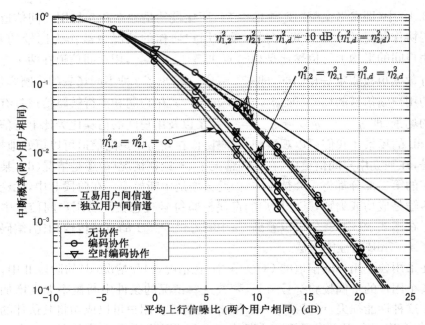

图 3.20   在各种慢衰落信道中,编码协作和空时编码协作的性能比较

(来自于 Hunter,Sanayei 和 Nosratinia,修改了坐标,© 〔2006〕IEEE)

3.4 压缩转发中继方案

压缩转发(CF)中继方案是指中继节点将其获得的消息量化、估计或压缩后转发的到目的节点的情况。与 DF 或 CC 方案对比,CF 方案的中继节点不必完全解码源消息,只需要从观察的消息中提取与目的节点解码最相关的信息。提取并转发到目的节点的信息量取决于 r-d 链路的容量。事实上,这已在参考文献[17]中证明,在中继节点离源节点更远(即在中继节点解码可靠性低)并更接近目的节点(即通过 r-d 信道,更多的信息可以被传送到目的节点)时,CF 可以超越 DF。此外,与 AF 方案完成的简单缩放相比,CF 方案还提供了一种更通用的压缩形式。对 CF 方案的工作来自于对中继站信道的基础研究[3,17],而且大多数都来自于信息理论角度的研究。这些方案的详细讨论将在随后的 5.1.3 节讨论,下面仅介绍基本概念。

CF 中继方案也需要两个阶段的传输,如图 3.21 所示。在阶段 I,源节点发送消息给中继节点和目的节点,Y_r 和 $Y_d^{(1)}$ 分别表示接收到的信号。在阶段 II,中继节点压缩 Y_r 或从 Y_r 中提取在目的节点解码中最有用的信息。在中继节点的压缩必须只能以目的节点接收到的信号即 $Y_d^{(1)}$ 的统计信息完成,这涉及到分布式信源编码[26]或边际信息信源编码[29]的工作。 实现此任务的一种方法是在中继节点使用

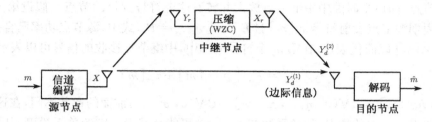

图 3.21　系统模型的压缩和转发中继方案

Wyner-Ziv 编码（WZC）。Wyner 和 Ziv 率先在参考文献[29]中提出的基本框架如图 3.22 所示。在这里，考虑到有损信源编码问题，信源 W 在给定失真

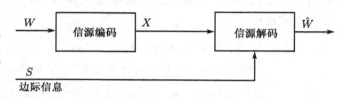

图 3.22　Wyner-Ziv 编码框图

约束下被压缩。在参考文献[29]中已证明，用输入 W 和边际信息 S（只能在解码器端得到）的联合分布信息，输入 W 可以小于无边际信息可达速率的速率压缩。WZC 已被运用于许多不同应用，例如分布式视频编码，且能使用实际编码方案实现。当把 WZC 运用于图 3.21 所示的中继问题时，中继节点观察 Y_r 现在可以被视为输入 W，而在目的节点接收到的信号即 $Y_d^{(1)}$ 可被视为在解码器端可用的边际信息 S。r-d 链路的容量决定了中继节点的最大压缩速率，因而影响重构信号 $\hat{Y}_r$ 的失真。CF 中继方案的更实际研究可以在参考文献[9，15，20，21]中找到。

3.5　单中继系统中的信道估计

在前面的章节中，对 DF、AF、CC 和 CF 中继方案是通过假设不同层次的发射机 CSI 以及假设接收机端用于相干检测的完整 CSI 来介绍的。在实践中，实现这些任务所需的 CSI 必须通过实际信道估计获得。如果信道估计不精确，协作的好处可能会显著降低。然而，在 DF、CC 和 CF 方案中解码是在中继节点和目的节点两个地方完成，因此这个问题的复杂度较小。在这些情况下，每个端到端链路（即 s-r、r-d 和 s-d 链路）的信道系数可以使用传统的信道估计方案[16]在中继节点和目的节点进行独立估计。然而，在 AF 中继方案中，在目的节点接收的有效信道是 s-r 和 r-d 信道的组合，因此估计性能可能不同于点到点信道。在本节中，我们总结参考文献[23]中的结果并简要谈及这些问题。

让我们考虑在 3.2 节中提出的基本 AF 中继模型，它由一个源节点、一个中继节点和一个目的节点组成。在每个时隙，前半时隙中源节点首先发射一个符号到

中继节点,而后半时隙中中继节点放大并转发这个符号到目的节点。假设第 m 个符号周期源节点发射符号 $x_s[m]$ 且 $\mathbf{E}\,|\,x_s\,[m]^2\,|=P_s$,式中,源节点功率已合并到符号 $x_s[m]$ 以简化表述。在第 m 个符号周期中,中继节点接收的信号可以表示为

$$y_r[m]=h_{s,r}[m]x_s[m]+w_r[m]$$

式中,$h_{s,r}[m]\sim\mathcal{CN}(0,\eta_{s,r}^2)$,$w_r[m]\sim\mathcal{CN}(0,\sigma_w^2)$。与前面的章节不同,在这里,我们假设更一般的情况,信道系数如 $h_{s,r}[m]$ 可能会基于一定的关系模型,从符号到符号地变化。然后,中继节点发射信号 $G[m]y_r[m]$ 到目的节点,目的节点接收信号由下式给出

$$
\begin{aligned}
y_d[m]&=h_{r,d}[m]G[m]y_r[m]+w_d[m]\\
&=G[m]h_{r,d}[m]h_{s,r}[m]x_s[m]+G[m]h_{r,d}[m]w_r[m]+w_d[m]
\end{aligned}
$$

式中,$h_{r,d}[m]\sim\mathcal{CN}(0,\eta_{r,d}^2)$,$w_d[m]\sim\mathcal{CN}(0,\sigma_w^2)$。放大增益的值取决于具体采用的 AF 方案。对于可变增益中继,我们有

$$G[m]=\sqrt{\frac{P_r}{\mathbf{E}[\,|\,y_r[m]\,|^2 h_{s,r}[m]\,]}}=\sqrt{\frac{P_r}{P_s\,|\,h_{s,r}[m]\,|^2+\sigma_w^2}} \tag{3.90}$$

而对于固定增益中继,我们有

$$G[m]=\sqrt{\frac{P_r}{\mathbf{E}[\,|\,y_r[m]\,|^2\,]}}=\sqrt{\frac{P_r}{P_s\eta_{s,r}^2+\sigma_w^2}}\triangleq G \tag{3.91}$$

它在所有符号周期内都是常数。请注意,这里中继功率 P_r 也并入信道增益。

为了对通过 s-r-d 路径发射的符号进行相干检测,目的节点必须有有效信道系数 $h_{\text{eff}}[m]=G[m]h_{r,d}[m]h_{s,r}[m]$ 的信息。即使考虑分集合并时 s-d 信道也可能有用,对有效信道系数仍可以容易地使用传统的点到点信道估计方案获得,因此接下来将不予考虑。具体而言,我们将重点放在估计 $h_{\text{eff}}[m]$ 上,由于信道系数的乘积性,它不再是高斯性并可能受到加性噪声传播项影响。

假设一个二进制的导频符号即 $x_s^{(p)}[l]\in\{\pm\sqrt{P_s}\}$ 被插入 T_p 的符号周期,其中 l 是导频的位置,上标 (p) 代表它是一个导频符号实部。为了获得准确的信道估计,目的节点把 N_p 作为最接近的导频信号(相对于有用符号)来执行信道估计。例如,如果 $N_p=4$,目的节点将直接在有用符号前后选择两个导频信号,如图 3.23 所示。每个导频符号周期内接收到的信号首先被其相应的训练符号归一化以得到 $\hat{h}_{\text{eff}}^{(p)}[l]=y_d^{(p)}[l]/x_s^{(p)}[l]$。让 $\hat{\mathbf{h}}_{\text{eff}}^{(p)}\;[\hat{h}_{\text{eff}}^{(p)}[l_1],\;\hat{h}_{\text{eff}}^{(p)}[l_2],\;\cdots,\;\hat{h}_{\text{eff}}^{(p)}[l_{N_p}]]^T$ 是用于信道估计的 N_p 归一化导频信号矢量。在传统的点到点信道中,最为广泛采用的信道估计方案之一是最小均方误差(MMSE)估计器。然而,对 AF 中继信道这个估计器是难以获得的,因为有效信道系数和噪声传播效应是非高斯性质的。因此,我

们改为采用线性 MMSE(LMMSE)估计器,它正如如后文所示也是有效的。

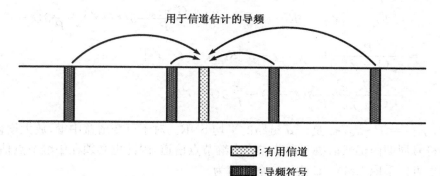

图 3. 23　$N_p = 4$ 时用于信道估计的导频选择示例

通过采用 LMMSE 估计器,在时间 m 时信道估计可以表示为

$$\hat{h}_{\text{eff}}[m] = r_{h_{\text{eff}} \hat{\mathbf{h}}_{\text{eff}}^{(p)}}[m] \cdot R_{\hat{\mathbf{h}}_{\text{eff}}^{p} \hat{h}_{\text{eff}}^{(p)}}^{-1} \cdot \hat{\mathbf{h}}_{\text{eff}}^{(p)} \tag{3.92}$$

式中, $r_{h_{\text{eff}} \hat{\mathbf{h}}_{\text{eff}}^{(p)}}[m] = \mathbf{E}[h_{\text{eff}}[m] \cdot (\hat{\mathbf{h}}_{\text{eff}}^{(p)})^H]$, $R_{\hat{\mathbf{h}}_{\text{eff}}^{p} \hat{h}_{\text{eff}}^{(p)}}[m] = \mathbf{E}[\hat{\mathbf{h}}_{\text{eff}}^{(p)} \cdot (\hat{\mathbf{h}}_{\text{eff}}^{(p)})^H]$ 。

有效信道和归一化导频信号之间的互相关性是

$$\begin{aligned}
\mathbf{E}[h_{\text{eff}}[m] \cdot \hat{h}_{\text{eff}}^{(p)}[\ell]] = \mathbf{E}[&G[m]h_{r,d}[m]h_{s,r}[m](G[\ell]h_{r,d}^*[\ell]h_{s,r}^*[\ell] \\
&+ G[\ell]h_{r,d}^*[\ell]w_r^*[\ell]/x_s^{(p)}[\ell] + w_d^*[\ell]/x_s^{(p)}[\ell])]
\end{aligned}$$

而两个归一化导频信号之间的相关性为

$$\begin{aligned}
&\mathbf{E}[\hat{h}_{\text{eff}}^{(p)}[\ell] \cdot \hat{h}_{\text{eff}}^{(p)}[\ell']] \\
= \mathbf{E}[&(G[\ell]h_{r,d}[\ell]h_{s,r}[\ell] + G[\ell]h_{r,d}[\ell]w_r[\ell]/x_s^{(p)}[\ell] + w_d[\ell]/x_s^{(p)}[\ell]) \\
\times &(G[\ell']h_{r,d}^*[\ell']h_{s,r}^*[\ell'] + G[\ell']h_{r,d}^*[\ell']w_r^*[\ell']/x_s^{(p)}[\ell'] \\
&+ w_d^*[\ell']/x_s^{(p)}[\ell'])]
\end{aligned}$$

对于固定增益中继,放大增益 $G[m]$ 是恒定的,与时间指数 m 无关。在这种情况下,我们有

$$\begin{aligned}
\mathbf{E}[h_{\text{eff}}[m] \cdot \hat{h}_{\text{eff}}^{(p)*}[\ell]] &= G^2 R_{h_s, h_{s,r}}[m-\ell] R_{h_{r,d} h_{r,d}}[m-\ell] \\
&= \frac{P_r}{\sigma_w^2 (1 + \bar{\gamma}_{s,r})} R_{h_s, h_{s,r}}[m-\ell] R_{h_{r,d} h_{r,d}}[m-\ell]
\end{aligned}$$

式中, $\bar{\gamma}_{s,r} = P_s \eta_{s,r}^2 / \sigma_w^2$ 是的 s-r 链路的平均 SNR,并且

$$\mathbf{E}\big[\hat{h}_{\text{eff}}^{(p)}[\ell]\cdot\hat{h}_{\text{eff}}^{(p)*}[\ell']\big]$$

$$= G^2 R_{h_{s,r}h_{s,r}}[\ell-\ell']R_{h_{r,d}h_{r,d}}[\ell-\ell']+\frac{G^2\eta_{r,d}^2\sigma_w^2}{P_s}\delta(\ell-\ell')+\frac{\sigma_w^2}{P_s}\delta(\ell-\ell')$$

$$= \frac{P_r}{\sigma_w^2(1+\bar{\gamma}_{s,r})}R_{h_{s,r}h_{s,r}}[\ell-\ell']R_{h_{r,d}h_{r,d}}[\ell-\ell']$$

$$\qquad +\frac{\bar{\gamma}_{r,d}\sigma_w^2}{(1+\bar{\gamma}_{s,r})P_s}\delta(\ell-\ell')+\frac{\sigma_w^2}{P_s}\delta(\ell-\ell')$$

式中，$\bar{\gamma}_{r,d}=P_r\eta_{r,d}^2/\sigma_w^2$ 是 $r\text{-}d$ 链路的平均 SNR。对于可变增益中继，放大增益在每个符号周期内仍然取决于源节点—中继节点信道，因此也必须在中继节点估计。我们也可以采取 LMMSE 估计这个信道为

$$\hat{h}_{s,r}[m]=r_{h_{s,r}\hat{\mathbf{h}}_{s,r}^{(p)}}[m]\cdot R_{\hat{\mathbf{h}}_{s,r}^{(p)}\hat{\mathbf{h}}_{s,r}^{(p)}}^{-1}\cdot\hat{\mathbf{h}}_{s,r}^{(p)} \tag{3.93}$$

式中，$\hat{\mathbf{h}}_{s,r}^{(p)}=[\hat{h}_{s,r}^{(p)}[\ell_1],\hat{h}_{s,r}^{(p)}[\ell_2],\cdots,\hat{h}_{s,r}^{(p)}[\ell_{N_p}]]^T$，$h_{s,r}^{(p)}[\ell]=y_r^{(p)}[\ell]/x_s^{(p)}[\ell]$。把这个式子代入放大增益 $G[m]$ 时，有效信道系数之间的相关性可以近似为[24]

$$\mathbf{E}\big[h_{\text{eff}}[m]\,\hat{h}_{\text{eff}}^{(p)*}[\ell]\big]\approx\frac{P_r}{P_s}\Big(1-\frac{e^{1/\bar{\gamma}_{s,r}}\mathbf{E}(1/\bar{\gamma}_{s,r})}{\bar{\gamma}_{s,r}}\Big)R_{h_{s,r}h_{s,r}}[m-\ell]R_{h_{r,d}h_{r,d}}[m-\ell]$$

以及

$$\mathbf{E}\big[\hat{h}_{\text{eff}}^{(p)}[\ell]\,\hat{h}_{\text{eff}}^{(p)*}[\ell']\big]\approx\frac{P_r}{P_s}\Big(1-\frac{e^{1/\bar{\gamma}_{s,r}}\mathbf{E}(1/\bar{\gamma}_{s,r})}{\bar{\gamma}_{s,r}}\Big)R_{h_{s,r}h_{s,r}}[\ell-\ell']R_{h_{r,d}h_{r,d}}[\ell-\ell']$$

$$\qquad +\frac{\bar{\gamma}_{s,r}\sigma_w^2}{P_s\bar{\gamma}_{s,r}}e^{1/\bar{\gamma}_{s,r}}\mathbf{E}(1/\bar{\gamma}_{s,r})\delta(\ell-\ell')+\frac{\sigma_w^2}{P_s}\delta(\ell-\ell')$$

式中，$\mathbf{E}_1(z)=\int_z^\infty\frac{e^{-t}}{t}\mathrm{d}t$ 是指数积分函数[5]。

示例：下行链路中继系统

让我们考虑下行链路系统，其中基站(BS)通过中继站点发送一个消息到移动站(MS)。根据中继的移动性，考虑两种场景，即固定中继情况和移动中继情况。

参照参考文献[13]和[23]给出的模型，固定中继情况下信道的时间相关性由下式给出

$$R_{h_{s,r}h_{s,r}}[k]=\mathbf{E}[h_{s,r}[\ell+k]h_{s,r}^*[\ell]]=\eta_{s,r}^2 J_0(2\pi f_{s,r}k) \tag{3.94a}$$

$$R_{h_{r,d}h_{r,d}}[k]=\mathbf{E}[h_{r,d}[\ell+k]h_{r,d}^*[\ell]]=\eta_{r,d}^2 J_0(2\pi f_{r,d}k) \tag{3.94b}$$

式中，$J_0(x)$ 是第一类零阶贝塞尔函数，$f_{s,r}$ 和 $f_{r,d}$ 分别是与信道 $h_{s,r}[\ell]$ 和 $h_{r,d}[\ell]$ 信道相关的多普勒频率。在移动中继情况下，信道相关性由下式给出

$$R_{h_{s,r}h_{s,r}}[k]=\mathbf{E}[h_{s,r}[\ell+k]h_{s,r}^*[\ell]]=\eta_{s,r}^2 J_0(2\pi f_{s,r}k) \tag{3.95a}$$

$$R_{h_{r,d}h_{r,d}}[k] = \mathbf{E}[h_{r,d}[\ell+k]h^*_{r,d}[\ell]] = \eta^2_{r,d}J_0(2\pi f_{s,r}k)J_0(2\pi f_{r,d}k)$$

$$(3.95b)$$

为了获得可靠的信道估计，导频必须根据奈奎斯特采样准则放置，使得 $T_p \leqslant 1/(2f_{max}T_s)$，其中，$f_{max}$ 是估计信道的最大多普勒频率，T_s 是符号持续时间。请注意，有效信道的 f_{max}，对固定中继而言是 $f_{s,r} + f_{r,d}$，对移动中继而言是 $2f_{s,r} + f_{r,d}$。有趣的是，DF 方案中源节点—中继节点和中继地—目的信道被单独估计，导频只需要放置在两个链路的最大多普勒频率的两倍处，而在固定中继情况下最大是 $\{f_{s,r}, f_{r,d}\}$，移动中继情况下最大是 $\{f_{s,r} + f_{r,d}\}$。也就是说，在 AF 方案中所需的导频一般远大于 DF 方案中所需的导频。然而，DF 方案在中继节点需要更复杂的运算。

假设 $N_p = 4$，$T_p = 5$ 并且平均每一跳的 SNR 相等（即 $\bar{\gamma}_{s,r} = \bar{\gamma}_{r,d}$），BER 性能与每跳的 SNR 的关系如图 3.24 及图 3.25（见参考文献[23]）所示。我们可以看到，在 AF 情况下，由于信道估计误差导致的性能损失与在 DF 情况下的相当。这说明的确是充分估计了 AF 情况下的合并信道（而不是单独估计每个信道）。此外，数据显示信道估计误差不损失分集增益。

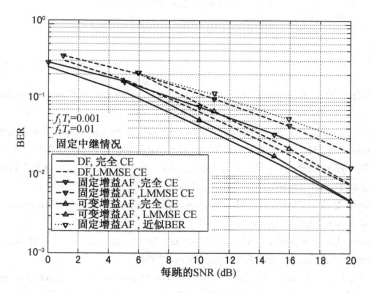

图 3.24　对于 $N_p = 4$ 且 $T_p = 5$，固定中继情况下（即 $f_{s,r}T_s = 0.001$，$f_{r,d}T_s = 0.01$）BER 与每跳的 SNR（即 $\bar{r}_{s,r} = \bar{r}_{r,d}$）的关系

（来自于 Patel 和 Stüber，©[2007]IEEE）

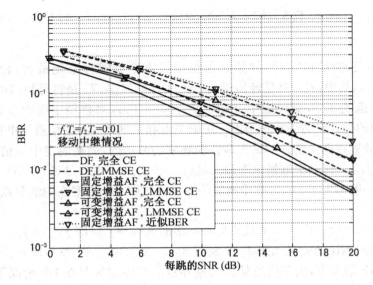

图 3.25 对于 $N_p=4$ 且 $T_p=5$，移动中继情况下（即 $f_{s,r}T_s=f_{r,d}T_s=0.01$）
BER 与每跳的 SNR（即 $\bar{r}_{s,r}=\bar{r}_{r,d}$）的关系
（来自于 Patel 和 Stüber，©[2007]IEEE）

参考文献

1. Abramowitz, M., Stegun, I. A.: Handbook of Mathematical Functions with Formulas, Graphs, and Mathematical Tables. Dover, New York (1965)

2. Chen, D., Laneman, J. N.: Modulation and demodulation for cooperative diversity in wireless systems. IEEE Transactions on Wireless Communications **5**(7), 1785 – 1794 (2006)

3. Cover, T., El Gamal, A.: Capacity theorems for the relay channel. IEEE Transactions on Information Theory **25**(5), 572 – 584 (1979)

4. Gradshteyn, I. S., Ryzhik, I. M., Jeffrey, A. (eds.): Table of Integrals, Series, and Products, 5 edn. Academic Press (1994)

5. Gradshteyn, I. S., Ryzhik, I. M., Jeffrey, A., Zwillinger, D. (eds.): Table of Integrals, Series, and Products, 7 edn. Academic Press (2007)

6. Hasna, M. O., Alouini, M. -S.: End-to-end performance of transmission systems with relays over Rayleigh-fading channels. IEEE Transactions on Wireless Communications **2**(6), 1126 – 1131 (2003)

7. Hasna, M. O., Alouini, M. -S.: A performance study of dual-hop transmissions with fixed gain relays. IEEE Transactions on Wireless Communications **3**(6), 1963 (2004)

8. Hong, Y. -W., Huang, W. -J., Chiu, F. -H., Kuo, C. -C. J.: Cooperative communications in resource-constrained wireless networks. IEEE Signal Processing Magazine **24**(3), 47 – 57

(2007)

9. Hu, R., Li, J.: Practical compress-and-forward in user coope-ration: Wyner-Ziv coopera-tion. In: Proceedings on the IEEE International Symposium on Information Theory (ISIT) pp. 489 – 493 (2006)

10. Hunter, T., Nosratinia, A.: Cooperative diversity through coding. In: Proceedings on the IEEE International Symposium on Information Theory (ISIT) pp. 220 (2002)

11. Hunter, T. E., Nosratinia, A.: Diversity through coded cooperation. IEEE Transactions on Wireless Communications **5**(2), 283 – 289 (2006)

12. Hunter, T. E., Sanayei, S., Nosratinia, A.: Outage analysis of coded cooperation. IEEE Transactions on Information Theory **52**(2), 375 – 391 (2006)

13. Jakes, W. C.: Microwave Mobile Communications, 2 edn. IEEE Press (1994)

14. Janani, M., Hedayat, A., Hunter, T. E., Nosratinia, A.: Coded cooperation in wireless communications: Space-time transmission and iterative decoding. IEEE Transactions on Signal Processing **52**(2), 362 – 371 (2004)

15. Jiang, J., Thompson, J. S., Grant, P. M., Goertz, N.: Practical compress-and-forward cooperation for the classical relay network. In: Proceedings of the 17th European Signal Processing Conference (EUSIPCO), pp. 2421 – 2425. Glasgow, Scotland (2009)

16. Kay, S. M.: Fundamentals of Statistical Signal Processing: Estimation Theory, vol. I. Prentice Hall PTR (1993)

17. Kramer, G., Gastpar, M., Gupta, P.: Cooperative strategies and capacity theorems for relay networks. IEEE Transactions on Information Theory **51**(9), 3037 – 3063 (2005)

18. Laneman, J. N., Tse, D. N. C., Wornell, G. W.: Cooperative diversity in wireless net-works: Efficient protocols and outage behavior. IEEE Transactions on Information Theory **50**(12), 3062 – 3080 (2004)

19. Laneman, J. N., Wornell, G. W.: Energy-efficient antenna sharing and relaying for wireless networks. In: Proceedings of IEEE Wireless Communications and Networking Conference (WCNC), pp. 7 – 12 (2000)

20. Liu, Z., Uppal, M., Stankovic, V., Xiong, Z.: Compress-forward coding with BPSK modulation for the half-duplex gaussian relay channel. In: Proceedings of the IEEE ISIT, pp. 2395 – 2399 (2008)

21. Liu, Z., Uppal, M., Stankovic, V., Xiong, Z.: Compress-forward coding with BPSK modulation for the half-duplex gaussian relay channel. IEEE Transactions on Signal Proces-sing **57**(11), 4467 – 4481 (2009)

22. Nosratinia, A., Hunter, T. E., Hedayat, A.: Cooperative communication in wireless net-works. IEEE Communications Magazine **42**(10), 74 – 80 (2004)

23. Patel, C. S., Stüber, G. L.: Channel estimation for amplify and forward relay based coope-ration diversity systems. IEEE Transactions on Wireless Communications **6**(6), 2348 – 2356 (2007)

24. Patel, C. S., Stüber, G. L., Pratt, T. G.: Statistical properties of amplify and forward relay fading channels. IEEE Transactions on Vehicular Technology **55**(1), 1-9 (2006)

25. Sendonaris, A., Erkip, E., Aazhang, B.: User cooperation diversity—Part Ⅰ: System description" and "User cooperation diversity—Part Ⅱ: implementation aspects and performance analysis. IEEE Transactions on Communications **51**(11), 1927-1938 and 1939-1948 (2003)

26. Slepian, D., Wolf, J.: Noiseless coding of correlated information sources. IEEE Transactions on Information Theory **19**(4), 471-480 (1973)

27. Su, W., Sadek, A. K., Liu, K. J. R.: Cooperative communications protocols in wireless networks: Performance analysis and optimum power allocation. Wireless Personal Communications **44**(2), 181-217 (2008)

28. Wang, T., Cano, A., Giannakis, G. B., Laneman, J. N.: High-performance cooperative demodulation with decode-and-forward relays. IEEE Transactions on Communications **55**(7), 1427-1438 (2007)

29. Wyner, A., Ziv, J.: The rate-distortion function for source coding with side information at the decoder. IEEE Transactions on Information Theory **22**(1), 1-10 (1976)

30. Zhang, J., Zhang, Q., Shao, C., Wang, Y., Zhang, P., Zhang, Z.: Adaptive optimal transmit power allocation for two-hop non-regenerative wireless relay system. In: Proceedings of IEEE 59th Vehicular Technology Conference, vol. 2, pp. 1213-1217(2004)

31. Zhang, Q., Zhang, J., Shao, C., Wang, Y., Zhang, P., Hu, R.: Power allocation for regenerative relay channel with Rayleigh fading. In: Proceedings of IEEE 59th Vehicular Technology Conference, vol. 2, pp. 1167-1171 (2004)

第4章 多中继协作传输方案

本章介绍用于由两个以上的用户组成的网络的协作传输方案。根据前一章所作的假设,我们假设在每一个瞬时只有一个用户作为源节点,而其他用户作为中继节点以帮助转发源消息到目的节点。在这种情况下,中继节点可以一起构成分布式天线阵列并且采用传统的 MIMO 信号处理技术,例如波束成形、天线选择或空时编码等,以提高通信性能。随着中继节点数量的增加,更多的无线电资源和自由度可以聚集在一起并且可以联合利用它们来协助源消息的传输。然而,为了利用这些优势,必须克服个别资源约束和中继缺乏协调的挑战。在 4.1 节中,我们首先介绍协作方案,其中假定中继节点可以通过正交信道传输。这些正交协作方案在没有严格同步要求下可以实现,但会导致较低的带宽效率。随后,在 4.2 节至 4.4 节中,我们将介绍非正交协作方案,其中所有中继节点被假定为共享一个公共信道。在不同的 CSI 假设下,我们介绍了三种协作传输方案,即分布式波束成形(BF)、选择中继(SR)和分布式空时编码(DSTC)。其中的每一个方案可以包含 AF 和 DF 中继。CSI 可以通过在目的节点通过信道估计获得,这些将在 4.5 节中讨论。更高级的多中继协作策略如多跳和异步传输方案也将在 4.6 节中进行讨论。

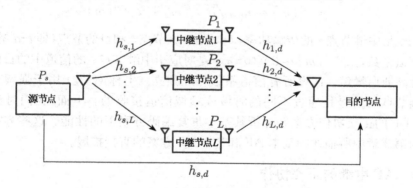

图 4.1 两跳同步协作系统的系统模型

4.1 正交协作

如图 4.1 所示,考虑一个由 $L+1$ 个用户组成的协作网络,其中一个用户作为源节点,其他 L 个用户作为中继节点。让我们把 s 作为源节点,d 作为目的节点,

从 1 至 L 标注为中继节点。在正交协作方案中,我们假设每一个源节点和中继节点可以通过正交时域或频域信道传输。类似于在前一章中描述的两个用户的场景,所有的节点都被假设是半双工传输,这样协作传输必须在两个阶段中展开。在阶段 I 中源节点首先发射符号矢量 $\mathbf{x}_s = [x_s[0], \cdots, x_s[M-1]]^T$(有 $\mathbf{E}[|x_s[m]|^2] = 1$,$\forall\ m$)给中继节点和目的节点。在中继节点 l 接收的信号和第 m 个信号周期内接收的信号分别为

$$\mathbf{y}_\ell[m] = h_{s,\ell}\sqrt{P_s}x_s[m] + w_\ell[m] \tag{4.1}$$

$$y_d^{(1)}[m] = h_{s,d}\sqrt{P_s}x_s[m] + w_d^{(1)}[m] \tag{4.2}$$

式中,P_s 是源节点传输功率,$h_{s,\ell}$ 与 $h_{s,d}$ 分别是源节点和中继节点 l 之间的信道系数(即 s-ℓ 链路)以及源节点和目的节点之间的信道系数(即 s-d 链路),$w_\ell[m] \sim \mathcal{CN}(0, \sigma_\ell^2)$ 与 $w_d^{(1)}[m] \sim \mathcal{CN}(0, \sigma_d^2)$ 分别是中继节点 l 与目的节点的加性高斯白噪声(AWGN)。

在阶段 II 中,中继节点属于一个特定的协作集合 $\mathcal{D}$,每个中继节点通过一个正交信道转发源消息。即中继节点 $\ell \in \mathcal{D}$ 将在其相应的信道中发射符号向量 $\mathbf{x}_\ell = [x_\ell[0], \cdots, x_\ell[M-1]]^T = f_\ell(\mathbf{y}_\ell)$ 给目的节点,其中 $\mathbf{E}[|x_\ell[m]|^2] = 1$,$\forall m$ 和 $f_\ell(\cdot)$ 是取决于特定协作策略的中继函数。在对应于中继节点 l 的信道中的目的节点接收的信号给出如下:

$$y_d^{(2,\ell)}[m] = h_{\ell,d}\sqrt{P_\ell}x_\ell[m] + w_d^{(2,\ell)}[m] \tag{4.3}$$

式中,P_ℓ 是中继节点 l 的传输功率,$h_{\ell,d}$ 是中继节点 l 和目的节点(即 ℓ-d 链路)之间的信道系数,$w_d^{(2,\ell)}[m] \sim \mathcal{CN}(0, \sigma_d^2)$ 是对应于中继节点 l 的信道中的目的节点的加性高斯白噪声。假设所有信道系数相互独立。上标 $(2, \ell)$ 用于强调来自不同中继节点的信号是通过不同的时域或频域信道接收的。下面,我们讨论基于 AF 和 DF 的正交协作方案并分析其基于重复编码方案下的性能。这些方案可以被视为第 3 章中所描述的基本 AF 和基本 DF 方案的直接扩展。

4.1.1　AF 中继的正交协作

在 AF 正交协作方案中,无论接收信号的质量如何,我们假设所有中继节点均参与协作传输。因此,协作集合给出为 $\mathcal{D} = \{1, 2, \cdots, L\}$。中继节点 l 在阶段 II 转发的信号为

$$x_\ell[m] = \frac{y_\ell[m]}{\sqrt{\mathbf{E}[|y_\ell|^2[m]]}} = \frac{y_\ell[m]}{\sqrt{P_s|h_{s,\ell}|^2 + \sigma_\ell^2}} \tag{4.4}$$

其中,$m = 0, \cdots, m-1$。假设每个源节点和中继节点被分配一个等长时隙用来传

输其码字。因此，在整个协作传输中必须有总的 $L+1$ 个正交时隙。目的节点在阶段 I 和阶段 II 的第 ℓ 个时隙接收到的信号分别为

$$y_d^{(1)}[m] = \sqrt{P_s} h_{s,d} x_s[m] + w_d^{(1)}[m]$$

和

$$
\begin{aligned}
y_d^{(2,\ell)}[m] &= \sqrt{P_\ell} h_{\ell,d} x_\ell[m] + w_d^{(2,\ell)}[m] \\
&= \sqrt{\frac{P_\ell P_s}{P_s \mid h_{s,\ell} \mid^2 + \sigma_\ell^2}} h_{\ell,d} h_{s,\ell} x_s[m] \\
&\quad + \sqrt{\frac{P_\ell}{P_s \mid h_{s,\ell} \mid^2 + \sigma_\ell^2}} h_{\ell,d} w_\ell[m] + w_d^{(2,\ell)}[m]
\end{aligned}
$$

通过在目的节点采用分集合并，接收到的信号使用最大比合并器（MRC）通过 $L+1$ 个时隙被合并，产生的输出信号为

$$\tilde{y}_d[m] = \frac{\sqrt{P_s} h_{s,d}^*}{\sigma_d^2} y_d^{(1)}[m] + \sum_{\ell=1}^{L} \frac{\sqrt{\dfrac{P_\ell P_s}{P_s \mid h_{s,\ell} \mid^2 + \sigma_\ell^2}} h_{\ell,d}^* h_{s,\ell}^*}{\dfrac{P_\ell}{P_s \mid h_{s,\ell} \mid^2 + \sigma_\ell^2} \mid h_{\ell,d} \mid^2 \sigma_\ell^2 + \sigma_d^2} y_d^{(2,\ell)}[m] \tag{4.5}$$

MRC 输出端的有效信噪比如下：

$$\gamma_{\text{eff}} = \gamma_{s,d} + \sum_{\ell=1}^{L} \frac{\gamma_{s,\ell} \gamma_{\ell,d}}{\gamma_{s,\ell} + \gamma_{\ell,d} + 1} \tag{4.6}$$

式中，$\gamma_{s,d} = P_s \mid h_{s,d} \mid^2 / \sigma_d^2$，$\gamma_{s,\ell} = P_s \mid h_{s,\ell} \mid^2 / \sigma_\ell^2$ 且 $\gamma_{\ell,d} = P_\ell \mid h_{\ell,d} \mid^2 / \sigma_d^2$。给定一个瞬时 CSI，AF 正交协作方案可达到的速率可表示为

$$C_{\text{AF}}(\gamma) = \frac{1}{L+1} \log_2 \left(1 + \gamma_{s,d} + \sum_{\ell=1}^{L} \frac{\gamma_{s,\ell} \gamma_{\ell,d}}{\gamma_{s,\ell} + \gamma_{\ell,d} + 1} \right) \tag{4.7}$$

式中，$\gamma = [\gamma_{s,d}, \gamma_{s,1}, \cdots, \gamma_{s,L}, \gamma_{1,d}, \cdots, \gamma_{L,d}]$。单位是每信道使用比特数（bpcu）。

给定平均传输速率 R，中断概率可以计算为

$$
\begin{aligned}
p_{\text{out}} &= \Pr(C_{\text{AF}}(\gamma) < R) \\
&= \Pr\left(\frac{1}{L+1} \log_2 \left(1 + \gamma_{s,d} + \sum_{\ell=1}^{L} \frac{\gamma_{s,\ell} \gamma_{\ell,d}}{\gamma_{s,\ell} + \gamma_{\ell,d} + 1} \right) < R \right) \\
&= \Pr\left(\gamma_{s,d} + \sum_{\ell=1}^{L} \frac{\gamma_{s,\ell} \gamma_{\ell,d}}{\gamma_{s,\ell} + \gamma_{\ell,d} + 1} < 2^{R(L+1)} - 1 \right)
\end{aligned} \tag{4.8}
$$

让我们考虑瑞利衰落场景，其中 $h_{s,d}$，$\{h_{s,\ell}\}_{\ell}^{L} = 1$ 和 $\{h_{\ell,d}\}_{\ell}^{L} = 1$ 是方差分别为

$\eta_{s,d}^2$，$\{\eta_{s,\ell}^2\}_\ell^L = 1$ 和 $\{\eta_{\ell,d}^2\}_\ell^L = 1$ 的独立零均值循环对称复高斯随机变量。在这种情况下，$\ell = 1$，$\cdots$，L，平均链路信噪比 $\gamma_{s,d}$，$\gamma_{s,\ell}$ 和 $\gamma_{\ell,d}$，将呈均值分别为 $\overline{\gamma}_{s,d} = P_s\eta_{s,d}^2/\sigma_d^2$，$\overline{\gamma}_{s,\ell} = P_s\eta_{s,\ell}^2/\sigma_\ell^2$，和 $\overline{\gamma}_{\ell,d} = P_\ell\eta_{\ell,d}^2/\sigma_d^2$ 的独立且指数分布的随机变量。然后通过用 L 项中的最大值替换式(4.8)中的和，中断概率上界可以确定为

$$p_{out} \leqslant \Pr\Big(\gamma_{s,d} + \max_\ell \frac{\gamma_{s,\ell}\gamma_{\ell,d}}{\gamma_{s,\ell} + \gamma_{\ell,d} + 1} < 2^{R(L+1)} - 1\Big)$$

$$= \int_0^c \Pr\Big(\max_\ell \frac{\gamma_{s,\ell}\gamma_{\ell,d}}{\gamma_{s,\ell} + \gamma_{\ell,d} + 1} < c - u\Big)\frac{1}{\overline{\gamma}_{s,d}}e^{-u\sqrt{\gamma}_{s,d}}du \quad (4.9)$$

$$= \int_0^c \prod_{\ell=1}^L \underbrace{\Pr\Big(\frac{\gamma_{s,\ell}\gamma_{\ell,d}}{\gamma_{s,\ell} + \gamma_{\ell,d} + 1} < c - u\Big)}_{(*)}\frac{1}{\overline{\gamma}_{s,d}}e^{-u\sqrt{\gamma}_{s,d}}du \quad (4.10)$$

式中，$c \triangleq 2^{R(L+1)} - 1$。以下推导类似于式(3.54)~(3.56)，在高信噪比下积分内标注 $*$ 的项可以被近似且上界为

$$\Pr\Big(\frac{\gamma_{s,\ell}\gamma_{\ell,d}}{\gamma_{s,\ell} + \gamma_{\ell,d} + 1} < c - u\Big) \approx \Pr\Big(\Big(\frac{1}{\gamma_{s,\ell}} + \frac{1}{\gamma_{\ell,d}}\Big)^{-1} < c - u\Big)$$

$$\leqslant \Big[1 - \exp\Big(-\frac{c-u}{\overline{\gamma}_{s,\ell}} - \frac{c-u}{\overline{\gamma}_{\ell,d}}\Big)\Big]$$

$$\leqslant (c-u)\Big(\frac{1}{\overline{\gamma}_{x,\ell}} + \frac{1}{\overline{\gamma}_{\ell,d}}\Big) \quad (4.11)$$

将上式的结果代入至式(4.10)，我们有

$$p_{out} \leqslant \prod_{\ell=1}^L \Big(\frac{1}{\overline{\gamma}_{s,\ell}} + \frac{1}{\overline{\gamma}_{\ell,d}}\Big) \cdot \int_0^c (c-u)^L \frac{1}{\overline{\gamma}_{s,d}}e^{-u\sqrt{\gamma}_{s,d}}du$$

$$\leqslant \prod_{\ell=1}^L \Big(\frac{1}{\overline{\gamma}_{s,\ell}} + \frac{1}{\overline{\gamma}_{\ell,d}}\Big) \cdot \int_0^c (c-u)^L \frac{1}{\overline{\gamma}_{s,d}}du$$

$$\leqslant \frac{(2^{R(L+1)} - 1)^{L+1}}{L+1} \frac{1}{\overline{\gamma}_{s,d}} \prod_{\ell=1}^L \Big(\frac{1}{\overline{\gamma}_{s,\ell}} + \frac{1}{\overline{\gamma}_{\ell,d}}\Big) \quad (4.12)$$

让我们考虑一下这种情况：在所有接收机端，源节点和中继节点的传输功率以及噪声方差是相同的，即 $P_s = P_1 = P_2 = \cdots = P_L = P$ 且 $\sigma_d^2 = \sigma_1^2 = \cdots = \sigma_L^2 = \sigma_w^2$。这种情况下，中断概率的界限可以表示为[41]

$$p_{out} \leqslant \frac{1}{L+1}\Big[\frac{2^{R(L+1)} - 1}{\mathrm{SNR}}\Big)^{L+1} \frac{1}{\eta_{s,d}^2} \prod_{\ell=1}^L \Big(\frac{1}{\eta_{s,\ell}^2} + \frac{1}{\eta_{\ell,d}^2}\Big) \quad (4.13)$$

其中，传输信噪比可以定义为 $\mathrm{SNR} = \frac{P}{\sigma_w^2}$。这表明 AF 正交协作方案能够实现的分集阶数为

$$d \stackrel{\triangle}{=} - \lim_{\text{SNR} \to \infty} \frac{\log p_{\text{out}}}{\log \text{SNR}} \geqslant L+1 \tag{4.14}$$

由于源节点和目的节点之间只有 $L+1$ 条独立衰落路径，我们说，系统实现完全分集。

当源节点和中继节点可以获得完全瞬时 CSI 时，这个传输功率可被分配以最大化节点发射式(4.7)中的可达速率，因为 $\log_2(1+x)$ 是一个关于 x 的单调递增函数，这相当于最大化有效信噪比。为了简化我们的讨论，我们假设源节点发射功率 P_s 是固定的并将焦点集中在中继节点的功率分配上。因此，给定总中继功率约束 $\sum_\ell P_\ell \leqslant P_r$，我们发现通过解决以下优化问题可以得到最优功率分配：

$$\max_{\{P_\ell,\ \forall \ell\}} \sum_{\ell=1}^{L} \frac{P_s P_\ell \mid h_{s,\ell} \mid^2 \mid h_{\ell,d} \mid^2 / (\sigma_\ell^2 \sigma_d^2)}{P_s \mid h_{s,\ell} \mid^2 / \sigma_\ell^2 + P_\ell \mid h_{\ell,d} \mid^2 / \sigma_d^2 + 1} \tag{4.15}$$

$$\text{满足} \quad \sum_{\ell=1}^{L} P_\ell \leqslant P_r \text{且} P_\ell \geqslant 0,\ \forall \ell \tag{4.16}$$

需注意的是，由于式(4.15)中给出的目标函数中可以表达为

$$\frac{P_s \mid h_{s,\ell} \mid^2}{\sigma_\ell^2} - \frac{P_s^2 \mid h_{s,\ell} \mid^4 / \sigma_\ell^4 + P_s \mid h_{s,\ell} \mid^2 / \sigma_\ell^2}{P_s \mid h_{s,\ell} \mid^2 / \sigma_\ell^2 + P_\ell \mid h_{\ell,d} \mid^2 / \sigma_d^2 + 1}$$

我们可以将此问题重新用公式表示为

$$\min_{\{P_\ell,\ \forall \ell\}} \sum_{\ell=1}^{L} \frac{P_s^2 \mid h_{s,\ell} \mid^4 / \sigma_\ell^4 + P_s \mid h_{s,\ell} \mid^2 / \sigma_\ell^2}{P_s \mid h_{s,\ell} \mid^2 / \sigma_\ell^2 + P_\ell \mid h_{\ell,d} \mid^2 / \sigma_d^2 + 1} \tag{4.17}$$

$$\text{满足} \quad \sum_{\ell=1}^{L} P_\ell \leqslant P_r \text{且} P_\ell \geqslant 0,\ \forall \ell \tag{4.18}$$

优化问题的拉格朗日函数可以写成

$$L(\{P_\ell,\ \forall \ell\}, \lambda) = \sum_{\ell=1}^{L} \frac{P_s^2 \mid h_{s,\ell} \mid^4 / \sigma_\ell^4 + P_s \mid h_{s,\ell} \mid^2 / \sigma_\ell^2}{P_s \mid h_{s,\ell} \mid^2 / \sigma_\ell^2 + P_\ell \mid h_{\ell,d} \mid^2 / \sigma_d^2 + 1}$$
$$+ \lambda \left(\sum_{\ell=1}^{L} P_\ell - P_r \right)$$

Karush-Kuhn-Tucker(KKT)条件下，最优功率分配可被推导为[41]

$$P_\ell = \left(\sqrt{\frac{P_s^2 \mid h_{s,\ell} \mid^4 / \sigma_\ell^4 + P_s \mid h_{s,\ell} \mid^2 / \sigma_\ell^2}{\mid h_{\ell,d} \mid^2 / \sigma_d^2}} \mu - \frac{P_s \mid h_{s,\ell} \mid^2 / \sigma_\ell^2 + 1}{\mid h_{\ell,d} \mid^2 / \sigma_d^2} \right)^+ \tag{4.19}$$

$$= \left(\sqrt{\frac{\gamma_{s,\ell}^2 + \gamma_{s,\ell}}{\mid h_{\ell,d} \mid^2 / \sigma_d^2}} \mu - \frac{\gamma_{s,\ell} + 1}{\mid h_{\ell,d} \mid^2 / \sigma_d^2} \right)^+ \tag{4.20}$$

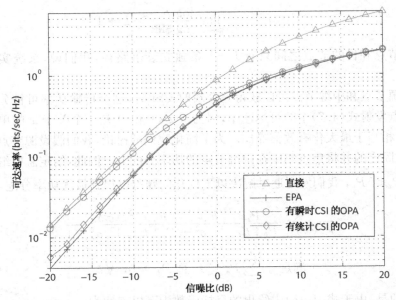

图 4.2 有 $L=3$ 个中继节点时正交 AF 中继方案的平均可达速率。
(来自于 **Zhao, Adve** 和 **Lim**,修改了坐标,©［2007］**IEEE**)

式中,对于 $\ell = 1, 2, \cdots, L$, $(a)^+ = \max(a, 0)$ 且 $\mu = \dfrac{1}{\sqrt{\lambda}}$ 设置为满足功率约束

$\sum_\ell P_\ell \leqslant P_r$。

另一方面,当只有统计 CSI 可用时,最优功率分配可以通过最小化式(4.12)给出的中断概率的上界得到。这个问题可以用公式表示如下:

$$\min_{P_\ell, \forall \ell} \prod_{\ell=1}^L \left(\frac{\sigma_\ell^2}{P_s \eta_{s,\ell}^2} + \frac{\sigma_d^2}{P_\ell \eta_{\ell,d}^2} \right) \equiv \min_{P_\ell, \forall \ell} \sum_{\ell=1}^L \log\left(\frac{\sigma_\ell^2}{P_s \eta_{s,\ell}^2} + \frac{\sigma_d^2}{P_\ell \eta_{\ell,d}^2} \right)$$

$$满足 \quad \sum_{\ell=1}^L P_\ell \leqslant P_r, \ P_\ell \geqslant 0, \ \forall \ell$$

通过引入拉格朗日乘子以及应用 KKT 条件,最优功率分配可获得如下:

$$P_\ell = \left(\frac{\sqrt{4 P_s \eta_{\ell,d}^2 \eta_{s,\ell}^2 / (\sigma_\ell^2 \sigma_d^2) \cdot \lambda + P_s^2 \eta_{s,\ell}^4 / \sigma_\ell^4}}{2 \eta_{\ell,d}^2 / \sigma_d^2} - \frac{P_s \eta_{s,\ell}^2 / \sigma_\ell^2}{2 \eta_{\ell,d}^2 / \sigma_d^2} \right)^+ \quad (4.21)$$

$$= \left(\frac{\sqrt{4 \overline{\gamma}_{s,\ell} \eta_{\ell,d}^2 / \sigma_d^2 \cdot \lambda + \overline{\gamma}_{s,\ell}^2}}{2 \eta_{\ell,d}^2 / \sigma_d^2} - \frac{\overline{\gamma}_{s,\ell}}{2 \eta_{\ell,d}^2 / \sigma_d^2} \right)^+ \quad (4.22)$$

式中,λ 是满足功率约束的常数。

在图 4.2 和 4.3 中(来源于参考文献［41］),给出有 $L=3$ 个中继节点的 AF 正

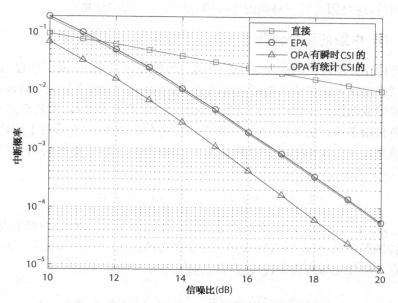

图4.3 有 $L=3$ 个中继节点时正交 AF 中继方案的中断概率。(来自于 Zhao, Adve 和 Lim, 修改了坐标, ©[2007]IEEE)

交协作系统平均可达速率(每信道使用比特数)和中断概率。性能曲线针对定义为 $\mathrm{SNR} = \dfrac{P}{\sigma_w^2}$ 的传输信噪比绘制并在以下四种情况中进行比较:(i) 等功率分配(EPA)的情况;(ii) 基于瞬时 CSI (有瞬时 CSI 的 OPA)的最优功率分配情况;(iii) 基于统计 CSI (有统计 CSI 的 OPA)的最优功率分配情况;(iv) 无协作的情况(直接)。对于协作传输,源节点和所有中继节点功率给出为 $P_s = P$ 和 $P_r = LP$;对于直接传输,源节点功率设置为 $P_s = (L+1)P$。由式(4.20)给出有瞬时 CSI 的最优功率分配,由式(4.21)给出有统计 CSI 的最优功率分配。此处,源节点和目的节点之间的距离设置为 $d_{s,d} = 1$,中继节点放置在以源节点和目的节点中间为圆心的单位圆中。信道系数 $h_{s,d}$, $h_{s,\ell}$ 和 $h_{\ell,d}$ 有 $\mathcal{CN}(0, 1/d_{s,d}^\alpha)$, $\mathcal{CN}(0, 1/d_{s,\ell}^\alpha)$ 和 $\mathcal{CN}(0, 1/d_{\ell,d}^\alpha)$ 分布,其中,$\alpha = 2.5$,对于 $i,j \in \{s,1,\cdots,L,d\}$,$d_{i,j}$ 是 i 和 j 两节点之间的距离。所有节点的噪声方差假定为相等的,即 $\sigma_\ell^2 = \sigma_d^2 = \sigma_w^2$。在图 4.2 中,我们可以看到低信噪比时,有瞬时 CSI 的 OPA 与 EPA 及有统计 CSI 的 OPA 相比,能够提供大约 2 dB 的增益。然而,可达速率可能没有直接传输高,因为当为每个中继分配正交信道时会损失带宽效率。在图 4.3 中,我们可以看到有瞬时 CSI 的 OPA 与 EPA 及有统计 CSI 的 OPA 相比,能够提供大约 1.5 dB 的增益。此外,我们可以发现,基于统计 CSI 的功率分配的改进没有超过 EPA。尽管直接传输可以达到一个更高的平均速率,但它的中断概率很容易被 AF 正交协作方案超过,这是因为后一种情况中可以达到 $L+1$ 阶的分集。

4.1.2　DF 中继的正交协作

正交协作方案同样可应用于 DF 中继。为研究这种情况,我们假设每个中继节点可以确定是否能够成功地解码源消息,例如通过一个循环冗余校验(CRC),并只在它能够成功解码时将该消息转发。正如在 AF 方案中那样,如果全部 $L+1$ 个正交时隙被用来执行协作传,为了达到平均端到端速率为 R,在阶段 Ⅰ 传输的消息必须以速率 $(L+1)R$ 编码。在这种情况下,协作集合 $\mathcal{D}$,即成功解码消息的中继节点集合,由下式给出

$$\mathcal{D} = \{\ell: \log_2(1+\gamma_{s,\ell}) \geqslant (L+1)R\}$$

式中,$\gamma_{s,\ell} = P_s\,|\,h_{s,\ell}\,|^2/\sigma_\ell^2$。在阶段 Ⅱ,集合 $\mathcal{D}$ 中的中继节点,例如中继节点 l,在正交时隙转发码字 $\mathbf{x}_\ell = \mathbf{x}_s$ 到目的节点。对于所有的 $\ell \in \mathcal{D}$ 且 $m = 0,\cdots,M-1$,与中继节点 ℓ 相对应的信道中,目的节点接收到的信号为

$$y_d^{(2,\ell)}[m] = \sqrt{P_\ell}h_{\ell,d}x_s[m] + w_d^{(2,\ell)}[m] \tag{4.23}$$

通过合并在所有信道使用 MRC 接收的信号,我们获得输出端的有效信噪比为

$$\gamma_{\text{eff}} = P_s\frac{|\,h_{s,d}\,|^2}{\sigma_d^2} + \sum_{\ell\in\mathcal{D}}P_\ell\frac{|\,h_{\ell,d}\,|^2}{\sigma_d^2} = \gamma_{s,d} + \sum_{\ell\in\mathcal{D}}\gamma_{\ell,d} \tag{4.24}$$

因为 $L+1$ 正交时隙用于执行协作传输,可达速率为

$$C_{\text{DF}}(\gamma) = \frac{1}{L+1}\log_2\left(1+\gamma_{s,d} + \sum_{\ell\in\mathcal{D}}\gamma_{\ell,d}\right) \tag{4.25}$$

式中,$\gamma = [\gamma_{s,d},\,\gamma_{s,1},\,\cdots,\,\gamma_{s,L},\,\gamma_{1,d},\,\cdots,\,\gamma_{L,d}]$。虽然可以实现类似于 AF 方案中的分集增益,但是带宽效率通过所需正交时隙数降低了。然而,当 CSI 可用于中继节点时可以提高。

特别地,当瞬时 CSI 可用于中继节点时,通过最大化目的节点的可达速率(或者等效成有效信噪比)可得到最优功率分配。给定总中继功率约束 $\sum_{\ell=1}^{L}P_\ell \leqslant P_r$,这个问题可以用如下线性设计等效表示为

$$\max_{P_\ell,\,\forall\ell\in\mathcal{D}} \sum_{\ell\in\mathcal{D}}P_\ell\frac{|\,h_{\ell,d}\,|^2}{\sigma_d^2} \tag{4.26}$$

$$\text{满足}\quad \sum_{\ell=1}^{L}P_\ell \leqslant P_r \text{ 且 } P_\ell \geqslant 0,\ \forall\ell \tag{4.27}$$

最佳的解决方案是将所有可用的传输功率分配给有最大"负荷"的中继节

点,即

$$P_\ell = \begin{cases} P_r, & \text{如果 } |h_{\ell,d}|^2 \geqslant |h_{\ell,d}|^2 \, \forall \, \ell' \\ 0, & \text{其他} \end{cases} \tag{4.28}$$

换句话说,最优策略只有当最佳中继到目的地信道转发源消息时存在。如果采用这个策略,总共只需要 2 个时隙,这大大提高了带宽效率。由此产生的方案与选择中继方案相似,我们将在 4.3.2 节讨论,因此读者会涉及有关这部分更详细的性能分析。

在正交协作方案中,不同中继节点发射的信号在单独的正交信道被接收,因此可在接收机端被单独处理。这大大减轻了中继节点的同步和协调需求。然而,其主要缺点是随着中继节点数量的增加,带宽效率不断损失。接下来的部分,我们将描述各种建立在传统 MIMO 信号处理技术基础上的协作传输方案。这些方案通过使中继节点在阶段 II 共享一个公共信道实现高带宽效率,但可能会受到严格的同步约束。

4.2　发射波束成形

如图 4.1 所示,在多中继协作系统中,中继节点可以被视为一个分布式天线阵列,并被用来执行许多传统的 MIMO 传输方案。特别是,当中继节点获知完全瞬时 CSI 时,转发的信号可以以相位对准,使得在目的节点的接收信噪比最大化。这就是经常被提到的分布式发射波束成形技术,它可以以 AF 和 DF 中继节点来完成,如下文所述。

4.2.1　AF 中继的发射波束成形

在 AF 发射波束成形方案中,我们假设所有中继节点均有源节点到中继节点和中继节点到目的节点信道的最佳信息,且能够利用信息实现相位相干传输。具体地说,在传输方案的阶段 I,源节点首先传输符号矢量 $\mathbf{x}_s = [x_s[0], \cdots, x_s[M-1]]$ 给中继节点和目的节点,接收的信号由式(4.1)和式(4.2)分别给出。然后,在阶段 II,每个中继节点 ℓ 首先用 $\sqrt{\mathbf{E}[|y_\ell[m]|^2]}$ 规一化接收的信号得到 $x_\ell[m] = y_\ell[m]/\sqrt{\mathbf{E}[|y_\ell[m]|^2]}$,并且在将信号转发到目的节点之前用该值乘以一个复波束成形系数 β_ℓ。因此中继节点 ℓ 转发的信号给出如下

$$\beta_\ell x_\ell[m] = \beta_\ell \frac{\mathbf{y}_\ell[m]}{\sqrt{\mathbf{E}[|\mathbf{y}_\ell[m]|^2]}} = \beta_\ell \frac{\mathbf{y}_\ell[m]}{\sqrt{P_s |h_{s,\ell}|^2 + \sigma_\ell^2}}, \text{对于 } \ell = 1, 2, \cdots, L$$

选择了波束成形技术系数,这样中继节点功率被归一化为 P_ℓ,也就是

$\mathbf{E}[\,|\,\beta_\ell x_\ell[m]\,|^2\,] = |\,\beta_\ell\,|^2 = P_\ell$。假设中继节点传输在阶段 II 是完全同步的,目的节点接收到的信号可以写成

$$
\begin{aligned}
y_d^{(2)}[m] &= \sum_{\ell=1}^{L} h_{\ell,d}\beta_\ell x_\ell[m] + w_d^{(2)}[m] \\
&= \sum_{\ell=1}^{L} \frac{\beta_\ell h_{s,\ell} h_{\ell,d}\sqrt{P_s}}{\sqrt{P_s\,|\,h_{s,\ell}\,|^2 + \sigma_\ell^2}} x_s[m] \\
&\quad + \sum_{\ell=1}^{L} \frac{\beta_\ell h_{\ell,d}}{\sqrt{P_s\,|\,h_{s,\ell}\,|^2 + \sigma_\ell^2}} w_\ell[m] + w_d^{(2)}[m]
\end{aligned}
\tag{4.29}
$$

式中,$w_d^{(2)}[m] \sim \mathcal{CN}(0,\sigma_d^2)$ 是目的节点的加性高斯白噪声。我们假设噪声在中继节点和目的节点是相互独立的。

在阶段 I 和阶段 II 目的节点接收到的信号使用 MRC 合并,输出端产生的有效信噪比为

$$
\gamma_{\text{eff}} = \gamma_{s,d} + \gamma_{srd}
$$

式中,$\gamma_{s,d} = P_s\,|\,h_{s,d}\,|^2/\sigma_d^2$ 并且

$$
\gamma_{srd} = \frac{\left|\,\sum_{\ell=1}^{L} \sqrt{\dfrac{P_s}{P_s\,|\,h_{s,\ell}\,|^2 + \sigma_\ell^2}}\beta_\ell h_{s,\ell} h_{\ell,d}\,\right|^2}{\sum_{\ell=1}^{L} \left|\,\sqrt{\dfrac{1}{P_s\,|\,h_{s,\ell}\,|^2 + \sigma_\ell^2}}\beta_\ell h_{\ell,d}\,\right|^2 \sigma_\ell^2 + \sigma_d^2}
\tag{4.30}
$$

注意 γ_{srd} 是一个关于波束成形矢量 $\boldsymbol{\beta} = [\beta_1,\beta_2,\cdots,\beta_L]^T$ 的函数,因此在下文中有时被表示为 $\gamma_{srd}(\boldsymbol{\beta})$。

给定总中继节点功率约束为 $\sum_{\ell=1}^{L} P_\ell = \sum_{\ell=1}^{L}\,|\,\beta_\ell\,|^2 \leqslant Pr$,波束成形系数 $\{\beta_\ell\}_{\ell=1}^{L}$ 可被选择来最大化上述的有效信噪比。假设源功率 P_s 固定,这相当于最大化通过 $s\text{-}r\text{-}d$ 路径传输的信号的信噪比,也就是 $\gamma_{srd}(\boldsymbol{\beta})$。为了找到最优 $\boldsymbol{\beta}$,首先,我们注意到 $\gamma_{srd}(\boldsymbol{\beta})$ 可以表示为

$$
\gamma_{srd}(\boldsymbol{\beta}) = \frac{|\,\mathbf{h}_{\text{eff}}^T\boldsymbol{\beta}\,|^2}{\boldsymbol{\beta}^H\Sigma\boldsymbol{\beta} + \sigma_d^2} = \frac{\widetilde{\boldsymbol{\beta}}^H \mathbf{h}_{\text{eff}}^* \mathbf{h}_{\text{eff}}^T \widetilde{\boldsymbol{\beta}}}{\widetilde{\boldsymbol{\beta}}^H\left(\Sigma + \dfrac{\sigma_d^2}{\|\,\boldsymbol{\beta}\,\|^2}\mathbf{I}\right)\widetilde{\boldsymbol{\beta}}}
\tag{4.31}
$$

式中,$\widetilde{\boldsymbol{\beta}} = \boldsymbol{\beta}/\|\,\boldsymbol{\beta}\,\|$ 是一个代表波束成形矢量 $\boldsymbol{\beta}$ 方向的单位范数矢量,而

$$
\mathbf{h}_{\text{eff}} = \left[\frac{\sqrt{P_s}h_{s,1}h_{1,d}}{\sqrt{P_s\,|\,h_{s,1}\,|^2 + \sigma_1^2}},\frac{\sqrt{P_s}h_{s,2}h_{2,d}}{\sqrt{P_s\,|\,h_{s,2}\,|^2 + \sigma_2^2}},\cdots,\frac{\sqrt{P_s}h_{s,L}h_{L,d}}{\sqrt{P_s\,|\,h_{s,L}\,|^2 + \sigma_L^2}}\right]^T
$$

是有效信道矢量并且

$$\boldsymbol{\Sigma} = \mathrm{diag}\Big(\frac{|h_{1,d}|^2\sigma_1^2}{P_s|h_{s,1}|^2+\sigma_1^2}, \frac{|h_{2,d}|^2\sigma_2^2}{P_s|h_{s,2}|^2+\sigma_2^2}, \cdots, \frac{|h_{L,d}|^2\sigma_L^2}{P_s|h_{s,L}|^2+\sigma_L^2}\Big)$$

是有效噪声协方差矩阵。因此最优波束成形矢量为

$$\boldsymbol{\beta}^{\mathrm{opt}} = \arg\max_{\|\boldsymbol{\beta}\|^2\leqslant P_r}\gamma_{\mathrm{srd}}(\boldsymbol{\beta}) = \arg\max_{\|\boldsymbol{\beta}\|^2=1}\frac{\widetilde{\boldsymbol{\beta}}^H\mathbf{h}_{\mathrm{eff}}^*\mathbf{h}_{\mathrm{eff}}^T\widetilde{\boldsymbol{\beta}}}{\widetilde{\boldsymbol{\beta}}^H\big(\boldsymbol{\Sigma}+\frac{\sigma_d^2}{P_r}\mathbf{I}\big)\widetilde{\boldsymbol{\beta}}} \tag{4.32}$$

式中,式(4.31)的分母中的 $\|\boldsymbol{\beta}\|^2$ 被 P_r 替换,这是因为信噪比随着 $\|\boldsymbol{\beta}\|^2$ 单调递增。

因为 $\boldsymbol{\Sigma}+\frac{\sigma_d^2}{P_r}\mathbf{I}$ 是一个对称正定矩阵,它可被分解为

$$\boldsymbol{\Sigma}+\frac{\sigma_d^2}{P_r}\mathbf{I} = \mathbf{U}\mathbf{U}^H$$

然后,通过令 $\mathbf{v} = \mathbf{U}^H\widetilde{\boldsymbol{\beta}}$,这样 $s\text{-}r\text{-}d$ 路径的信噪比可以表示为

$$\gamma_{\mathrm{srd}}(\boldsymbol{\beta}) = \frac{\mathbf{v}^H\mathbf{U}^{-1}\mathbf{h}_{\mathrm{eff}}^*\mathbf{h}_{\mathrm{eff}}^T\mathbf{U}^{-H}\mathbf{v}}{\mathbf{v}^H\mathbf{v}} = \Big|\mathbf{h}_{\mathrm{eff}}^T\mathbf{U}^{-H}\frac{\mathbf{v}}{\|\mathbf{v}\|}\Big|^2$$

$$\leqslant \|\mathbf{h}_{\mathrm{eff}}^T\mathbf{U}^{-H}\|^2\Big\|\frac{\mathbf{v}}{\|\mathbf{v}\|}\Big\|^2 = \|\mathbf{h}_{\mathrm{eff}}^T\mathbf{U}^{-H}\|^2 \tag{4.33}$$

式中,不等式来源于柯西-施瓦茨不等式。对于任何非零常数 c_1,当 $\mathbf{v}=c_1\mathbf{U}^{-1}\mathbf{h}_{\mathrm{eff}}^*$ 时,等式成立。因此,最优波束成形矢量为

$$\boldsymbol{\beta}^{\mathrm{opt}} = \mathbf{U}^{-H}\mathbf{v} = c_1\Big(\boldsymbol{\Sigma}+\frac{\sigma_d^2}{P_r}\mathbf{I}\Big)^{-1}\mathbf{h}_{\mathrm{eff}}^* \tag{4.34}$$

通过选择常数 $c1$ 来满足总中继节点功率约束 $\|\boldsymbol{\beta}\|^2=P_r$,也就是

$$c_1 = \sqrt{\frac{P_r}{\mathbf{h}_{\mathrm{eff}}^T\big(\boldsymbol{\Sigma}+\frac{\sigma_d^2}{P_r}\mathbf{I}\big)^{-2}\mathbf{h}_{\mathrm{eff}}^*}}$$

则在 $s\text{-}r\text{-}d$ 路径上的最大信噪比变为

$$\gamma_{\mathrm{srd}}(\boldsymbol{\beta}^{\mathrm{opt}}) = \|\mathbf{U}^{-1}\mathbf{h}_{\mathrm{eff}}^*\|^2 = \mathbf{h}_{\mathrm{eff}}^T\Big(\boldsymbol{\Sigma}+\frac{\sigma_d^2}{P_r}\mathbf{I}\Big)^{-1}\mathbf{h}_{\mathrm{eff}}^*$$

$$= \sum_{\ell=1}^{L}\frac{P_sP_r|h_{s,\ell}|^2|h_{\ell,d}|^2/\sigma_\ell^2\sigma_d^2}{P_s|h_{s,\ell}|^2/\sigma_\ell^2+P_r|h_{\ell,d}|^2/\sigma_d^2+1}$$

$$= \sum_{\ell=1}^{L}\frac{\gamma_{s,\ell}\widetilde{\gamma}_{\ell,d}}{\gamma_{s,\ell}+\widetilde{\gamma}_{\ell,d}+1} \tag{4.35}$$

式中, $\gamma_{s,\ell}=P_s|h_{s,\ell}|^2/\sigma_\ell^2$ 是在 $s\text{-}\ell$ 路径上的信噪比, $\widetilde{\gamma}_{\ell,d}=P_r|h_{\ell,d}|^2/\sigma_d^2$ 是当

总中继节点功率为 P_r 时在 $\ell - d$ 路径上的信噪比（不同于发射功率时的 $\gamma_{\ell, d}$）。在式 (4.35) 中，当总中继节点传输功率 P_r 被分配给单个中继节点 ℓ 时，第 ℓ 项被视为获得的信噪比。注意中继节点 ℓ 施加的波束成形系数等于一个正的常数乘以合并信道系数 $h_{s, \ell} h_{\ell, d}$ 的复共轭，也就是

$$\beta_\ell = \frac{c_1}{\frac{|h_{\ell, d}|^2 \sigma_\ell^2}{P_s |h_{s, \ell}|^2 + \sigma_\ell^2} + \frac{\sigma_d^2}{P_r}} \frac{\sqrt{P_s} h_{s, \ell}^* h_{\ell, d}^*}{\sqrt{P_s |h_{s, \ell}|^2 + \sigma_\ell^2}} = c'_\ell h_{s, \ell}^* h_{\ell, d}^*$$

它弥补了 s-ℓ 和 ℓ-d 链路上的相位旋转。因此，中继节点传输的信号将在目的节点增加相关性，从而显著提高了信噪比。式 (4.35) 中的信噪比表达式和我们在第 2 章中描述的传统 MISO 系统中的发射波束成形的相似。可达速率给出如下：

$$C_{\text{AF}}(\gamma) = \frac{1}{2} \log_2 \left(1 + \gamma_{s, d} + \sum_{\ell=1}^{L} \frac{\gamma_{s, \ell} \widetilde{\gamma}_{\ell, d}}{\gamma_{s, \ell} + \widetilde{\gamma}_{\ell, d} + 1} \right) \tag{4.36}$$

回顾一下，在 AF 正交协作方案中获得的有效信噪比如下

$$\gamma_{\text{srd}} = \sum_{\ell=1}^{L} \frac{\gamma_{s, \ell} \gamma_{\ell, d}}{\gamma_{s, \ell} + \gamma_{\ell, d} + 1} \tag{4.37}$$

除了用 $\gamma_{\ell, d}$ 代替 $\widetilde{\gamma}_{\ell, d} = P_r \gamma_{\ell, d} / P_\ell$ 之外，该表达式类似于式 (4.35)。这表明该发射波束成形方案实现了 P_r / P_ℓ 倍的中继节点到目的节点信噪比的增加。当正交协作方案中功率是均等分配给中继节点时，也就是 $P_1 = \cdots = P_L = P_r / L$，这个增加是 $P_r / P_\ell = L$。

然而，值得注意的是，实际中这些中继节点反而可能在单独的 P_1，P_2，$\cdots$，P_L 功率约束之下运作。在这种情况下，以最大功率传输时，波束成形系数只能被选择来同相到达目的节点的信号。因此，中继节点 ℓ 的波束成形系数如下：

$$\beta_\ell = \sqrt{P_\ell} \frac{h_{s, \ell}^* h_{\ell, d}^*}{|h_{s, \ell} h_{\ell, d}|} \tag{4.38}$$

将式 (4.38) 代入式 (4.31) 并且假设 $\sigma_1 = \cdots = \sigma_L = \sigma_d$，在单独功率约束之下获得的有效信噪比可以计算为

$$\gamma_{\text{srd}}^{\text{ind}} = \frac{\left[\sum_{\ell=1}^{L} \sqrt{\gamma_{s, \ell} \gamma_{\ell, d} / (\gamma_{s, \ell} + 1)} \right]^2}{\sum_{\ell=1}^{L} \gamma_{\ell, d} / (\gamma_{s, \ell} + 1) + 1} \tag{4.39}$$

在这种情况下得到信噪比一般都低于式 (4.35) 中的值，但当中继信道也有类似的统计信息时，可以完成接近总中继节点功率约束的情况。

为了进一步提高系统性能，源节点功率 P_s 和总中继节点功率 P_r 可被进一步分配以最大化式 (4.36) 中的可达速率 [或者等价于式 (4.35) 中的信噪比]，满足总

功率约束 $P_s + P_r \leqslant P_{tot}$。让 $P_r = \tau P_{tot}$ 且 $P_s = (1-\tau)P_{tot}$，此处 $0 \leqslant \tau \leqslant 1$。$\tau$ 的最优值无法在封闭形式下获得，但可以通过数值搜索获得。τ 的近似值通过最大化式(4.35)的一个下限获得，已在参考文献[35]中推导为

$$\tau = \left(\frac{1}{2} - \frac{|h_{s,d}|^2/\sigma_d^2}{\sum_{\ell=1}^{L} \min\left(\frac{P_{tot}|h_{s,\ell}|^2|h_{\ell,d}|^2/\sigma_\ell^2\sigma_d^2}{1+P_{tot}[h_{s,\ell}]^2/\sigma_\ell^2}, \frac{P_{tot}|h_{s,\ell}|^2|h_{\ell,d}|^2/\sigma_\ell^2\sigma_d^2}{1+P_{tot}|h_{\ell,d}|^2/\sigma_d^2} \right)} \right)^+$$

(4.40)

该值小于 1/2。这意味着超过一半的功率应该被分配给源节点，因为它同时有助于源节点和中继节点的接收。

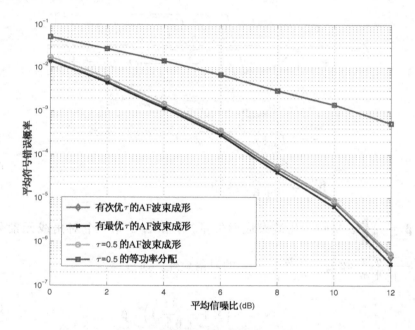

图 4.4　有 $L=3$ 个中继节点和完全瞬时 CSI 的协作系统中 AF 发射波束成形方案的错误概率

(来自于 Yi 和 Kim[35]，修改了坐标，© [2007] IEEE)

在图 4.4 中(来自于参考文献 [35])，AF 发射波束成形方案的平均误码率分为三种情况：在式(4.40)中的次优 τ。通过数值搜索获得最优 τ 值以及 $\tau = 0.5$。也显示了对在中继节点间采用等功率分配(EPA)情况的比较，即对所有的 ℓ 来说 $\beta_\ell = \sqrt{P_r/L}$ 的情况。这个实验在一个有 $L=3$ 个中继节点的网络中完成。我们假设源节点使用 BPSK 调制，也就是 $x_s[m] \in \{-1, +1\}$，且信道系数 $h_{s,\ell}$ 和 $h_{\ell,d}$ 是 $\mathcal{CN}(0,1)$ 分布的 i.i.d.。我们可以观察到与等功率方案相比，AF 发

射波束成形技术达到显著性能提高。此外,我们还可以看到,源节点和中继节点之间的功率分配对 BER 性能不会带来重大影响。

有趣的是,我们注意到波束成形的优势仅存在于中继节点处信道相位信息可用时并且中继节点与目的节点的信号同相。如果中继节点只知道统计 CSI,不同中继节点传输的信号将导致在目的节点的随机相长或相消干扰,在这种情况下,最好让一个单独中继节点以总功率 P_r 转发消息,因此产生选择中继方案。

例如,让我们考虑这样一种情况,中继节点对源节点到目的节点信道有完全的信息,也就是 $h_{s,\ell}$,但只有源节点到目的节点信道的统计信息,也就是 $h_{\ell,d}$。在这种情况下,最优波束成形系数仅能通过最大化平均信噪比得到

$$
\begin{aligned}
\widetilde{\gamma}_{\mathrm{srd}} &= \frac{\mathbf{E}_{h_{\ell,d}}\left[\left|\sum_{\ell=1}^{L}\sqrt{\dfrac{P_s}{P_s\mid h_{s,\ell}\mid^2+\sigma_\ell^2}}\beta_\ell h_{s,\ell}h_{\ell,d}\right|^2\right]}{\mathbf{E}_{h_{\ell,d}}\left[\sum_{\ell=1}^{L}\left|\sqrt{\dfrac{1}{P_s\mid h_{s,\ell}\mid^2+\sigma_\ell^2}}\beta_\ell h_{\ell,d}\right|^2\sigma_\ell^2+\sigma_d^2\right]} \\[2mm]
&= \frac{\sum_{\ell=1}^{L}\dfrac{P_s}{P_s\mid h_{s,\ell}\mid^2+\sigma_\ell^2}\mid\beta_\ell h_{s,\ell}\mid^2\eta_{\ell,d}^2}{\sum_{\ell=1}^{L}\dfrac{1}{P_s\mid h_{s,\ell}\mid^2+\sigma_\ell^2}\mid\beta_\ell\mid^2\sigma_\ell^2\eta_{\ell,d}^2+\sigma_d^2} \\[2mm]
&= \frac{\widetilde{\boldsymbol{\beta}}^H\boldsymbol{\Lambda}\,\widetilde{\boldsymbol{\beta}}}{\widetilde{\boldsymbol{\beta}}^H\left(\boldsymbol{\Sigma}+\dfrac{\sigma_d^2}{\parallel\boldsymbol{\beta}\parallel^2}\mathbf{I}\right)\widetilde{\boldsymbol{\beta}}}
\end{aligned} \tag{4.41}
$$

式中,$\widetilde{\boldsymbol{\beta}}=\dfrac{\boldsymbol{\beta}}{\parallel\boldsymbol{\beta}\parallel}$ 是归一化波束成形矢量,$\boldsymbol{\Lambda}$ 和 $\boldsymbol{\Sigma}$ 是第 ℓ 个对角线元素分别是 $\dfrac{P_s\mid h_{s,\ell}\mid^2\eta_{\ell,d}^2}{P_s\mid h_{s,\ell}\mid^2+\sigma_\ell^2}$ 和 $\dfrac{\sigma_\ell^2\eta_{\ell,d}^2}{P_s\mid h_{s,\ell}\mid^2+\sigma_\ell^2}$ 的对角矩阵。通过令

$$
\mathbf{v}=c_1\left(\boldsymbol{\Sigma}+\frac{\sigma_d^2}{\parallel\boldsymbol{\beta}\parallel^2}\mathbf{I}\right)^{\frac{1}{2}}\widetilde{\boldsymbol{\beta}} \tag{4.42}
$$

式中,c_1 选择为使得 $\parallel\mathbf{v}\parallel^2=1$,我们有

$$
\max_{\boldsymbol{\beta}:\sum|\beta_\ell|^2\leqslant P_r}\frac{\widetilde{\boldsymbol{\beta}}^H\boldsymbol{\Lambda}\,\widetilde{\boldsymbol{\beta}}}{\widetilde{\boldsymbol{\beta}}^H\left(\boldsymbol{\Sigma}+\dfrac{\sigma_d^2}{P_r}\mathbf{I}\right)\widetilde{\boldsymbol{\beta}}} \tag{4.43}
$$

$$
= \max_{\mathbf{v}:\parallel\mathbf{v}\parallel^2=1}\mathbf{v}^H\left(\boldsymbol{\Sigma}+\frac{\sigma_d^2}{P_r}\mathbf{I}\right)^{-\frac{1}{2}}\boldsymbol{\Lambda}\left(\boldsymbol{\Sigma}+\frac{\sigma_d^2}{P_r}\mathbf{I}\right)^{-\frac{1}{2}}\mathbf{v} \tag{4.44}
$$

$$
= \lambda_{\max}(\mathbf{D}) \tag{4.45}
$$

式中,$\lambda_{\max}(\mathbf{D})$ 是矩阵的最大特征值

$$\mathbf{D} = \left(\mathbf{\Sigma} + \frac{\sigma_d^2}{P_r}\mathbf{I}\right)^{-\frac{1}{2}} \mathbf{\Lambda} \left(\mathbf{\Sigma} + \frac{\sigma_d^2}{P_r}\mathbf{I}\right)^{-\frac{1}{2}} \tag{4.46}$$

$$= \mathrm{diag}\left(\frac{\gamma_{s,1}\,\bar{\gamma}_{1,d}}{\gamma_{s,1} + \bar{\gamma}_{\ell,d} + 1}, \frac{\gamma_{s,2}\,\bar{\gamma}_{2,d}}{\gamma_{s,2} + \bar{\gamma}_{2,d} + 1}, \cdots, \frac{\gamma_{s,L}\,\bar{\gamma}_{L,d}}{\gamma_{s,L} + \bar{\gamma}_{L,d} + 1}\right) \tag{4.47}$$

且 $\bar{\gamma}_{\ell,d} = P_r \eta_{\ell,d}^2 / \sigma_d^2$。因为 $\mathbf{D}$ 是对角矩阵,最大特征值对应于最大对角线元素。假设

$$\ell^* = \arg\max_\ell \frac{\gamma_{s,\ell}\,\bar{\gamma}_{\ell,d}}{\gamma_{s,\ell} + \bar{\gamma}_{\ell,d} + 1}$$

是最大对角线元素的位置。然后,v 将是一个第 ℓ^* 个元素为 1 且其他元素都是 0 的矢量。由式(4.42)中 $\mathbf{v}$ 和 $\tilde{\boldsymbol{\beta}}$ 的关系,我们得到

$$\boldsymbol{\beta} = \sqrt{P_r}\,\tilde{\boldsymbol{\beta}} = \sqrt{P_r}\mathbf{e}_{\ell^*}$$

式中,$\mathbf{e}_\ell$ 是一个第 ℓ 个元素是 1 且其他元素都是 0 的规范矢量。结果表明,当中继节点之间不能同相时,最优协作策略是只让有最大有效信噪比的中继节点即中继节点 ℓ^* 转发源消息。这个方案将在有关选择中继的章节中进一步描述。

4.2.2　DF 中继的发射波束成形

对于 DF 发射波束成形方案,中继节点首先解码源消息,然后连贯地转发相同的码字到目的节点。如果中继节点能够执行错误检测(例如,使用 CRC)并且仅在成功解码消息时参与协作传输,则波束成形系数需要被选择来补偿中继节点到目的节点信道。然而,如果错误检测不能执行(例如,未编码情况下),则中继节点的错误概率必须被考虑到波束成形设计中。两种情况将在以下篇章中讨论。

有中继节点错误检测的 DF 发射波束成形

让我们首先考虑错误检测在中继节点完成的情况。在这种情况下,源节点在阶段 I 将码字 $\mathbf{x}_s$ 传输至中继节点和目的节点,所接收到的信号分别由式(4.1)和式(4.2)给出。接着,在阶段 II,仅在中继节点能够成功解码的情况下,每个中继节点将尝试解码消息和帮助将源消息传输至目的节点。在给定的传输周期内,成功解码的中继节点集合 $\mathcal{D} = \{\ell : \log_2(1 + \gamma_{s,\ell}) \geqslant 2R\}$,注意,可解码集合 $\mathcal{D}$ 取决于信道实现,它可以随不同的传输周期而变更。阶段 II,集合 $\mathcal{D}$ 中的中继节点将同时使用波束成形系数 $\{\beta_\ell, \forall \ell \in \mathcal{D}\}$ 重传相同的码字 $\mathbf{x}_s$ 至目的节点。目的节点接收的信号可以写为

$$y_d^{(2)}[m] = \sum_{\ell \in \mathcal{D}} h_{\ell,d}\beta_\ell x_s[m] + w_d^{(2)}[m], \text{对于 } m = 0, \cdots, M-1 \tag{4.48}$$

式中,$w_d^{(2)} \sim \mathcal{CN}(0, \sigma_d^2)$ 是目的节点的 AWGN。给定波束成形系数 $\{\beta_\ell, \forall \ell \in$

$\mathcal{D}\}$,接收信号 $y_d^{(2)}[m]$ 的信噪比可计算为

$$\gamma_{\mathrm{srd}} = \frac{\left| \sum_{\ell \in \mathcal{D}} h_{\ell,d}\beta_\ell \right|^2}{\sigma_d^2} \tag{4.49}$$

当发射天线数等于 $|\mathcal{D}|$ 时,式(4.48)中的信号模型和式(4.49)中的信噪比表达式与传统 MISO 系统的相同。因此,由于每个中继节点具有中继节点到目的节点信道系数的瞬时信息并在总中继节点功率约束 P_r 之下,通过最大化式(4.49)中的信噪比可获得最优波束成形系数。在以下解决方案[16]中的这一结果

$$\beta_\ell = \sqrt{\frac{P_r}{\sum_{k \in \mathcal{D}} |h_{k,d}|^2}} h_{\ell,d}^*,\text{对于所有 } \ell \in \mathcal{D} \tag{4.50}$$

类似于传统 MISO 系统中获得的。通过合并直接路径和中继路径,MRC 输出端的有效信噪比为

$$\gamma_{\mathrm{eff}} = \frac{P_s |h_{s,d}|^2}{\sigma_d^2} + \frac{\sum_{\ell \in \mathcal{D}} P_r |h_{\ell,d}|^2}{\sigma_d^2} = \gamma_{s,d} + \sum_{\ell \in \mathcal{D}} \widetilde{\gamma}_{\ell,d} \tag{4.51}$$

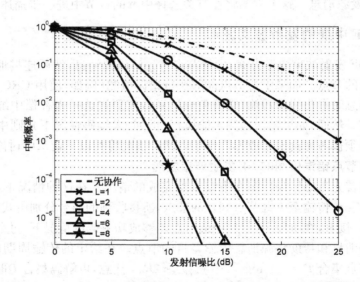

图 4.5　中继节点有错误检测的 DF 发射波束成形方案的中断概率

在图 4.5 中,显示了有不同数量中继节点即 L=1,2,4,6 和 8 的系统的 DF 发射波束成形方案的中断概率。我们假设错误检测在中继节点完美完成,在每个传输周期中的可解码集合准确给出为 $\mathcal{D} = \{\ell: \log_2(1+\gamma_{s,\ell}) \geqslant 2R\}$。集合 $\mathcal{D}$ 中的中继节点的最优波束成形系数由式(4.50)给出。信道系数 $h_{s,\ell}$,$h_{\ell,d}$ 假设为 $\mathcal{CN}(0,1)$ 分布的 $i.i.d.$,$h_{s,d}$ 假设为 $\mathcal{CN}(0,1/2^3)$。传输速率 R 为 $1\ \mathrm{bit/sec/Hz}$。发射信

噪比定义为 $\mathrm{SNR} = \dfrac{P}{\sigma_w^2}$，其中，$P = P_s = \sum_{\ell \in \mathcal{D}} P_\ell$ 且 $\sigma_w^2 = 1$。从图中观察可以发现，分集增益确实随着中继节点数量的增加而得到改善。

无中继节点错误检测的 DF 发射波束成形

另一方面，如果中继节点不能执行错误检测，例如在未编码情况下，它们只能在一个符号接一个符号的基础上解调并转发接收到的信号。这导致通过中继节点转发的符号可能不正确，因此设计波束形成系数时必须考虑到每个中继节点的错误概率。

考虑源节点发射使用 BPSK 调制（即 $x_s[m] \in \{\pm 1\}$）并且每个中继节点都知道自己的本地错误概率的场景，例如对于中继节点 ℓ，$p_{e,\ell} \triangleq \Pr(x_\ell \neq x_s)$。由中继节点 ℓ 在第 m 个符号周期转发的符号可以表示为

$$x_\ell[m] = \theta_\ell[m] x_s[m]$$

其中，$\theta_\ell[m] \in \{\pm 1\}$ 是一个伯努利随机变量，有 $\Pr(\theta_\ell[m] = 1) = 1 - \Pr(\theta_\ell[m] = -1) = 1 - p_{e,\ell}$。我们假设整个周期各个中继节点的错误是相互独立的。采用波束成形系数 $\{\beta_\ell\}_{\ell=1}^L$，在阶段 II 目的节点接收到的信号可以表示为

$$y_d^{(2)}[m] = \sum_{\ell=1}^L h_{\ell,d} \beta_\ell x_\ell[m] + w_d^{(2)}[m] = \sum_{\ell=1}^L h_{\ell,d} \beta_\ell \theta_\ell[m] x_s[m] + w_d^{(2)}[m]$$

注意，$\theta_\ell[m] = -1$ 对应中继节点 ℓ 解码错误的情况，$\theta_\ell[m] = 1$ 对应中继节点 ℓ 解码正确的情况。通过平均所有可能的错误模式 $\boldsymbol{\theta}[m] = [\theta_1[m], \cdots, \theta_L[m]]$，在阶段 II 接收的信号的信噪比可计算为

$$\gamma_{\mathrm{srd}} = \frac{\left| \mathbf{E}_{\boldsymbol{\theta}}\left[y_d^{(2)}[m] \,\middle|\, x_s[m] \right] \right|^2}{\mathbf{E}_{\boldsymbol{\theta}}\left[\left| y_d^{(2)}[m] \right|^2 \,\middle|\, x_s[m] \right] - \left| \mathbf{E}_{\boldsymbol{\theta}}\left[y_d^{(2)}[m] \,\middle|\, x_s[m] \right] \right|^2} \tag{4.52}$$

$$= \frac{\left| \sum_{\ell=1}^L h_{\ell,d} \beta_\ell (1 - 2p_{e,\ell}) \right|^2}{\mathbf{E}_{\boldsymbol{\theta}}\left[\left| y_d^{(2)}[m] \right|^2 \,\middle|\, x_s[m] \right] - \left| \sum_{\ell=1}^L h_{\ell,d} \beta_\ell (1 - 2p_{e,\ell}) \right|^2} \tag{4.53}$$

这是因为 $\mathbf{E}[\theta_\ell[m]] = 1 - 2p_{e,\ell}$。$y_d^{(2)}$ 的二阶矩可被估值为

$$\mathbf{E}\left[\left| y_d^{(2)}[m] \right|^2 \,\middle|\, x_s[m] \right] = \mathbf{E}\left[\left| \sum_{\ell=1}^L h_{\ell,d} \beta_\ell \theta_\ell[m] \right|^2 \right] + \sigma_d^2$$

$$= \sum_{\ell=1}^L \sum_{k=1}^L h_{\ell,d} h_{k,d}^* \beta_\ell \beta_k^* \mathbf{E}[\theta_\ell[m] \theta_k[m]] + \sigma_d^2 \tag{4.54}$$

式中，

$$\mathbf{E}[\theta_\ell[m] \theta_k[m]] = \begin{cases} (1 - 2p_{e,\ell})(1 - 2p_{e,k}), & \text{对于 } \ell \neq k \\ 1, & \text{对于 } \ell = k \end{cases} \tag{4.55}$$

令 $\boldsymbol{\beta} = [\beta_1, \beta_2, \cdots, \beta_L]^T$ 为波束成形系数矢量。给定 $\boldsymbol{\beta}$，式(4.53)中的平均信噪比可表示为矢量形式如下：

$$\gamma_{srd}(\boldsymbol{\beta}) = \frac{\mid \mathbf{h}_{eff}^T \boldsymbol{\beta} \mid^2}{\boldsymbol{\beta}^H \mathbf{R}_h \boldsymbol{\beta} + \sigma_d^2 - \mid \mathbf{h}_{eff}^T \boldsymbol{\beta} \mid^2} = \frac{\widetilde{\boldsymbol{\beta}}^H \mathbf{h}_{eff}^* \mathbf{h}_{eff}^T \widetilde{\boldsymbol{\beta}}}{\widetilde{\boldsymbol{\beta}}^H \left(\mathbf{R}_h + \dfrac{\sigma_d^2}{\parallel \boldsymbol{\beta} \parallel^2} \mathbf{I} - \mathbf{h}_{eff}^* \mathbf{h}_{eff}^T \right) \widetilde{\boldsymbol{\beta}}} \qquad (4.56)$$

式中，$\widetilde{\boldsymbol{\beta}} = \dfrac{\boldsymbol{\beta}}{\parallel \boldsymbol{\beta} \parallel}$ 是归一化波束成形矢量，

$$\mathbf{h}_{eff} = [h_{1,d}(1 - 2p_{e,1}), h_{2,d}(1 - 2p_{e,2}), \cdots, h_{L,d}(1 - 2p_{e,L})]^T$$

是有效 s-r-d 信道矢量，$\mathbf{R}_h$ 是有效信道相关矩阵，其中第 (k, ℓ) 元素等于

$$[\mathbf{R}_h]_{k,\ell} = h_{\ell,d} h_{k,d}^* \mathbf{E}[\theta_{\ell}[m] \theta_k[m]]$$

式(4.56)中的信噪比表达式类似于 AF 发射波束成形所获得的。通过最大化目的节点信噪比，最优波束成形矢量可被找到如下：

$$\boldsymbol{\beta}^{opt} = \arg \max_{\parallel \boldsymbol{\beta} \parallel^2 \leqslant P_r} \gamma_{srd}(\boldsymbol{\beta}) = \sqrt{P_r} \arg \max_{\parallel \widetilde{\boldsymbol{\beta}} \parallel^2 = 1} \frac{\widetilde{\boldsymbol{\beta}}^H \mathbf{h}_{eff}^* \mathbf{h}_{eff}^T \widetilde{\boldsymbol{\beta}}}{\widetilde{\boldsymbol{\beta}}^H \left(\mathbf{R}_h + \dfrac{\sigma_d^2}{P_r} \mathbf{I} - \mathbf{h}_{eff}^* \mathbf{h}_{eff}^T \right) \widetilde{\boldsymbol{\beta}}} \qquad (4.57)$$

式中，由于 $\gamma_{srd}(\boldsymbol{\beta})$ 随着 $\parallel \boldsymbol{\beta} \parallel^2$ 单调递增，在式(4.56)的分母中的 $\parallel \boldsymbol{\beta} \parallel^2$ 可以被 P_r 替代。依据 4.2.1 节中的推导(见参考文献[1])，我们得到的最优波束成形矢量为

$$\boldsymbol{\beta}^{opt} = c_2 \left(\mathbf{R}_h + \frac{\sigma_d^2}{P_r} \mathbf{I} - \mathbf{h}_{eff}^* \mathbf{h}_{eff}^T \right)^{-1} \mathbf{h}_{eff}^* \qquad (4.58)$$

式中，常数 c_2 被选择来满足总功率约束 $\parallel \boldsymbol{\beta} \parallel^2 = P_r$，因此可由下式给出

$$c_2 = \sqrt{\frac{P_r}{\mathbf{h}_{eff}^T \left(\mathbf{R}_h + \dfrac{\sigma_d^2}{P_r} \mathbf{I} - \mathbf{h}_{eff}^* \mathbf{h}_{eff}^T \right)^{-2} \mathbf{h}_{eff}^*}}$$

在 s-r-d 路径上的最大信噪比由下式给出

$$\gamma_{srd}(\boldsymbol{\beta}^{opt}) = \mathbf{h}_{eff}^T \left(\mathbf{R}_h + \frac{\sigma_d^2}{P_r} \mathbf{I} - \mathbf{h}_{eff}^* \mathbf{h}_{eff}^T \right)^{-1} \mathbf{h}_{eff}^* \qquad (4.59)$$

$$= \sum_{\ell=1}^{L} \frac{P_r \mid h_{\ell,d} \mid^2 (1 - 2p_{e,\ell})^2}{4P_r \mid h_{\ell,d} \mid^2 p_{e,\ell}(1 - p_{e,\ell}) + \sigma_d^2} \qquad (4.60)$$

$$= \sum_{\ell=1}^{L} \frac{\widetilde{\gamma}_{\ell,d}(1 - 2p_{e,\ell})^2}{4 \widetilde{\gamma}_{\ell,d} p_{e,\ell}(1 - p_{e,\ell}) + 1} \qquad (4.61)$$

这是因为 $\mathbf{R}_h + \dfrac{\sigma_d^2}{P_r}\mathbf{I} - \mathbf{h}_{\text{eff}}^*\mathbf{h}_{\text{eff}}^T$ 是一个第 ℓ 个对角线元素为 $4p_{e,\ell}(1-p_{e,\ell})\mid h_{\ell,d}\mid^2 + \dfrac{\sigma_d^2}{P_r}$ 的对角矩阵。

在图 4.6 中,显示了中继节点数 $L=1$,2,4,6 和 8 的系统的 DF 发射波束成形方案的误码率(BER)。在这里,考虑到波束成形设计中的错误概率,我们假设中继节点简单地解调转发符号。仿真参数与图 4.5 中给出的是一样的。我们可以看到,由于中继符号中的可能错误,分集增益不明显,

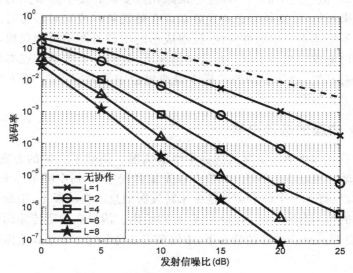

图 4.6　中继节点无错误检测的 DF 发射波束成形方案的误码率

需要指出的是,本节中推导出的最优波束成形系数依赖于每条链路上信道系数的瞬时信息,通常是通过来自目的节点的反馈提供。然而,由于反馈信道上的速率限制,实际中完善的 CSI 难以实现,因此波束成形系数只能基于量化或有限的信道系数信息设计。确定通过有限的反馈信道来提供的最佳信息并且找到强健的波束成形系数设计是很重要的。例如,在量化反馈的情况下,目的节点每相干间隔至少有一次编码信道信息至发射到中继节点的 B 比特的消息中。B 比特的消息是从 2^B 码字的码本中选出,例如在参考文献[17,40],其中每个码字用作瞬时信道矢量 $\mathbf{h}_{r,d}=[h_{1,d},\cdots,h_{L,d}]^T$ 的量化表示。在每个相干间隔的开始,信道矢量的最好量化表示被选出并且码字(只需要 B 比特来表示)索引被传回到中继节点。除了利用量化反馈信道,还可以采用基于扰动的随机搜索算法来寻找最优波束成形系数[7,25,26]。在这些方案中,中继节点在每一次传输之前随机扰乱波束成形系数且决定是否保留这些由目的节点提供的基于 1 比特反馈的值。通过这样做,波

束成形系数会以分布方式逐渐聚集它们的最佳值。读者可通过参考文献[7，17，25，26，40]以进一步讨论这些问题。

4.3 选择中继

在前一节提到的发射波束成形方案中，为了计算最优波束成形的系数，完全瞬时 CSI，包括所有信道系数的幅度和相位，必须在中继节点可得。尽管信道信息可通过反馈获得，但实践中仍然难以通过跟踪相位变化和使中继节点的信号与目的节点的同相来获得，特别是当分布式终端存在随机频率或定时偏移时。如果中继信号的相位不能达到一定的准确性，波束成形的增益可能不再能获得，而事实上，在目的节点可能发生相消干扰。在这种情况下，只有一个中继节点参与各个协作传输可能是有利的，导致所谓的选择中继或机会中继方案[4-6]。接下来研究基于选择中继的 AF 和 DF 方案。

4.3.1 AF 中继的选择中继

让我们首先考虑 AF 中继的选择中继的情况。类似于之前的方案，选择中继也有两个传输阶段。在阶段Ⅰ，源节点首先发射码字 **x**，到中继节点和目的节点，而在阶段Ⅱ，只有一个中继节点被选中来转发源消息。在阶段Ⅰ，中继节点和目的节点接收到的信号分别由式(4.1)和式(4.2)给出。假设在给定传输周期中继节点 ℓ 被选中转发源消息。在这种情况下，中继节点 ℓ 将发射一个下式给出的归一化符号序列

$$x_\ell[m] = \frac{y_\ell[m]}{\sqrt{\mathbf{E} \mid y_\ell[m] \mid^2}}$$

其中，$m = 0, \cdots, M-1$。通过以完全中继节点功率 Pr 传输，在阶段Ⅱ，目的节点接收到的信号可以写为

$$y_d^{(2)}[m] = h_{\ell,d}\sqrt{P_r}x_\ell[m] + w_d^{(2)}[m] \tag{4.62}$$

其中，$m = 0, \cdots, M-1$。请注意，在给定的传输周期，由于没有其他中继节点被允许发射，选择的中继节点以等于总中继节点功率 P_r 的功率进行发射。在这种情况下，源节点、第 ℓ 个中继节点和目的节点共同组成一个基本的两用户协作系统，类似第 3 章中的研究。可达速率可以表示为

$$C_{\text{AF},\ell}(\gamma) = \frac{1}{2}\log_2\left(1 + \frac{P_s \mid h_{s,d} \mid^2}{\sigma_d^2} + \frac{P_sP_r \mid h_{s,\ell} \mid^2 \mid h_{\ell,d} \mid^2/\sigma_\ell^2\sigma_d^2}{P_s \mid h_{s,\ell} \mid^2/\sigma_\ell^2 + P_r \mid h_{\ell,d} \mid^2/\sigma_d^2 + 1}\right)$$

$$= \frac{1}{2}\log_2\left(1 + \gamma_{s,d} + \frac{\gamma_{s,\ell}\tilde{\gamma}_{\ell,d}}{\gamma_{s,\ell} + \tilde{\gamma}_{\ell,d} + 1}\right), \tag{4.63}$$

式中，$\gamma_{s,\ell} = P_s \mid h_{s,\ell} \mid^2 / \sigma_\ell^2$，$\widetilde{\gamma}_{\ell,d} = P_r \mid h_{\ell,d} \mid^2 / \sigma_d^2$，$\gamma = [\gamma_{s,d}, \gamma_{s,1}, \cdots, \gamma_{s,L}, \widetilde{\gamma}_{1,d}, \cdots, \widetilde{\gamma}_{L,d}]$。为了最大化可达速率，最优中继节点可以选择为

$$\ell^* = \arg\max_\ell C_{\text{AF},\ell}(\gamma) = \arg\max_\ell \frac{\gamma_{s,\ell}\, \widetilde{\gamma}_{\ell,d}}{\gamma_{s,\ell} + \widetilde{\gamma}_{\ell,d} + 1} \tag{4.64}$$

这意味着通过选择有最大有效信噪比的中继节点使得 AF 选择中继方案的可达速率最大化。产生的系统容量可以表示为

$$C_{\text{AF}}(\gamma) = \frac{1}{2}\log_2\Big(1 + \gamma_{s,d} + \max_\ell \frac{\gamma_{s,\ell}\, \widetilde{\gamma}_{\ell,d}}{\gamma_{s,\ell} + \widetilde{\gamma}_{\ell,d} + 1}\Big) \tag{4.65}$$

考虑瑞利衰落场景，其中，对于 $\ell = 1, 2, \cdots, L$，$h_{s,d} \sim \mathcal{CN}(0, \eta_{s,d}^2)$，$h_{s,\ell} \sim \mathcal{CN}(0, \eta_{s,\ell}^2)$，$h_{\ell,d} \sim \mathcal{CN}(0, \eta_{\ell,d}^2)$，假设它们相互独立，信噪比 $\gamma_{s,d}$，$\gamma_{s,\ell}$ 和 $\widetilde{\gamma}_{\ell,d}$ 可以作为均值为 $\overline{\gamma}_{s,d} = P_s \eta_{s,d}^2 / \sigma_d^2$，$\overline{\gamma}_{s,\ell} = P_s \eta_{s,\ell}^2 / \sigma_\ell^2$，和 $\overline{\widetilde{\gamma}}_{\ell,d} = P_r \eta_{\ell,d}^2 / \sigma_d^2$ 的指数随机变量来建模。因此，中断概率可以计算为

$$p_{\text{out}} = \Pr(C_{\text{AF}}(\gamma) < R)$$
$$= \Pr\Big(\gamma_{s,d} + \max_\ell \frac{\gamma_{s,\ell}\, \widetilde{\gamma}_{\ell,d}}{\gamma_{s,\ell} + \widetilde{\gamma}_{\ell,d} + 1} < 2^{2R} - 1\Big)$$
$$= \int_0^c \Pr\Big(\max_\ell \frac{\gamma_{s,\ell}\, \widetilde{\gamma}_{\ell,d}}{\gamma_{s,\ell} + \widetilde{\gamma}_{\ell,d} + 1} < c - u\Big) \frac{1}{\overline{\gamma}_{s,d}} e^{-u/\overline{\gamma}_{s,d}} du$$
$$= \int_0^c \prod_{\ell=1}^L \Pr\Big(\frac{\gamma_{s,\ell}\, \widetilde{\gamma}_{\ell,d}}{\gamma_{s,\ell} + \widetilde{\gamma}_{\ell,d} + 1} < c - u\Big) \frac{1}{\overline{\gamma}_{s,d}} e^{-u/\overline{\gamma}_{s,d}} du \tag{4.66}$$

式中，$c = 2^{2R} - 1$。依据式（4.11）中的推导，在高信噪比时，可以通过下式进一步确定中断概率的上限

$$p_{\text{out}} \leqslant \int_0^c \prod_{\ell=1}^L \Big[(c - u)\Big(\frac{1}{\overline{\gamma}_{s,\ell}} + \frac{-1}{\overline{\widetilde{\gamma}}_{\ell,d}}\Big)\Big] \frac{1}{\overline{\gamma}_{s,d}} e^{-u/\overline{\gamma}_{s,d}} du \tag{4.67}$$

$$\leqslant \int_0^c (c - u)^L \prod_{\ell=1}^L \Big(\frac{1}{\overline{\gamma}_{s,\ell}} + \frac{-1}{\overline{\widetilde{\gamma}}_{\ell,d}}\Big) \frac{1}{\overline{\gamma}_{s,d}} du \tag{4.68}$$

$$\leqslant \frac{(2^{2R} - 1)^{L+1}}{L+1} \frac{1}{\overline{\gamma}_{s,d}} \prod_{\ell=1}^L \Big(\frac{1}{\overline{\gamma}_{s,\ell}} + \frac{-1}{\overline{\widetilde{\gamma}}_{\ell,d}}\Big) \tag{4.69}$$

通过令 $P_s = P_r \stackrel{\triangle}{=} P$ 和 $\sigma_1^2 = \cdots = \sigma_L^2 = \sigma_d^2 \stackrel{\triangle}{=} \sigma_w^2$，我们有

$$p_{\text{out}} \leqslant \frac{1}{L+1}\Big(\frac{2^{2R} - 1}{\text{SNR}}\Big)^{L+1} \frac{1}{\eta_{s,d}^2} \prod_{\ell=1}^L \Big(\frac{1}{\eta_{s,\ell}^2} + \frac{1}{\eta_{\ell,d}^2}\Big)$$

式中，$\text{SNR} = P/\sigma_w^2$。这表明，即使通过上面描述的简单选择中继策略也可以获得完全分集。

在图 4.7 中,显示了对于有 $L=6$ 个中继节点的系统,AF 选择中继的中断概

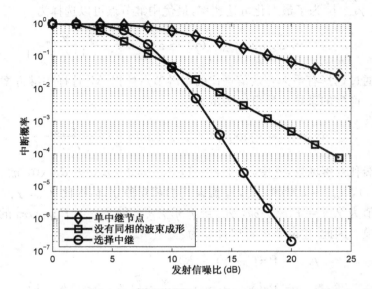

图 4.7　有 $L=6$ 个中继节点的 AF 选择中继的中断概率与单中继节点场景和
没有相位补偿的发射波束成形方案的中继概率的对比

率。为关注于中继性能,我们只考虑通过中继路径接收的信号且假设 $h_{s,\ell}$ 和 $h_{\ell,d}$ 是 $\mathcal{CN}(0,1)$ 分布的 i.i.d. 单中继节点情况和没有同相信号能力的最优波束成形 情况的中断概率作为对比。在后一种情况下,波束成形系数的相位设置为 0,可以获 得式(4.34)中的最优波束成形系数。我们可以看到,当同相不可能实现时,以波束成 形不可能获得分集增益。另一方面,通过简单选择有最大有效信噪比的中继节点可 以实现完全分集。由于这些原因,选择中继经常在实践中被研究以代替发射波束成 形。然而,如果同相是可行的,发射波束成形获得的显著编码增益超过选择中继。

以上,我们假设利用集中式控制器来收集信道 CSI 和执行中继选择。然而, 这个中继选择过程能用一种所谓的机会载体感知方案[3,39]以分布式方式实现。 在这个方案中,每个中继节点在传输周期开始时设置计时器并且在其计时器减少 到 0 时发出信号至其他中继节点。首先发出信号的中继节点将被允许发射。通过 设置计时器与本地选取准则(例如,本地信噪比)成反比,拥有最大选取准则的中继 节点将获得权力发射。需要计算本地选取准则的 CSI 可以通过监听在数据传输 之前发射的控制消息而获得,例如准备发送(RTS)和清除发送(CTS)在源节点和 目的节点之间交换的数据包。读者可以通过参考文献[3,39]了解进一步的细节。

4.3.2　DF 中继的选择中继

在 DF 选择中继中,所有中继节点在阶段 I 尝试解码源消息并且仅当它已经

成功解码消息时作为候选中继节点供阶段 II 选择。候选中继节点集合在每个传输周期可以通过可解码集合 $\mathcal{D} = \{\ell : \log_2(1+\gamma_{s,\ell}) \geqslant 2R\}$ 代表。在选择中继方案中，在集合 $\mathcal{D}$ 中只有一个中继节点被允许转发源消息。

如果中继节点 ℓ 是被选择的，它将在阶段 II 发射符号矢量 $\mathbf{x}_\ell = \mathbf{x}_s$ 到目的节点。目的节点接收到的信号通过式(4.62)给出。为简单起见，让我们考虑一下这种情况：在目的节点不采用分集合并。因此，系统减少到两跳传输，此时最大可达速率受到源节点—中继节点和中继节点—目的节点链路之中的最小容量所限制。鉴于中继 ℓ 被选中，可达速率可被计算为

$$C_{\mathrm{DF},\ell}(\gamma) = \frac{1}{2}\min\{\log_2(1+\gamma_{s,\ell}),\ \log_2(1+\tilde{\gamma}_{\ell,d})\} \tag{4.70}$$

式中，$\gamma_{s,\ell} = P_s |h_{s,\ell}|^2/\sigma_\ell^2$，$\tilde{\gamma}_{\ell,d} = P_r |h_{\ell,d}|^2/\sigma_d^2$，$\gamma = [\gamma_{s,1}, \cdots, \gamma_{s,L}, \tilde{\gamma}_{1,d}, \cdots, \tilde{\gamma}_{L,d}]$。为了最大化可达速率，最优中继节点可以选择为

$$\begin{aligned} \ell^* &= \arg\max_\ell \frac{1}{2}\min\{\log_2(1+\gamma_{s,\ell}),\ \log_2(1+\tilde{\gamma}_{\ell,d})\} \\ &= \arg\max_\ell \min\{\gamma_{s,\ell},\ \tilde{\gamma}_{\ell,d}\}. \end{aligned}$$

可达速率给出如下

$$C_{\mathrm{DF}}(\gamma) = \frac{1}{2}\log_2(1 + \max_\ell\{\min\{\gamma_{s,\ell},\ \tilde{\gamma}_{\ell,d}\}\}) \tag{4.71}$$

在瑞利衰落场景下，DF 选择中继方案的中断概率能够计算为

$$\begin{aligned} p_{\mathrm{out}} &= \Pr(C_{\mathrm{DF}}(\gamma) < R) \\ &= \Pr(\max_\ell\{\min\{\gamma_{s,\ell},\ \tilde{\gamma}_{\ell,d}\}\} < 2^{2R}-1) \\ &= \prod_{\ell=1}^{L}\Pr(\min\{\gamma_{s,\ell},\ \gamma_{\ell,d}\} < 2^{2R}-1) \\ &= \prod_{\ell=1}^{L}[1 - \Pr(\min\{\gamma_{s,\ell},\ \tilde{\gamma}_{\ell,d}\} \geqslant 2^{2R}-1)] \\ &= \prod_{\ell=1}^{L}[1 - \Pr(\gamma_{s,\ell} \geqslant 2^{2R}-1) \cdot \Pr(\tilde{\gamma}_{\ell,d} \geqslant 2^{2R}-1)] \\ &= \prod_{\ell=1}^{L}\left[1 - \exp\left(-\frac{2^{2R}-1}{\bar{\gamma}_{s,\ell}} - \frac{2^{2R}-1}{\bar{\gamma}_{\ell,d}}\right)\right] \end{aligned} \tag{4.72}$$

式中，$\gamma_{s,\ell}$ 和 $\tilde{\gamma}_{\ell,d}$ 是均值分别为 $\bar{\gamma}_{s,\ell} = P_s\eta_{s,\ell}^2/\sigma_\ell^2$ 和 $\bar{\gamma}_{\ell,d} = P_r\eta_{\ell,d}^2/\sigma_d^2$ 的指数分布，并且式(4.72)是根据假设 $h_{s,\ell}$ 和 $h_{\ell,d}$ 是相互独立的而得出的。

让我们考虑 $P_s = P_r = P$ 和 $\sigma_1^2 = \cdots = \sigma_L^2 = \sigma_d^2 = \sigma_w^2$ 的情况。通过假设 SNR $= \frac{P}{\sigma_w^2} \gg 0$，我们首先应用一阶泰勒展开以确定中断概率上限为

$$p_{\text{out}} \leq \prod_{\ell=1}^{L} \left[\frac{2^{2R}-1}{P_s \eta_{s,\ell}^2 / \sigma_\ell^2} + \frac{2^{2R}-1}{P_r \eta_{\ell,d}^2 / \sigma_d^2} \right] = \left(\frac{2^{2R}-1}{\text{SNR}} \right)^L \prod_{\ell=1}^{L} \left[\frac{1}{\eta_{s,\ell}^2} + \frac{1}{\eta_{\ell,d}^2} \right]$$

(4.73)

这表明 DF 选择中继方案能实现 L 阶分集（如果包括 s-d 路径甚至是 $L+1$ 阶）。

在图 4.8，显示了有 $L=6$ 个中继节点的系统的 DF 选择中继方案的中断概率与单一中继节点情况下和非同相发射波束成形情况下的中断概率对比。在后一种情况下，波束的相位设置为 0，可以获得式（4.50）中的波束成形系数。仿真参数类似于图 4.7 中的。同样地，我们可以看到，选择中继相比于发射波束形可以实现较高的分集增益，因为后者不能执行完美的相位补偿。

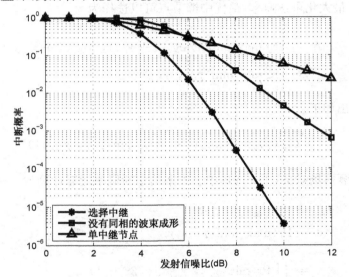

图 4.8　有 $L=6$ 个中继节点的 DF 选择中继的中断概率方案与单中继节点场景和没有同相的发射波束成形的中断概率的对比

在上面描述的选择中继方案中，最大化两跳容量的中继节点被选择来转发源消息。当源可以根据瞬时两跳容量调整其编码率，使平均可达速率最大化，这种方式是有用的。然而，从实现完全分集的角度看，它足以使源节点选择能够支持传输速率的任一中继路径。在这种情况下，当可解码集合 $\mathcal{D}$ 为空或者在 l-d 链路上集合 $\mathcal{D}$ 中没有中继节点能够实现速率 $2R$ 时发生中断。因此，中断概率与通过 4.1.2 节中的最优功率分配获得的相同。

记住，在 4.1.2 节，带有最好 l-d 信道的中继节点，即

$$\ell^* = \arg\max_{\ell \in \mathcal{D}} \frac{1}{2}\log_2(1+\widetilde{\gamma}_{\ell,d}) = \arg\max_{\ell \in \mathcal{D}} \widetilde{\gamma}_{\ell,d} = \arg\max_{\ell \in \mathcal{D}} |h_{\ell,d}|^2$$

$$(4.74)$$

被选择来发射。给定可解码集合 $\mathcal{D}$，在瑞利衰落下的条件中断概率可以推导为

$$
\begin{aligned}
p_{\text{out}|\mathcal{D}} &= \Pr\Big(\frac{1}{2}\log_2(1+\max_{\ell \in \mathcal{D}}\widetilde{\gamma}_{\ell,d}) < R \mid \mathcal{D}\Big) \\
&= \Pr(\max_{\ell \in \mathcal{D}}\widetilde{\gamma}_{\ell,d} < 2^{2R}-1 \mid \mathcal{D}) \\
&= \prod_{\ell \in \mathcal{D}} \Pr(\widetilde{\gamma}_{\ell,d} < 2^{2R}-1 \mid \mathcal{D}) \\
&= \prod_{\ell \in \mathcal{D}} \Big[1 - \exp\Big(-\frac{2^{2R}-1}{P_r \eta_{\ell,d}^2/\sigma_d^2}\Big)\Big]
\end{aligned}
$$

$$(4.75)$$

$\mathcal{D}$ 的所有可能实现上的平均中断概率为

$$p_{\text{out}} = \sum_{\mathcal{D}} \Pr(\mathcal{D}) p_{\text{out}|\mathcal{D}}$$

$$(4.76)$$

式中

$$
\begin{aligned}
\Pr(\mathcal{D}) &= \prod_{\ell \in \mathcal{D}} \Pr\Big(\frac{1}{2}\log_2(1+\gamma_{s,\ell}) \geqslant R\Big) \cdot \prod_{\ell \in \mathcal{D}} \Pr\Big(\frac{1}{2}\log_2(1+\gamma_{s,\ell}) < R\Big) \\
&= \prod_{\ell \in \mathcal{D}} \exp\Big(-\frac{2^{2R}-1}{P_s\eta_{s,\ell}^2/\sigma_\ell^2}\Big) \cdot \prod_{\ell \in \mathcal{D}} \Big[1 - \exp\Big(-\frac{2^{2R}-1}{P_s\eta_{s,\ell}^2/\sigma_\ell^2}\Big)\Big]
\end{aligned}
$$

$$(4.77)$$

式(4.76)的中断概率与式(4.72)的中断概率相等,这已在参考文献[5]中证明。也就是说,两种选择中继方法达到同样的中断性能和分集阶数。

在本节中,我们展示了多中继网络中简单中继节点选择如何实现完全分集。然而,在每个传输期间,仅仅选择一个中继节点可能并不总是最佳选择,例如在参考文献[24,27]中讨论的能量效率方面的问题,可以组成一个在协作方案的阶段 II 中选择多个中继节点来发射的混合方案。这些中继节点可以一起采用前一节中介绍的发射波束成形方案或以下部分讨论的分布式波束成形方案。

4.4　分布式空时编码(DSTC)

在 MISO 系统中,当不知道发射机端 CSI 时,可以利用空时编码(STC)的方式获得空间分集。空时编码也可以帮助有多个中继节点的协作传输系统增强中断性能。然而,由于每个中继节点的天线位置分离,一种称为分布式空时编码(DSTC)的更自然的空时编码被运用在中继节点中。类似前面的章节,以下研究基于 DSTC 的 DF 和 AF 方案。

4.4.1 DF 中继的分布式空时编码

让我们首先考虑中继节点有错误检测的 DF 中继情况。在这种情况下,所有中继节点尝试解码源消息,正确解码消息的中继节点集合,即 4.3.2 节中的集合 $\mathcal{D}$,在阶段 II 执行分布式空时编码来转发消息。参考文献[19]首次研究在中继节点间利用空时编码获得空间分集。在文献中,一个称为正交空时分组编码(OSTBC)的 STC 的子类由于其低解码复杂度和易于处理的性能分析而在中继节点间应用。例如,在两中继节点协作系统中,在中继节点常采用 Alamouti 方案编码源符号。当 OSTBC 直接应用中继节点时,每个中继节点作为源的发射天线,每个中继节点发送的空时编码符号对应于码字矩阵的每一列。然而,基于 DF 的协作系统与 MISO 系统的一个主要区别是,可解码集合 $\mathcal{D}$ 中的成员取决于所有 $\ell\text{-}d$ 链路的 CSI 且可能随时间变化。因此,如果中继节点采用 OSTBC,基于 DF 的协作系统能够实现完全分集并不明显。由于时域内中继节点发射的码字相互正交,在目的节点的有效信噪比等于所有中继节点 $\ell \in \mathcal{D}$ 上 $\ell\text{-}d$ 链路的总信噪比。因此,对于一个给定可解码集合 $\mathcal{D}$,在阶段 II 中目的节点的接收信号的信噪比为

$$\gamma_{\mathrm{srd}} = \sum_{\ell \in \mathcal{D}} \frac{P_\ell \mid h_{\ell,d} \mid^2}{\sigma_d^2} \tag{4.78}$$

假设在应用 DSTC 之前,中继节点采用错误检测码字的另一码本重新生成源符号,并且中继节点和源节点采用不同的码本但具有相同的编码速率。在这种情况下,对于给定可解码集合 $\mathcal{D}$,在两个阶段的可达速率等于

$$C = \frac{1}{2}\log\left(1 + \frac{P_s \mid h_{s,d} \mid^2}{\sigma_d^2}\right) + \frac{1}{2}\log\left(1 + \sum_{\ell \in \mathcal{D}} \frac{P_\ell \mid h_{\ell,d} \mid^2}{\sigma_d^2}\right) \tag{4.79}$$

根据参考文献[19]获得的相应中断概率为

$$p_{\mathrm{out}} = \sum_{\mathcal{D}} \Pr(D)\, p_{\mathrm{out}|\mathcal{D}} \tag{4.80}$$

式中,$\Pr(\mathcal{D})$ 是可解码集合 $\mathcal{D}$ 的发生概率,$p_{\mathrm{out}|\mathcal{D}}$ 是给定集合 $\mathcal{D}$ 的条件中断概率。为简单起见,考虑缺乏 CSI 时传输功率均匀分配到所有节点的情况,即 $P_s = P_1 = P_2 = \cdots = P_L = P/(L+1)$,噪声方差均为 σ_w^2。标记 $\mathrm{SNR} = P/\sigma_w^2$,在高信噪比时,给定集合 $\mathcal{D}$ 的条件中断概率可近似为[19]

$$p_{\mathrm{out}|\mathcal{D}} = \Pr(C < R \mid \mathcal{D})$$
$$\approx \left(\frac{2^{2R}-1}{\mathrm{SNR}/(L+1)}\right)^{|\mathcal{D}|+1} \cdot \frac{1}{\eta_{s,d}^2} \prod_{\ell \in \mathcal{D}} \frac{1}{\eta_{\ell,d}^2} \cdot A_{|\mathcal{D}|}(2^{2R}-1)$$

式中

$$A_n(t) = \frac{1}{(n-1)!} \int_0^1 \frac{w^{n-1}(1-w)}{1+tw} \mathrm{d}w, \quad n > 0$$

$A_0(t) = 1$，$|\mathcal{D}|$ 是集合 $\mathcal{D}$ 的基数。如式(4.77)给出的，在高信噪比时 $\Pr(\mathcal{D})$ 可以近似为

$$\Pr(\mathcal{D}) = \prod_{\ell \in D} \exp\left(-\frac{2^{2R}-1}{\frac{\mathrm{SNR}}{L+1}\eta_{s,\ell}^2}\right) \cdot \prod_{\ell \notin \mathcal{D}}\left[1 - \exp\left(-\frac{2^{2R}-1}{\frac{\mathrm{SNR}}{L+1}\eta_{s,\ell}^2}\right)\right]$$

$$\approx \left(\frac{2^{2R}-1}{\mathrm{SNR}/(L+1)}\right)^{L-|\mathcal{D}|} \times \prod_{\ell \notin \mathcal{D}} \frac{1}{\eta_{s,\ell}^2}$$

将 $\Pr(\mathcal{D})$ 近似值和 $p_{\mathrm{out}|\mathcal{D}}$ 代入到式(4.80)，可得中断概率为[19]

$$p_{\mathrm{out}} \approx \left(\frac{2^{2R}-1}{\mathrm{SNR}/(L+1)}\right)^{L+1} \cdot \sum_{\mathcal{D}} \left(\frac{1}{\eta_{s,d}^2} A_{|\mathcal{D}|}(2^{2R}-1) \cdot \prod_{\ell \in \mathcal{D}} \frac{1}{\eta_{\ell,d}^2} \cdot \prod_{\ell \notin \mathcal{D}} \frac{1}{\eta_{s,\ell}^2}\right)$$

$$(4.81)$$

在高信噪比时的这种近似中断概率表明，在缺乏 CSI 的情况下，DSTC 策略对于实现完全分集有帮助。如果统计 CSI 可用，可以在中继节点利用这个信息分配传输功率，从而进一步改善系统性能。读者可通过参考文献[23]进一步详细了解。

在图 4.9 中显示了对于有不同中继节点数量的 DF DSTC 系统的中断概率对比。实线利用基于式(4.80)的数值积分获得，而虚线由式(4.81)计算所得。简单来说，假定信道是瑞利衰落的，所有信道系数和噪声均是单位方差。传输速率 R 为 1 bit/Hz/sec。结果表明，在高信噪比时，式(4.81)中的近似中断概率接近数值结果，而当信噪比足够大时，带有 OSTBC 的基于 DF 的协作系统能够实现 $L+1$ 阶的完全分集。

尽管正交空时分组编码（OSTBC）可以直接应用于中继节点，但是现有的OSTBC 通常是专为相当少量的发射天线设计。在协作中继网络中，中继节点的数量可能很大，而且由于信道衰落，可解码集合 $\mathcal{D}$ 的成员可能随时间变化，为在中继节点应用 OSTBC 带来进一步的挑战。当中继节点的数量大于 OSTBC 矩阵的列数时，一些中继节点不得不使用相同的 OSTBC 矩阵列转发符号。因此，如果可解码中继节点集合碰巧使用相同的 OSTBC 矩阵列，协作系统可能仅仅实现一阶分集。因此，当中继节点的数量非常大时，直接在 DF 系统中生成 OSTBC 是不切实际的。为了为较大的协作网络有效地实现分集，其中可解码中继节点集合是随机的且相对较小，参考文献[36]提出一种为每个用户分配一个独特特征矢量的实用 DSTC 方案。更具体地说，在一个有 L 个中继节点的协作网络中，中继节点 $l \in \mathcal{D}$ 在第 m 个时间块转发的信号可以表示为

$$\mathbf{x}_\ell[m] = \sqrt{P_r/N_d}\,\mathbf{A}[m]\mathbf{g}_\ell, \ \forall\,\ell \in \mathcal{D} \qquad (4.82)$$

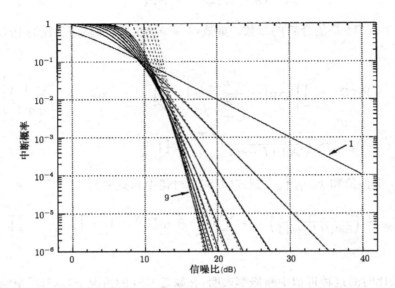

图 4.9 有不同数量中继节点的 DF DSTC 系统的中断概率
(来自于 Laneman 和 Wornell,修改了坐标,©〔2003〕IEEE)

式中,P_r 是总中继功率,$N_d = |\mathcal{D}|$ 为可解码中继节点的数量,$\mathbf{A}[m]$ 是传递信息符号且对所有中继节点通用的 $N \times N_c$ 空时码字,N 是 DSTC 的块长度,$\mathbf{g}_\ell$ 是对于 γ_ℓ 的 $N_c \times 1$ 指定单位范数特征矢量。N_c 的值是 DSTC 的一个设计参数,它取决于可实现分集增益和计算复杂度之间的折中。空时码字 $\mathbf{A}[m]$ 被归一化以满足功率约束,即 $\mathbf{E}[\mathbf{A}^H[m]\mathbf{A}[m]] = \mathbf{I}_{N_c}$。

假设所有信道是准静态的且保持 N 个符合周期内不变。在阶段 Ⅱ,在连续 N 个符号周期内收到的符号矢量为

$$\mathbf{y}_d^{(2)}[m] = \sqrt{\frac{P_r}{N_d}}\sum_{\ell \in D} h_{\ell,d}\mathbf{A}[m]\mathbf{g}_\ell + \mathbf{w}_d^{(2)}[m]$$

$$= \sqrt{\frac{P_r}{N_d}}\mathbf{A}[m]\mathbf{G}_D\mathbf{h}_D + \mathbf{w}_d^{(2)}[m] \qquad (4.83)$$

式中,$\mathbf{G}_D$ 是各列为所有可解码中继节点的特征矢量的 $N_c \times N_d$ 矩阵,而对所有 $\ell \in \mathcal{D}$,$\mathbf{h}_D$ 是由相应 $\ell\text{-}d$ 链路的信道系数构成的 $N_d \times 1$ 矢量。当可解码集合 $\mathcal{D}$ 和 CSI 在目的节点已知时,可以采用最大似然(ML)检测来获得在码字 $\mathbf{A}[m]$ 中传递的信息。下面,将集中讨论 DSTC 应用于中继链路,忽略从 $s\text{-}d$ 链路接收到的信号。然而,ML 解码算法可以很容易地扩展到分集合并的情况。对于一个给定可解码集合 $\mathcal{D}$,码字矩阵的最大似然估计为

$$\hat{\mathbf{A}}[m] = \underset{\mathbf{A}[m] \in \mathcal{A}}{\arg \min} \left\| \mathbf{y}_d^{(2)}[m] - \sqrt{\frac{P_r}{N_d}} \mathbf{A}[m] \mathbf{G}_{\mathcal{D}} \, \mathbf{h}_{\mathcal{D}} \right\|_F^2 \tag{4.84}$$

式中，$\mathcal{A}$ 是所有可能码字的集合。在 ML 检测下，$\mathbf{A}_k$ 被误认为 $\mathbf{A}_m$ 的成对错误概率(PEP)的上界可以通过切尔诺夫界得到(见第 2 章)。为简单起见，设 $h_{\ell,d}$ 是服从 $\mathcal{CN}(0, \eta_{r,d}^2)$ 分布的独立同分布。在高信噪比时，可解码中继节点集合 $\mathcal{D}$ 的 PEP 上界为[36]

$$\Pr(\mathbf{A}_k \to \mathbf{A}_m \mid \mathcal{D}) \leqslant \left(\frac{P_r \eta_{r,d}^2}{4N_d \sigma_w^2}\right)^{-r(\mathbf{B})} \cdot \prod_{i=1}^{r(\mathbf{B})} \frac{1}{\lambda_i(\mathbf{B})} \tag{4.85}$$

式中，$r(\mathbf{B})$ 和 $\lambda_i(\mathbf{B})$ 分别代表矩阵 $\mathbf{B}$ 的秩和非零特征值，由下式给出

$$\mathbf{B} = \mathbf{G}_{\mathcal{D}}^H (\mathbf{A}_k - \mathbf{A}_m)^H (\mathbf{A}_k - \mathbf{A}_m) \mathbf{G}_{\mathcal{D}}$$

从式(4.85)可观察到当矩阵 $\mathbf{B}$ 满秩时，即对于任何 $k \neq m$，$\mathbf{G}_{\mathcal{D}}$ 和 $\mathbf{A}_k - \mathbf{A}_m$ 均满秩，可以获得最大分集。在这种情况下，DSTC 可以达到最大分集阶数 $d = r(\mathbf{B}) = \min(N_d, N_c)$。当块长度 N_c 较小时，如 $N_c < N_d$，不管可解码中继节点的数量，分集阶数受限于 N_c。另一方面，如果 N_c 足够大，分集阶数等于可解码集合 N_d 的基数。虽然 N_c 很大时可以完美获得最大分集，但 ML 解码的复杂度将随着 N_c 呈指数增加。如果考虑解码复杂度作为一个设计因素，首选一个较小的 N_c。当在目的节点不可获得 CSI 时，可以区别地编码空时码字，例如 $\mathbf{A}[m+1] = \mathbf{V}[m] \mathbf{A}[m]$，来允许在目的节点进行非相干检测。在这种情况下，参考文献[36]已给出一个可解码中继节点集合 $\mathcal{D}$ 的 PEP 上界

$$\left(\frac{P_r \eta_{r,d}^2}{8N_d \sigma_w^2}\right)^{-r(\mathbf{B})} \cdot \prod_{i=1}^{r(\mathbf{B})} \frac{1}{\lambda_i(\mathbf{B})}$$

相比于相干检测，性能下降 3 dB。由于矩阵 $\mathbf{B}$ 在不同 DSTC 的 PEP 上界中的角色类似于在式 (4.85) 中的角色，可以直接采用在 2.2.2 节中描述的 DSTC 设计准则。

如果 $\mathbf{G}_{\mathcal{D}}$ 和 $\mathbf{A}_k - \mathbf{A}_m$ 均满秩且 $N_d \geqslant N_c$，我们有 $r(\mathbf{B}) = N_c$，从式(4.85)可知，DSTC 的编码增益为

$$\eta_{r,d}^2 \left(\prod_{i=1}^{N_c} \lambda_i((\mathbf{A}_k - \mathbf{A}_m) \mathbf{G}_{\mathcal{D}} \, \mathbf{G}_{\mathcal{D}}^H (\mathbf{A}_k - \mathbf{A}_m)^H) \right)^{1/N_c}$$

$$= \eta_{r,d}^2 \left(\det(\mathbf{G}_{\mathcal{D}} \, \mathbf{G}_{\mathcal{D}}^H) \cdot \det((\mathbf{A}_k - \mathbf{A}_m)^H (\mathbf{A}_k - \mathbf{A}_m)) \right)^{1/N_c}$$

上述编码增益表达式可以很容易地扩展到 $N_d < N_c$ 的情况。值得注意的是，空时码字 $\mathcal{A}$ 和特征矢量 $\mathcal{G} \overset{\triangle}{=} \{\mathbf{g}_\ell\}$ 的联合设计可分解为两个单独的问题：

1. 特征矢量的优化：对于所有基数 $|\mathcal{D}| = N_d$ 的可解码集合 $\mathcal{D}$，$\mathbf{G}_{\mathcal{D}}$ 满秩且 $\det(\mathbf{G}_{\mathcal{D}} \, \mathbf{G}_{\mathcal{D}}^H)$ 的最小值在所有可能的可解码集合中是最大的。

2. 空时码字集合的优化：对于任何一对不同的空时码字 $(\mathbf{A}_k, \mathbf{A}_m)$，不同矩阵 $\mathbf{A}_k - \mathbf{A}_m$ 满秩且 $\det((\mathbf{A}_k - \mathbf{A}_m)^H(\mathbf{A}_k - \mathbf{A}_m))$ 的最小值在所有码字对中是最大的。

注意，码字集合 $\mathcal{A}$ 的设计准则需要与 2.2.2 节描述的空时编码（STC）设计准则一致。因此，直接采用设计良好的 STC 是合理的。此外，当 N_c 并不大时，由于较低解码复杂度，存在正交的 STC 被首选来设计码字集合 $\mathcal{A}$。接下来，我们将介绍特征矢量的构造。

根据上述第二种设计准则，我们将发现最优特征矢量集合 $\mathcal{G}$，使得 $\det(\mathbf{G}_D\mathbf{G}_D^H)$ 的最小值在有 $|\mathcal{D}| = N_d$ 的所有可能的可解码集合中最大。然而，可解码中继节点的数量是随机的，分别对每个可能的中继节点数量 $N_d = 1, 2, \cdots, L$ 设计特征矢量是不切实际的，特别是当中继节点数量特别大时。因此，可以简单地选择一个特定数量的可解码中继节点作为优化特征矢量。我们用 N_a 表示可解码中继节点的假定数量，可以是可解码中继节点的平均数。该优化问题变为

$$\mathcal{G}_{\mathrm{opt}} = \arg\max_{\mathcal{G}} \min_{\mathcal{D}: |\mathcal{D}|=N_a} \det(\mathbf{G}_D\mathbf{G}_D^H) \tag{4.86}$$

$$\text{满足 } \|\mathbf{g}_\ell\|^2 = 1, 1 \leqslant \ell \leqslant L \tag{4.87}$$

注意，最优特征矢量集合 $\mathcal{G}_{\mathrm{opt}}$ 并非唯一的，因为 $\det(\mathbf{G}_D\mathbf{G}_D^H)$ 的值等于 $\det(\overline{\mathbf{G}}_D\overline{\mathbf{G}}_D^H)$，其中对于任意 $N_c \times N_c$ 和 $N_a \times N_a$ 单位矩阵 $\mathbf{U}$ 和 $\mathbf{V}$，$\overline{\mathbf{G}}_D = \mathbf{U}\mathbf{G}_D\mathbf{V}^H$。因此，该最优化问题中存在局部最优。然而，如果我们采用梯度算法来找出最优集合，参考文献[36]中提出，不管初始值，该算法结果都收敛到与 $\det(\mathbf{G}_D\mathbf{G}_D^H)$ 相同的最大值，这意味着所有局部最大值也是全局最大值。

由于没有局部最优，可采用梯度算法获得最优集合 $\mathcal{G}_{\mathrm{opt}}$。如果 $\mathbf{G}_D\mathbf{G}_D^H$ 为非奇异矩阵，$\det(\mathbf{G}_D\mathbf{G}_D^H)$ 的梯度等于

$$\frac{\partial\det(\mathbf{G}_D\mathbf{G}_D^H)}{\partial\mathbf{G}_D^*} = \det(\mathbf{G}_D\mathbf{G}_D^H) \cdot (\mathbf{G}_D\mathbf{G}_D^H)^{-1}\mathbf{G}_D \tag{4.88}$$

然而，很难确保伴随这一过程收敛的矩阵 $\mathbf{G}_D$ 满秩。为了避免奇异性，梯度修改为

$$\det(\mathbf{G}_D\mathbf{G}_D^H + \epsilon\,\mathbf{I}_{N_c}) \cdot (\mathbf{G}_D\mathbf{G}_D^H + \epsilon\,\mathbf{I}_{N_c})^{-1}\mathbf{G}_D$$

式中，ϵ 是较小正常数，使得 $\mathbf{X}_D \triangleq \mathbf{G}_D\mathbf{G}_D^H + \epsilon\mathbf{I}_{N_c}$ 是非奇异的。梯度算法来寻找最优集合的过程如下。

1. 初始化：设置迭代次数 $i=0$，并生成一组对于所有中继节点的单位范数随机特征矢量。

2. 找到最差的特征矢量集合

$$\mathcal{D}[i] = \arg\min_{\mathcal{D}: |\mathcal{D}|=N_a}\det(\mathbf{G}_D\mathbf{G}_D^H)$$

3. 更新集合 $\mathcal{D}[i]$ 中的特征矢量

$$\mathbf{G}_{\mathcal{D}[i]}[i+1] = \mathbf{G}_{\mathcal{D}[i]}[i] + \mu[i]\det(\mathbf{X}_{\mathcal{D}[i]}) \cdot \mathbf{X}_{\mathcal{D}[i]}^{-1}\mathbf{G}_{\mathcal{D}[i]}[i]$$

4. 对于 $\ell \in \mathcal{D}[i]$，归一化 $\mathbf{g}_\ell[i+1]$ 为 $\mathbf{g}_\ell[i+1]/\|\mathbf{g}[i+1]\|$。

5. 终止：给定一个收敛参数 $\varepsilon > 0$，如果

$$\frac{|\det(\mathbf{G}_{\mathcal{D}[i]}[i+1]\mathbf{G}_{\mathcal{D}[i]}^H[i+1]) - \det(\mathbf{G}_{\mathcal{D}[i-1]}[i]\mathbf{G}_{\mathcal{D}[i-1]}^H[i])|}{|\det(\mathbf{G}_{\mathcal{D}[i]}[i+1]\mathbf{G}_{\mathcal{D}[i]}^H[i+1])|} < \varepsilon$$

终止迭代。否则，$i = i+1$ 并转到步骤 2。

在步骤 3，步长 $\mu[i]$ 可以随迭代次数变化。在参考文献[36]中，$\mu[i]$ 在第一次迭代时等于 10^{-2}，直到最后的迭代时逐渐下降到 10^{-5}。

考虑一个有 $L=50$ 个中继节点的协作网络，在阶段 II，数据速率为 3 bit/信道。图 4.10（见参考文献[36]中的图 6）比较了有不同可解码中继节点数量 N_d 的前述 DSTC 方案的 BER。实线表示 $\mathcal{A}$ 是由采用 16-AQM3/4 速率调制 OSTBC 构造的且 $N = N_c = 4$ 的 DSTC 方案。这个特征矢量集针对 $L = 50$ 和 $N_a = N_c = 4$ 被优化。点划线代表另一个 DSTC 方案，Alamouti 编码被用于采用 8-PSK 调制的集合 $\mathcal{A}$，设计参数为 $N = N_c = N_a = 2$。为了比较，虚线表示有 4 根并列天线并且采用有 16-QAM3/4 速率调制 OSTBC 的情况。它表明对于 $N_c = N_a = 4$ 的情况，当 N_d 不大于 $N_c = 4$ 时，DSTC 的分集阶数随着可解码中继节点数量的增加呈线性增加。然而，当可解码中继节点的数量超过 4 个时，不提供额外的分集增益，但在更多中继节点的帮助下可观察到较高的编码增益。当可解码中继节点的数量少于 2 个时，两种 DSTC 方案都可获得相同的分集增益。然而，由于信号点间的欧氏距离大于小信号星座，因此采用 Alamouti 码字和 8-PSK 调制的方案更优。

式(4.82)中的分布式空时编码设计也可以应用到接收机采用微分或不连贯解码算法的场景中[36]。为获得更高的编码增益，集合 $\mathcal{A}$ 可以通过空时网格编码 (STTC)[37] 而不是 OSTBC 获得。当中继节点只是解调接收的符号而不使用错误检测或纠错编码时，由于源符号在中继节点的解调可能不正确，中继节点间转发的空时码字可能包含一定的不确定性。类似于在第 3 章中提到的解调转发中继方案，在中继节点间的解码错误概率以恢复源符号。解调转发情况的空时处理和相应的解调策略可以在参考文献[2]中找到。

4.4.2　AF 中继的分布式空时编码

在基于 AF 的协作系统中，在中继没有节点 CSI 的情况下，可以直接采用 OSTBC 实现空间分集增益。然而，如我们在上一节中提到的，现有的 OSTBC 设计不适合于有大量中继节点的网络。此外，只要有一个中继节点加入或离开该协作网络，就需要额外的资源来协调应用在中继节点上的 OSTBC。处理这种情况的一个方法是采用线性离散(LD)编码，那样在每个中继节点的编码矩阵不依赖于中

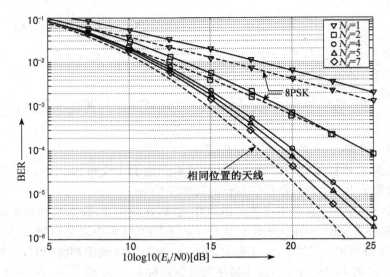

图 4.10 使用式(4.82)中有不同可解码中继节点数量的 DF DSTC 的系统的误码率
(来自于 Yiu，Schober 和 Lampe，修改了坐标，©〔2006〕IEEE)

继节点总数量 L。相比于 OSTBC，LD 编码特别适合 AF 中继网络，因为 LD 编码矩阵不需要特殊的代数结构并且对中继节点的噪声有更好的鲁棒性[13，14]。设 $\mathbf{x}_s[m]$ 是长度为 N 的源符号矢量。在阶段 I 期间，由源节点发射一个源符号块 $\mathbf{x}_s[m]$，而在第 ℓ 个中继节点收到的符号块为

$$\mathbf{y}_\ell[m] = \sqrt{P_s}\mathbf{h}_{s,\ell}\mathbf{x}_s[m] + \mathbf{w}_\ell[m], \quad \ell = 1, 2, \cdots, L \tag{4.89}$$

式中，$\mathbf{h}_{s,\ell} \sim \mathcal{CN}(0, \eta_{s,\ell}^2)$ 是 s-ℓ 链路的信道系数，$\mathbf{w}_\ell$ 是均值为零且协方差矩阵为 $\mathbf{E}[\mathbf{w}_\ell[m]\mathbf{w}_\ell[m]^H] = \sigma_w^2\mathbf{I}_{N\times N}$ 的复加性高斯白噪声矢量。然后接收到的符号使用 LD 编码进行编码。首先，让我们考虑简单的 LD 编码方案，其中中继节点 ℓ 转发的信号可以表示为

$$\mathbf{t}_\ell[m] = \sqrt{\frac{P_r/L}{P_s\eta_{s,\ell}^2 + \sigma_w^2}}\mathbf{A}_\ell\mathbf{y}_\ell[m] \tag{4.90}$$

式中，$\mathbf{A}_\ell$ 是空时编码矩阵，假设为单位矩阵。注意，这部分采用固定增益 AF 中继，它仅仅需要每个中继节点 ℓ 上的 s-ℓ 链路的统计 CSI。该编码矩阵 $\{\mathbf{A}_\ell\}$ 的形式相当随意，可由每个中继节点随机生成。由于 $\mathbf{A}_\ell$ 是单位矩阵，每个中继节点的平均发射功率是 P_r/L。在阶段 II，每个中继节点 ℓ 发射块编码符号 $\mathbf{t}_\ell$，而目的节点接收到的符号块为

$$\mathbf{y}_d^{(2)}[m] = \sum_{\ell=1}^{L} h_{\ell,d}\mathbf{t}_\ell[m] + \mathbf{w}_d^{(2)}[m]$$

$$= \sum_{\ell=1}^{L} \sqrt{\frac{P_s P_r / L}{P_s \eta_{s,\ell}^2 + \sigma_w^2}} h_{s,\ell} h_{\ell,d} \mathbf{A}_\ell \mathbf{x}_s[m]$$

$$+ \sum_{\ell=1}^{L} \sqrt{\frac{P_r / L}{P_s \eta_{s,\ell}^2 + \sigma_w^2}} h_{\ell,d} \mathbf{A}_\ell \mathbf{w}_\ell[m] + \mathbf{w}_d^{(2)}[m]$$

式中，$\mathbf{w}_d^{(2)}$ 是目的节点上均值为零且协方差矩阵为 $\sigma_w^2 \mathbf{I}_{N \times N}$ 的加性高斯白噪声矢量，$\mathbf{h}_{s,r} = [h_{s,1}, h_{s,2}, \cdots, h_{s,L}]^T$ 和 $\mathbf{h}_{r,d} = [h_{1,d}, h_{2,d}, \cdots, h_{L,d}]^T$ 分别为源节点—中继节点和中继节点—目的节点的信道系数，并且接收符号块可以表示为矢量形式如下

$$\mathbf{y}_d^{(2)}[m] = \sqrt{\frac{P_s P_r / L}{P_s \eta_{s,\ell}^2 + \sigma_w^2}} \mathbf{X}_s[m] \mathbf{H}_{r,d} \mathbf{h}_{s,r} + \mathcal{W}_d^{(2)}[m] \tag{4.91}$$

式中，$\mathbf{X}_s[m] = [\mathbf{A}_1 \mathbf{x}_s[m], \mathbf{A}_2 \mathbf{x}_s[m], \cdots, \mathbf{A}_L \mathbf{x}_s[m]]$，$\mathbf{H}_{r,d} = \mathrm{diag}(\mathbf{h}_{r,d})$，并且

$$\mathcal{W}_d^{(2)}[m] = \sum_{\ell=1}^{L} \sqrt{\frac{P_r / L}{P_s \eta_{s,\ell}^2 + \sigma_w^2}} h_{\ell,d} \mathbf{A}_\ell \mathbf{w}_\ell[m] + \mathbf{w}_d^{(2)}[m]$$

是协方差矩阵 $\sigma_w^2 \left(1 + \sum_{\ell=1}^{L} \frac{P_r |h_{\ell,d}|^2 / L}{P_s \eta_{s,\ell}^2 + \sigma_w^2}\right) \mathbf{I}_{N \times N}$ 的有效噪声。把焦点放在中继链路上应用的 LD 编码，从直接链路上接收到的信号被忽略。源符号的 ML 检测可以通过下式得到

$$\hat{\mathbf{x}}_s[m] = \underset{\mathbf{x} \in \mathcal{M}^N}{\arg\min} \left\| \mathbf{y}_d^{(2)}[m] - \sum_{\ell=1}^{L} \sqrt{\frac{P_s P_r / L}{P_s \eta_{s,\ell}^2 + \sigma_w^2}} h_{s,\ell} h_{\ell,d} \mathbf{A}_\ell \mathbf{x} \right\|^2$$

$$= \underset{\mathbf{x}}{\arg\min} \left\| \mathbf{y}_d^{(2)}[m] - \sqrt{\frac{P_s P_r / L}{P_s \eta_{s,\ell}^2 + \sigma_w^2}} \mathbf{X} \mathbf{H}_{r,d} \mathbf{h}_{s,r} \right\|^2 \tag{4.92}$$

式中，$\mathcal{M}$ 是信号星座的字母集合。ML 解码算法的复杂度正比于 $|\mathcal{M}|^N$，随块长度呈指数增加。为降低解码复杂度，可以应用球形解码来检测符号块[12]。

下面分析以上 LD 编码的错误性能。考虑所有源节点—中继节点链路和中继节点—目的节点链路的信道系数是分别服从 $\mathcal{CN}(0, \eta_{s,r}^2)$ 和 $\mathcal{CN}(0, \eta_{r,d}^2)$ 分布的独立同分布。给定信道状态 $\mathbf{h}_{s,r}$ 和 $\mathbf{h}_{r,d}$，$\mathbf{x}_k$ 误判为 $\mathbf{x}_m$ 的 PEP 可通过切尔诺夫上界获得[14]

$$\Pr(\mathbf{x}_k \rightarrow \mathbf{x}_m \mid \mathbf{h}_{s,r}, \mathbf{h}_{r,d} \mid) \leqslant$$

$$\exp\left(-\frac{P_s P_r / L}{\sigma_w^2 (\sigma_w^2 + P_s \eta_{s,r}^2 + (P_r / L) \sum_{\ell=1}^{L} |h_{\ell,d}|^2)} \mathbf{h}_{s,r}^H \mathbf{H}_{r,d}^H \mathbf{M}_{k,m} \mathbf{H}_{r,d} \mathbf{h}_{s,r}\right)$$

$$\tag{4.93}$$

式中，$\mathbf{M}_{k,m} = (\mathbf{X}_k - \mathbf{X}_m)^H (\mathbf{X}_k - \mathbf{X}_m)$ 是码字对 $(\mathbf{X}_k, \mathbf{X}_m)$ 之间的距离矩阵。平均所有 $s\text{-}\ell$ 链路的信道系数，由此产生的条件 PEP 为

$$\Pr(\mathbf{x}_k \to \mathbf{x}_m \mid \mathbf{h}_{r,d}) \leqslant \int_{-\infty}^{\infty} \frac{1}{\pi^L \eta_{s,r}^L} \exp\left(-\frac{\mathbf{h}_{s,r}^H \mathbf{h}_{s,r}}{\eta_{s,r}^2}\right)$$

$$\times \exp\left[\frac{P_s P_r / L}{\sigma_w^2 (\sigma_w^2 + P_s \eta_{s,r}^2 + (P_r/L) \sum_{\ell=1}^{L} |h_{\ell,d}|^2)} \mathbf{h}_{s,r} \mathbf{H}_{r,d} \mathbf{M}_{k,m} \mathbf{H}_{r,d}^H \mathbf{h}_{s,r}^H\right] d\mathbf{h}_{s,r}$$

$$= \det\left[\mathbf{I}_L + \frac{P_s P_r \eta_{s,r}^2 / L}{\sigma_w^2 (\sigma_w^2 + P_s \eta_{s,r}^2 + (P_r/L) \sum_{\ell=1}^{L} |h_{\ell,d}|^2)} \mathbf{H}_{r,d} \mathbf{M}_{k,m} \mathbf{H}_{r,d}^H\right]^{-1}$$

$$= \det\left[\mathbf{I}_L + \frac{P_s P_r \eta_{s,r}^2 / L}{\sigma_w^2 (\sigma_w^2 + P_s \eta_{s,r}^2 + (P_r/L) \sum_{\ell=1}^{L} |h_{\ell,d}|^2)} \mathbf{M}_{k,m} \mathbf{G}_{r,d}\right]^{-1} \tag{4.94}$$

式中，$\mathbf{G}_{r,d} = \mathrm{diag}(|h_{1,d}|^2, |h_{2,d}|^2, \cdots, |h_{L,d}|^2)$。因为所有 $\ell - d$ 链路的信道系数都对分子和分母有影响，所以从式(4.94)中的上界推导仍然是一个棘手的问题。通过大数法则，当中继节点数量 L 非常大时，我们有

$$\sum_{\ell=1}^{L} |h_{\ell,d}|^2 \approx L \eta_{r,d}^2$$

假设 L 非常大，条件 PEP 的上界可以近似为

$$\Pr(\mathbf{x}_k \to \mathbf{x}_m \mid \mathbf{h}_{r,d}) \lesssim \det\left(\mathbf{I}_L + \frac{P_s P_r \eta_{s,r}^2 / L}{\sigma_w^2 (\sigma_w^2 + P_s \eta_{s,r}^2 + P_r \eta_{r,d}^2)} \mathbf{M}_{k,m} \mathbf{G}_{r,d}\right)^{-1} \tag{4.95}$$

采用总功率约束 $P_s + P_r \leqslant 2P$，也许可以进一步分配传输功率来最小化成对错误概率，它通过对所有 $\ell - d$ 链路的信道系数平均式(4.95)中的条件 PEP 给出。结果，最小化 PEP 的最优功率分配相当于最大化下面的分数

$$\zeta \triangleq \frac{P_s P_r \eta_{s,r}^2 / L}{\sigma_w^2 (\sigma_w^2 + P_s \eta_{s,r}^2 + (P_r/L) \sum_{\ell=1}^{L} |h_{\ell,d}|^2)} \approx \frac{P_s P_r \eta_{s,r}^2 / L}{\sigma_w^2 (\sigma_w^2 + P_s \eta_{s,r}^2 + P_r \eta_{r,d}^2)} \tag{4.96}$$

注意，当中继节点数量足够大时，ζ 可被视为一个 P_s 和 P_r 的确定性函数。通过令 $P_r = 2P - P_s$ 和对 P_s 求一阶导数，给出最优功率分配为

$$P_s = \frac{\sqrt{1 + 2P\eta_{r,d}^2 / \sigma_w^2}}{\sqrt{1 + 2P\eta_{s,r}^2 / \sigma_w^2} + \sqrt{1 + 2P\eta_{r,d}^2 / \sigma_w^2}} \cdot 2P \tag{4.97a}$$

$$P_r = \frac{\sqrt{1 + 2P\eta_{s,r}^2 / \sigma_w^2}}{\sqrt{1 + 2P\eta_{s,r}^2 / \sigma_w^2} + \sqrt{1 + 2P\eta_{r,d}^2 / \sigma_w^2}} \cdot 2P \tag{4.97b}$$

采用式(4.97)中的最优功率分配，在高信噪比时 ζ 的最小值可近似为

$$\zeta \approx \frac{P_s P_r \eta_{s,r}^2 / L}{\sigma_w^2 (P_s \eta_{s,r}^2 + P_r \eta_{r,d}^2)}$$

$$= \frac{L P \eta_{s,r}^2}{2 \sigma_w^2} \left[\eta_{s,r}^2 \left(1 + \sqrt{\frac{1 + 2 P \eta_{r,d}^2 / \sigma_w^2}{1 + 2 P \eta_{s,r}^2 / \sigma_w^2}} \right) + \eta_{r,d}^2 \left(1 + \sqrt{\frac{1 + 2 P \eta_{s,r}^2 / \sigma_w^2}{1 + 2 P \eta_{r,d}^2 / \sigma_w^2}} \right) \right]^{-1}$$

$$(4.98)$$

回到 PEP 分析，我们可以看到，由于高信噪比时的大量中继节点，PEP 可近似为

$$\Pr(\mathbf{x}_k \to \mathbf{x}_m) \lesssim \mathbf{E}_{\mathbf{h}_{r,d}} \left[\det(\mathbf{I}_L + \zeta \mathbf{M}_{k,m} \mathbf{G}_{r,d})^{-1} \right]$$

令 σ_M^2 是 $\mathbf{M}_{k,m}$ 的最小非零特征值，我们可以得到

$$\mathbf{M}_{k,m} - \sigma_M^2 \mathbf{U}_M \mathrm{diag}(\mathbf{I}_{r_{\mathbf{M}_{k,m}}}, \mathbf{0}) \mathbf{U}_M^H$$

是正定的，式中 $r(\mathbf{M}_{k,m})$ 是 $\mathbf{M}_{k,m}$ 的秩，$\mathbf{U}_M$ 的列是对应于降序特征值的 $\mathbf{M}_{k,m}$ 的特征矢量。因此，进一步得到 PEP 上界为

$$\Pr(\mathbf{x}_k \to \mathbf{x}_m) \lesssim \mathbf{E}_{\mathbf{h}_{r,d}} \left[\det(\mathbf{I}_L + \zeta \sigma_M^2 \mathrm{diag}(\mathbf{I}_{r(\mathbf{M}_{k,m})}, \mathbf{0}) \mathbf{G}_{r,d})^{-1} \right]$$

$$= \mathbf{E}_{\mathbf{h}_{r,d}} \left[\prod_{\ell=1}^{r(\mathbf{M}_{k,m})} (1 + \zeta \sigma_M^2 \mid h_{\ell,d} \mid^2)^{-1} \right]$$

$$= \left[\int_0^\infty (1 + \zeta \sigma_M^2 u)^{-1} \frac{1}{\eta_{r,d}^2} e^{-u/\eta_{r,d}^2} \, \mathrm{d}u \right]^{r(\mathbf{M}_{k,m})}$$

$$= \left[-\left(\frac{1}{\zeta \sigma_M^2 \eta_{r,d}^2} \right) \exp\left(\frac{1}{\zeta \sigma_M^2 \eta_{r,d}^2} \right) E_i \left(\frac{1}{\zeta \sigma_M^2 \eta_{r,d}^2} \right) \right]^{r(\mathbf{M}_{k,m})}$$

$$(4.99)$$

式中

$$E_i(x) = \int_{-\infty}^x \frac{e^{-u}}{u} \mathrm{d}u$$

是指数积分函数。应用泰勒展开，$E_i(x)$ 可以表示为

$$E_i(x) = c + \log(-x) + \sum_{i=1}^\infty \frac{(-1)^k x^k}{k \cdot k!}$$

式中，c 是欧拉常数。当总传输功率 P 非常大时，使得 $\log P \gg 1$，可以得到

$$\exp\left(\frac{1}{\zeta \sigma_M^2 \eta_{r,d}^2} \right) = 1 - \mathcal{O}\left(\frac{1}{P} \right) \approx 1$$

和

$$-E_i\left(\frac{1}{\zeta \sigma_M^2 \eta_{r,d}^2} \right) = -c + \log(\zeta \sigma_M^2 \eta_{r,d}^2) - \mathcal{O}\left(\frac{1}{P} \right) \approx \log(P)$$

这是由于 $1/P$ 的衰减速度远远超过一个常数且 $\log P$ 快速增加。因此，采用式

(4.97)中的最优功率分配,在极高信噪比时 PEP 上界为

$$\Pr(\mathbf{x}_k \rightarrow \mathbf{x}_m) \lesssim \left[\left(\frac{1}{\zeta \, \sigma_M^2 \eta_{r,d}^2} \right) \log(P) \right]^{r(\mathbf{M}_{k,m})}$$

$$\approx \left(\frac{\log P}{P} \frac{2\sigma_w^2}{L\eta_{s,r}^2 \eta_{r,d}^2 \sigma_M^2} \left[\eta_{s,r}^2 \left(1 + \frac{\eta_{r,d}}{\eta_{s,r}} \right) + \eta_{r,d}^2 \left(1 + \frac{\eta_{s,r}}{\eta_{r,d}} \right) \right] \right)^{r(\mathbf{M}_{k,m})}$$

$$= P^{-r(\mathbf{M}_{k,m})\left(1 - \frac{\log(\log P)}{\log P}\right)} \left(\frac{2\sigma_w^2}{L\sigma_M^2} \left(\frac{1}{\eta_{s,r}} + \frac{1}{\eta_{r,d}} \right)^2 \right)^{r(\mathbf{M}_{k,m})}$$

$$(4.100)$$

最后的等式遵循以下事实

$$\log(\log P) = \frac{\log(\log P)}{\log P} \log P = \log(P^{\frac{\log(\log P)}{\log P}})$$

从成对误差概率的近似上界可以很容易地看到 LD 编码的分集阶数等于 $r_{\min}(1 - \log(\log P)/\log P)$,其中,$r_{\min} = \min_{\forall k \neq m} r(\mathbf{M}_{k,m})$ 是所有不同码字对间 $\mathbf{M}_{k,m}$ 的最小秩。当传输功率接近无限大时,即 $\log P \gg 1$,$1/\log P$ 衰减速度超过 $1/\log(\log P)$,而 $\log(\log P)/\log P$ 趋近于零。因此,分集阶数近似于 $r_{\min}$。假定对于所有码字对 $\{\mathbf{M}_{k,m}\}$ 满秩,我们有 $r_{\min} = \min(L, N)$。也就是说,只要块长度足够大,中继系统在极高信噪比时能够实现完全分集。然而块长度 N 较大的代价是执行 ML 解码算法时的巨大复杂度。

在图 4.11 中显示了有不同中继节点数量和码字长度的式(4.90)中的 AF DSTC 方案的性能比较。在计算机仿真中,$\eta_{s,r}^2 = \eta_{r,d}^2 = 1$ 和 SNR $\stackrel{\triangle}{=} 2P/\sigma_w^2$。根据这些结果,我们可以看到,如果中继节点数量不变,增加传输码字长度并不能提高分集增益。然而,却仍然引入编码增益。从图中可以看到,$N = 10$,$L = 5$ 的系统的性能优于 $L = N = 5$ 的系统大约 1 dB。

事实上,我们可采取一种更通用的 LD 编码方式,可表示为

$$\mathbf{t}_\ell[m] = \sqrt{\frac{P_r/L}{P_s \eta_{s,\ell}^2 + \sigma_w^2}} (\mathbf{A}_\ell \mathbf{y}_\ell[m] + \mathbf{B}_\ell \mathbf{y}_\ell^*[m]) \qquad (4.101)$$

式中,$\mathbf{A}_\ell$ 和 $\mathbf{B}_\ell$ 是分别对应于 $\mathbf{y}_\ell[m]$ 和 $\mathbf{y}_\ell^*[m]$ 的 $N \times N$ 复空时编码矩阵。为简洁起见,$\tilde{\mathbf{u}}$ 表示一个由复矢量 $\mathbf{u}$ 的实部和虚部串联起来的矢量,即 $\tilde{\mathbf{u}} \stackrel{\triangle}{=} [\Re\{\mathbf{u}^T\}, \Im\{\mathbf{u}^T\}]^T$。

矢量 $\tilde{\mathbf{t}}_\ell[m]$ 可以表示为

$$\tilde{\mathbf{t}}_\ell[m] = \sqrt{\frac{P_r/L}{P_s \eta_{s,\ell}^2 + \sigma_w^2}} \begin{bmatrix} \Re\{\mathbf{A}_\ell\} + \Re\{\mathbf{B}_\ell\} & -\Im\{\mathbf{A}_\ell\} + \Im\{\mathbf{B}_\ell\} \\ \Im\{\mathbf{A}_\ell\} + \Im\{\mathbf{B}_\ell\} & \Re\{\mathbf{A}_\ell\} - \Re\{\mathbf{B}_\ell\} \end{bmatrix} \tilde{\mathbf{y}}_\ell[m]$$

$$(4.102)$$

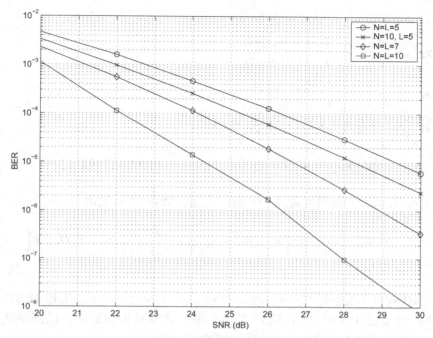

图 4.11　不同中继节点数量 L 和块长度 N 下使用线性
分散编码的 AF DSTC 方案的错误概率
(来自于 Jing 和 Hassibi, © [2006]IEEE)

编码矩阵 $\{\mathbf{A}_\ell\}$ 和 $\{\mathbf{B}_\ell\}$ 的形式在 LD 编码框架内是相当随意的,可以通过每个中继节点随机生成。为简单起见且对所有接收符号公平（即每个接收到的符号以相等功率重发）,假定矩阵

$$\mathcal{F}_\ell \overset{\triangle}{=} \begin{bmatrix} \mathfrak{R}\{\mathbf{A}_\ell\} + \mathfrak{R}\{\mathbf{B}_\ell\} & -\mathfrak{I}\{\mathbf{A}_\ell\} + \mathfrak{I}\{\mathbf{B}_\ell\} \\ \mathfrak{I}\{\mathbf{A}_\ell\} + \mathfrak{I}\{\mathbf{B}_\ell\} & \mathfrak{R}\{\mathbf{A}_\ell\} - \mathfrak{R}\{\mathbf{B}_\ell\} \end{bmatrix}$$

正交且每列有单位范数[14]。在阶段 II,在每个中继节点发射编码符号块 $\mathbf{t}_\ell[m]$ 之后,目的节点收到的符号块为

$$\mathbf{y}_d^{(2)}[m] = \sum_{\ell=1}^{L} h_{\ell,d}\mathbf{t}_\ell[m] + \mathbf{w}_d^{(2)}[m]$$

$$= \sum_{\ell=1}^{L} \sqrt{\frac{P_s P_r/L}{P_s \eta_{s,\ell}^2 + \sigma_w^2}} h_{\ell,d}(\mathbf{A}_\ell \mathbf{y}_\ell[m] + \mathbf{B}_\ell \mathbf{y}_\ell^*[m]) + \mathbf{w}_d^{(2)}[m]$$

式中,$\mathbf{w}_d^{(2)}[m]$ 是在目的节点的均值为零且协方差矩阵为 $\sigma_w^2 \mathbf{I}_{N\times n}$ 的加性高斯噪声矢量。分离 $\mathbf{y}_d^{(2)}[m]$ 的实部和虚部,$\widetilde{\mathbf{y}}_d^{(2)}[m]$ 可以表示为

$$\widetilde{\mathbf{y}}_d^{(2)}[m] = \sum_{\ell=1}^{L} \sqrt{\frac{P_s P_r/L}{P_s \eta_{s,\ell}^2 + \sigma_w^2}} \mathcal{H}_{\ell,d} \mathcal{F}_\ell \mathcal{H}_{s,\ell} \ \widetilde{\mathbf{x}}_s[m] + \mathcal{W}_d[m]$$

式中,

$$\mathcal{H}_{\ell,d} = \begin{bmatrix} \Re\{h_{\ell,d}\}\mathbf{I}_N & -\Im\{h_{\ell,d}\}\mathbf{I}_N \\ \Im\{h_{\ell,d}\}\mathbf{I}_N & \Re\{h_{\ell,d}\}\mathbf{I}_N \end{bmatrix}$$

$$\mathcal{H}_{s,\ell} = \begin{bmatrix} \Re\{h_{s,\ell}\}\mathbf{I}_N & -\Im\{h_{s,\ell}\}\mathbf{I}_N \\ \Im\{h_{s,\ell}\}\mathbf{I}_N & \Re\{h_{s,\ell}\}\mathbf{I}_N \end{bmatrix}$$

并且 $\mathcal{W}_d[m]$ 是有效高斯噪声,由下式给出

$$\mathcal{W}_d[m] = \widetilde{\mathbf{w}}_d^{(2)}[m] + \sum_{\ell=1}^{L} \sqrt{\frac{P_r/L}{P_s\eta_{s,\ell}^2 + \sigma_w^2}} \mathcal{H}_{\ell,d}\mathcal{F}_\ell\,\widetilde{\mathbf{w}}_\ell[m]$$

类似于式(4.92),源符号可通过 ML 解码方法检测,由下式给出

$$\hat{\mathbf{x}}[m] = \arg\min_{\mathbf{x}\in\mathcal{M}^N} \left\| \widetilde{\mathbf{y}}_d^{(2)}[m] - \sum_{\ell=1}^{L} \sqrt{\frac{P_s P_r/L}{P_s\eta_{s,\ell}^2 + \sigma_w^2}} \mathcal{H}_{\ell,d}\mathcal{F}_\ell\mathcal{H}_{s,\ell}\,\widetilde{\mathbf{x}} \right\|^2$$

$$(4.103)$$

式中,当接收机不能获得 CSI 时,通过令 $\mathbf{x}_s[i] = \mathbf{U}[i]\mathbf{x}_s[i-1]$,上述 DSTC 可以推广到一个差分 DSTC,其中 $\mathbf{U}[i]$ 是一个嵌入式信息单位矩阵。已经证明差分 DSTC 方案的错误性能比相干 DSTC 方案仅差 3 dB[15]。

4.5　多中继系统中的信道估计

在前面提到的协作方案中,往往假设在目的节点知道完善的信道系数信息。然而,在实际中,这必须通过在中继节点或目的节点进行信道估计来获得。理想情况下,为点到点通信设计的传统信道估计方案也可以分别用来估计每个源节点—中继节点和中继节点—目的节点链路的信道。通过让源节点把一个导频信号嵌入其传输,在每个中继节点可以估计源节点—中继节点信道,而使用为传统 MIMO 信道设计的技术,在目的节点可以估计中继节点—目的节点信道。然而,一些对协作网络的制约因素可能致使这些方案并不适用。例如,在 AF 协作系统中,目的节点需要知道的是源节点—中继节点和中继节点—目的节点信道的合并,而不是两个单独信道系数。因此,如果对两信道分别估计,中继节点转发其信道估计到目的节点需要额外的能量和带宽资源,使传统的点到点估计策略无效。此外,在 AF 和 DF 网络中,分布式中继可以在单个功率约束下操作,这可能导致与传统 MISO 系统不同的训练信号设计。由于这些原因,必须提出新的训练方法来处理这些制约因素。跟随参考文献[8]和[9]中的工作,本节我们讨论 AF 和 DF 多中继网络的最优训练设计。这些讨论基于 DSTC 系统,但信道估计方案当然也适用于其他多中继系统。

4.5.1　AF 多中继系统的训练设计

让我们考虑 AF 多中继系统,它包括一个源节点 s、L 个中继节点(标记为 1,2,$\cdots$,L)和一个目的节点 d,如图 4.1 所示。如果使用前一节中描述的 LD-DSTC,由中继节点发射的信号可被视为它们各自的接收信号的线性合并,目的节点的解码需要了解源节点—中继节点和中继节点—目的节点信道的合并信息,例如 $h_{s,\ell}^{(*)} \cdot h_{\ell,d}$,其中,上标($*$)表明根据实际 DSTC 方案,复共轭可能存在或不可能存在。代替分别在中继节点和目的节点估计 $h_{s,\ell}$ 和 $h_{\ell,d}$ 对于 $\ell = 1, \cdots, L$,目的节点可以直接估计有效信道 $h_{\text{eff},\ell} = h_{s,\ell}^{(*)} \cdot h_{\ell,d}$。

假设在阶段 I 源节点发射长为 N 的训练序列 $\mathbf{z}$,$\mathbf{z}^H \mathbf{z} \leqslant P_s N \triangleq E_s$ 且 $N \geqslant L$。中继节点 l 和目的节点收到的信号分别为

$$\mathbf{y}_\ell = \mathbf{h}_{s,\ell} \mathbf{z} + \mathbf{w}_\ell \tag{4.104}$$

$$\mathbf{y}_d^{(1)} = h_{s,d} \mathbf{z} + \mathbf{w}_d^{(1)} \tag{4.105}$$

式中,信道系数 $h_{s,\ell} \sim \mathcal{CN}(0, \eta_{s,\ell}^2)$ 和 $h_{s,d} \sim \mathcal{CN}(0, \eta_{s,d}^2)$ 是准静态的,即它们在整个数据块传输期间保持恒定,且 $\mathbf{w}_\ell \sim \mathcal{CN}(\mathbf{0}, \sigma_w^2 \mathbf{I}_{N\times N})$ 和 $\mathbf{w}_d^{(1)} \sim \mathcal{CN}(\mathbf{0}, \sigma_w^2 \mathbf{I}_{N\times N})$ 分别是中继节点 ℓ 和目的节点的 AWGN。由于 $h_{s,d}$ 可以作为使用传统点到点信道估计方案来估计,我们将重点讨论有效源节点—中继节点—目的节点信道的估计。遵循 LD-DSTC 的操作,然后中继节点 l 在阶段 II 的发射信号为

$$\mathbf{t}_\ell = \beta_\ell \mathbf{B}_\ell \mathbf{y}_\ell^{(*)} \tag{4.106}$$

式中,根据具体的 DSTC 设计,$\mathbf{y}_\ell^{(*)}$ 可以为 $\mathbf{y}_\ell$ 或 $\mathbf{y}_\ell^*$ [14],并且 $\beta_\ell = \sqrt{\dfrac{P_\ell}{P_s \eta_{s,\ell}^2 + \sigma_w^2}}$ 是在中继节点 l 的放大增益,假设采用固定增益中继方案。这里,$\mathbf{B}_l$ 是一个随着训练序列 $\mathbf{z}$ 被设计的单位预编码矩阵(即 $\mathbf{B}_\ell^H \mathbf{B}_\ell = \mathbf{I}$)。目的节点接收到的信号为

$$\mathbf{y}_d^{(2)} = \sum_{\ell=1}^{L} h_{\ell,d} \mathbf{t}_\ell + \mathbf{w}_d^{(2)} \tag{4.107}$$

$$= \sum_{\ell=1}^{L} h_{\text{eff},\ell} \beta_\ell \mathbf{B}_\ell \mathbf{z}^{(*)} + \sum_{\ell=1}^{L} h_{\ell,d} \beta_\ell \mathbf{B}_\ell \mathbf{w}_\ell^{(*)} + \mathbf{w}_d^{(2)} \tag{4.108}$$

$$= \mathbf{Z} \boldsymbol{\Lambda} \mathbf{h}_{\text{eff}} + \mathbf{w}_d \tag{4.109}$$

式中,$h_{\ell,d} \sim \mathcal{CN}(0, \eta_{\ell,d}^2)$,$\mathbf{h}_{\text{eff}} = [h_{\text{eff},1}, \cdots, h_{\text{eff},L}]$,$\boldsymbol{\Lambda} = \text{diag}(\beta_1, \cdots, \beta_L)$
$$\mathbf{Z} = [\mathbf{B}_1 \mathbf{z}_1^{(*)}, \cdots, \mathbf{B}_L \mathbf{z}_L^{(*)}]$$

$\mathbf{w}_d^{(2)} \sim \mathcal{CN}(\mathbf{0}, \sigma_w^2 \mathbf{I}_{N\times N})$ 且 $\mathbf{w}_d = \sum_{\ell=1}^{L} h_{\ell,d} \beta_\ell \mathbf{B}_\ell \mathbf{w}_\ell^{(*)} + \mathbf{w}_d^{(2)}$。同样地,根据 STC,$\mathbf{z}_\ell^{(*)}$

可以是 $\mathbf{z}$ 或 $\mathbf{z}^*$。

对于 AF 方案,由于信道的影响,目的节点遭受的噪声将不会是高斯噪声,因此将不容易获得通用 MMSE 估计器。然而,我们可以运用如下线性最小均方误差(LMMSE)估计器

$$\hat{\mathbf{h}}_{eff} = \mathbf{E}[\mathbf{h}_{eff}(\mathbf{y}_d^{(2)})^H](\mathbf{E}[\mathbf{y}_d^{(2)}(\mathbf{y}_d^{(2)})^H])^{-1}\mathbf{y}_d^{(2)} \tag{4.110}$$

式中,$\mathbf{E}[\mathbf{h}_{eff}(\mathbf{y}_d^{(2)})^H] = \mathbf{R}_{h_{eff}}\boldsymbol{\Lambda}\mathbf{Z}^H$ 且 $\mathbf{E}[\mathbf{y}_d^{(2)}(\mathbf{y}_d^{(2)})^H] = \mathbf{Z}\boldsymbol{\Lambda}\mathbf{R}_{h_{eff}}\boldsymbol{\Lambda}\mathbf{Z}^H + \sigma_w^2(\sum_{\ell=1}^{L}|\beta_\ell|^2\eta_{\ell,d}^2+1)\mathbf{I}_{N\times N}$。通过定义误差 $\Delta\mathbf{h}_{eff} = \mathbf{h}_{eff} - \hat{\mathbf{h}}_{eff}$,本误差协方差矩阵可以写为

$$\mathrm{Cov}(\Delta\mathbf{h}_{eff}) = \mathbf{E}[\Delta\mathbf{h}_{eff}\Delta\mathbf{h}_{eff}^H]$$

$$= \left(\mathbf{R}_{h_{eff}}^{-1} + \frac{1}{\sigma_w^2(\sum_{\ell=1}^{L}|\beta_\ell|^2\eta_{\ell,d}^2+1)}\boldsymbol{\Lambda}\mathbf{Z}^H\mathbf{Z}\boldsymbol{\Lambda}\right)^{-1} \tag{4.111}$$

可以通过最小化总误差方差找到最优训练序列 $\mathbf{z}$ 和单位预编码矩阵 $\{\mathbf{B}_\ell, \forall \ell\}$。优化问题可以用公式表示为:

$$\min_{\mathbf{z}, \mathbf{B}_\ell, \forall \ell} \mathrm{tr}(\mathrm{Cov}(\Delta\mathbf{h}_{eff})) \tag{4.112}$$

满足 $[\mathbf{Z}^H\mathbf{Z}]_{\ell\ell} \leqslant E_s$,对于 $\ell = 1, \cdots, L$ \qquad (4.113)

采用参考文献[8]中的方法,我们可以首先定义 $\mathbf{D} = \mathbf{Z}^H\mathbf{Z}$ 执行关于 $\mathbf{D}$ 的优化来简化问题。通过这样做,优化问题变为

$$\min_{\mathbf{D}} \mathrm{tr}\left(\left(\mathbf{R}_{h_{eff}}^{-1} + \frac{1}{\rho}\boldsymbol{\Lambda}\mathbf{D}\boldsymbol{\Lambda}\right)^{-1}\right) \tag{4.114}$$

满足 $\quad [\mathbf{D}]_{\ell\ell} \leqslant E_s$,对于 $\ell = 1, \cdots, L$ \qquad (4.115)

$$\mathbf{D} \geqslant 0 \tag{4.116}$$

式中,$\rho \overset{\triangle}{=} \sigma_w^2(\sum_{\ell=1}^{L}|\beta_\ell|^2\eta_{\ell,d}^2+1)$ 且 $\mathbf{M} \geqslant \mathbf{N}$ 意为 $\mathbf{M}-\mathbf{N}$ 是半正定矩阵。上述优化问题是凸的且可以使用标准优化工具箱解决。事实上,它可以作为一个如参考文献[8]中所述的半定规划(SDP)问题重新用公式表示。

然而,随后可以更深入了解最优解的结构。请注意,对于任何半正定矩阵 $\mathbf{D}$,对于 $\mathbf{z}$ 和 $\{\mathbf{B}_\ell, \forall \ell\}$ 总是可以找到一个可行解。也就是说,对于所有 $l, k = 1, \cdots, L$,总是可以找到满足以下方程组的 $\mathbf{z}$ 和 $\{\mathbf{B}_\ell, \forall \ell\}$:

$$(\mathbf{z}_k^{(*)})^H\mathbf{B}_k^H\mathbf{B}_\ell\mathbf{z}_\ell^{(*)} = [\mathbf{D}]_{k,\ell} \tag{4.117}$$

$$\mathbf{B}_\ell^H\mathbf{B}_\ell = \mathbf{I} \tag{4.118}$$

具体来说,假设确实可能得到一个半正定的解 **D**。然后,可以分解 **D** 为

$$\mathbf{D} = \mathbf{C}^H \mathbf{C}$$

式中,**C** 是 $N \times L$ 矩阵。让 $\mathbf{c}_\ell$ 为 **C** 的第 ℓ 列。然后,当对于 $\ell = 1, \cdots, L$,下式有效,则 **z** 和 $\{\mathbf{B}_\ell, \forall \ell\}$ 将满足式(4.117)和式(4.118):

$$\mathbf{B}_\ell \mathbf{z}^{(*)} = \mathbf{c}_\ell \ \text{或} \ \mathbf{B}_\ell^{(*)} \mathbf{z}_\ell = \mathbf{c}_\ell^{(*)} \tag{4.119}$$

因为 $\mathbf{z}_\ell$ 与 $\mathbf{c}_\ell^{(*)}$ 具有相同均值 $\sqrt{E_s}$,由于功率约束,$\mathbf{c}_\ell^{(*)}$ 可以被看作一个有旋转矩阵 $\mathbf{B}_\ell^{(*)}$ 的 $\mathbf{z}_\ell$ 旋转。为了得到 $\mathbf{B}_\ell^{(*)}$,可以首先旋转 $\mathbf{z}_\ell$ 和 $\mathbf{c}_\ell^{(*)}$ 至矢量 $\sqrt{E_s} \mathbf{e}_1$,其中 $\mathbf{e}_1$ 是一个第一个元素为 1 而其他元素为 0 的 N 维矢量。也就是说,得到 **u** 和 $\mathbf{v}_\ell$,使得 $\mathbf{U}_{z\ell} = \sqrt{E_s} \mathbf{e}_1$ 和 $\mathbf{v}_\ell \mathbf{c}_\ell^{(*)} = \sqrt{E_s} \mathbf{e}_1$。因此,我们有

$$\mathbf{B}_\ell = (\mathbf{V}_\ell^H \mathbf{U})^{(*)}$$

为了得到一个闭型表达式,可以用 $\mathbf{Z}^H \mathbf{Z}$ 替换 **D** 并且得到拉格朗日函数

$$L(\mathbf{Z}, \{\mu_\ell\}) = \mathrm{tr}\left(\left(\mathbf{R}_{\mathbf{h}_{\mathrm{eff}}}^{-1} + \frac{1}{\rho} \mathbf{\Lambda} \mathbf{Z}^H \mathbf{Z} \mathbf{\Lambda} \right)^{-1} \right) + \sum_{\ell=1}^{L} \mu_\ell (\mathrm{tr}(\mathbf{e}_\ell^H \mathbf{Z}^H \mathbf{Z} \mathbf{e}_\ell) - E_s) \tag{4.120}$$

式中,$\mathbf{e}_\ell$ 是 $L \times L$ 单位矩阵的第 ℓ 列。因为拉格朗日函数是二次方程,我们可以通过设置 $\partial L(\mathbf{Z}, \{\mu_\ell\}) / \partial \mathbf{Z} = 0$ 找到最优 **Z**。注意

$$\frac{\partial \mathrm{tr}(\mathbf{X}^{-1})}{\partial \mathbf{X}} = -\mathbf{X}^{-T} \mathbf{X}^{-T} = -\mathbf{X}^{-2T} \tag{4.121}$$

并且对于 $\mathbf{G} = \mathbf{Q} + \mathbf{M}^H \mathbf{X}^H \mathbf{X} \mathbf{M}$(**Q** 和 **M** 是常数矩阵),有

$$\left[\frac{\partial \mathrm{tr}(\mathbf{G}^{-1})}{\partial \mathbf{X}} \right]_{k,l} = \frac{\partial \mathrm{tr}(\mathbf{G}^{-1})}{\partial \mathbf{X}_{k,\ell}} = \sum_{i,j} \frac{\partial \mathrm{tr}(\mathbf{G}^{-1})}{\partial \mathbf{G}_{i,j}} \frac{\partial \mathbf{G}_{i,j}}{\partial \mathbf{X}_{k,\ell}} \tag{4.122}$$

$$= \sum_{i,j} \frac{\partial \mathrm{tr}(\mathbf{G}^{-1})}{\partial \mathbf{G}_{i,j}} [(\mathbf{X}\mathbf{M})^H]_{i,k} \mathbf{M}_{\ell,j} \tag{4.123}$$

$$= \left[\mathbf{X}^* \mathbf{M}^* \frac{\partial \mathrm{tr}(\mathbf{G}^{-1})}{\partial \mathbf{G}} \mathbf{M}^T \right]_{k,\ell} \tag{4.124}$$

$$= [-\mathbf{X}^* \mathbf{M}^* \mathbf{G}^{-2T} \mathbf{M}^T]_{k,\ell} \tag{4.125}$$

此外,采用简单推导,也可以证明

$$\frac{\partial \mathrm{tr}(\mathbf{e}_\ell^T \mathbf{Z}^H \mathbf{Z} \mathbf{e}_\ell)}{\partial \mathbf{Z}} = \mathbf{Z}^* \mathbf{e}_i \mathbf{e}_\ell^T \tag{4.126}$$

通过取式（4.125）中的 $\mathbf{G} = \mathbf{R}_{h_{\text{eff}}}^{-1} + \dfrac{1}{\rho}\mathbf{\Lambda}\mathbf{Z}^{H}\mathbf{Z}\mathbf{\Lambda}$，$\mathbf{M} = \mathbf{\Lambda}$ 和 $\mathbf{X} = \mathbf{Z}$ 以及使用式（4.126），拉格朗日函数的导数还可以表示为

$$\frac{\partial L(\mathbf{Z}, \{\mu_{\ell}\})}{\partial \mathbf{Z}} = \frac{-1}{\rho}\mathbf{Z}^{*}\mathbf{\Lambda}\Big(\mathbf{R}_{h_{\text{eff}}}^{-1} + \frac{1}{\rho}\mathbf{\Lambda}\mathbf{Z}^{H}\mathbf{Z}\mathbf{\Lambda}\Big)^{-2T}\mathbf{\Lambda} + \sum_{\ell=1}^{L}\mathbf{Z}^{*}\mu_{\ell}\mathbf{e}_{\ell}\mathbf{e}_{\ell}^{T}$$

$$= \mathbf{Z}^{*}\Big(\sum_{\ell=1}^{L}\mu_{\ell}\mathbf{e}_{\ell}\mathbf{e}_{\ell}^{T} - \frac{1}{\rho}\mathbf{\Lambda}\Big(\mathbf{R}_{h_{\text{eff}}}^{-1} + \frac{1}{\rho}\mathbf{\Lambda}\mathbf{Z}^{H}\mathbf{Z}\mathbf{\Lambda}\Big)^{-2T}\mathbf{\Lambda}\Big)$$

也就是说，最优 $\mathbf{Z}$ 必须满足

$$\sum_{\ell=1}^{L}\mu_{\ell}\mathbf{e}_{\ell}\mathbf{e}_{\ell}^{T} = \frac{1}{\rho}\mathbf{\Lambda}\Big(\mathbf{R}_{h_{\text{eff}}}^{-1} + \frac{1}{\rho}\mathbf{\Lambda}\mathbf{Z}^{H}\mathbf{Z}\mathbf{\Lambda}\Big)^{-2T}\mathbf{\Lambda} \tag{4.127}$$

$$\Rightarrow \mathbf{R}_{h_{\text{eff}}}^{-1} + \frac{1}{\rho}\mathbf{\Lambda}\mathbf{Z}^{H}\mathbf{Z}\mathbf{\Lambda} = \frac{1}{\sqrt{\rho}}\mathbf{\Lambda}^{\frac{1}{2}}\Big(\sum_{\ell=1}^{L}\mu_{\ell}\mathbf{e}_{\ell}\mathbf{e}_{\ell}^{T}\Big)^{\frac{-1}{2}}\mathbf{\Lambda}^{\frac{1}{2}} \triangleq \mathbf{\Omega}^{\frac{1}{2}} \tag{4.128}$$

因此

$$\mathbf{Z}^{H}\mathbf{Z} = \rho\mathbf{\Lambda}^{-1}(\mathbf{\Omega}^{\frac{1}{2}} - \mathbf{R}_{h_{\text{eff}}}^{-1})\mathbf{\Lambda}^{-1} \tag{4.129}$$

式中，$\mathbf{\Omega} = \text{diag}(\beta_{1}^{2}/\rho\mu_{1}, \cdots, \beta_{L}^{2}/\rho\mu_{L})$。对于所有 L，系数 $\{\mu_{\ell}, \forall \ell\}$ 必须被选择以满足功率约束 $[\mathbf{Z}^{H}\mathbf{Z}]_{\ell,\ell} = E_{s}$。在有效信道空间不相关，以致对所有 $\ell \neq k$，$E[h_{\text{eff},\ell}h_{\text{eff},k}^{*}] = 0$ 的特殊情况下，协方差矩阵 $\mathbf{R}_{h_{\text{eff}}}$ 是一个对角矩阵，并且受功率约束，$\mathbf{Z}^{H}\mathbf{Z}$ 必须等于 $E_{s}\mathbf{I}_{L\times L}$。值得注意的是，在式（4.129）中的闭型解只有在它产生半正定解时存在，即 $\mathbf{Z}^{H}\mathbf{Z} \geqslant 0$。如果不是这种情况，解决方案仍然可以通过使用标准数值优化工具箱来得到。

在图 4.12 中显示了通过最佳训练设计可达的平均均方误差并与随机训练序列可达的平均均方误差进行比较。我们考虑有 $L = 2, 4$ 和 8 个中继节点且训练长度固定为 $N = 8$ 的系统，也就是说，对于不同的 L 值，总训练功率保持不变。信道系数和噪声变量都假定均值为 0 且方差为 1 的复高斯分布，且 $\text{SNR} \triangleq \dfrac{P}{\sigma_{w}^{2}}$。通过随机训练，单位矩阵 $\mathbf{B}_{\ell}$ 是随机生成的。在每种情况下，我们设定源节点功率为 $P_{s} = P$ 并且设一半的中继节点有功率 $P_{\ell} = 0.8P$。另一半的中继节点有功率 $P_{\ell} = P$。从图 4.12 中我们可以看到，对于固定 N 值，信道估计的均方误差随 L 增加。这是因为随着 L 的增加，用于估计每个中继节点的信道的可用自由度减少。这也是随着 L 的增加，可以看到由于随机训练的更显著损失的原因。在此情况下，中继节点训练序列间的正交性不太可能达到。

4.5.2 DF 多中继系统的训练设计

DF 多中继系统中的训练没有 AF 系统中的那么复杂，因为目的节点只需要知

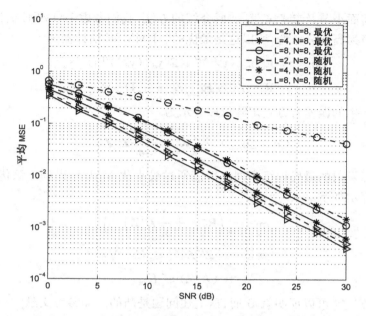

图 4.12 有不同的 L 和相同的 N 时最优训练和随机训练的
信道估计均方误差与信噪比的关系

道中继节点到目的节点的信道,而不是合并的有效 $s\text{-}r\text{-}d$ 信道。然而,中继节点上的单个功率约束仍对设计最优训练信号构成巨大挑战(见参考文献[9])。

具体来说,我们也考虑如图 4.1 所示的系统。为了在中继节点一致地检测源符号,每个中继节点只需要了解自身跟源节点之间的本地信道。像传统 SISO 信道中那样,这可以由源节点发出一个训练信号来同步完成。在阶段 Ⅱ,对于信道估计问题的挑战是目的节点必须通过来自中继节点的训练信号的并行传输来估计所有中继节点到目的节点信道。设 $\mathbf{z}_\ell$ 是中继节点 ℓ 所发出的长度为 N 的训练信号,$N \geqslant L$。阶段 Ⅱ 中目的节点收到的信号为

$$\mathbf{y}_d^{(2)} = \sum_{\ell=1}^{L} h_{\ell,d} \mathbf{z}_\ell + \mathbf{w}_d^{(2)} = \mathbf{Z}\mathbf{h}_{r,d} + \mathbf{w}_d^{(2)} \tag{4.130}$$

式中,$\mathbf{Z} = [\mathbf{z}_1, \cdots, \mathbf{z}_L]$,$\mathbf{h}_{r,d} = [h_{1,d}, \cdots, h_{L,d}]^T \sim \mathcal{CN}(\mathbf{0}, \mathbf{R}_{\mathbf{h}_{r,d}})$,$\mathbf{w}_d^{(2)} \sim \mathcal{CN}(\mathbf{0}, \sigma_w^2 \mathbf{I})$ 是 AWGN 矢量。

假定对于所有 l,训练信号必须同时满足单个功率约束 $[\mathbf{Z}^H \mathbf{Z}]_{\ell,\ell} \leqslant NP_\ell = E_\ell$ 和总功率约束 $\mathrm{tr}(\mathbf{Z}^H \mathbf{Z}) \leqslant NP_r = E_{\mathrm{tot}}$。可能发生两种退化情况:(i)如果 $E_{\mathrm{tot}} \geqslant \sum_{\ell=1}^{L} E_\ell$,总功率约束变得多余并且中继节点应该只以其最大功率进行发射;(ii)如果 $E_{\mathrm{tot}} \leqslant \min_\ell E_\ell$,那么单个功率约束变得多余,问题简化为传统 MISO 系统的训练设计。因此,下面我们将要关注 $\min_\ell E_\ell < E_{\mathrm{tot}} < \sum_{\ell=1}^{L} E_\ell$ 这一有趣的情况。

采用前面小节及参考文献[9]所介绍的方法，我们考虑 LMMSE 估计器，因为信道和噪声为高斯分布的，所以这是最优的。LMMSE 估计器为

$$\hat{\mathbf{h}}_{r,d} = \mathbf{E}[\mathbf{h}_{r,d}(\mathbf{y}_d^{(2)})^H](\mathbf{E}[\mathbf{y}_d^{(2)}(\mathbf{y}_d^{(2)})^H])^{-1}\mathbf{y}_d^{(2)} \tag{4.131}$$

$$= \mathbf{R}_{\mathbf{h}_{r,d}}\mathbf{Z}^H(\mathbf{Z}\mathbf{R}_{\mathbf{h}_{r,d}}\mathbf{Z}^H + \sigma_w^2\mathbf{I})^{-1}\mathbf{y}_d^{(2)} \tag{4.132}$$

并且由此产生的误差协方差矩阵可以表示为

$$\text{Cov}(\Delta\mathbf{h}_{r,d}) = \left(\mathbf{R}_{\mathbf{h}_{r,d}}^{-1} + \frac{1}{\sigma_w^2}\mathbf{Z}^H\mathbf{Z}\right)^{-1} \tag{4.133}$$

由中继节点发射的最优训练序列之后能通过最小化 MMSE 得到。该优化问题可以用公式表示如下

$$\min_{\mathbf{Z}} \text{tr}\left(\left(\mathbf{R}_{\mathbf{h}_{r,d}}^{-1} + \frac{1}{\sigma_w^2}\mathbf{Z}^H\mathbf{Z}\right)^{-1}\right) \tag{4.134}$$

$$\text{满足} \quad [\mathbf{Z}^H\mathbf{Z}]_{\ell,\ell} \leqslant E_\ell, \ \forall \ell \tag{4.135}$$

$$\text{tr}(\mathbf{Z}^H\mathbf{Z}) \leqslant E_{\text{tot}} \tag{4.136}$$

用 $\mathbf{D}$ 取代 $\mathbf{Z}^H\mathbf{Z}$，可以证明就 $\mathbf{D}$ 而言，上述问题是凸的。如参考文献[9]所述，它可被转化为一个 SDP 问题，可通过内点方法有效解决[31]。

让我们考虑特殊情况，不同中继节点所经历的信道独立。也就是说，有 $\mathbf{R}_{\mathbf{h}_{r,d}} = \text{diag}(\eta_{1,d}^2, \cdots, \eta_{L,d}^2)$。在这种情况下，$\mathbf{Z}^H\mathbf{Z}$ 的解必须为对角的。为证明这一点，让我们回想恒等式

$$\text{tr}(\mathbf{A}^{-1}) \geqslant \sum_{\ell=1}^{L}([\mathbf{A}]_{\ell,\ell})^{-1} \tag{4.137}$$

式中，$\mathbf{A}$ 是任意一个 $L \times L$ 正定矩阵，等式当且仅当 $\mathbf{A}$ 为对角矩阵时成立。依据这一事实，我们可以发现，对于任意 $\mathbf{D} = \mathbf{Z}^H\mathbf{Z}$，我们总是可以找到 $\widetilde{\mathbf{D}} = \text{diag}(\mathbf{D})$，使得

$$\text{tr}\left(\left(\mathbf{R}_{\mathbf{h}_{r,d}}^{-1} + \frac{1}{\sigma_w^2}\widetilde{\mathbf{D}}\right)^{-1}\right) = \sum_{\ell=1}^{L}\left(\frac{1}{\frac{1}{\eta_{\ell,d}^2} + \frac{[\mathbf{D}]_{\ell,\ell}}{\sigma_w^2}}\right) \leqslant \text{tr}\left(\left(\mathbf{R}_{\mathbf{h}_{r,d}}^{-1} + \frac{1}{\sigma_w^2}\mathbf{D}\right)^{-1}\right) \tag{4.138}$$

式中，$[\widetilde{\mathbf{D}}]_{\ell,\ell} = [\mathbf{Z}^H\mathbf{Z}]_{\ell,\ell} \triangleq \varepsilon_\ell$ 是中继节点 ℓ 的训练信号的能量。这意味着，当信道不相关时，由中继节点发出的训练信号应该彼此正交。在这种情况下，优化问题简化为下面的功率分配问题：

$$\min_{\varepsilon_\ell, \ \forall \ell} \sum_{\ell=1}^{L} \frac{1}{\frac{1}{\eta_{\ell,d}^2} + \frac{\varepsilon_\ell}{\sigma_w^2}} \tag{4.139}$$

$$\text{满足} \quad 0 \leqslant \varepsilon_\ell \leqslant E_\ell, \ \forall \ell \ \text{和} \ \sum_{\ell=1}^{L}\varepsilon_\ell \leqslant E_{\text{tot}} \tag{4.140}$$

拉格朗日函数可以写为

$$\mathcal{L} = \sum_{\ell=1}^{L} \frac{1}{\frac{1}{\eta_{\ell,d}^2} + \frac{\varepsilon_\ell}{\sigma_w^2}} + \lambda \left(\sum_{\ell=1}^{L} \varepsilon_\ell - E_{\text{tot}} \right) + \sum_{\ell=1}^{L} \mu_\ell (\varepsilon_\ell - E_\ell) - \sum_{\ell=1}^{L} \nu_\ell \varepsilon_\ell \quad (4.141)$$

式中，λ，$\{\mu_\ell, \forall \ell\}$ 和 $\{\nu_\ell, \forall \ell\}$ 是拉格朗日乘子。KKT 条件列出如下：

(c1) $\displaystyle\sum_{\ell=1}^{L} \varepsilon_\ell \leqslant E_{\text{tot}}$，(c2) $\varepsilon_\ell \leqslant E_\ell$，(c3) $\varepsilon_\ell, \mu_\ell, \nu_\ell, \lambda \geqslant 0$

(c4) $\lambda \left(\displaystyle\sum_{\ell=1}^{L} \varepsilon_\ell - E_{\text{tot}} \right) = 0$，(c5) $\mu_\ell (\varepsilon_\ell - E_\ell) = 0$，(c6) $\nu_\ell \varepsilon_\ell = 0$

(c7) $-\dfrac{1}{\sigma_w^2 \left(\dfrac{1}{\eta_{\ell,d}^2} + \dfrac{\varepsilon_\ell}{\sigma_w^2} \right)^2} + \lambda + \mu_\ell - \nu_\ell = 0$

为了解决此优化问题，我们在条件式(c7)的两边同时乘以 ε_ℓ，得到

$$\varepsilon_\ell \left[-\frac{1}{\sigma_w^2 \left(\frac{1}{\eta_{\ell,d}^2} + \frac{\varepsilon_\ell}{\sigma_w^2} \right)^2} + \lambda + \mu_\ell \right] = 0 \quad (4.142)$$

注意，如果 $\lambda \geqslant \eta_{\ell,d}^4 / \sigma_w^2$，则 $\lambda + \mu_\ell \geqslant \eta_{\ell,d}^4 / \sigma_w^2 \geqslant 1 / \left[\sigma_w^2 \left(\dfrac{1}{\eta_{\ell,d}^2} + \dfrac{\varepsilon_\ell}{\sigma_w^2} \right)^2 \right]$。在这种情况下，

ε_ℓ 必须等于 0。否则，如果 $\varepsilon_\ell > 0$，则 $\lambda + \mu_\ell$ 将严格大于 $1 / \left[\sigma_w^2 \left(\dfrac{1}{\eta_{\ell,d}^2} + \dfrac{\varepsilon_\ell}{\sigma_w^2} \right)^2 \right]$，因此

条件式(c7)无法成立。类似地，我们将条件式(c7)的两边都乘以 $E_\ell - \varepsilon_\ell$，得到

$$(E_\ell - \varepsilon_\ell) \left(-\frac{1}{\sigma_w^2 \left(\frac{1}{\eta_{\ell,d}^2} + \frac{\varepsilon_\ell}{\sigma_w^2} \right)^2} + \lambda - \nu_\ell \right) = 0 \quad (4.143)$$

类似地，如果 $\lambda \leqslant 1 / \left[\sigma_w^2 \left(\dfrac{1}{\eta_{\ell,d}^2} + \dfrac{E_\ell}{\sigma_w^2} \right)^2 \right]$，那么 $\lambda - \nu_\ell \leqslant 1 / \left[\sigma_w^2 \left(\dfrac{1}{\eta_{\ell,d}^2} + \dfrac{E_\ell}{\sigma_w^2} \right)^2 \right]$ 也必须

成立。在这种情况下，ε_ℓ 必须等于其最大值 E_ℓ。否则，如果 $\varepsilon_\ell < E_\ell$，则 $\lambda - \nu_\ell$ 必须

严格小于 $1 / \left[\sigma_w^2 \left(\dfrac{1}{\eta_{\ell,d}^2} + \dfrac{\varepsilon_\ell}{\sigma_w^2} \right)^2 \right]$，因此条件式(c7)依旧无法成立。

现在我们还可以证明，对于 $1 / \left[\sigma_w^2 \left(\dfrac{1}{\eta_{\ell,d}^2} + \dfrac{E_\ell}{\sigma_w^2} \right)^2 \right] < \lambda < \eta_{\ell,d}^4 / \sigma_w^2$，$\mu_\ell$ 和 ν_ℓ 必须

都为 0。从式(4.142)中我们可以知道

$$\varepsilon_\ell \left(-\frac{1}{\sigma_w^2 \left(\frac{1}{\eta_{\ell,d}^2} + \frac{\varepsilon_\ell}{\sigma_w^2} \right)^2} + \lambda \right) \leqslant 0$$

所以，如果 $\lambda > 1\big/\Big[\sigma_w^2\Big(\dfrac{1}{\eta_{\ell,d}^2}+\dfrac{E_\ell}{\sigma_w^2}\Big)^2\Big]$，$\varepsilon_\ell < E_\ell$ 必须成立，因此由条件式（c5）可得 $\mu_\ell = 0$。此外，通过式（4.143）我们还可以知道

$$(E_\ell - \varepsilon_\ell)\left(-\frac{1}{\sigma_w^2\Big(\dfrac{1}{\eta_{\ell,d}^2}+\dfrac{\varepsilon_\ell}{\sigma_w^2}\Big)^2}+\lambda\right)\geqslant 0$$

因此，如果 $\lambda < \eta_{\ell,d}^4/\sigma_w^2$，$\varepsilon_\ell > 0$，这样由条件式（c6）可得 $\nu_\ell = 0$。由此可得

$$-\frac{1}{\sigma_w^2\Big(\dfrac{1}{\eta_{\ell,d}^2}+\dfrac{\varepsilon_\ell}{\sigma_w^2}\Big)^2}+\lambda=0 \Rightarrow \varepsilon_\ell=\sqrt{\frac{\sigma_w^2}{\lambda}}-\frac{\sigma_w^2}{\eta_{\ell,d}^2} \tag{4.144}$$

总之，由参考文献[9]给出的最优功率分配为

$$\varepsilon_\ell=\begin{cases}0, & \text{对于}\ \lambda\geqslant\dfrac{\eta_{\ell,d}^4}{\sigma_w^2}\\[3mm]\sqrt{\dfrac{\sigma_w^2}{\lambda}}-\dfrac{\sigma_w^2}{\eta_{\ell,d}^2}, & \text{对于}\ \dfrac{1}{\sigma_w^2\Big(\dfrac{1}{\eta_{\ell,d}^2}+\dfrac{E_\ell}{\sigma_w^2}\Big)^2}<\lambda<\dfrac{\eta_{\ell,d}^4}{\sigma_w^2}\\[5mm]E_\ell & \text{对于}\ \lambda\leqslant\dfrac{1}{\sigma_w^2\Big(\dfrac{1}{\eta_{\ell,d}^2}+\dfrac{E_\ell}{\sigma_w^2}\Big)^2}\end{cases} \tag{4.145}$$

或者，等同地，$\varepsilon_\ell=\min\{\max\{0,\sqrt{\sigma_w^2/\lambda}-\sigma_w^2/\eta_{\ell,d}^2\},E_\ell\}$。这个解决方案有一个洞穴填充水解释，如图 4.13 所示，其中功率被填入凹处，直到满足单个功率约束设定的上限或者直到达到水位线 $\sqrt{\sigma_w^2/\lambda}$。

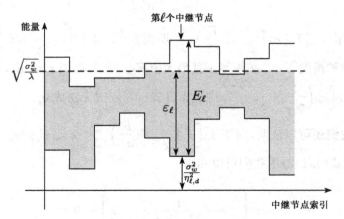

图 4.13　式（4.145）的洞穴填充示意图

在图 4.14 中显示了通过式(4.145)中的训练方案可达的平均 MSE 并比较了在中继节点间关于其单个能量约束按比例分配训练能量的方案,即中继节点 ℓ 的能量由 $\varepsilon_\ell = (E_\ell / \sum_{i=1}^{L} E_i) E_{\text{tot}}$ 给出。我们考虑有 $L = 2, 4$ 或 8 个中继节点且训练序列固定为 $N = 8$ 的系统。信道和噪声的方差均设定为 1。仿真中,假定一半的中继节点的单个功率约束且等于 $0.4\, P_s$,另外一半中继节点的等于 P_s。x 轴上的信噪比定义为 $\text{SNR} \stackrel{\triangle}{=} P_s / \sigma_w^2$。总中继节点功率约束设定为所有中继节点上单个功率约束总和的 4/7。在图 4.14 中,我们可以看到,当训练序列长度固定时,MSE 性能并不依赖于 L。这一表现在传统 MISO 系统中也明显存在。此外,我们还可以看到,描述的训练方案优于按比例功率分配方案,尤其是单个功率约束不同并且总中继节点功率约束更严格。

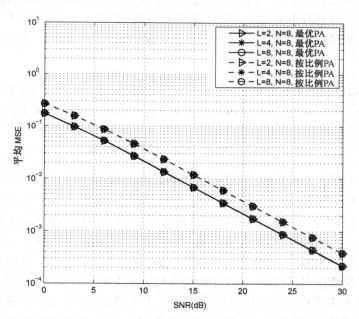

图 4.14 按比例功率分配情况和式(4.145)中的最优训练方案下信道估计的 MSE 和信噪比的关系

4.6 多中继协作通信的其他主题

在前一节,我们关注的是两跳多中继系统的设计,假设中继节点间已经实现完美同步。接下来,我们将协作概念扩展到多跳网络并介绍可用于异步中继节点的先进技术。

4.6.1 多跳协作传输

在源节点和目的节点相距很远的网络中,多跳传输可以用于补偿路径损失的影响和扩展系统覆盖范围。在这一节,DF 和 AF 协作的概念将被扩展至多跳场景并将分析中断概率来说明协作的优点。

DF 中继的多跳传输

我们考虑一个由一个源节点、一个目的节点和形成一个从源节点到目的节点的多跳路径的 L 个中间中继节点构成的网络,如图 4.15 所示。为标记简单,我们把源节点标记为节点 0,中间中继节点为节点 $1, 2, \cdots, L$,目的节点为节点 $L+1$。在常规多跳网络中,消息以逐跳的方式从源节点传输到目的节点,从节点 0 到节点 1,节点 1 到节点 2,节点 2 到节点 3,以此类推,直到它到达目的节点为止。系统可以被视为一个没有分集合并的 DF 链路串联系统(参照 3.1 节)。因此,只有当中间中继节点顺利地解码消息并向前传递时才能说消息成功地从源节点传递到目的节点。

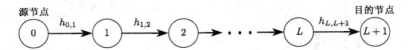

图 4.15 $(L+1)$ 跳协作网络的系统模型

设 $h_{\ell, k}$ 为节点 ℓ 和节点 k 之间的信道系数,其中 $\ell, k \in \{0, 1, \cdots, L+1\}$。给定节点 ℓ 以功率 P_ℓ 发射,那么节点 k 接收的信号的 SNR 等于 $\gamma_{\ell, k} = P_\ell |h_{\ell, k}|^2/\sigma_w^2$,其中 σ_w^2 是每个接收机的噪声方差。基于瑞利衰落假设,$\gamma_{\ell, k}$ 可被建模为均值 $\overline{\gamma}_{\ell, k} = P_\ell \eta_{\ell, k}^2/\sigma_w^2$ 的指数随机变量,其中 $\eta_{\ell, k}^2$ 是信道系数 $h_{\ell, k}$ 的方差。假设 $\eta_{\ell, k}^2$ 与 $d_{\ell, k}^\alpha$ 成反比,其中 α 是路径损耗指数,$d_{\ell, k}$ 是节点 ℓ 和 k 之间的距离。给定发射码字的速率 R,只有当 R 小于瞬时每跳容量 $\log_2(1+\gamma_{\ell, k})$ 时,从 ℓ 到 k 的链路上的传输才能成功。这转化为信噪比 $\gamma_{\ell, k}$ 上的阈值条件,也就是说只有当 $\gamma_{\ell, k}$ 大于一定的阈值 γ_{th} 时从 ℓ 到 k 的传输才能成功。因此,中断概率可以得到为

$$
\begin{aligned}
p_{\text{out}} &= \Pr(\min\{\gamma_{0, 1}, \gamma_{1, 2}, \cdots, \gamma_{L, L+1}\} < \gamma_{th}) \\
&= 1 - \Pr(\gamma_{0, 1} > \gamma_{th}, \gamma_{1, 2} > \gamma_{th}, \cdots, \gamma_{L, L+1} > \gamma_{th}) \\
&= 1 - \prod_{\ell=0}^{L} \Pr(\gamma_{\ell, \ell+1} > \gamma_{th})
\end{aligned}
$$

式中,对于 $\ell = 0, \cdots, L$,信噪比 $\gamma_{\ell, \ell+1}$ 假定为相互独立。在瑞利衰落假设下,高信噪比时乘积项中的概率可以近似为

$$
\Pr(\gamma_{\ell, \ell+1} > \gamma_{th}) = \exp\left(-\frac{\gamma_{th}}{\overline{\gamma}_{\ell, \ell+1}}\right) \approx 1 - \frac{\gamma_{th}}{\overline{\gamma}_{\ell, \ell+1}}
$$

因此

$$p_{\text{out}} = 1 - \prod_{\ell=0}^{L+1}\left[\exp\left(-\frac{\gamma_{th}}{\overline{\gamma}_{\ell,\,\ell+1}}\right)\right] \approx \sum_{\ell=0}^{L}\frac{\gamma_{th}}{\overline{\gamma}_{\ell,\,\ell+1}}$$

这表明中断概率随着跳数的增加而增加。然而,事实上在多跳网络中中继节点可以缓冲消息并且在前一次传输尝试失败的情况下在后一个时隙中重发消息。因此,只要容许端到端延迟,那么信息将有很高概率最终到达目的节点。

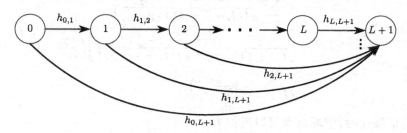

图 4.16　只在目的节点有分集合并的多跳协作网络示意图

接下来,我们考虑一个比较先进的方案,目的节点执行分集合并,但是中间中继节点只接收来自它的直接上游节点的消息,如图 4.16 所示。假设所有中间中继节点能够成功解码源信息,目的节点 $L+1$ 的中断概率可以计算为

$$p_{\text{out},\,L+1} = \Pr\left(\sum_{k=0}^{L}\gamma_{k,\,L+1} < \gamma_{th}\right) \tag{4.146}$$

为了得到这个概率的闭型表达式,我们考虑一种最坏情况,即每条链路上信噪比的分布都等于最坏链路的信噪比分布,比如 $\gamma_{0,\,L+1}$ 的分布。在这种情况下,合计 $\gamma_{\text{sum}} \overset{\triangle}{=} \sum_{k=0}^{L}\gamma_{k,\,L+1}$ 变为一个自由度为 $2(L+1)$ 且均值等于 $\sum_{k=0}^{L}\overline{\gamma}_{k,\,L+1} = (L+1)\overline{\gamma}_{0,\,L+1}$ 的卡方随机变量。回想自由度为 2ν 且均值为 $2\nu\sigma^2$ 的卡方随机变量 Y,其累计概率密度函数(CDF)为

$$F_Y(y) = \Pr(Y \leqslant y) = 1 - \exp\left(-\frac{x}{2\sigma^2}\right)\sum_{k=0}^{\nu-1}\frac{1}{k!}\left(\frac{x}{2\sigma^2}\right)^k \tag{4.147}$$

在最坏情况下,式(4.16)中的中断概率等于式

$$p_{\text{out},\,L+1} = 1 - \exp\left(-\frac{\gamma_{th}}{\overline{\gamma}_{0,\,L+1}}\right)\sum_{k=0}^{L}\frac{1}{k!}\left(\frac{\gamma_{th}}{\overline{\gamma}_{0,\,L+1}}\right)^k$$

通过泰勒展开,我们有

$$p_{\text{out},\,L+1} = 1 - \left(\sum_{k=0}^{\infty}\frac{1}{k!}\left(\frac{-\gamma_{th}}{\overline{\gamma}_{0,\,L+1}}\right)^k\right)\left(\sum_{k=0}^{L}\frac{1}{k!}\left(\frac{\gamma_{th}}{\overline{\gamma}_{0,\,L+1}}\right)^k\right) \tag{4.148}$$

值得注意的是,对于 $0 \leqslant \ell \leqslant L$,第 ℓ 个 $\gamma_{th}/\overline{\gamma}_{0,L+1}$ 的功率可以消去,因为

$$-\sum_{k=0}^{\ell} \frac{(-1)^k}{k!(\ell-k)!}\left(\frac{\gamma_{th}}{\overline{\gamma}_{0,L+1}}\right)^{\ell} = -(1-1)^{\ell}\left(\frac{\gamma_{th}}{\overline{\gamma}_{0,L+1}}\right)^{\ell} = 0$$

另一方面,第 $L+1$ 个 $\gamma_{th}/\overline{\gamma}_{0,L+1}$ 的功率等于

$$-\sum_{k=1}^{L+1} \frac{(-1)^k}{k!(L+1-k!)}\left(\frac{\gamma_{th}}{\overline{\gamma}_{0,L+1}}\right)^{L+1}$$

$$=\left[\frac{1}{(L+1)!} - \sum_{k=0}^{L+1} \frac{(-1)^k}{k!(L+1-k)!}\right]\left(\frac{\gamma_{th}}{\overline{\gamma}_{0,L+1}}\right)^{L+1}$$

$$=\frac{1}{(L+1)!}\left(\frac{\gamma_{th}}{\overline{\gamma}_{0,L+1}}\right)^{L+1}$$

因此,高信噪比时,中断概率可以近似为

$$p_{\text{out},L+1} = \frac{1}{(L+1)!}\left(\frac{\gamma_{th}}{\overline{\gamma}_{0,L+1}}\right)^{L+1} + \mathcal{O}\left(\left(\frac{\gamma_{th}}{\overline{\gamma}_{0,L+1}}\right)^{L+2}\right)$$

$$\approx \frac{1}{(L+1)!}\left(\frac{\gamma_{th}}{\overline{\gamma}_{0,L+1}}\right)^{L+1} \tag{4.149}$$

类似地,由于每条链路上的信噪比不同,在高信噪比时,式(4.146)中的中断概率可近似为

$$p_{\text{out},L+1} = \frac{\gamma_{th}^{L+1}}{(L+1)!}\prod_{k=0}^{L}\frac{1}{\overline{\gamma}_{k,L+1}} \tag{4.150}$$

由于这个概率是以所有中间中继节点成功解码消息这个事实为条件,端到端中断概率必须考虑到每个中继节点 ℓ 的中断概率,由下式给出

$$p_{\text{out},\ell} = \text{Pr}(\gamma_{\ell-1,\ell} < \gamma_{th}) = 1 - \exp\left(-\frac{\gamma_{th}}{\overline{\gamma}_{\ell-1,\ell}}\right) \tag{4.151}$$

其中,$\ell = 1, \cdots, L$。端到到中断概率可表示为

$$p_{\text{out}} = 1 - \prod_{\ell=1}^{L+1}(1 - p_{\text{out},\ell}) \tag{4.152}$$

值得注意的是,如果每个中间中继节点也能合并从它所有的上游节点发射的信号,那么端到端中断概率可进一步改善,如图 4.17 所示,在这种情况下,每个中间中继节点的中断概率的计算与式(4.146)和式(4.150)中的相似。也就是说,假设所有上游节点已经成功解码消息,那么高信噪比时,节点 ℓ 的中断概率可以近似为

$$p_{\text{out},\ell} = \Pr\Big(\sum_{k=0}^{\ell-1} \gamma_{k,\ell} < \gamma_{th}\Big) \approx \frac{\gamma_{th}^{\ell}}{\ell\,!} \prod_{k=0}^{\ell-1} \frac{1}{\overline{\gamma}_{k,\ell}} \tag{4.153}$$

其中，$\ell = 1, \cdots, L+1$。将它代入式(4.152)，我们可以得到在所有节点有分集合并的端到端中断概率。

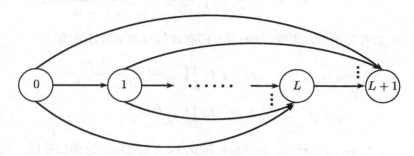

图 4.17　在所有节点有分集合并的多跳协作网络示意图

AF 中继的多跳传输

尽管大多数传统多跳系统采用 DF 中继技术，然而使用 AF 中继技术也可以同样实现多跳传输。具体来说，考虑 AF 多跳网络，类似于图 4.15 所示，每个中间节点放大并转发它所接收到的信号至下游节点。我们首先查看无分集合并的情况，其中每个节点只接收来自它的直接上游节点的信号。采用在 3.2 节中给出的信号模型，节点 ℓ 接收到的信号可表示为

$$y_{\ell} = h_{\ell-1,\ell} \sqrt{P_{\ell-1}} x_{\ell-1} + w_{\ell} \tag{4.154}$$

式中

$$x_{\ell-1} = \beta_{\ell-1} y_{\ell-1} \tag{4.155}$$

是节点 $\ell-1$ 发射的信号，w_{ℓ} 是节点 ℓ 上的噪声。由中继节点 $\ell-1$ 施加的放大增益为

$$\beta_{\ell-1} = \frac{1}{\mathbf{E}[\,|\,y_{\ell-1}\,|^2\,]} = \frac{1}{\sqrt{P_{\ell-2}\,|\,h_{\ell-2,\ell-1}\,|^2 + \sigma_w^2}}$$

通过将 $\{y_k\}_{k=1}^{\ell-1}$ 的表达式代入式(4.154)和式(4.155)，可以得到一个关于 y_{ℓ} 的等价表达式

$$y_{\ell} = \widetilde{h}_{0,\ell} \sqrt{P_0} x_s + \widetilde{w}_{\ell}$$

式中，

$$\widetilde{h}_{0,\ell} = h_{0,1} \prod_{k=1}^{\ell-1} \beta_k h_{k,k+1} \sqrt{P_k} = h_{0,1} \prod_{k=1}^{\ell-1} \frac{h_{k,k+1} \sqrt{P_k}}{\sqrt{P_{k-1}\,|\,h_{k-1,k}\,|^2 + \sigma_w^2}}$$

是节点 0 和节点 ℓ 之间的有效多跳信道,并且

$$
\begin{aligned}
\widetilde{w}_\ell &= w_\ell + \sum_{m=1}^{\ell-1} \Big(\prod_{k=m}^{\ell-1} h_{k,\,k+1} \beta_k \sqrt{P_k} \Big) w_m \\
&= w_\ell + \sum_{m=1}^{\ell-1} \Big(\prod_{k=m}^{\ell-1} \frac{h_{k,\,k+1} \sqrt{P_k}}{\sqrt{P_{k-1} \mid h_{k-1,\,k} \mid^2 + \sigma_w^2}} \Big) w_m
\end{aligned}
$$

是节点 ℓ 上的有效噪声。因此,目的节点的有效信号功率可计算为

$$
\begin{aligned}
\mid \widetilde{h}_{0,\,L+1} \mid^2 P_0 &= \mid h_{0,\,1} \mid^2 P_0 \prod_{k=1}^{L} \frac{\mid h_{k,\,k+1} \mid^2 P_k}{P_{k-1} \mid h_{k-1,\,k} \mid^2 + \sigma_w^2} \\
&= \mid h_{0,\,1} \mid^2 P_0 \prod_{k=1}^{L} \frac{\gamma_{k,\,k+1}}{\gamma_{k-1,\,k} + 1} \qquad\qquad (4.156)
\end{aligned}
$$

式中, $\gamma_{k,\,k+1} = \mid h_{k,\,k+1} \mid^2 P_k / \sigma_w^2$ 是节点 k 和节点 $k+1$ 之间链路的信噪比。此外,目的节点的有效噪声方差可计算为

$$
\begin{aligned}
\sigma_{\widetilde{w}L+1}^2 &= \sigma_w^2 \Big[1 + \sum_{m=1}^{L} \Big(\prod_{k=m}^{L} \frac{P_k \mid h_{k,\,k+1} \mid^2}{P_{k-1} \mid h_{k-1,\,k} \mid^2 + \sigma_w^2} \Big) \Big] \\
&= \sigma_w^2 \Big[1 + \sum_{m=1}^{L} \Big(\prod_{k=m}^{L} \frac{\gamma_{k,\,k+1}}{\gamma_{k-1,\,k} + 1} \Big) \Big] \qquad (4.157)
\end{aligned}
$$

通过式(4.156)和式(4.157),源节点和目的节点之间的多跳信道的有效信噪比为

$$
\gamma_{0,\,L+1} = \frac{P_0 \mid \widetilde{h}_{0,\,L+1} \mid^2}{\sigma_{\widetilde{w}L+1}^2} = \frac{\gamma_{0,\,1} \prod_{k=1}^{L} \frac{\gamma_{k,\,k+1}}{\gamma_{k-1,\,k} + 1}}{1 + \sum_{m=1}^{L} \Big(\prod_{k=m}^{L} \frac{\gamma_{k,\,k+1}}{\gamma_{k-1,\,k} + 1} \Big)} \qquad (4.158)
$$

$$
= \frac{\prod_{k=0}^{L} \gamma_{k,\,k+1}}{\sum_{m=1}^{L+1} \Big[\prod_{k'=1}^{m-1} (\gamma_{k'-1,\,k'} + 1) \prod_{k=m}^{L} \gamma_{k,\,k+1} \Big]} \qquad (4.159)
$$

$$
= \Big[\sum_{m=1}^{L+1} \frac{1}{\gamma_{m-1,\,m}} \prod_{k=1}^{m-1} \Big(1 + \frac{1}{\gamma_{k-1,\,k}} \Big) \Big]^{-1} \qquad (4.160)
$$

$$
= \Big[\prod_{k=1}^{L+1} \Big(1 + \frac{1}{\gamma_{k-1,\,k}} \Big) - 1 \Big]^{-1} \qquad (4.161)
$$

为估计 AF 多跳传输方案的中断概率,我们必须先得到有效信噪比 $\gamma_{0,\,L+1}$ 的分布。不幸的是,这并不容易以闭型得到。然而,在高信噪比时,我们可以近似得到有效信噪比

$$
\gamma_{0,\,L+1} \approx \Big[\sum_{k=1}^{L+1} \frac{1}{\gamma_{k-1,\,k}} \Big]^{-1} \triangleq \gamma_{\text{approx}} \qquad (4.162)
$$

给定信噪比阈值 γ_{th}，端到端中断概率为[10]

$$p_{\text{out}} \approx \Pr(\gamma_{\text{approx}} < \gamma_{th}) = \Pr(\gamma_{\text{approx}}^{-1} > \gamma_{th}^{-1})$$

$$= 1 - \mathcal{L}^{-1}\left(\frac{M_{1/\gamma_{\text{approx}}}(-s)}{s}\right)\Big|_{1/\gamma_{th}} \tag{4.163}$$

式中，$\mathcal{L}(\cdot)$ 是拉普拉斯反变换，$M_{1/\gamma_{\text{approx}}}(s) = \mathbf{E}[e^{-s/\gamma_{\text{approx}}}]$ 是 $1/\gamma_{\text{approx}}$ 的矩量母函数（MGF）。根据式（4.162），$1/\gamma_{\text{approx}}$ 的矩量母函数是 $1/\gamma_{0,1}, \cdots, 1/\gamma_{L,L+1}$ 的矩量

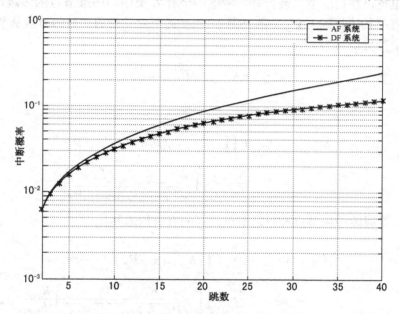

图 4.18　无分集合并的 AF 和 DF 多跳系统的中断概率与跳数的关系
（来自于 Hasna 和 Alouini，修改了坐标，©[2003]IEEE）

母函数的乘积。也就是说，对于瑞利衰落信道，我们有

$$M_{1/\gamma_{\text{approx}}}(s) = \prod_{k=1}^{L+1} M_{1/\gamma_{k-1,k}}(s) \tag{4.164}$$

式中，

$$M_{1/\gamma_{k-1,k}}(s) = \sqrt{\frac{4s}{\bar{\gamma}_{k-1,k}}} K_1\left(\sqrt{\frac{4s}{\bar{\gamma}_{k-1,k}}}\right) \tag{4.165}$$

$1/\gamma_{k-1,k}$ 的矩量母函数和 $K_1(\cdot)$ 是第二类一阶修正贝塞尔函数。对于有参数 m_n 的 Nakagami 衰落信道，$1/\gamma_{k-1,k}$ 的矩量母函数为

$$M_{1/\gamma_{k-1,k}}(s) = \frac{2}{\Gamma(m_n)}\left(\frac{m_n s}{\bar{\gamma}_{k-1,k}}\right)^{m_n/2} K_{m_n}\left(2\sqrt{\frac{m_n s}{\bar{\gamma}_{k-1,k}}}\right) \tag{4.166}$$

式中，$K_{m_n}(\cdot)$ 是第二类 m_n 阶修正贝塞尔函数。

在图 4.18 中显示了无分集合并时 DF 和 AF 多跳传输方案的中断概率。仿真中，假设每跳有相同的 SNR，即 $\overline{\gamma}_{k-1,k} = P_{k-1}\eta_{k-1,k}/\sigma_w^2 = \overline{\gamma}, \forall k$，并且选择每跳的 SNR 和 SNR 阈值的比率，使得 $\overline{\gamma}/\gamma_{th} = 25$ dB。我们能观察到随着跳数的增加，两条曲线的间隙变大，因此 DF 优于 AF。

在 AF 多跳中继系统中，为了增强接收信噪比，在多跳路由上由每个节点发射的信号也可以在目的节点被合并。考虑一个有 L 个中间中继节点的多跳网络，目的节点将一共接收到 $L+1$ 个消息副本，包括源节点发射的。目的节点从节点 ℓ 接收到的信号可以写为

$$y_{L+1}^{(\ell)} = \tilde{h}_{0,L+1}^{(\ell)} \sqrt{P_0} x_s + \tilde{w}_{L+1}^{(\ell)}$$

式中，

$$\tilde{h}_{0,L+1}^{(\ell)} = h_{0,1} \left(\prod_{k=1}^{\ell-1} \beta_k h_{k,k+1} \sqrt{P_k} \right) \beta_\ell h_{\ell,L+1} \sqrt{P_\ell}$$

$$= h_{0,1} \frac{h_{\ell,L+1}}{h_{\ell,\ell+1}} \prod_{k=1}^{\ell} \frac{h_{k,k+1} \sqrt{P_k}}{\sqrt{P_{k-1} |h_{k-1,k}|^2 + \sigma_w^2}}$$

是在第 ℓ 个时隙中源节点和目的节点之间的有效信道并且

$$\tilde{w}_{L+1}^{(\ell)} = w_{L+1}^{(\ell)} + \sum_{m=1}^{\ell} \left(\prod_{k=m}^{\ell} h_{k,k+1} \beta_k \sqrt{P_k} \right) \frac{h_{\ell,L+1}}{h_{\ell,\ell+1}} w_m$$

$$= w_{L+1}^{(\ell)} + \sum_{m=1}^{\ell} \left(\prod_{k=m}^{\ell} \frac{h_{k,k+1} \sqrt{P_k}}{\sqrt{P_{k-1} |h_{k-1,k}|^2 + \sigma_w^2}} \right) \frac{h_{\ell,L+1}}{h_{\ell,\ell+1}} w_m$$

在目的节点通过 $L+1$ 个时隙接收到的信号可聚集成矢量

$$y_{L+1} = \begin{bmatrix} y_{L+1}^{(0)} \\ y_{L+1}^{(1)} \\ \vdots \\ y_{L+1}^{(L)} \end{bmatrix} + \begin{bmatrix} \tilde{h}_{0,L+1}^{(0)} \\ \tilde{h}_{0,L+1}^{(1)} \\ \vdots \\ \tilde{h}_{0,L+1}^{(L)} \end{bmatrix} \sqrt{P_0} x_s + \begin{bmatrix} \tilde{w}_{L+1}^{(0)} \\ \tilde{w}_{L+1}^{(1)} \\ \vdots \\ \tilde{w}_{L+1}^{(L)} \end{bmatrix} \tag{4.167}$$

$$= \mathbf{h} x_s + \mathbf{w} \tag{4.168}$$

通过在目的节点利用 MRC，目的节点的有效信噪比可计算为

$$\gamma_{\text{eff}} = P_0 \mathbf{h}^H \mathbf{R}_w^{-1} \mathbf{h}$$

式中，$\mathbf{R}_w$ 是有效噪声矢量 $\mathbf{w}$ 的协方差矩阵。因为对于有 L 个中继节点的网络需要 $L+1$ 个时隙，平均端到端容量是

$$C_{AF}(\mathbf{h}, \mathbf{R}_w) = \frac{1}{L+1}\log_2 \det(\mathbf{I} + (\mathbf{h}\mathbf{h}^H)\mathbf{R}_w^{-1}) \qquad (4.169)$$

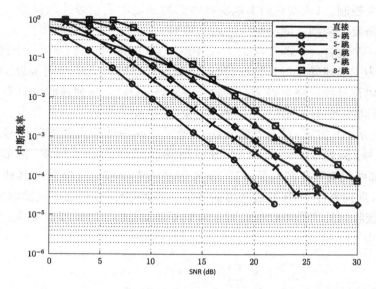

图 4. 19 目的地节点有分集合并的不同跳数的 AF 协作多跳系统的中断概率

(来自于 Pavan Kumar, Bhattacharjee, Herhold and Fettweis, ©[2004] IEEE)

给定传输速率 R，中断概率可通过 $p_{out} = \Pr(C_{AF}(\mathbf{h}, \mathbf{R}_w) < R)$ 估计。

在图 4.19(即参考文献[18]中的图 4)中显示了有不同跳数的系统的 AF 多跳传输(在目的节点使用了分集合并)的中断概率。端到端传输速率固定为 $R = 1$ bit/sec/Hz，假定信道增益是均值与路径损耗成正比的瑞利分布。我们假定源节点和目的节点之间的距离 $d_{s,d}$ 固定，因此相邻跳之间的距离以 $d_{s,d}/(L+1)$ 减少。随着跳数的增加，由于路径损耗减少，每跳可达速率增加，而目的节点将能接收更多信号副本。然而，平均端到端速率可能减少，因为穿过整条路径所要求的时隙数增加。

4.6.2 异步协作传输

在前面一节描述的协作策略中，我们假设中继节点完美同步，从而其传输到达也同步(例如，波束成形和 DSTC 方案中)或者在目的节点从时间上(例如正交或多跳传输中)完全分离。虽然通过协作在这些场景下实现的性能提供了巨大的增益，它们在现实中往往难以实现。由于这些原因，异步协作方案在近些年也得到了很多关注，比如参考文献[11, 28, 34]中所述。作为举例，在这一小节我们介绍机会式大型阵列(Opportunistic Large Array, OLA)系统，其中中继节点以异步方式接收并且重发消息，当它们确定转发的符号或消息质量足够好（基于 SNR 阈值或 CRC 测试）的话。源消息通过网络传播就像体育馆里高喊的"ola"。参与者不会遵循任何中央控制，只依据它们本地所观察到的环境中的信号作出反应。这个方案可以避免需要严格同步或协作终端间的协调。

考虑一个包含一个源节点 s、L 个中继节点（标记为 1 到 L）和一个目的节点 d 的网络。为了描述异步行为特征，我们将源信号建模为连续时间函数 $x(t)$，它可以是未编码符号或是完全码字。在源节点发射 $x(t)$ 后，任何接收到具有足够质量（比如足够高的 SNR）的信号的节点将立即重发该信号给另一个节点。无论采用 DF 方案还是 AF 方案，对于中继节点 l，通过中间中继节点转发的信号可以是一个再生信号，例如 $x_l(t) = x(t)$，或它所接收信号的放大形式，例如 $x_l(t) = \beta_l y_l(t)$。那些没有接收到有足够高 SNR 信号的中继节点将继续从其他中间中继节点接收，直到累计 SNR 超过所需的阈值。因此，节点在任意不同瞬时发射，在中继节点 l 接收到的信号可以写成所有其他节点发射的信号的累积形式。接收信号可以表示为

$$y_l(t) = \sum_{k \in \mathcal{D}} h_{k,l} x_l(t - \tau_{k,l}) + w_l(t) \qquad (4.170)$$

式中，$h_{k,l}$ 是节点 k 和节点 l 间的信道系数，$\tau_{k,l}$ 是节点 k 发射的信号的到达时间，$w_l(t)$ 是节点 l 上的加性高斯白噪声，具有相关函数 $R_{w_l}(\tau) = \mathbf{E}[w_l(t+\tau)w_l^*(t)] = N_0 \delta(\tau)$。集合 $\mathcal{D}$ 是最终可以参与协作传输的节点集合。假设信道是准静态的且平坦衰落，因此信道系数在信号 $x(t)$ 的传输时间内保持恒定。

有趣的是，由于所有节点转发同一个信号 $x(t)$，中继节点 l 接收到的信号[如在式（4.170）中]可被认为是一个等效多径信号，即

$$y_l(t) + \tilde{h}_{s,l}(t) * x(t) + \tilde{w}_l(t) \qquad (4.171)$$

式中，$\tilde{h}_{s,l}(t)$ 是有效多径信道，$\tilde{w}_l(t)$ 是有效噪声。例如，在 DF 情况下，我们有

$$\tilde{h}_{s,l}(t) = \sum_{k \in \mathcal{D}} h_{k,l} \delta(t - \tau_{k,l}) \qquad (4.172)$$

和

$$\tilde{w}_l(t) = w_l(t) \qquad (4.173)$$

然而，在 AF 情况下，$\tilde{h}_{s,l}(t)$ 等于信道系数和所有上游节点放大增益的乘积，$\tilde{w}_l(t)$ 是来自所有上游节点的噪声累积。当使用线性调制时，信号 $x(t)$ 可以表示为由下式给出的一个符号波形序列

$$x(t) = \sum_{n=-\infty}^{\infty} I_n g_{tx}(t - nT_s)$$

式中，$I_n = a_n + jb_n$ 是复数据符号，$g_{tx}(t)$ 是发射过滤器。在这种情况下，由中间中继节点产生的有效多径信道将导致频率选择性和符号间干扰，它们可以利用多载波调制或标准均衡技术来克服。

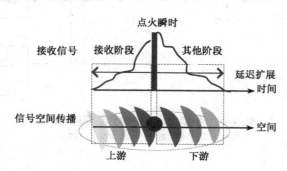

图 4.20　描述 OLA 网络中的本地节点操作的综合与点火模型示意图
（来自于 Scaglione 和 Hang，©［2003］IEEE）

在每个中继节点的操作可以由一个综合与点火（integrate-and-fire）模型来描述，如图 4.20 所示，其中实线代表中继节点接收到的信号集合。每个中继节点观察接收自其上游节点的信号直到累积的信号产生足够的信噪比来执行可靠检测。然后中继节点使用标准均衡或 RAKE 接收器来利用多径信号并且重发信号 $x(t)$ 给网络中的其他节点。一旦中继节点发射（或"点火"），它将关闭接收机且在 $x(t)$ 传播到目的节点所需的剩余时间里保持沉默。其余阶段用于避免使同一信号在同一节点被接收。

具体来说，如图 4.21 所示，参考文献［34］中提出的分数间隔判决反馈均衡器合并来自多中继路径的信号并且解决可能在高数据速率传输中存在的符号间干扰。这里，接收自异步中继节点的有效多径信号 $y_k^{(2)}$ 首先通过一个 T/ 2 分数间隔均衡器传递，然后与直接路径上接收到的信号 $y_k^{(1)}$ 合并。如果由不同中继节点发射的信号是更可分解的，可以增加分集增益。事实上，这可以通过在中继节点采用随机延迟（或局部协调延迟）来人为实现。读者可阅读参考文献［34］作进一步了解。

另一种利用频率选择性的方法是使用多载波调制。这项技术的优点是它可以在本节提出的许多协作策略之上实现，如发射波束成形、选择中继、DSTC 等。这些问题将在第 7 章中详细讨论。关于 DSTC 系统中的异步中继问题在参考文献［20-22，32，38］中有介绍。异步协作系统的分集复用折中在参考文献［33］中有进一步研究，关于异步协作的信道和延迟估计问题在参考文献［30］中作出了解释。

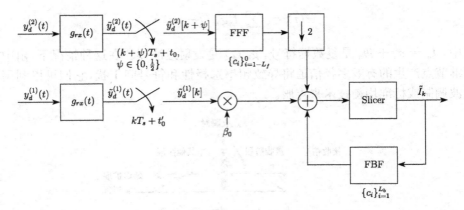

图 4.21 异步协作系统的分数间隔均衡器

（修改自参考文献[34]，©[2006] IEEE）

参考文献

1. Abdallah, M. M., Papadopoulos, H. C.: Beamforming algorithms for information relaying in wireless sensor networks. IEEE Transactions on Signal Processing 56(10), References 191 4772-4784 (2008)

2. Anghel, P., Leus, G., Kaveh, M.: Distributed space-time cooperative systems with regenerative relays. IEEE Transactions on Wireless Communications 5 (11), 3130 – 3141 (2006)

3. Bletsas, A., Khisti, A., Reed, D. P., Lippman, A.: A simple cooperative diversity method based on network path selection. IEEE Journal on Selected Areas in Communications 24 (3), 659-672 (2006)

4. Bletsas, A., Khisti, A., Win, M. Z.: Opportunistic cooperative diversity with feedback and cheap radios. IEEE Transactions on Wireless Communications 7(5), 1823-1827 (2008)

5. Bletsas, A., Shin, H., Win, M. Z.: Outage-optimal cooperative communications with regenerative relays. In: Proceedings of the Conference on Information Sciences and Systems (CISS) (2006)

6. Bletsas, A., Shin, H., Win, M. Z., Lippman, A.: Cooperative diversity with opportunistic relaying. In: Proceedings of the IEEE Wireless Communications and Networking Conference (WCNC) (2006)

7. Fertl, P., Hottinen, A., Matz, G.: Perturbation-based distributed beamforming for wireless relay networks. In: Proceedings of the IEEE GLOBECOM, pp. 1-5 (2008)

8. Gao, F., Cui, T., Nallanathan, A.: On channel estimation and optimal training design for amplify and forward relay networks. IEEE Transactions on Wireless Communications 7(5),

1907-1916 (2008)

9. Gao, F. , Cui, T. , Nallanathan, A. : Optimal training design for channel estimation in decode-and-forward relay networks with individual and total power constraints. IEEE Transactions on Signal Processing 56(12), 5937-5949 (2008)

10. Hasna, M. O. , Alouini, M. -S. : Outage probability of multihop transmission over Nakagami fading channels. IEEE Communications Letters 7(5), 216-218 (2003)

11. Hong, Y. -W. , Scaglione, A. : Energy-efficient broadcasting with cooperative transmissions in wireless sensor networks. IEEE Transactions on Wireless Communications 5(10), 2844-2855 (2006)

12. Hassibi, B. , Vikalo, H. : On the sphere decoding algorithm: Part I, the expected complexity. IEEE Transactions on Signal Processing 53(8), 2806-2818 (2005)

13. Jing, Y. , Hassibi, B. : Wireless networks, diversity and space-time codes. In: Proceedings of IEEE Information Theory Workshop, pp. 463-468 (2004)

14. Jing, Y. , Hassibi, B. : Distributed space-time coding in wireless relay networks. IEEE Transactions on Wireless Communications 5(12), 3524-3536 (2006)

15. Jing, Y. , Jafarkhani, H. : Distributed differential space-time coding for wireless relay networks. IEEE Transactions on Communications 56(7), 1092-1100 (2008)

16. Kim, J. -B. , Kim, D. : Cooperative system with distributed beamforming and its outage probability. In: Proceedings of the IEEE 65th Vehicular Technology Conference, pp. 1638-1641 (2007)

17. Koyuncu, E. , Jing, Y. , Jafarkhani, H. : Distributed beamforming in wireless relay networks with quantized feedback. IEEE Journal on Selected Areas in Communications 26(8), 1429-1439 (2008)

18. Pavan Kumar, M. S. , Bhattacharjee, R. , Herhold, P. , Fettweis, G. : Cooperative multihop relaying over fading channels. In: International Conference on Signal Processing and Communications (SPCOM), pp. 250-254 (2004)

19. Laneman, J. N. , Wornell, G. W. : Distributed space-time-coded protocols for exploiting cooperative diversity in wireless networks. IEEE Transactions on Information Theory 49(10), 2415-2425 (2003)

20. Li, Y. , Xia, X. -G. : A family of distributed space-time trellis codes with asynchronous cooperative diversity. IEEE Transactions on Communications 55(4), 790-800 (2007)

21. Li, Y. , Zhang, W. , Xia, X. -G. : Distributive high-rate space-frequency codes achieving full cooperative and multipath diversities for asynchronous cooperative communications. IEEE Transactions on Vehicular Technology 58(1), 207-217 (2009) 192 4 Cooperative Transmission Schemes with Multiple Relays

22. Li, Z. , Xia, X. -G. : A simple Alamouti space-time transmission scheme for asynchronous cooperative systems. IEEE Signal Processing Letters 14(11), 804-807 (2007)

23. Luo, L. , Blum, R. S. , Cimini, L. J. , Greenstein, L. J. , Haimovich, A. M. : Decode-and-

forward cooperative diversity with power allocation in wireless networks. (There're two paper with the identical names, conference and journal versions: In: Proceedings of the IEEE GLOBECOM, 5, pp. 3048–3052 (2005) IEEE Transactions on Wireless Communications 6 (3), 793–799 (2007))

24. Madan, R., Mehta, N., Molisch, A., Zhang, J.: Energy-efficient cooperative relaying over fading channels with simple relay selection. IEEE Transactions on Wireless Communications 7(8), 3013–3025 (2008)

25. Mudumbai, R., Hespanha, J., Madhow, U., Barriac, G.: Distributed transmit beamforming using feedback control. IEEE Transactions on Information Theory 56(1), 411–426 (2010)

26. Mudumbai, R., Brown III, D. R., Madhow, U., Poor, H. V.: Distributed transmit beamforming: challenges and recent progress. IEEE Communications Magazine 47(2), 102–110 (2009)

27. Pun, M.-O., Brown III, D. R., Poor, H. V.: Opportunistic collaborative beamforming with one-bit feedback. In: Proceedings of the IEEE 9th Workshop on Signal Processing Advances in Wireless Communications (SPAWC) (2008)

28. Scaglione, A., Hong, Y.-W.: Opportunistic large arrays: Cooperative transmission in wireless multihop ad hoc networks to reach far distances. IEEE Transactions on Signal Processing 51(8), 2082–2092 (2003)

29. Si, J., Li, Z., Liu, Z., Lu, X.: Joint route and power allocation in cooperative-multihop networks. In: Proceedings of the IEEE international conference on circuits and systems for communications, pp. 114–118 (2008)

30. Tourki, K., Deneire, L.: Channel and delay estimation algorithm for asynchronous cooperative diversity. Wireless Personal Comunications 37, 361–369 (2006)

31. Vandenberghe, L., Boyd, S.: Semidefinite programming. SIAM review 38(1), 49–95 (1996)

32. Wang, D., Fu, S.: Asynchronous cooperative communications with STBC coded single carrier block transmission. In: Proceedings of IEEE Global Telecommunications Conference (GLOBECOM), pp. 2987–2991 (2007)

33. Wei, S.: Diversity-multiplexing tradeoff of asynchronous cooperative diversity in wireless networks. IEEE Transactions on Information Theory 53(11), 4150–4172 (2007)

34. Wei, S., Goeckel, D. L., Valenti, M.: Asynchronous cooperative diversity. IEEE Transactions on Wireless Communications 5(6), 1547–1557 (2006)

35. Yi, Z., Kim, I.-M.: Joint optimization of relay-precoders and decoders with partial channel side information in cooperative networks. IEEE Journal on Selected Areas in Communications 25(2), 447–458 (2007)

36. Yiu, S., Schober, R., Lampe, L.: Distributed space-time block coding. IEEE Transactions on Communications 54(7), 1195–1206 (2006)

37. Yiu, S., Schober, R., Lampe, L.: Decentralized distributed space-time trellis coding. IEEE Transactions on Wireless Communications 6(11), 3985-3993 (2007)

38. Yu, Q., Zheng, J., Fu, T., Wu, K., Zhang, B.: Asynchronous cooperative transmission using distributed unitary space-frequency coded OFDM in mobile ad hoc networks. In: IEEE Future Generation Communication and Networking, vol. 2, pp. 291-296 (2007)

39. Zhao, Q., Tong, L.: Opportunistic carrier sensing for energy-efficient information retrieval in sensor networks. EURASIP Journal on Wireless Communications and Networking 2005 (2), 231-241 (2005)

40. Zhao, Y., Adve, R., Lim, T.: Beamforming with limited feedback in amplify-andforward cooperative networks. In: Proceedings of IEEE Global Telecommunications Conference (GLOBECOM), pp. 3457-3461 (2007)

41. Zhao, Y., Adve, R., Lim, T.J.: Improving amplify-and-forward relay networks: optimal power allocation versus selection. IEEE Transactions on Wireless Communications 6(8), 3114-3123 (2007)

第5章 协作和中继网络的基本界限

在这一章中,我们将介绍不同的信道设置下的中继网络基本界限,包括高斯信道和无线衰落信道。对于每一个场景,我们将相应研究信息容量理论、分集复用折中和大型网络的比例法则。在 5.1 节,我们首先研究单中继高斯信道的情况。当中继节点是全双工时,可以发现,在某些场景下解码转发(DF)和压缩转发(CF)两种方案能够获得容量。然而,这种结果并不适用于大多数实际半双工中继网络。在 5.2 节中,我们考虑到信道衰落并讨论快衰落和慢衰落两种场景下的基本界限,可以表明 DF 协议在快衰落信道中实现各态历经容量,而在复用增益小于一半时,动态解码转发(DDF)协议实现最优分集复用折中(DMT)。在最后一节,我们将信息理论的结果扩展到含有一个以上中继节点的网络,结果证明,当中继节点的数量很大时,高斯信道中的放大转发(AF)接近优(即接近实现容量)。在某些情况下,DF 和 DDF 协议对于快衰落和慢衰落信道也是最优的。多中继系统的大多数结果由中继信道以及传统 MIMO 信道的特性产生。

5.1 高斯中继信道

协作系统的基本元素是一个有一个源节点、一个中继节点和一个目的节点的单中继系统。该模型在参考文献[7]中由范德穆伦所作的开拓性工作中首次介绍。在本节中,我们将关注于高斯单中继信道,即中继节点和目的节点受到高斯噪声的影响。虽然到现在为止,人们对于中继信道容量的一般特征还不够了解,但正如下文描述的,一些有意义的可达区域已经被人们所发现。我们还将介绍一些已知容量的特殊情况。

5.1.1 高斯中继信道的割集界限

我们首先介绍包含高斯中继信道的一般单中继信道的模型。考虑如图 5.1 所示的中继信道,其中包括一个源节点、一个目的节点和一个将信息从源节点中继到目的节点的中间节点。长度为 n 的系统信道输入 $\mathbf{X}_s^n = [X_s[1], X_s[2], \cdots, X_s[n]]$ 根据消息 u 被选定,满足功率约束

$$\frac{1}{n}\mathbf{E}[\parallel \mathbf{X}_s^n \parallel^2] = \frac{1}{n}\sum_{i=1}^{n}\mathbf{E}[\mid X_s[i]\mid^2] \leqslant P_s$$

图 5.1　一般单中继信道

令 $\mathbf{Y}_r^n = [Y_r[1], \cdots, Y_r[n]]$ 为中继节点所作的观察结果并令 $\mathbf{X}_r^n = [X_r[1], \cdots, X_r[n]]$ 为中继节点基于此观察结果产生的信号。中继信号是关于早先的局部观察结果的函数,即

$$X_r[i] = f_{r,i}(Y_r[i-1], Y_r[i-2], \cdots, Y_r[1])$$

并满足如下功率约束

$$\frac{1}{n}\sum_{i=1}^n \mathbf{E}[\parallel \mathbf{X}_r^n \parallel^2] = \frac{1}{n}\sum_{i=1}^n \mathbf{E}[\mid X_r[i] \mid^2] \leqslant P_r$$

令 x_s,x_r,y_r 和 y_d 分别为 X_s,X_r,Y_r 和 Y_d 的实现,无记忆中继信道由 $p(y_r, y_d \mid x_s, x_r)$ 指定,假定 x_s 和 x_r 被发射,条件概率 y_r 和 y_s 通过观察得出。如果 $(y_r[i], y_d[i])$ 取决于仅通过 $(x_s[i], x_r[i])$ 的早先信道输入 $\{(x_s[j], x_r[j])\}_{j=1}^i$,在此意义上考虑的信道是无记忆的。也就是说,对于任意消息 $u \in \mathcal{U}$,其中 $\mathcal{U}$ 为可能消息的集合,任意一个码字 $\mathbf{X}_s^n = [x_s[1], \cdots, x_s[n]]$ 的选择和任意一个中继编码函数 $\{f_{r,i}\}_{i=1}^n$,我们有联合概率质量函数

$$p(y_r[i], y_d[i] \mid u, \mathbf{x}_s^i, \mathbf{x}_r^i, \mathbf{y}_r^{i-1}, \mathbf{y}_d^{i-1}) = p(y_r[i], y_d[i] \mid x_s[i], x_r[i]),$$

式中,$\mathbf{x}_s^i = [x_s[1], x_s[2], \cdots, x_s[i]]$,$\mathbf{x}_r^i = [x_r[1], \cdots, x_r[i]]$,$\mathbf{y}_r^{i-1} = [y_r[1], \cdots, y_r[i-1]]$,$\mathbf{y}_d^{i-1} = [y_d[1], \cdots, y_d[i-1]]$。

此外,还有两种中继设备,即全双工中继和半双工中继节点。全双工中继节点是那些能在同一时间和同一频段发射和接收的中继节点,而半双工中继节点则不能同时发射和接收。若每个中继节点拥有接收天线和发射天线两根天线,则该中继节点可能是全双工的。然而,出于实际考虑,如输入和输出信号的动态范围以及像循环器这样的大量铁电组件,文献(以及第 3 章、第 4 章)中提出的多数协作协议施加半双工在中继节点上。对于半双工中继节点,这个额外约束条件是

$$y_r[i] = 0 \quad x_r[i] \neq 0 \quad \forall i \tag{5.1}$$

根据这个观察结果,目的节点计算出消息 $\hat{u}$ 的估计值。令 $\mathcal{U}$ 为信息集,$\mid \mathcal{U} \mid$ 为 $\mathcal{U}$ 的基数,对于任意 $\epsilon > 0$,一个长度为 n 的编码的速率

$$R = \frac{\log_2 |\mathcal{U}|}{n}$$

可达,则存在足够大的长度 n,使得

$$\Pr(\hat{u} \neq u) < \epsilon$$

容量 C 为可达速率集合的上确界。

在本节中,我们将重点放在高斯中继器信道上。具体地说,随着源节点通过高斯中继信道广播它的符号,中继节点和目的节点接收的信号分别写为

$$Y_r[i] = X_s[i] + W_r[i] \tag{5.2}$$

和

$$Y_d[i] = X_s[i] + X_r[i] + W_d[i] \tag{5.3}$$

式中,$\mathbf{W}_r[i]\big|_{i=1}^{n} = [W_r[1], \cdots, W_r[n]]$ 由方差为 σ_r^2 的独立同分布零均值高斯随机变量构成,即 $W_r[i] \sim \mathcal{N}(0, \sigma_r^2)$,$\mathbf{W}_d[i]\big|_{i=1}^{n} = [W_d[1], \cdots, W_d[n]]$ 由服从 $\mathcal{N}(0, \sigma_d^2)$ 分布的独立同分布随机变量构成且独立于 $\mathbf{W}_r$。很容易看出,这个信道属于上面描述的一般中继信道。

假设中继节点是全双工的,为全双工高斯中继信道引入割集界限来表征容量上界。

定理 5.1 全双工高斯中继信道 C_f 的容量上界由下式给出

$$C_f \leq \sup_{p(x_s, x_r)} \min\{I(X_s, X_r; Y_d), I(X_s; Y_r, Y_d | X_r)\} \tag{5.4}$$

其中所有联合高斯分布 $p(x_s, x_r)$ 上的上确界要分别满足功率约束 P_s 和 P_r。

这个定理来自于最大流最小割(max-flow min-cut)的概念。流过任何边界(切割)的信息速率(流)小于边界一边的输入和边界另一边的输出之间的互信息,取决于另一边的输入。从图 5.2 可知,$I(X_s, X_r; Y_d)$ 项来自于多址切割,$I(X_s; Y_r | X_r)$ 项来自于广播切割。而且,在最小切割中信息速率必须小于信息流。经过适当的修改,定理 5.1 可以被容易地应用到其他信道中,包括离散无记忆信道(DMC)。这个证明的详细内容可以在参考文献[3]中找到。对有不止一个中继节点的网络的扩展将在 5.3.1 节中介绍。

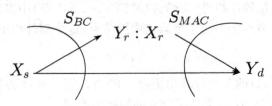

图 5.2 广播切割和多址切割的中继信道

对于半双工高斯中继信道,为不失一般性,我们假设中继节点对于符号 κn 处于接收模式,对于剩余的处于发射模式。用上标"1"代表中继接收模式中的参数,上标"2"代表中继发射模式中的参数。容量上界正如以下定理所给出的。

定理 5.2　半双工高斯中继信道 C_h 的容量上界为

$$
\begin{aligned}
C_h \leqslant \sup_{p(x_s^{(1)}, x_s^{(2)}, x_r)} \min\{ &\kappa I(X_s^{(1)}; Y_d^{(1)} \mid X_r = 0) + (1-\kappa) I(X_s^{(2)}, X_r; Y_d^{(2)}), \\
&\kappa I(X_s^{(1)}; Y_r^{(1)}, Y_d^{(1)} \mid X_r = 0) + (1-\kappa) I(X_s^{(2)}; \\
&Y_d^{(2)} \mid X_r)\}
\end{aligned}
$$

式中, $p(x_s^{(1)}, x_s^{(2)}, x_r)$ 是联合高斯分布函数,分别满足施加于源节点和信道的功率约束 P_s 和 P_r。

定理 5.2 的证明是采用式(5.1)中半双工约束的定理 5.1 的证明的简单扩展[4]。

5.1.2　解码转发和退化中继信道

中继信道的首要可达速率是为解码转发协议实现的[2],该协议对物理退化离散无记忆中继信道和一些全双工高斯中继信道也很严格。在解码消息后,中继节点重新编码消息并发送一个新的码字。对于全双工中继节点,可达速率为

定理 5.3　假设中继节点遵从解码转发协议,全双工高斯中继信道的容量下界为

$$
C_f \geqslant \sup_{p(x_s, x_r)} \min\{ I(X_s, X_r; Y_d), I(X_s; Y_r \mid X_r) \}, \tag{5.5}
$$

式中,联合高斯分布函数 $p(x_s, x_r)$ 上的上确界满足功率约束 P_s 和 P_r。

在这里,我们给出证明这个定理的基本概念。假设源节点使用马尔可夫块编码方案,即码字块 j 取决于当前消息 u_j 和前面的消息 u_{j-1}。在块 j 结束时,当在中继节点 $\mathbf{y}_r^n(j)$ 解码来自接收信号的消息时,中继节点有早先的 $u_1, \cdots, u_{j-1}$ 估计和正确的 $\mathbf{x}_r^n(j-1)$。速率 R 必须小于 $I(X_s; Y_r \mid X_r)$ 以保证中继节点能正确解码。中继节点通过使用另一个码本将 u_{j-1} 编码为 $\mathbf{x}_r^n(j)$ 并将其重发到目的节点。因为正确解码的 $\mathbf{x}_r^n(j)$ 的信息,可以在目的节点获知消息 u_{j-1}。这种信道类似于一个 2×1 MISO 信道,速率 R 必须小于 $I(X_s, X_r; Y_d)$ 以确保目的节点可以正确地解码数据。源节点和中继节点作为并列多天线系统,详细内容可以阅读参考文献[3]。

接下来,我们将证明对于全双工退化中继信道,解码转发最优。首先,退化中继信道定义如下:

定义 5.1(退化中继信道)　若中继信道满足下列条件,则信道为退化信道:

$$p(y_r, y_d | x_s, x_r) = p(y_r | x_s, x_r) p(y_d | y_r, x_r) \tag{5.6}$$

上述定义的退化中继信道可以解释为这样的情况：目的节点接收到的是中继节点 Y_r 上观察到的信号的退化形式和中继节点 X_r 上的输出信号的合并。更具体点说，若 $p(y_d | x_s, x_r, y_r) = p(y_d | x_r, y_r)$，即 $X_S \rightarrow (X_r, Y_r) \rightarrow Y_d$ 是一个马尔可夫链，则中继信道是退化的。由于这个马尔可夫链，定理 5.1 中的上界和定理 5.3 中的解码转发下界保持一致[2]，然后退化中继信道的容量由以下定理给出。

定理 5.4 全双工退化高斯中继信道的容量为

$$C_{\text{deg}} = \sup_{p(x_s, x_r)} \min\{I(X_s, X_r; Y_d), I(X_s; Y_r | X_r)\} \tag{5.7}$$

式中，联合高斯分布函数 $p(x_s, x_r)$ 上的上确界满足功率约束 P_s 和 P_r。

我们来仔细分析一下图 5.3 所示的退化高斯中继信道。具体来说，中继节点和目的节点所作的观察结果是

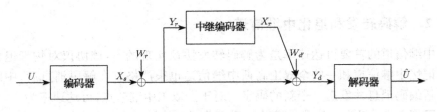

图 5.3 退化高斯中继信道

$$Y_r[i] = X_s[i] + W_r[i] \tag{5.8}$$

和

$$Y_d[i] = Y_r[i] + X_r[i] + W_{d'}[i] = X_s[i] + X_r[i] + W_r[i] + W_{d'}[i] \tag{5.9}$$

式中，$\mathbf{W}_r^n = [W_r[1], \cdots, W_r[n]]$ 由方差为 σ_r^2 的独立同分布零均值高斯随机变量构成，即 $W_r[i] \sim \mathcal{N}(0, \sigma_r^2)$，$\mathbf{W}_{d'}^n = [W_{d'}[1], \cdots, W_{d'}[n]]$ 由服从 $\mathcal{N}(0, \sigma_d^2)$ 分布的独立同分布随机变量构成且独立于 $\mathbf{W}_r^n$。因此，定理 5.4 中的公式可以明确表示如下：

定理 5.5 实际退化高斯中继信道的容量为

$$C_{\text{deg}} = \max_{0 \leqslant \beta \leqslant 1} \min\left\{\frac{1}{2}\log_2\left(1 + \frac{P_s + p_r + 2\beta\sqrt{P_s P_r}}{\sigma_r^2 + \sigma_d^2}\right), \frac{1}{2}\log_2\left(1 + \frac{(1-\beta^2)P_s}{\sigma_r^2}\right)\right\}$$

与定理 5.3 类似，第一项通过源节点和中继节点在高斯信道上一致发射得到，第二项用来确保在中继节点对源消息正确解码。式中的参数 β 可以看作 X_s 和 X_r 之间的相关性，用来指定联合高斯分布。根据源节点—中继节点链路和中继节点—目的节点链路的信噪比，可以通过考虑两种不同的情况对结果进行讨论。

情况 Ⅰ：对于 $P_s/\sigma_r^2 \geqslant P_r/\sigma_d^2$，我们可以证明

$$\frac{\beta P_s}{\sigma_r^2} - \frac{P_s + P_r + 2\sqrt{(1-\beta)P_s P_r}}{\sigma_r^2 + \sigma_d^2} \leqslant \frac{P_s}{\sigma_r^2} - \frac{P_s + P_r}{\sigma_r^2 + \sigma_d^2} \leqslant \frac{P_s}{\sigma_r^2} - \frac{P_s\left(1 + \frac{\sigma_d^2}{\sigma_r^2}\right)}{\sigma_r^2 + \sigma_d^2} = 0$$

式中,第一个不等式的结果来自于 $\beta = 1$ 时最大化式子左边这个事实。因此,容量为

$$C_{\text{deg}} = \frac{1}{2}\log_2\left(1 + \frac{P_s}{\sigma_r^2}\right)$$

这相比于没有中继的情况有所改进,没有中继时容量为

$$C_{\text{no relay}} = \frac{1}{2}\log_2\left(1 + \frac{P_s}{\sigma_r^2 + \sigma_d^2}\right)$$

情况 II: 对于 $P_s/\sigma_r^2 < P_r/\sigma_d^2$,通过选择 β^* 使得下式成立,容量可以达到最大化

$$\frac{1}{2}\log_2\left(1 + \frac{P_s + P_r + 2\sqrt{(1-\beta)P_s P_r}}{\sigma_r^2 + \sigma_d^2}\right) = \frac{1}{2}\log_2\left(1 + \frac{\beta P_s}{\sigma_r^2}\right)$$

在这种情况下,容量变为

$$C_{\text{deg}} = \frac{1}{2}\log_2\left(1 + \frac{\beta^* P_s}{\sigma_r^2}\right)$$

请注意,定理 5.4 中的容量结果可以很容易地应用到其他有连续或有限字母表的退化中继信道中。以下给出两个例子。

例 1:带反馈的一般中继信道

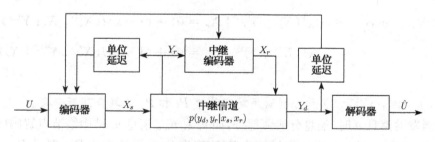

图 5.4　带反馈的高斯中继信道

带反馈的一般中继信道可以被视为一种特殊情况的退化中继信道,如图 5.4 所示。更具体地说,在这种情况下,中继节点观察 (Y_r, Y_d),而 (Y_r, Y_d) 包含目的节点的观察结果 Y_d。因此,在式(5.7)中可以用 (Y_r, Y_d) 代替 Y_r,我们能够得到带反馈的一般中继信道的容量为

$$C = \sup_{p(x_s, x_r)} \min\{I(X_s, X_r; Y_d), I(X_s; Y_r, Y_d | X_r)\} \qquad (5.10)$$

式中，$p(x_s, x_r)$ 是满足功率约束的 X_s, X_r 的联合分布。

例 2：反向退化中继信道

反向退化中继信道指中继节点观察目的节点的观察结果的退化形式的信道。正式定义如下：

定义 5.2（离散反向退化中继信道） 如果满足以下条件，则定义在有限字母表（$\mathcal{X}_s \times \mathcal{X}_r, p(y_r, y_d | x_s, x_r), \mathcal{Y}_r \times \mathcal{Y}_d$）上的中继信道是反向退化的

$$p(y_r, y_d | x_s, x_r) = p(y_d | x_s, x_r) p(y_r | y_d, x_r) \qquad (5.11)$$

在这种情况下，中继节点将无法协作转发源消息，但可以发射一个符号 x_r 来帮助源消息的传输。给定 $X_r[i] = x_r$，对于所有 i，可以直接从点对点信道的结果中获得有离散字母表的反向退化中继信道的容量为

$$C_{\text{rev}} = \max_{x_r \in \mathcal{X}_r} \max_{p(x_s)} I(X_s; Y_d | x_r)$$

式中，$\mathcal{X}_r$ 为 X_r 的有限字母表，$p(x_s)$ 是来自有限字母表 $\mathcal{X}_s$ 的 x_s 的分布函数。

对于半双工中继节点，中继节点用一部分 κn 符号时间去监听（阶段 I），剩下的时间用来发射（阶段 II）。此外，源节点可以将消息分成两部分来提高性能，其中一部分不需要中继节点的帮助直接将消息发射到目的节点，另一部分则需要通过中继节点的帮助来发射信息。当只有部分源消息在中继节点被解码时，这种方案也被称为"部分解码转发"。可达速率的下界如下：

定理 5.6 半双工高斯中继信道 C_h 的容量下界为

$$C_h \geqslant \max_{p(x_s^{(1)}, x_s^{(2)}, x_r)} \min\{\kappa I(X_s^{(1)}; Y_d^{(1)} | X_r = 0) + (1 - \kappa) I(X_s^{(2)}, X_r; Y_d^{(2)}),$$
$$\kappa I(X_s^{(1)}; Y_r^{(1)} | X_r = 0) + (1 - \kappa) I(X_s^{(2)}; Y_d^{(2)} | X_r)\} \tag{5.12}$$

式中，$p(x_s^{(1)}, x_s^{(2)}, x_r)$ 是分别满足功率约束 P_s 和 P_r 的联合高斯分布。

当发射消息 u 时，消息分成两部分，如 u_r 和 u_d。消息 u_r 被中继节点解码（速率为 R_r），消息 u_d 被直接发射到目的节点（速率为 R_d）。总速率为 $R = R_r + R_d$。基本概念描述如下，详细说明可见参考文献[4]。在阶段 I，即中继-接收模式，源节点发射消息 u_r 用于中继节点解码。在阶段 II，当源节点使用叠加编码发射 u_r 和 u_d 时，中继节点发射 u_r。阶段 II 中目的节点的信道是一个两用户 MAC 信道。一个虚拟用户拥有消息 u_d，它在码字 $x_s^{(2), n}$ 中被编码，而另一个虚拟用户拥有消息 u_r，它在码字 x_r^n 中被编码。对于消息 u_d，若在阶段 II 中有

$$R_d < (1-\kappa)I(X_s^{(2)}; Y_d^{(2)}|X_r) \tag{5.13}$$

则它可以在目的节点被正确解码。因为消息 u_r 在阶段 I(无协作)和阶段 II(有协作)中分别被发射,若

$$R_r < \kappa I(X_s^{(1)}; Y_d^{(1)}|X_r = 0) + (1-\kappa)I(X_r; Y_d^{(2)}) \tag{5.14}$$

则它可以在目的节点被正确解码。但是,在阶段 I,消息 u_r 在中继节点必须被正确解码,这可以在如下条件下完成

$$R_r < \kappa I(X_s^{(1)}; Y_r^{(1)}|X_r = 0) \tag{5.15}$$

通过添加式(5.13)和式(5.14),我们可以得到式(5.12)中大括号内的第一项,而通过添加式(5.13)和式(5.15),我们又可以得到式(5.12)中大括号内的第二项。

5.1.3　压缩转发

对于退化中继信道,其中相对于目的节点来说中继节点观察具有更高质量的信号,定理 5.4 中的结果意味着源节点和中继节点在发射消息 u 时需要相互协作。另一方面,当中继节点改为观察退化形式(更多噪声)的目的节点观察到的信号(即反向退化中继信道)时,中继节点应选择最佳的 X_r 来发射以帮助源消息的传输。对于一般中继信道,源节点和中继节点的协作与相互促进受到可达速率范围的影响,但可以通过考虑两种极端的场景得以实现。然而,尽管中继节点可以观察到少信息量的信号,但其观察结果不一定是目的节点所观察到的输出的退化形式。在这种情况下,前面第 3 章中详细介绍的一种中间策略,通常也被称为压缩转发策略[5](或评估转发[2]),可以用在某些情况下以获得更好的可达速率。

具体来说,当中继节点可能无法完全对源节点发射的消息进行解码时,源节点和中继节点之间的协作将不可能实现。同时,观察结果 Y_r 仍包含与消息 u 相关的有用信息而且会被转发至目的节点。然而,因为中继节点和目的节点之间有限的信道容量,观察结果 Y_r 无法以无限精确度被转发,但其估测值 $\hat{Y}_r$ 可能会被替代发射。下面的定理中给出了可达速率。

定理 5.7　假设全双工中继节点遵守压缩转发策略,则其容量下界为

$$C_f > \sup_{p(x_s, x_r, y_d, y_r, \hat{y}_r)} I(X_s; Y_d, \hat{Y}_r|X_r)$$

且其下界满足如下约束时可实现

$$I(X_r; Y_d) \geqslant I(Y_r; \hat{Y}_r|X_r, Y_d) \tag{5.16}$$

联合高斯分布上的上确界有如下形式且满足功率约束

$$p(x_s, x_r, y_d, y_r, \hat{y}_r) = p(x_s)p(x_r)p(y_d, y_r|x_s, x_r)p(\hat{y}_r|y_r, x_r)$$

定理 5.7 也说明了多天线接收行为:只要满足速率约束,压缩转发速率

$$I(X_s; Y_d, \hat{Y}_r | X_r)$$

可以解释为一个 1×2 SIMO 信道(一根发射天线,两根接收天线)的速率。以上所得的结果解释如下:假设目的节点可以对中继节点发射的消息可靠编码,因此假定目的节点知道中继节点的发射信号 X_r。信号 X_r 包含估测值 $\hat{Y}_r$ 的相关信息。假设在目的节点可以观察到 Y_d 和 $\hat{Y}_r$,目的节点的可达速率由 $I(X_s; Y_d, \hat{Y}_r | X_r)$ 给出。满足下面两个条件,传输就可以实现:(1)当目的节点获得 X_r 和 Y_d 时,将 Y_r 压缩至速率 $R_0 = I(Y_r; \hat{Y}_r | X_r, Y_d)$;(2)在 R_0 不超过 X_r 和 Y_d 之间的互信息,即 $R_0 \leqslant I(X_r; Y_d)$ 这一约束下,传输压缩后的信息到目的节点。压缩可以依据源节点利用边信息进行编码的结果得以实现。

当源节点—目的节点对包含一个遵守压缩转发协议(类似于定理 5.6 解码转发协议)的半双工中继节点时,我们也可以将速率分离技术和压缩转发协议结合在一起。消息的一部分直接发射到目的节点,而另一部分需要中继节点通过利用边信息的源节点编码提供的帮助得以发射。这两个阶段的可达速率相当复杂,读者可以阅读参考文献[4]中的详细公式。请注意,不同于解码转发协议,即使在高斯中继信道中,为压缩转发选择的联合高斯分布可能不是最优分布。

5.2 单中继衰落信道

在无线衰落信道中,利用单一中继节点的帮助,中继节点和目的节点接收到的信号为

$$Y_d[i] = h_{s,d}[i]X_s[i] + h_{r,d}[i]X_r[i] + W_d[i] \tag{5.17}$$
$$Y_r[i] = h_{s,r}[i]X_s[i] + W_r[i]$$

式中,$h_{s,d}[i]$,$h_{r,d}[i]$,$h_{s,r}[i]$ 分别是时隙 i 时从源节点到目的节点的信道、从中继节点到目的节点的信道以及从源节点到中继节点的信道。噪声矢量 $\mathbf{W}_d^n = [W_d[1], \cdots, W_d[n]]$ 和 $\mathbf{W}_r^n = [W_r[1], \cdots, W_r[n]]$ 由独立同分布的循环对称高斯随机变量组成。通常,在文献中考虑两种类型的衰落信道:慢衰落和快衰落信道。在快衰落信道中,每一个信道增益都被假定为一个关于时间指数的独立同分布随机过程,而在慢衰落信道中,信道增益是随机的,但固定在一个码字长度内。在这两种情况下,通过假定完美的信道评估,接收机可完美获得信道增益。然而,由于从接收机到发射机的有限反馈信道带宽,发射机难以完美获得这些信道系数。

5.2.1 各态历经容量

在这一节中,我们将讨论发射机端有部分信道状态信息的快衰落中继信道。

在这之前,我们先关注一种简单的情况,即信道增益在每个码字长度保持相同且发射机已完美知道信道增益。这种信道产生的结果对于理解快衰落信道中的容量非常有用。考虑到节点间的距离,我们设定

$$h_{s,\,d} = \frac{1}{\sqrt{d_{s,\,d}^{\alpha}}}$$

式中, $d_{s,\,d}$ 为源节点与目的节点之间的距离, α 是路径损耗效应的衰减指数。同样地,设定 $h_{s,\,r} = 1/(\sqrt{d_{s,\,r}^{\alpha}})$, $h_{r,\,d} = 1/\sqrt{d_{r,\,d}^{\alpha}}$ 。对于这种信道,5.1.1 节的结果可以直接使用。令定理 5.1 中 X_s 和 X_r 之间的相关系数为 β ,全双工中继信道的割集界限为

$$C_f \leqslant \max_{0 \leqslant \beta \leqslant 1} \min \left\{ \log_2 \left(1 + P_s \left(\frac{1}{d_{s,\,r}^{\alpha} \sigma_r^2} + \frac{1}{d_{s,\,d}^{\alpha} \sigma_d^2} \right) (1 - |\beta|^2) \right) \right.$$
$$\left. \log_2 \left(1 + \frac{P_s}{d_{s,\,d}^{\alpha} \sigma_d^2} + \frac{P_r}{d_{r,\,d}^{\alpha} \sigma_d^2} + \frac{2\beta \sqrt{P_s P_r}}{d_{s,\,d}^{\alpha/2} d_{r,\,d}^{\alpha/2} \sigma_d^2} \right) \right\} \qquad (5.18)$$

类似地,定理 5.3 中最佳解码转发速率为

$$R_{df} = \max_{0 \leqslant \beta \leqslant 1} \min \left\{ \log_2 \left(1 + \frac{P_s}{d_{s,\,r}^{\alpha} \sigma_r^2} (1 - |\beta|^2) \right), \right.$$
$$\left. \log_2 \left(1 + \frac{P_s}{d_{s,\,d}^{\alpha} \sigma_d^2} + \frac{P_r}{d_{r,\,d}^{\alpha} \sigma_d^2} + \frac{2\beta \sqrt{P_s P_r}}{d_{s,\,d}^{\alpha/2} d_{r,\,d}^{\alpha/2} \sigma_d^2} \right) \right\} \qquad (5.19)$$

对于压缩转发方案,通过选定所有的变量为高斯变量,我们使用次最优设定,并且高斯测试信道[3] $\hat{Y}_r = Y_r + \hat{W}_r$ 中的压缩误差 $\hat{W}_r$ 被假设为一个方差为 $\hat{N}_r$ 的零均值复高斯随机变量且独立于所有其他随机变量。定理 5.7 中的速率由下式给出

$$R_{cf} = \log_2 \left(1 + \frac{P_s}{d_{s,\,r}^{\alpha} \sigma_r^2 (1 + \hat{N}_r)} + \frac{P_s}{d_{s,\,d}^{\alpha} \sigma_d^2} \right) \qquad (5.20)$$

式中

$$\hat{N}_r = \frac{\dfrac{P_s}{d_{s,\,r}^{\alpha} \sigma_r^2} + \dfrac{P_s}{d_{s,\,d}^{\alpha} \sigma_d^2} + 1}{\dfrac{P_r}{d_{r,\,d}^{\alpha} \sigma_d^2}}$$

现在,假设源节点、中继节点和目的节点如图 5.5 所示排列,其中 $d_{s,\,r} = |d|$, $d_{r,\,d} = |1-d|$, $d_{s,\,d} = 1$ 。当中继节点向信号源移动即 $d \to 0$ 时, R_{df} 符合割集界限。极限容量为

$$\lim_{d \to 0} C_f = \log_2 \left(1 + \frac{P_s}{\sigma_d^2} + \frac{P_r}{\sigma_d^2} + \frac{2\sqrt{P_s P_r}}{\sigma_d^2} \right)$$

当中继节点向目的节点移动即 $d \to 1$ 时，R_{cf} 符合割集界限。极限容量为

$$\lim_{d \to 1} C_f = \log_2 \left(1 + P_s \left(\frac{1}{\sigma_r^2} + \frac{1}{\sigma_d^2} \right) \right)$$

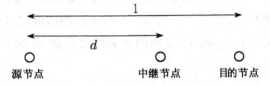

图 5.5   在一条线上的单中继节点

(图片重新生成并修改自 Kramer, Gastpar 和 Gupta, © 2005 IEEE)

现在我们考虑有相位衰落的快衰落信道，也就是说，每个信道增益有一个不被发射机所知的随机相位如下

$$h_{s,d}[i] = \frac{e^{j\theta_{s,d}[i]}}{\sqrt{d_{s,d}^\alpha}}$$

式中，$\theta_{s,d}[i]$ 在时域中独立同分布且均匀分布在 $[0, 2\pi)$ 内。同样可以定义 $h_{s,r}$ 和 $h_{r,d}$。三个节点的所有随机相位都相互独立。在上述信道设定下，我们有以下容量结果。

定理 5.8   当中继节点接近源节点使得

$$\frac{P_s}{d_{s,d}^\alpha \sigma_d^2} + \frac{P_r}{d_{r,d}^\alpha \sigma_d^2} \leqslant \frac{P_s}{d_{s,r}^\alpha \sigma_r^2} \tag{5.21}$$

全双工中继信道的各态历经容量为

$$C_f = \log_2 \left(1 + \frac{P_s}{d_{s,d}^\alpha \sigma_d^2} + \frac{P_r}{d_{r,d}^\alpha \sigma_d^2} \right)$$

容量是通过利用解码转发协议实现的。

证明：在快衰落信道中，速率 $\mathbf{E}[R_{df}]$ 可以实现[5]，其中期望值超过随机相位。这个速率变为

$$\max_{0 \leqslant \beta \leqslant 1} \min \left\{ \log_2 \left(1 + \frac{P_s}{d_{s,r}^\alpha \sigma_r^2} (1 - |\beta|^2) \right), R(\beta) \right\} \tag{5.22}$$

式中

$$R(\beta) = \mathbf{E}_{\phi_{s,d},\phi_{r,d}}\left[\log_2\left(1 + \frac{P_s}{d_{s,d}^\alpha\sigma_d^2} + \frac{P_r}{d_{r,d}^\alpha\sigma_d^2} + \frac{2\mathrm{Re}(\beta e^{j(\phi_{s,d}-\phi_{r,d})})\sqrt{P_sP_r}}{d_{s,d}^{\alpha/2}d_{r,d}^{\alpha/2}\sigma_d^2}\right)\right]$$

根据 Jensen 不等式[3]，

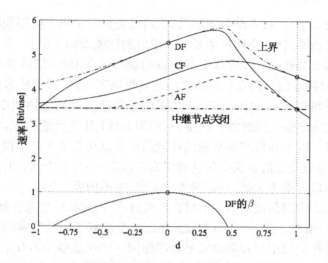

图 5.6　在三节点快衰落中继信道中的协作方案速率对比
(来自于 Kramer，Gastpar 和 Gupta，修改了坐标，© 2005 IEEE)

$$R(\beta) \leqslant \log_2\left[\mathbf{E}\left[\left(1 + \frac{P_s}{d_{s,d}^\alpha\sigma_d^2} + \frac{P_r}{d_{r,d}^\alpha\sigma_d^2} + \frac{2\mathrm{Re}(\beta e^{j(\phi_{s,d}-\phi_{r,d})})\sqrt{P_sP_r}}{d_{s,d}^{\alpha/2}d_{r,d}^{\alpha/2}\sigma_d^2}\right)\right]\right]$$

很容易看到，以上方程的右边等于 $R(0)$，并且

$$R(\beta) \leqslant R(0) \tag{5.23}$$

通过式(5.23)和式(5.21)，很容易核实当 $\beta = 0$ 时，式(5.22)中的解码转发可达速率最大。根据相同论据，当 $\beta = 0$ 时[5]，割集界限也最大。当 $\beta = 0$ 时，容量上界和下界的容量分别为式(5.18)和式(5.22)且它们一致。证明结束。

　　当信道相位随着时间均匀分布在[0，2π]时，各态历经容量结果可以扩展到其他的衰落过程，如 Rayleigh 衰落信道。图 5.6 展示的是 $\alpha = 2$ 和 $P_s = P_r = 10$ 时图 5.5 情况下的速率。它还显示了压缩转发速率，其中中继节点使用与不衰落情况相同的测试信道。使用压缩转发的可达速率是 $\mathbf{E}[R_{cf}] = R_{cf}$，如式(5.20)所示。应当注意的是，压缩转发在某些情况下也匹配割集上界，而且对于所有 d 具有较好的性能。"中继节点关闭"曲线是中继节点没有发射且 $P_r = 0$ 的情况。只有总功率消耗的一半被用于其他曲线。

　　然而，在定理 5.8 中的各态历经容量结果不能扩展到半双工中继信道。只有部分结果可以得到。感兴趣的读者可以在参考文献[4]和参考文献[5]了解这些结果。

5.2.2 分集复用折中

对于慢衰落信道,或者准静态信道,信道增益在一个码字间隔期间固定。当发射机不知道信道增益时,中断概率是一个很好的性能指标。但是,由于中继信道可以被视为虚拟 MIMO 信道,所以更多先进的最初为 MIMO 信道所开发的分集复用折中(DMT)技术值得研究。在给定的空间维数下,这一折中技术研究可实现分集与复用增益间的基本折中。当越来越多的中继节点参与到协作中时,更多的空间维数可以用来增强系统性能。这里,我们用 DMT 作为性能指标,与 2.3 节中设定的前提一样。以中断概率为基础的性能结果可以从 5.2.1 节中提供的无衰落情况(或发射机知道完全信道状态信息的慢衰落信道)中轻松得到。有兴趣的读者可以参考第 3 章以及参考文献[4]和参考文献[5]中的内容。

实现全双工中继信道的最优 DMT 相当简单,例如利用参考文献[1]中简单的放大转发(AF)策略。然后,我们主要关注有一个半双工中继节点的信道。半双工约束通常是协作协议中导致频谱效率低的原因。协议是基于半双工中继节点设计的,如参考文献[6]中最初提出的 DF 和 AF 协议以及参考文献[1]所作的改进。在 DF 协作网络中,中继节点首先解码消息,然后向目的节点发射一个新的码字,可实现的 DMT 已经被证实优于 AF 协作网络协议中的。事实上,动态解码转发(DDF)协议在一定范围的复用增益内能够实现最优折中。下面,我们将首先介绍 AF 协议以及其他复杂 DF 协议。此外,我们还会研究与那些中继协议相关的 DMT。

我们先回顾一下信道模型并介绍通用的 DMT 上界。我们考虑简单的三节点协作网络,它包括一个源节点、一个中继节点以及一个目的节点,每个节点配备一根天线,如式(5.17)所示。假设信道增益为指数分布并只有相应接收机才知道。为简单起见,源节点和中继节点的功率约束都被设置为 P。关于这种信道,我们有如下上界:

定理 5.9 有单一中继节点的三节点协作网络[见式(5.17)]的最优分集增益的上界为

$$d^*(r) \leqslant 2(1-r)$$

式中,$0 \leqslant r \leqslant 1$ 为复用增益。

分集增益以及复用增益的定义可以在 2.3 节中找到。当假定中继节点先验地知道信息消息时可以获得这种理想型(genie-aided)上界,并且该界限可直接从参考文献[12]得到。

AF 协作网络的 DMT

我们将介绍非正交放大转发(NAF)协议,该协议可以通过 AF 协议的分类获得最佳的 DMT。在半双工约束下,AF 协作必须分成两个阶段。在阶段 I 中,源节点先分别向中继节点和目的节点发射一个长度为 n' 的码字;在阶段 II 中,中继节点在接下来 $n - n'$ 个符号周期与源节点并行地放大并转发这个消息。根据式(5.17)中的信道模型,通过两个阶段后在目的节点接收到的信号可以写为

$$y_d = \begin{bmatrix} h_{s,d}\mathbf{A}_1 & 0 \\ h_{r,d}h_{s,r}\mathbf{BA}_1 h_{s,d} & \mathbf{A}_2 \end{bmatrix}\bar{x}_s + \begin{bmatrix} 0 \\ h_{r,d}\mathbf{B} \end{bmatrix}\mathbf{w}_r + \mathbf{w}_d \tag{5.24}$$

式中,$\bar{x}_s \in \mathbb{C}^n$ 为长度为 n 的复源符号,$\mathbf{w}_r \in \mathbb{C}^{n'}$ 为阶段 I 中中继节点的 AWGN,$\mathbf{w}_d \in \mathbb{C}^n$ 为两个阶段中目的节点的 AWGN。此外,$\mathbf{B} \in \mathbb{C}^{(n-n') \times n'}$ 为中继节点上的线性 AF 矩阵,$\mathbf{A}_1 \in \mathbb{C}^{n' \times n'}$,$\mathbf{A}_2 \in \mathbb{C}^{(n-n') \times (n-n')}$ 分别为阶段 I 和阶段 II 中源节点上的对角功率分配矩阵。这些矩阵被选择以满足中继节点上的平均功率约束

$$|h_{s,r}|^2 P \sum_{i=1}^{n'} |b_{ji}|^2 |a_i|^2 + \sigma_r^2 \sum_{i=1}^{n'} |b_{ji}|^2 \leqslant P, \quad j = 1, \cdots, n-n' \tag{5.25}$$

式中,矩阵 $\mathbf{B}$ 的第 (j, i) 项为 b_{ji},$\mathbf{A}_1 = \mathrm{diag}(a_1, \cdots, a_{n'})$。NAF 协议选择 $n' = n/2$,

$$\mathbf{A}_1 = \mathbf{I}_{\frac{n}{2} \times \frac{n}{2}}, \quad \mathbf{A}_2 = \mathbf{I}_{\frac{n}{2} \times \frac{n}{2}}$$

和

$$\mathbf{B} = b\mathbf{I}_{\frac{n}{2} \times \frac{n}{2}}$$

并且 $b \leqslant \sqrt{\dfrac{P}{P|h_{s,r}|^2 + \sigma_r^2}}$。该协议相比于参考文献[6]中提出的 Laneman-Tse-Wornell AF(LTW-AF)协议而言是非正交的,因为后者选择 $\mathbf{A}_1 = \mathbf{I}_{\frac{n}{2} \times \frac{n}{2}}$,$\mathbf{A}_2 = 0$。LTW-AF 等价于 3.2 节中介绍的基本 AF。我们将看到,这种松动的正交性有利于性能提高。

对于所有的 AF 网络,DMT 的上界源自参考文献[1],给出如下:

定理 5.10　有单一 AF 中继节点的协作网络的最优分集增益的上界为

$$d^*(r) \leqslant (1-r) + (1-2r)^+$$

式中,函数 $(x)^+ = \max\{x, 0\}$。

这个上界可通过如下的 NAF 协议实现:

定理 5.11　在 AF 单中继场景下,NAF 协议可获得最优 DMT 如下:

$$d^*(r) = (1-r) + (1-2r)^+$$

证明:要想得到 NAF 协议的分集阶数,我们首现通过 ML 解码器推导得出一个错误概率的渐近上限,它是通过所有的高斯随机码本获得的平均值。由此得出,必然存在至少一个有通过此平均上界界定的错误概率的码本。而且,通过此码本实现的分集阶数至少和平均上界的指数阶一样好。假设源节点使用有长度为 $n(n$ 取偶数)的码字的高斯码本,速率为

$$R = r \log_2 \rho$$

式中,$\rho = P/\sigma_d^2$ 为信噪比。我们用符号

$$f(\rho) \leqslant g(\rho) \tag{5.26}$$

来表明 $\lim\limits_{\rho \to \infty} \dfrac{\log_2 f(\rho)}{\log_2 g(\rho)} \leqslant 1$,并且用符号

$$f(\rho) = \rho^{-v} \tag{5.27}$$

表示 $\lim\limits_{\rho \to \infty} \dfrac{\log_2 f(\rho)}{\log_2 \rho} = -v$。

ML 解码器的平均错误概率,即 $P_e(\rho)$,可被确定上界如下:

$$P_e(\rho) = P_O(R) P_{e|O} + P_{e,O^c} \leqslant P_O(R) + P_{e,O^c} \tag{5.28}$$

式中,O 表示中断事件。我们将选择 O 以使 P_{e,O^c} 由 $P_O(R)$ 所主导。为了得到概率 P_{e,O^c},我们首先关注给定信道下条件 ML 成对错误概率,可通过下式得到界限[1]

$$P_{e|h_{s,d}, h_{r,d}, h_{s,r}} \leqslant \rho^{-\frac{n}{2} \max\{2(1-v_{s,d}),\, 1-(v_{r,d}+v_{s,r}),\, 0\}} \cdot \rho^{rn}$$

式中,$(v_{s,d},\ v_{r,d},\ v_{s,r}) \in \mathbb{R}^{3+}$,"$\leqslant$"在式(5.26)中定义,我们根据信噪比重写信道增益为 $|h_{s,d}|^2 = \rho^{-v_{s,d}}$,$|h_{r,d}|^2 = \rho^{-v_{r,d}}$,$|h_{s,r}|^2 = \rho^{-v_{s,r}}$。在不会导致中断(即 O^c)的信道实现集合上的平均错误概率由下式给出:

$$P_{e,O^c} \leqslant \int_{O^c \cap \mathbb{R}^{3+}} \{\rho^{-\frac{n}{2} \max\{2(1-v_{s,d}),\, 1-(v_{r,d}+v_{s,r}),\, 0\}} \cdot \rho^{rn} \cdot \rho^{-v_{s,d}-v_{r,d}-v_{s,r}}\} \times dv_{s,d} dv_{r,d} dv_{s,r}$$
$$\tag{5.29}$$

式中,随机变量 $v_{s,d}$ 的渐近 PDF 为[1]

$$p_{s,d} = \begin{cases} \rho^{-\infty}, & \text{对于 } v_{s,d} < 0 \\ \rho^{-v_{s,d}}, & \text{对于 } v_{s,d} \geqslant 0 \end{cases}$$

式中,"$=$"在式(5.27)中定义。$v_{r,d}$ 和 $v_{s,r}$ 的 PDF 与 $v_{s,d}$ 的 PDF 相似。

注意式(5.29)中等号的右边由对应最小错误指数的项所主导,即

$$P_{e,\,\mathcal{O}^C} \leqslant \rho^{-d_e(r)}$$

式中

$$d_e(r) = \inf_{(v_{s,\,d},\,v_{r,\,d},\,v_{s,\,r})\in\mathcal{O}^c\cap\mathbb{R}^{3+}} \frac{n}{2}\big[\max\{2(1-v_{s,\,d}),\,1-(v_{r,\,d}+v_{s,\,r}),\,0\}-2r\big]$$
$$+\,v_{s,\,d}+v_{r,\,d}+v_{s,\,r}$$

同样,式(5.28)中的中断概率 $P_{\mathcal{O}}(R)$ 可渐近写为

$$P_{\mathcal{O}}(R) = \rho^{-d_{\mathcal{O}}(r)}$$

式中

$$d_{\mathcal{O}}(r) = \inf_{(v_{s,\,d},\,v_{r,\,d},\,v_{s,\,r})\in\mathcal{O}\cap\mathbb{R}^{3+}} (v_{s,\,d}+v_{r,\,d}+v_{s,\,r})$$

通过选择

$$\mathcal{O} = \{(v_{s,\,d},\,v_{r,\,d},\,v_{s,\,r})\in\mathbb{R}^{3+}\mid \max\{2(1-v_{s,\,d}),\,1-(v_{r,\,d}+v_{s,\,r}),\,0\}\leqslant 2r\}$$

通过选择 n 如所需般大,指数 $d_e(r)$ 可以任意大。因此,式(5.28)中的错误概率是由中断概率 $P_{\mathcal{O}}(R)$ 所主导,即

$$P_e(\rho)\leqslant P_{\mathcal{O}}(R)+P_{e,\,\mathcal{O}^c}\leqslant P_{\mathcal{O}}(R) = \rho^{-d_o(r)} \tag{5.30}$$

式中, $d_o(r)$ 可表示为 $(1-r)+(1-2r)^+$ 。这就是以上结论的证明。

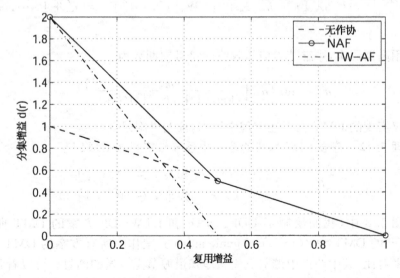

图 5.7　三节点协作信道中 AF 协议的 DMT 对比

(图片重新生成并修改自 Azarian, El Gamal 和 Schniter, © 2005 IEEE)

图 5.7 中,将 NAF 协议的 DMT 与 Laneman,Tse 和 Wornell 在参考文献[6]中提出的 AF 协议(即先前描述的 LTW-AF 协议)和无协作情况(即直接传输)进行了对比。NAF 协议表明统一支配超过其他方案,因为它可以实现最优 DMT。注意,对于大于 0.5 的复用增益,NAF 协议的 DMT 与无协作方案的相一致。这表明,由于半双工约束,AF 协作方案不能支持大于 0.5 的复用增益。

DF 协作网络的 DMT

我们将介绍动态解码转发(DDF)协议[1]并证明它可以实现复用增益 $0 \leqslant r < 0.5$ 的最优折中。DDF 改善了参考文献[6]中的 LTW-DF 方案,可以实现由 $d(r) = 2(1-2r)$ 表征的 DMT(LTW-DF 和 3.1 节中介绍的基本 DF 方案一样)。

同样,在 DDF 方案中,源节点发射一个长度为 n 的码字且速率为 R。中继节点首先收听源节点,直到源消息和接收符号之间的互信息超过 nR。在这种情况下,参考文献[1]中证明,n 足够大时,中继节点能以提供的任意小错误概率解码消息。假设上述情况发生在接收到 n' 个符号后,中继节点将解码并使用独立高斯码本对消息进行重新编码并在剩余的 $n-n'$ 个符号期间发射消息。该方法在某种意义上是动态的,中继节点收听源节点的持续期间 n' 取决于瞬时用户间信道情况。

令 $\{X_s[i]\}_{i=1}^{n}$ 和 $\{X_r[i]\}_{i=n'+1}^{n}$ 分别为源节点和中继节点发射的信号,那么目的节点接收到的信号可以写为

$$Y_d[i] = \begin{cases} h_{s,d}X_s[i] + W_d[i], & \text{对于 } i = 1, \cdots, n' \\ h_{s,d}X_s[i] + h_{r,d}X_r[i] + W_d[i], & \text{对于 } i = n'+1, \cdots, n \end{cases}$$

(5.31)

由于使用高斯码本,中继节点应该收听的符号周期数为

$$n' = \min\left\{n, \left\lceil \frac{nR}{\log_2(1 + |h_{s,r}|^2 P/\sigma_r^2)} \right\rceil \right\}$$

(5.32)

以此协议实现的 DMT 在下述定理中给出,证明见附录 5.1。

定理 5.12 符合 DDF 协议的单一中继节点实现的 DMT 为

$$d(r) = \begin{cases} 2(1-r), & \text{如果 } r \in [0, 0.5] \\ (1-r)/r, & \text{如果 } r \in (0.5, 1] \end{cases}$$

(5.33)

在图 5.8 中,我们绘制了 DDF、NAF 和 LTW-DF 方案的 DMT 曲线图。LTW-DF 的 DMT 为 $2(1-2r)$。genie-aided 方案作为所有方案的 DMT 上界被绘制用来对比,其中假设中继节点先验地知道源节点发送的消息。可以看到,因为 DDF 方案符合 genie-aided 方案的 DMT,所以对于 $0 \leqslant r \leqslant 1/2$,DDF 实现了最优 DMT。然而对于 $1/2 < r \leqslant 1$,可以观察到 DDF 方案和 genie-aided 方案的曲线间

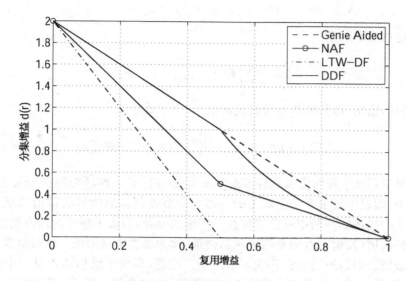

图 5.8　三节点协作信道中 **DF** 协议的 **DMT** 对比

(图片重新生成并修改自 Azarian, El Gamal 和 Schniter, © 2005 IEEE)

的间隙。就目前而言,三节点网络的最优 DMT 仍然未知。而且 DDF 的性能优于
NAF。这是由于 NAF 转发一个来自于源节点的嘈杂观察结果,而 DDF 转发一个
无杂质的重编码消息。

5.3　多中继网络

考虑一个大型的中继网络,它包括一个源节点、一个目的节点和 L 个中继节
点,如图 5.9 所示。令 u 为源节点发射的消息,它被编码为长度为 n 的码字 $\mathbf{X}_s^n = [X_s[1], X_s[2], \cdots, X_s[n]]$,其组成复杂且满足功率约束

$$\frac{1}{n} \sum_{i=1}^{n} \mathbf{E}[|X_s[i]|^2] \leqslant P_s$$

在时间 i,中继节点 l 观察

$$Y_\ell[i] = h_{s,\ell} X_s[i] + W_\ell[i]$$

式中, $\mathbf{W}_\ell^n = [W_\ell[1], \cdots, W_\ell[n]]$ 由均值为 0 且方差为 σ_r^2 的独立同分布循环对
称高斯随机变量构成。不同中继节点上的噪声相互独立。

基于观察结果序列 $\{Y_\ell[i]\}_{i=1}^n$,中继节点 l 根据因果关系产生码字 $\mathbf{X}_\ell^n = [X_\ell[1], \cdots, X_\ell[n]]$,使得

$$X_\ell[i] = f_{\ell,i}(Y_\ell[i-1], Y_\ell[i-2], \cdots, Y_\ell[1])$$

码字满足总功率约束

$$\sum_{\ell=1}^{L} \frac{1}{n} \sum_{i=1}^{n} \mathbf{E}[|X_\ell[i]|^2] \leqslant P_r$$

中继信道的输出,即目的节点接收到的信号,由下式给出

$$Y_d[i] = h_{s,d} X_s[i] + \sum_{\ell=1}^{L} h_{\ell,d} X_\ell[i] + W_d[i]$$

式中,$\{W_d[i]\}_{i=1}^n$ 是均值为 0 且方差为 σ_d^2 的独立同分布循环对称高斯随机变量。在本节中,假设中继节点是全双工的。每一个节点都知道所有的信道信息。虽然与 5.1 节中描述的高斯中继信道存在一些小的差异,但由于额外的信道增益,我们仍将这种信道(发射机有完全信道状态信息)称为高斯中继信道。发射机没有完全信道状态信息的信道将会在 5.3.3 中讨论。注意,高斯中继信道不是一个退化中继信道,因此对于中继节点数量的任何有限值,容量未知。然而,可以得到有意义的上下界,见参考文献[8]。此外,参考文献[8]中也证明对于某些情况如 L 趋于无穷大时,上下界可能重合,产生了大型高斯中继信道的渐近容量。

5.3.1 高斯多中继网络的上界

在 5.3.1 节和 5.3.2 节中,我们将讨论高斯中继网络(有 L 个中继节点)的上界和下界。重点讨论中继链路,我们认为直接链路太不稳定而不予考虑。考虑到直接链路的关于这些界限的进一步结果在参考文献[8]中给出。为了得到上界,5.1.1 节中的割集界限可以概括如下。

推论 5.1(割集界限[8]) 令 $R_{i,j}$ 是发送端 i 和接收端 j 之间的可达速率,$i,j \in \{s, 1, 2, \cdots, L, d\}$。任何将网络分成两个集合 S, $S^C \subset \{s, 1, 2, \cdots, L, d\}$ 使得 $S \cap S^C = \varnothing$ 且 $S \cup S^C = \{s, 1, 2, \cdots, L, d\}$ 的分割,必须满足如下不等式

$$\sum_{i \in S, j \in S^C} R_{i,j} \leqslant \max_{p\mathbf{X}_S, \mathbf{X}_{S^C}} I(\mathbf{X}_S; \mathbf{Y}_{S^C} | \mathbf{X}_{S^C})$$

式中,$p\mathbf{X}_S$, $\mathbf{X}_{S^C}$ 是满足功率约束的 $\mathbf{X}_S$, $\mathbf{X}_{S^C}$ 的联合分布。

证明:在这里,我们给出一个简单的"genie-aided 论据"来调用著名的 MIMO 容量结果。假设 S 和 S^C 中的所有节点都可以任意协作。因为原来的系统只有一种方式可实现任意协作,所以新协作系统的速率上界是原来系统的一个上界。而且新协作系统仅仅是一个点对点 MIMO 信道,它的速率上界如下:

$$\max_{p\mathbf{X}_S, \mathbf{X}_{S^C}} I(\mathbf{X}_S; \mathbf{Y}_{S^C} | \mathbf{X}_{S^C})$$

这就是以上结论的证明。

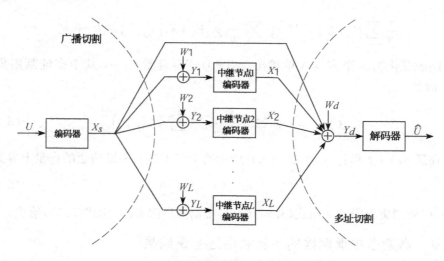

图 5.9 有多中继节点的高斯中继信道

如图 5.9 所示,考虑两处自然切割:一处是"广播切割",其中我们取 $S = \{s\}$ 和 $S^c = \{1, \cdots, L, d\}$;另一处是"多址切割",其中我们取 $S = \{s, 1, \cdots, L\}$ 和 $S^c = \{d\}$。在广播切割中,互信息可以达到最大化,由下式给出:

$$I(X_S; Y_d, Y_1, \cdots, Y_L | X_1, \cdots, X_L) = I(X_S; \widetilde{Y}_d, Y_1, \cdots, Y_L)$$

式中,

$$\widetilde{Y}_d = Y_d - \sum_{\ell=1}^{L} h_{\ell, d} X_\ell$$

在这种情况下,观察结果 $\widetilde{Y}_d, Y_1, \cdots, Y_L$ 可以被视为一个单输入多输出(SIMO)信道的输出,其容量为[9][10]

$$C_{BC} = \max_{pX_s} I(X_s; \widetilde{Y}_d, Y_1, \cdots, Y_L) = \log_2\left(1 + \frac{P_s}{\sigma_r^2} \sum_{\ell=1}^{L} |h_{s, \ell}|^2\right) \quad (5.34)$$

式中,为了满足功率约束,最大值大于所有输入分布,C_{BC} 作为广播割集界限。另外,在多址切割中,通过最大化所有 $pX_s, X_1, \cdots, X_L$ 上的如下互信息可以得到 C_{MAC} 上界。

$$I(X_S, X_1, \cdots, X_L; Y)$$

满足功率约束

$$\frac{1}{n} \sum_{i=1}^{n} \mathbf{E}[|X_s[i]|^2] \leqslant P_s \quad \text{和} \quad \sum_{\ell=1}^{L} \frac{1}{n} \sum_{i=1}^{n} \mathbf{E}[|X_\ell[i]|^2] \leqslant P_r$$

为了简化问题，我们通过改为考虑如下联合功率约束来缓和此问题：

$$\frac{1}{n}\sum_{i=1}^{n}\mathbf{E}[\,|\,X_s[i]\,|^2\,]+\sum_{\ell=1}^{L}\frac{1}{n}\sum_{i=1}^{n}\mathbf{E}[\,|\,X_\ell[i]\,|^2\,]\leqslant P_s+P_r$$

然后问题简化为一个多输入单输出（MISO）信道容量 C_{MAC}，其中多址割集界限 C_{MAC} 满足

$$C_{MAC}=\log_2\Big(1+\frac{P_s+P_r}{\sigma_d^2}\sum_{\ell=1}^{L}|\,h_{\ell,d}\,|^2\Big) \qquad (5.35)$$

命题 5.1（上界） 一个如图 5.9 所示的全双工高斯中继信道的容量上界为

$$C_f\leqslant\min(C_{BC},C_{MAC}) \qquad (5.36)$$

式中，广播割集界限 C_{BC} 由式(5.34)给出，多割集界限 C_{MAC} 由式(5.35)给出。

5.3.2 高斯多中继网络的下界和渐近容量结果

为了在容量上获得一个较低的界限，我们考虑一个特定情况，即中继节点仅将从源节点接收到的信号放大并转发至目的节点，同时满足功率约束 P_s 和 P_r。在这种情况下，源节点和目的节点之间的信道可以看作一个点到点信道。显然，$C_p<C_f$，其中 C_p 是点到点信道的容量。此外，众所周知，在点到点信道中，分离定理[3]适用，即

$$R(D_{\text{achieve}})<C_p$$

式中，D_{achieve} 是最小可达失真，$R(\cdot)$ 是选定失真度下信源的速率失真函数。在这种情况下，$R(\cdot)$ 是有均方误差（MSE）失真度量的高斯信源的速率失真函数[3]并且

$$\log_2\frac{P_s}{D_{\text{achieve}}}<C_p<C_f \qquad (5.37)$$

现在的目标是找到 D_{achieve}。假设源节点发射一个方差为 P_s 的未编码独立同分布高斯序列 $\{X_s[i]\}$。中继节点将接收的信号延迟一个时间单位以满足因果约束并将其缩放至所需的功率水平。中继节点 ℓ 在时间 i 接收到的信号为

$$Y_\ell[i]=h_{s,\ell}X_s[i]+W_\ell[i]$$

而且在时间 $i+1$ 的输出为

$$X_\ell[i+1]=e^{j\theta_\ell}\sqrt{\frac{P_\ell}{|\,h_{s,\ell}\,|^2P_s+\sigma_r^2}}Y_\ell[i]$$

式中，P_ℓ 为中继节点 ℓ 的发射功率，θ_ℓ 为适当选择的相位旋转。为简单起见，本节中我们假设目的节点不能直接接收源节点发射的信号。在目的节点接收到的信号为

$$Y_d[i+1] = \sum_{\ell=1}^{L} h_{\ell,d} X_\ell[i+1] + W_d[i+1]$$

$$= \sum_{\ell=1}^{L} a_\ell (h_{s,\ell} X_s[i] + W_\ell[i]) + W_d[i+1] \qquad (5.38)$$

式中，

$$a_\ell = h_{\ell,d} e^{j\theta_\ell} \sqrt{\frac{P_\ell}{|h_{s,\ell}|^2 P_s + \sigma_r^2}}$$

假设接收信号的线性标度即 $\gamma Y_d[i+1]$ 用来估计消息 $X_s[i]$。那么，均方误差可以写成

$$\mathbf{E}\left[|X_s[i] - \gamma Y_d[i+1]|^2\right]$$

$$= \mathbf{E}\left[\left|X_s[i]\left(1 - \gamma \sum_{\ell=1}^{L} a_\ell h_{s,\ell}\right) - \gamma \sum_{\ell=1}^{L} a_\ell W_\ell[i] - \gamma W_d[i+1]\right|^2\right]$$

$$= P_s \left|1 - \gamma \sum_{\ell=1}^{L} a_\ell h_{s,\ell}\right|^2 + |\gamma|^2 \left(\sigma_d^2 + \sigma_r^2 \sum_{\ell=1}^{L} |a_\ell|^2\right)$$

通过取上式关于 γ 的导数并设置其为 0，可以获得 γ 的最优值为

$$\gamma_{\mathrm{opt}} = \frac{P_s \left(\sum_{\ell=1}^{L} h_{s,\ell} a_\ell\right)^*}{P_s \left|\sum_{\ell=1}^{L} h_{s,\ell} a_\ell\right|^2 + \sigma_d^2 + \sigma_r^2 \sum_{\ell=1}^{L} |a_\ell|^2}$$

然后可实现的最小均方误差失真给出如下

$$\mathbf{E}\left[|X[i] - \gamma_{\mathrm{opt}} Y[i+1]|^2\right]$$

$$= \frac{P_s \left(\sigma_d^2 + \sigma_r^2 \sum_{\ell=1}^{L} |a_\ell|^2\right)}{P_s \left|\sum_{\ell=1}^{L} h_{s,\ell} a_\ell\right|^2 + \sigma_d^2 + \sigma_r^2 \sum_{\ell=1}^{L} |a_\ell|^2}$$

$$= \frac{P_s \sigma_r^2}{\dfrac{|\mathbf{h}^T \mathbf{a}|^2}{\|a\|^2 + \dfrac{\sigma_d^2}{\sigma_r^2}} P_s + \sigma_r^2}$$

式中，定义矢量 $\mathbf{h} = [h_{s,1}, \cdots, h_{s,\ell}]^T$ 和 $\mathbf{a} = [a_1, a_2, \cdots, a_L]^T$ 来简化符号。现在的目标是选择 $\mathbf{a}$ 来进一步最小化失真。接下来[5]，通过取

$$a_\ell = \sqrt{\frac{P_r}{B(L)}} h_{s,\ell}^*$$

式中，$B(L) = \sum_{\ell=1}^{L} \dfrac{|h_{s,\ell}|^2 (|h_{s,\ell}|^2 P_s + \sigma_r^2)}{|h_{\ell,d}|^2}$，我们可以实现失真

$$D_{\text{achieve}} = \frac{P_s \left[\sigma_r^2 + \dfrac{B(L)\sigma_d^2}{P_r \sum_{\ell=1}^{L} |h_{s,\ell}|^2} \right]}{\sum_{\ell=1}^{L} |h_{s,\ell}|^2 P_s + \sigma_r^2 + \dfrac{B(L)\sigma_d^2}{P_r \sum_{\ell=1}^{L} |h_{s,\ell}|^2}}$$

现在，我们得到了最小失真 D_{achieve}。接着根据式（5.36）和式（5.37），我们知道 $R(D_{\text{achieve}}) \leqslant C_f \leqslant \min\{C_{BC}, C_{MAC}\}$。考虑到直接链路，两个容量界限可以通过类似的推导获得，进一步的结果可以在参考文献 [8] 中找到，供读者参考。在图 5.10 中，我们以数值表示依据中继节点数量的 C_{BC} 和 $R(D_{\text{achieve}})$。C_{BC} 的值可被看作 C_f 的一个上界，并可以观察两个界限之间的渐近差异。在这个例子中，源节点和目的节点分别位于同一个笛卡尔坐标系的（-0.25，0）和（0.25，0）位置。图 5.10 中的两个容量界限是由中继链路以及直接链路给出[8]。中继节点均匀分布在一个以原点为圆心的单位面积圆，除了一个以源节点为圆心的半径 0.01 的圆这一死亡区。节点 i 和 j 之间的信道系数由 $1/d_{i,j}^\alpha$ 给出，其中 $d_{i,j}$ 为两个节点间的距离，α 是路径损耗指数。源节点传输功率为 $P_s = 10$ 并且中继节点遵循总功率约束 $P_r = 10L$。噪声方差设为 1。也显示了由一个单一实现（虚线）和在 100 个实现上平均（实线）得到的界限。曲线表明了 L 趋于无限大时，容量的 $\log_2 L$ 行为和上下界之间的差异收敛[8]。渐近差异的收敛性也可以从下面的定理得到。

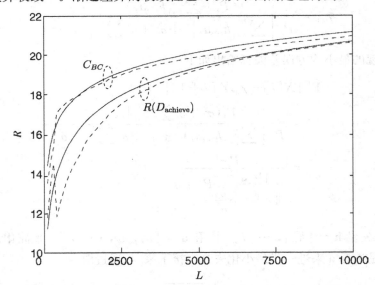

图 5.10　容量上界和下界的数值评估与中继节点数量的关系

（来自于 Gastpar 和 Vetterli，修改了坐标，© 2005 IEEE）

定理 5.13　给定中继功率和信道参数的渐近性质上的正则性条件,可以认为

$$\lim_{L \to \infty}(C_{BC} - R(D_{\text{achieve}})) = \Delta_{BC}$$

和

$$\lim_{L \to \infty}(C_{MAC} - R(D_{\text{achieve}})) = \Delta_{MAC}$$

式中,Δ_{BC},Δ_{MAC} 是常数,取决于发射功率以及信道参数。

詳细正则性条件可以在参考文献[5]中找到。通过显示上下界之间的渐近差异收敛于一个常数,我们可以获得 C_f 的渐近标度行为。这个定理意味着大规模高斯中继信道的容量以广播切割和多址切割容量之间的最小值来标度。后者有式(5.36)给出的闭型表达式。而且,它也显示了 AF 中继方案的渐进性最优,在此意义上讲,随着 L 趋于无穷大时,它达到了与网络容量相同的标度性能。

5.3.3　多中继衰落信道

现在我们考虑发送机没有完全信道状态信息而接收机有完全信道状态信息的信道。在 5.2 节,我们已经考虑了快衰落和慢衰落信道。对于快衰落信道,如 5.2.1 节所述,我们考虑相位衰落模型,即对于每一个中继节点 ℓ

$$h_{\ell, d}[i] = \frac{e^{j\theta_{\ell, d}[i]}}{\sqrt{d_{\ell, d}^{\alpha}}}$$

式中,$e^{j\theta_{\ell, d}[i]}$ 在时域中是独立同分布且均匀分布在$[0, 2\pi)$,$d_{\ell, d}$ 为中继节点 ℓ 和目的节点之间的距离,α 为衰减指数。信道 $h_{s, d}$ 和 $h_{s, \ell}$,$1 \leqslant \ell \leqslant L$ 有类似的定义。每个接收机的随机相位相互独立且在相应的发射机上未知。在 5.2.1 节中定理 5.8 的容量结果可以扩展如下[5]。

定理 5.14　如果中继节点接近源节点,有 L 个中继节点的全双工相位衰落信道的各态历经容量为

$$C_f = \max_{P_{r1}, \cdots, P_{rL}} \log_2\left(1 + \frac{P_s}{d_{s, d}^{\alpha}\sigma_d^2} + \sum_{\ell=1}^{L} \frac{P_{r\ell}}{d_{\ell, d}^{\alpha}\sigma_d^2}\right)$$

式中,中继节点上的所有功率分配策略的最大化满足总功率约束 $\sum_{\ell=1}^{L} P_{r\ell} < P_r$。

证明此定理的关于中继节点和源节点之间距离约束的正式数学描述可以在参考文献[5]中的定理 7 中找到。再次强调,DF 方案实现了此定理中所描述的容量。

现在,我们返回到 5.2.2 节中的慢衰落信道并研究一下半双工信道的 DMT。信道模型是 5.2.2 节中的信道模型的一个简单扩展,采用了 L 个中继节点,此处省略介绍。首先,定理 5.9 中的 genie-aided 分集上界可以扩展到有 L 个中继节点

的多中继系统,如以下定理如示。

定理 5.15 L 中继协作网络的分集增益存在上界为

$$d(r) \leqslant (L+1)(1-r)$$

式中,复用增益 $1 \geqslant r > 0$。

定理 5.11 中的 NAF 协议可以很容易地扩展到多中继的情况下(即 $L \geqslant 1$)。在这种情况下,每个传输被分成 L 协作帧下,L 个中继节点轮流中继源节点发射的码字。更具体地说,如图 5.11 所示,在第 l 个协作帧的前半阶段中继节点 l 监听源节点发射的码字,而在后半阶段中继节点放大并转发码字。可实现的 DMT 在参考文献[1]中给出,在如下定理中概述。

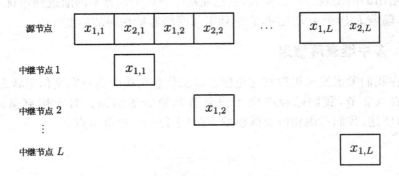

图 5.11 有 L 个中继节点的非正交放大转发协议

(图片重新生成并修改自 Azarian,El Gamal 和 Schniter,© 2005 IEEE)

定理 5.16 有 L 个中继节点的 NAF 协议中的可实现分集增益由下式表征:

$$d(r) = (1-r) + L (1-2r)^+$$

定理 5.12 中的 DDF 方案也可以扩展到多中继的情况中。再一次假设网络中有 L 个中继节点。类似于单一中继节点,首先,在每一个传输块的开始所有中继节点监听源节点,直到源消息和本地接收信号之间的互信息超过 nR,也就是说,它们能成功地解码消息并转发一个新的码字。值得注意的是,每个中继节点的解码时间可能不同。在这种情况下可实现的 DMT 也源自参考文献[1]并可以概述如下。

定理 5.17 有 L 个中继节点的 DDF 方案可实现的分集增益由下式表征

$$d(r) = \begin{cases} (L+1)(1-r), & \text{对于 } 0 \leqslant r \leqslant \dfrac{1}{L+1} \\[2mm] 1 + \dfrac{L(1-2r)}{1-r}, & \text{对于 } \dfrac{1}{L+1} < r \leqslant 0.5 \\[2mm] \dfrac{1-r}{r}, & \text{对于 } 0.5 < r \leqslant 1 \end{cases}$$

根据上面的定理,当复用增益 r 如 $1/(L+1) \geqslant r > 0$ 一样低时 DDF 是最优的,因为在定理 5.15 中 DDF 实现了 genie-aided 上界。在图 5.12 中,我们展示了中继节点数量为 4 时 NAF,DDF 和 genie-aided 协议的 DMT 曲线。可以看到,随着复用增益的增加,DDF 的分集阶数迅速下降。然而,有较小复用增益时 DDF 最优且对于任意复用增益 $r \in (0,1)$,DDF 优于 NAF。

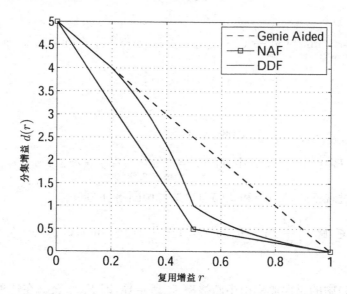

图 5.12 有 $L = 4$ 个中继节点时 NAF,DDF 和 Genie Aidedde 协议的分集复用折中
(图片重新生成并修改自 Azarian,El Gamal 和 Schniter,© 2005 IEEE)

附录 5.1 定理 5.12 的证明

基本的证明步骤遵循定理 5.11 的证明步骤。首先,我们获得对应于式(5.28)的错误概率公式。对于一个给定的信道实现,ML 解码器的条件错误概率可以写成

$$P_{e|\mathbf{h}} = P_{e, E_r^c | \mathbf{h}} + P_{e, E_r | \mathbf{h}} \leqslant P_{e| E_r^c, \mathbf{h}} + P_{E_r | \mathbf{h}}$$

式中,$\mathbf{h} = [h_{s,d}, h_{r,d}, h_{s,r}]^T$,$E_r$ 指一个中继节点发生的解码错误事件。如前面式(5.32)中所描述的,如果 n 足够大,当源消息和接收信号之间的互信息超过 nR 时,中继节点的错误概率可以为任意小。因此,错误概率渐近定界为 $P_{e|\mathbf{h}} \leqslant P_{e| E_r^c, \mathbf{h}}$。通过取信道实现平均值,平均错误概率为

$$P_e \leqslant P_{e| E_r^c} \leqslant P_{\mathcal{O} | E_r^c} + P_{e, \mathcal{O}^c | E_r^c} \tag{5.39}$$

在下面的内容中我们忽略下标 E_r^c。

根据参考文献[1]，假设速率为 $R = r\log_2\rho$，码字长度为 n，式(5.39)中的第二项可定界为

$$P_{e,\mathcal{O}^c} \leqslant \rho^{-d_e(r)}$$

式中，

$$d_e(r) = \inf_{\mathbf{v}\in\mathcal{O}^c\cap\mathbb{R}^{3+}} \left(n\Big[\frac{n'}{n}\,(1-v_{s,d})^+ + \Big(1-\frac{n'}{n}\Big)(1-\min\{v_{s,d},\,v_{r,d}\})^+ - r\Big] \right.$$
$$\left. + (v_{s,d}+v_{r,d}+v_{s,r}) \right)$$

$$(5.40)$$

并且 $\mathbf{v} = [v_{s,d},\,v_{r,d},\,v_{s,r}]$。因此，由于

$$P_{\mathcal{O}} = \rho^{-d_{\mathcal{O}}(r)},\ \text{其中}\ d_{\mathcal{O}}(r) = \inf_{\mathbf{v}\in\mathcal{O}\cap\mathbb{R}^{3+}} (v_{s,d}+v_{r,d}+v_{s,r}) \qquad (5.41)$$

我们可以通过观察式(5.40)和式(5.41)选择中断事件为

$$\mathcal{O} = \left\{ \mathbf{v}\in\mathbb{R}^{3+}\ \Big|\ \frac{n'}{n}\,(1-v_{s,d})^+ + \Big(1-\frac{n'}{n}\Big)(1-\min\{v_{s,d},\,v_{r,d}\})^+ \leqslant r \right\}$$

$$(5.42)$$

这样式(5.39)中的错误概率由中断概率 $P_{\mathcal{O}}$ 所主导，即 $P_e \leqslant P_{\mathcal{O}}$。在这种情况下，我们只需确定 $d_o(r)$ 的值。

我们考虑 4 种不同的情况：(i) $v_{s,d}$，$v_{r,d} \geqslant 1$；(ii) $0 \leqslant v_{s,d} \leqslant 1$；$v_{r,d} \geqslant 1$；(iii) $v_{s,d} \geqslant 1$，$0 \leqslant v_{r,d} \leqslant 1$；(iv) $0 \leqslant v_{s,d}$，$v_{r,d} \leqslant 1$。请注意，根据式(5.32)，得出

$$f \triangleq \frac{1}{n} = \min\left\{1, \frac{r\log_2\rho}{\log_2(|h_{s,r}|^2\rho)}\right\} = \min\left\{1, \frac{r}{1-v_{s,r}}\right\} \qquad (5.43)$$

前三种情况均超过了 genie-aided 方案所能获得的分集阶数，即 $2(1-r)$ [1]，因此不能成为 DDF 方案的 DMT 中的主导因素。而情况(iv)则非常有趣。在情况(iv)中，其中 $0 \leqslant v_{s,d}$，$v_{r,d} \leqslant 1$，式(5.42)中的不等式为

$$f(1-v_{s,d})+(1-f)(1-v_{s,d}) = 1-v_{s,d} \leqslant r \Rightarrow v_{s,d} \geqslant 1-r,\ \text{对于}\ v_{s,d} \leqslant v_{r,d}$$

以及

$$f(1-v_{s,d})+(1-f)(1-v_{r,d}) \leqslant r \Rightarrow fv_{s,d}+(1-f)v_{r,d} \geqslant 1-r,\ \text{对于}\ v_{s,d} \geqslant v_{r,d}$$

对于 $f \leqslant \frac{1}{2}$，$(v_{s,d},\,v_{r,d})$ 的可能值绘制于图 5.13 中，而对于 $f > \frac{1}{2}$，绘制于图

5.14中。此外,对于 $v_{s,r}$,它遵循式(5.43),$f = \dfrac{r}{1 - v_{s,r}} \geqslant r$,$v_{s,r} = 1 - \dfrac{r}{f}$。

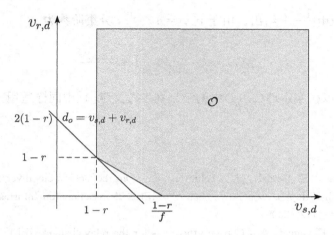

图 5.13 有单一中继节点($f \leqslant 0.5$)的 DDF 协议的中断区域

(图片重新生成并修改自 Azarian,El Gamal 和 Schniter,© 2005 IEEE)

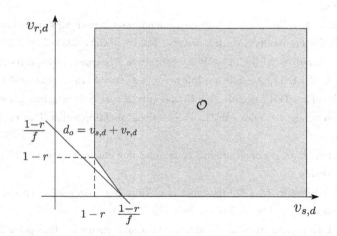

图 5.14 有单一中继节点($f > 0.5$)的 DDF 协议的中断区域

(图片重新生成并修改自 Azarian,El Gamal 和 Schniter,© 2005 IEEE)

我们考虑关于 f 值的两种情况。对于 $r \leqslant f \leqslant \dfrac{1}{2}$,如同从图 5.13 中可以观察到的

$$\inf_{(v_{s,d},\, v_{r,d},\, 0) \in \mathcal{O}} v_{s,d} + v_{r,d}$$

取值 $2(1 - r)$。这相当于 genie-aided 方案的 DMT。因此,我们总是可以选择 $f =$

r，使得 $v_{s,r} = 0$ 和 $d_O(r) = 2(1-r)$。另一方面，对于 $f > \max\left\{r, \dfrac{1}{2}\right\}$，$v_{s,d} +$ $v_{r,d}$ 的最小值由 $\dfrac{1-r}{f}$ 给出。由于 $v_{s,r} = 1 - \dfrac{r}{f}$，分集阶数为

$$d_O(r) = \inf_{f > \max\{r, 0.5\}} 1 + \frac{1-2r}{f}$$

然后，可以核实定理(5.12)中的结果在参考文献[1]中同样适用。

参考文献

1. Azarian, K., El Gamal, H., Schniter, P.: On the achievable diversity-multiplexing tradeoff in half-duplex cooperative channels. IEEE Transactions on Information Theory 51 (12), 4152-4172 (2005)

2. Cover, T., El Gamal, A.: Capacity theorems for the relay channel. IEEE Transactions on Information Theory 25(5), 572-584 (1979)

3. Cover, T. M., Thomas, J. A.: Elements of Information Theory, 2nd edn. Wiley-Interscience (2006)

4. Host-Madsen, A., Zhang, J.: Capacity bounds and power allocation for wireless relay channels. IEEE Transactions on Information Theory 51(6), 2020-2040 (2005)

5. Kramer, G., Gastpar, M., Gupta, P.: Cooperative strategies and capacity theorems for relay networks. IEEE Transactions on Information Theory 51(9), 3037-3063 (2005)

6. Laneman, J., Tse, D., Wornell, G.: Cooperative diversity in wireless networks: Efficient protocols and outage behavior. IEEE Transactions on Information Theory 50(12), 3062-3080 (2004)

7. van der Meulen, E. C.: Three-terminal communication channels. Advances in Applied Probability 3, 120-154 (1971)

8. Gastpar, M., Vetterli, M.: On the capacity of large Gaussian relay networks. IEEE Transactions on Information Theory 51(3), 765-779 (2005)

9. Telatar, · I. E.: Capacity of multi-antenna Gaussian channels. European Transactions on Telecommunications 10(6), 585-595 (1999)

10. Tse, D., Viswanath, P.: Fundamentals of Wireless Communication. Cambridge University Press (2005)

11. Wyner, A., Ziv, J.: The rate-distortion function for source coding with side information at the decoder. IEEE Transactions on Information Theory 22(1), 1-10 (1976)

12. Zheng, L., Tse, D. N. C.: Diversity and multiplexing: A fundamental tradeoff in multiple-antenna channels. IEEE Transactions on Information Theory 49(5), 1073-1096 (2003)

第6章 多源协作通信

以前,我们专注于协作系统,其中在任何瞬时时间只有一个用户被允许作为源节点,而其他用户作为源节点的中继节点。然而,在多用户系统中,多个源可能同时接入协作信道,因此必须设计多址接入策略来使任何时间、频率、码元或空间中的信号分开。在这一章,我们将考察协作通信系统的不同多址接入方案,包括时分多址(TDMA)、频分多址(FDMA)、码分多址(CDMA)和空分多址(SDMA)方案。在 TDMA/FDMA 频分多址系统,源节点通过正交时域或频域信道发射,这里无线资源必须被妥善分配以充分利用这种协作的优势。在 CDMA 或 SDMA 系统中,用户在不同的码元或空间维度上同时发射,但由于在不同维度间实现正交性的实际困难可能会经历多址干扰(MAI)。因此,目的节点的多用户检测方案或中继节点的预编码技术必须用来减轻多址干扰。除了多址接入问题,我们也将介绍不同的协作伙伴选择策略并展示它们如何被用于进一步加强多用户系统中的协作优势。注意,这一章是致力于研究多址接入技术,用于不同用户的多路传输。涉及用户竞争和冲突解决的问题将在第 8 章中讨论,那时会介绍介质访问控制(MAC)策略。

6.1 时分/频分多址(TDMA/FDMA)

在多用户协作系统中,我们可能会遇到取决于中继节点角色和目的节点数量的不同网络拓扑。具体来说,我们可以考虑指定中继节点的情况,其中每个源节点由一个或多个中继节点提供专门服务,如图 6.1(a)所示,以及共享中继节点的情况,其中多个源节点由一组公共的中继节点提供服务,如图 6.1(b)所示。在指定中继节点的情况中,一个给定中继节点的资源被完全分配给一个单一的源节点,因此系统更容易实现。然而,可实现的分集增益在此情况下通常是有限的,因为可以被指定给一个特定源节点的中继节点的数量通常是很小的。在共享中继节点的情况中,不止一个源节点可能是通过一组公共的中继节点进行发射,因此中继节点的资源必须被合理分配到源节点以最大化协作优势。相比于指定中继节点的情况,可能获得更高的分集增益。此外,我们还可以考虑基于目的节点数量的不同集合。这一章将考虑两种场景,也就是自组网场景,其中每个源节点发射到一个不同的目的节点,以及上行链路场景,其中各个源节点发射到一个公共的目的节点(或基站)。

在 TDMA 或 FDMA 系统中,每个传输实体被分配一个正交时域或频域信道来进行其传输。在使用指定中继节点的系统中,每个源节点及其中继节点可以形

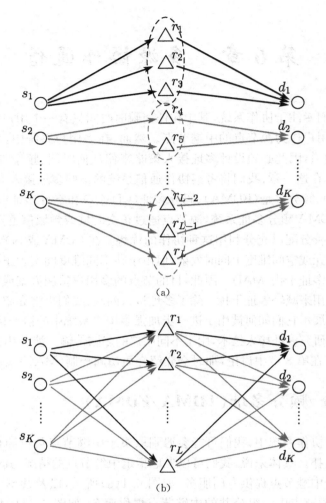

图 6.1　不同中继功能的协作网络示例

成一个可视为一个超级用户并被分配一个正交传输信道的传输实体。如果协作需要多相传输,信道可以进一步被分成子信道。总体来讲,通过协作可达速率可以看作传输实体的可达速率,因此这个问题变得和非协作系统的相同。对于应用指定中继节点的系统的 TDMA/FDMA 的使用的相关研究可以在参考[2]中找到。

当使用共享中继节点时,问题变得更加有趣。在这种情况下,各个源节点可能争夺中继节点的资源,因此为了达到高协作增益,有效的资源分配策略非常必要。这些问题将在两个 TDMA 调度方案中讨论:源节点轮流接入中继节点的轮询调度(round-robin scheduling)和中继节点动态服务于在每个时隙中具有最佳有效信道的源节点的机会调度(opportunistic scheduling)。讨论的重点是 TDMA 系统,而 FDMA 系统的扩展留给读者练习。

6.1.1　轮询调度

轮询调度是最简单的时分多址策略之一,其中时间被分为等长时隙并且每个源节点轮流接入同一中继节点集合。为了简化我们的讨论,在这一节中我们考虑只有一个中继节点存在于网络中的情况,基本协作方案在第 3 章进行了介绍。多个中继节点的情况也可以通过考虑第 4 章中介绍的协作策略进行类似的考察。此外,值得注意的是,在轮询调度中,用户将根据它们的索引顺序(而不是信道的质量)被调度。因此,预定进行发射的源节点常常无法支持高数据速率,从而会影响总体系统吞吐量。这种影响通过适当的资源分配跨时间减弱。

让我们考虑如图 6.2 所示的自组网场景,源节点通过一个公共的中继节点发射到不同的目的节点。假设有 K 组不同的源节点-目的节点对,用 $\{(s_k, d_k)\}_{k=1}^K$ 来表示,每个源节点-目的节点对被分配 $1/K$ 的共享时间来发射。

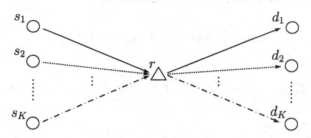

图 6.2　一个中继节点服务多个源节点-目的节点对的协作 TDMA 系统

设 $h_{k,r}$ 和 $f_{k,k}$ 分别为源节点 s_k 和中继节点 r 之间以及源节点 s_k 和目的节点 d_k 之间的信道系数,并且设 $g_{k,r}$ 为中继节点 r 和目的节点 d_k 之间的信道系数。通过考虑基本 DF 中继方案,在公共中继节点的协助下,第 k 个源节点-目的节点对的容量可以表示为

$$C_k^{(\mathrm{DF})} = \min\left\{\frac{1}{2K}\log_2\left(1+\frac{P_{s_k}\mid f_{k,k}\mid^2}{\sigma_d^2}+\frac{P_r^{(k)}\mid g_{r,k}\mid^2}{\sigma_d^2}\right),\ \frac{1}{2K}\log_2\left(1+\frac{P_{s_k}\mid h_{k,r}\mid^2}{\sigma_r^2}\right)\right\}$$

$$(6.1)$$

式中, P_{s_k} 是源节点 s_k 的传输功率, $P_r^{(k)}$ 是转发 s_k 的消息时中继节点使用的传输功率, σ_d^2 和 σ_r^2 分别是目的节点和中继节点的噪声方差。附加的 $1/K$ 系数是因为时间是平分给 K 个用户的。通过定义 $\varphi_{k,k} \triangleq \mid f_{k,k}\mid^2/\sigma_d^2$、 $\gamma_{r,k} \triangleq \mid g_{r,k}\mid^2/\sigma_d^2$ 和 $\eta_{k,r} \triangleq \mid h_{k,r}\mid^2/\sigma_r^2$ 分别为 s_k-d_k、 r-d_k 和 s_k-r 链路上的信噪比,式(6.1)中的容量表达式可以写成

$$C_k^{(\mathrm{DF})} = \frac{1}{2k}\min\{\log_2\left(1+P_{s_k}\varphi_{k,\,k}+P_r^{(k)}\gamma_{r,\,k}\right),\ \log_2\left(1+P_{s_k}\eta_{k,\,r}\right)\} \tag{6.2}$$

由于不同用户间的信道变更,中继节点可以动态地调整用于转发源节点数据的功率以最大化 K 个源节点的总体吞吐量[21]。那么,给定瞬时信道状态信息,功率 $\{P_r^{(k)}\}_{k=1}^K$ 被选择以最大化满足一个总功率约束 $\sum_{k=1}^K P_r^{(k)} \leqslant P_r$ 的所有源节点-目的节点对的总速率。最优功率分配问题可以用公式表示如下:

$$\max_{\{P_r^{(k)}\}_{k=1}^K} \sum_{k=1}^K C_k^{(\mathrm{DF})} \tag{6.3}$$

$$满足 \quad \sum_{k=1}^K P_r^{(k)} \leqslant P_r,\ P_r^{(k)} \geqslant 0,\ k=1,\ 2,\ \cdots,\ K \tag{6.4}$$

通过忽略式(6.2)中最小值的第二项,问题可简化为

$$\max_{\{P_r^{(k)}\}_{k=1}^K} \sum_{k=1}^K \log_2\left(1+P_{s_k}\varphi_{k,\,k}+P_r^{(k)}\gamma_{r,\,k}\right) \tag{6.5}$$

$$满足 \quad \sum_{k=1}^K P_r^{(k)} \leqslant P_r,\ P_r^{(k)} \geqslant 0,\ k=1,\ 2,\ \cdots,\ K \tag{6.6}$$

拉格朗日函数可以写成

$$\mathcal{L}(\{P_r^{(k)}\}_{k=1}^K) = \sum_{k=1}^K \log_2\left(1+P_{s_k}\varphi_{k,\,k}+P_r^{(k)}\gamma_{r,\,k}\right) + \mu_{\mathrm{DF}}\left(P_r - \sum_{k=1}^K P_r^{(k)}\right)$$

然后,通过 Karush-Kuhn-Tucker(KKT)条件,最优功率分配可以计算为

$$P_r^{(k)} = \left(\frac{1}{\mu_{\mathrm{DF}}} - \frac{1+P_{s_k}\varphi_{k,\,k}}{\gamma_{r,\,k}}\right)^+,\ \forall\, k \tag{6.7}$$

式中,$(x)^+ = \max(x,\,0)$,μ_{DF} 是一个满足总功率约束 $\sum_{k=1}^K P_r^{(k)} \leqslant P_r$ 的常量。这是一个注水解决方案形式,其中功率对应不同的用户在不同的仓(bin)里的分布类似于水被倒进一个容器的分布(见 2.3 章)。

然而,当考虑到式(6.2)的最小化中的第二项,每个源节点—目的节点对的容量上界将由 s_k-r 链路的容量(即 $\frac{1}{2K}\log_2(1+P_{s_k}\eta_{k,\,r})$)所界定,不顾功率分配给第 k 个源节点-目的节点对。因此,$P_r^{(k)}$ 的值不应该超过 $P_{s_k}(\eta_{k,\,r}-\varphi_{k,\,k})/\gamma_{r,\,k}$;否则,在不增加系统总速率的情况下,额外的功率将被耗尽。最优功率分配导致一个洞

穴填充（cave-filling）解决方案，以 $(1 + P_{s_k}\eta_{k,r})/\gamma_{r,k}$ 为浮顶层，以 $(1 + P_{s_k}\varphi_{k,k})/\gamma_{r,k}$ 为基极层，如图 6.3 所举例说明的有 5 个用户情况。对应每个源节点-目的节点对倒入一个洞穴的水将受限于它的浮顶层并将流入对应其他对的洞穴。水位（或浮顶层）与基极层之间的距离是分配功率 $P_r^{(k)}$。注意，在图 6.3 中的基极层是由 s_k-d_k 链路的质量好坏决定的，而浮顶层是由 s_k-r 链接的质量好坏决定的。最优解决方案为

$$P_r^{(k)} = \left(\min\left\{\frac{1}{\mu_{DF}}, \frac{1+P_{s_k}\eta_{k,r}}{\gamma_{r,k}}\right\} - \frac{1+P_{s_k}\varphi_{k,k}}{\gamma_{r,k}}\right)^+, \forall k \tag{6.8}$$

式中，$\dfrac{1}{u_{DF}}$ 被选择以满足总功率约束 $\sum\limits_{k=1}^{K} p_r^{(k)} \leqslant P_r$。

更具体地说，对于浮顶层低于水位 $\dfrac{1}{u_{DF}}$ 的用户（如图 6.3 中的用户 1 和用户 2）而言，分配的中继节点功率为

$$P_{r_k} = \frac{P_{s_k}(\eta_{k,r} - \varphi_{k,k})}{\gamma_{r,k}} \tag{6.9}$$

并且由此产生的容量为

$$C_k^{(DF)} = \frac{1}{2K}\log_2(1 + P_{s_k}\eta_{k,r}) \tag{6.10}$$

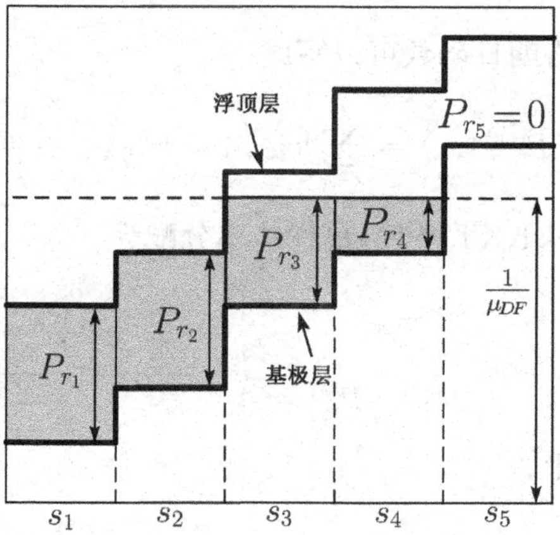

图 6.3 有 5 个源节点-目的节点对的 TDMA 协作网络的洞穴填充示意图

这意味着 DF 中继节点的容量由 s_k-r 链路的容量所界定。对于浮顶层高于 $1/u_{DF}$ 的用户（如图 6.3 中的用户 3 和用户 4）而言，功率为

$$P_{r_k} = \left(\frac{1}{\mu_{DF}} - \frac{1+P_{s_k}\varphi_{k,k}}{\gamma_{r,k}}\right) \tag{6.11}$$

并且第 k 个源节点-目的节点对的相应容量为

$$C_k^{(DF)} = \frac{1}{2K}\log_2\left(\frac{\gamma_{r,k}}{\mu_{DF}}\right) \tag{6.12}$$

然而，如果用户基极层高于 $1/u_{DF}$（如图 6.3 中的用户 5）甚至高于浮顶层（即 $\varphi_{k,k} > \eta_{k,r}$），将没有功率被分配到转发其数据的中继节点上（即 $P_{r_k} = 0$）。

基于轮询的 TDMA 系统也可以用基本 AF 中继技术来执行。利用第 3 章中

给出的容量表达式,我们也可以通过最大化系统总速率来找到最优功率分配。具体来说,当采用基本 AF 中继转发方案时,第 k 个源节点-目的节点对的容量即 (s_k, d_k)可以表示为

$$C_k^{(\mathrm{AF})} = \frac{1}{2K} \log_2 \left(1 + P_{s_k} \varphi_{k,k} + \frac{P_{s_k} P_r^{(k)} \eta_{k,r} \gamma_{r,k}}{1 + P_{s_k} \eta_{k,r} + P_r^{(k)} \gamma_{r,k}} \right) \tag{6.13}$$

最优功率分配可以通过最大化所有源节点的总速率得到,如下所示[21]:

$$\max_{\{P_r^{(k)}\}_{k=1}^K} \sum_{k=1}^K C_k^{(\mathrm{AF})} \tag{6.14}$$

$$满足 \quad \sum_{k=1}^K P_r^{(k)} \leqslant P_r, \; P_r^{(k)} \geqslant 0, \; \forall k \tag{6.15}$$

拉格朗日函数可以写成

$$\mathcal{L}(\{P_r^{(k)}\}_{k=1}^K) = \sum_{k=1}^K \log_2 \left(1 + P_{s_k} \varphi_{k,k} + \frac{P_{s_k} P_r^{(k)} \eta_{k,r} \gamma_{r,k}}{1 + P_{s_k} \eta_{k,r} + P_r^{(k)} \gamma_{r,k}} \right) + \mu_{\mathrm{AF}} \left(P_r - \sum_{k=1}^K P_r^{(k)} \right)$$

通过 KKT 条件,最优功率分配为

$$P_r^{(k)} = \left(\frac{-\left(\frac{a_k}{b_k} + 2\right) + \sqrt{\left(\frac{a_k}{b_k}\right)^2 + \frac{4a_k}{\mu_{\mathrm{AF}}}\left(1 + \frac{a_k}{b_k}\right)}}{2(a_k + b_k)} \right)^+ \tag{6.16}$$

式中,

$$a_k = \frac{P_{s_k} \eta_{k,r} / (P_{s_k} \eta_{k,r} + 1)}{(1 + P_{s_k} \varphi_{k,k}) / \gamma_{r,k}}, \; b_k = \frac{\gamma_{r,k}}{P_{s_k} \eta_{k,r} + 1}$$

并且 μ_{AF} 是选择来满足式(6.15)中总功率约束的常量。

　　上面描述的功率分配问题也可以用第 3 章中介绍的更先进的中继策略来研究,并用来研究第 4 章中介绍的多中继协作策略。然而,这些问题留给有兴趣的读者作为练习。值得一提的是,在多中继系统中,在中继节点的个体功率约束可能导致这个问题更加困难,这是一个可进一步探讨的有趣话题。

　　这一部分介绍的基于轮询的 TDMA 系统可以很容易地扩展到 FDMA 系统,其中用户的传输在频域而不是时域是多路复用的。更具体地说,在 FDMA 系统,源节点-目的节点对被分配有相同带宽的正交频带,每个频带被进一步分为两个子频带,分别用于由源节点和中继节点执行的阶段 I 和阶段 II 传输。然而,为了维持因果关系,在第二个子频带中继节点转发的数据必须在前一个时隙(第一个子频带)被接收到。在这种情况下,源节点需要一个额外的时隙来发起最初的传输,但只要传输在足够大量的时隙上进行,平均速率将不会受到影响。在频率选择环境

中,分配给每个源节点-目的节点对的功率也可以通过类似于式(6.8)和式(6.16)的方式获得。

尽管轮询调度在实际中很容易实现,但是它没有充分利用存在于多用户通信系统中的空间分集。事实上,当没有一个良好的信道时,仅调度有更好信道的用户来发射代替将更少的功率分配给源节点,这是更有益的。这产生了下一个部分中介绍的机会调度。

6.1.2 机会调度

取代以一个预先确定的顺序调度用户(比如在轮询调度中),机会调度方案利用所谓的多用户分集在每个时隙动态地选择最好的用户(例如,在目的节点有最高有效信噪比的用户)来进行发射。

让我们考虑一个协作 TDMA 系统,其中 K 个源节点通过 L 个共享中继节点发射到各自的目的节点。假设信道在每个协作传输阶段保持不变,但是块与块之间保持独立不同。如果在第 m 个时隙服务第 k 个源节点,L 个中继节点在阶段 II 中接收到的信号表示为矢量 $\mathbf{y}_r^{(k)}[m] = [y_1^{(k)}[m], y_2^{(k)}[m], \cdots, y_L^{(k)}[m]]^T$,其中

$$\mathbf{y}_r^{(k)}[m] = \sqrt{P_{s_k}}\mathbf{h}_{k,r}x_k[m] + \mathbf{w}_r[m] \tag{6.17}$$

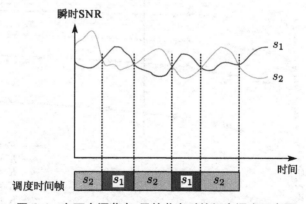

图 6.4 有两个源节点-目的节点对的机会调度示意图

并且 $\mathbf{h}_{k,r} = [h_{k,1}, h_{k,2}, \cdots, h_{k,L}]^T$ 是源节点 s_k 和 L 个中继节点之间的信道系数矢量,$x_k[m]$ 是带有单位能量的源符号,即 $E[|x_k[m]|^2] = 1$,$\forall k$,$\mathbf{w}_r[m] = [w_{r_1}[m], \cdots, w_{r_L}[m]]^T \sim \mathcal{CN}(0, \sigma_r^2\mathbf{I})$ 由中继上的噪声组成。

在相同时隙的阶段 II,各中继节点将一起转发源节点的数据到各自的目的节点。假设采用 AF 多中继方案,那么当转发源节点 k 的数据时,放大系数 $\alpha_l^{(k)}$ 被施加在中继节点上。令 $g_{l,k}$ 为中继节点 r_l 和目的节点 d_k 之间的信道系数。然后,目的节点 d_k

接收到的信号可以表示为

$$y_{d_k}[m] = \sum_{\ell=1}^{L} g_{\ell,k}\alpha_\ell^{(k)}y_\ell^{(k)}[m] + w_d[m]$$

$$= \sqrt{P_{s_k}}\,\mathbf{g}_{r,k}^T \mathbf{A}^{(k)}\mathbf{h}_{k,r}x_k[m] + \mathbf{g}_{r,k}^T\mathbf{A}^{(k)}\mathbf{w}_r[m] + w_d[m]$$

式中，$\mathbf{g}_{r,k} = [g_{1,k}, g_{2,k}, \cdots, g_{L,k}]^T$ 是各中继节点与目的节点 d_k 之间的信道矢量，$\mathbf{A}^{(k)} = \mathrm{diag}(\alpha_1^{(k)}, \alpha_2^{(k)}, \cdots, \alpha_k^{(k)})$ 是一个由在 L 个中继节点上源节点 s_k 的放大系数组成的对角矩阵，$w_d[m] \sim \mathcal{CN}(0, \sigma_d^2)$ 是目的节点的加性高斯白噪声。在第 m 个时隙中第 k 个源节点-目的节点对可实现的瞬时信噪比为

$$\gamma_k[m] = \frac{P_{s_k}\,|\,\mathbf{g}_{r,k}^T\mathbf{A}^{(k)}\mathbf{h}_{k,r}\,|^2}{\sigma_d^2 + \sigma_r^2\mathbf{g}_{r,d}^T\mathbf{A}^{(k)}(\mathbf{A}^{(k)})^H\mathbf{g}_{r,k}^*} \tag{6.18}$$

为了最大化系统总速率，带有最高瞬时信噪比的源节点-目的节点对才会被安排在每个时隙来发射。图 6.4 列举了一个有两个用户的例子。我们可以看到，通过选择有最好信噪比的用户，系统观察到的有效信噪比仍然保持在高水平。

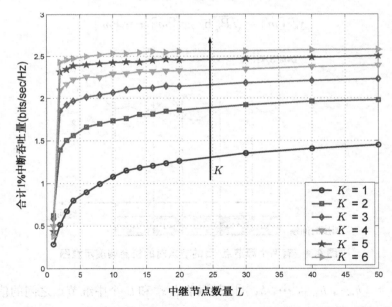

图 6.5 在自适应 TDMA 协作系统中依据中继节点数量 L 的合计 1% 中断吞吐量

（来自于 Hammerstrom，Kuhn 和 Wittneben，修改了坐标，©[2004]IEEE）

在图 6.5（来自参考文献[11]）中，显示了合计 1% 中断吞吐量与带有 $K=1\sim 6$ 个源节点-目的节点对的协作网络的中继节点数量 L 之间的关系。在这个实验中，中

继节点 r_ℓ 的放大增益为

$$\alpha_\ell^{(k)} = \sqrt{\frac{P_r}{P_{s_k} \mid h_{k,\ell} \mid^2 + \sigma_r^2}}\, e^{j\phi_\ell},\ \text{for}\quad k = 1, \cdots, K \tag{6.19}$$

式中，ϕ_ℓ 是中继节点 r_ℓ 的随机相位偏移，假设其均匀分布在 0 到 2π 之间。另外，假设 $\sigma_r^2 = \sigma_d^2 = \sigma_w^2$，同时，对于所有的 k，每个源节点与各个中继节点的发射信噪比被设定为 $P_{s_k}/\sigma_w^2 = L \times P_r/\sigma_w^2 = 20$ dB。我们可以观察到，由于增加了多用户分集，合计吞吐量随着源节点-目的节点对的数量的增加而增加。此外，我们可以看到，合计吞吐量也随着中继节点数量的增加而增加，但因为在这种情况下多用户分集的使用已经为吞吐量实现巨大的增益而迅速达到饱和，所以通过中继节点数量的增加而额外取得的协作分集增益变得有限。

这一节介绍的机会 TDMA 调度允许系统利用多用户分集并实现合计系统吞吐量的显著增加。然而，这种方法并不保证公平，因此低平均信噪比的用户几乎没有机会来发射。实现公平的一个简单方法是限制给定的时段内可以分配给每个源节点-目的节点对的时隙的最大数量。更复杂的问题也可以基于不同的公平准则来研究，例如参考文献[16]中的最大-最小或比例公平等。

6.2　码分多址(CDMA)

码分多址(CDMA)[1, 8, 26]指源共享相同的时间和频率信道但通过对不同信号编码进行调制来分离它们的信号的信道接入方案。如果编码间彼此正交，通过与不同用户的编码相关的匹配滤波器传递来自多个用户的组合信号，接收机将能够完美分离信号。由于每个用户的编码是独一无二的，由此产生的波形占据比原始信号更大的带宽，CDMA 编码通常指的是信号或扩频码(或波形)。这些方案因此被认为是更通用的扩频技术[23]的一个子类。在过去的二十年里，由于 CDMA 技术解决多径信号、实现更容易的频率规划以及增加用户容量的能力而备受学术界和工业界的关注。它也是促成许多现代无线通信系统技术的关键，如 CDMAOne 和 CDMA2000。

在协作网络中，如果信号波形完全相互正交，CDMA 系统在某种程度上类似于 TDMA 和 FDMA 系统，可以进行合并。不幸的是，由于在接收机端缺乏完美的同步、非理想波形设计和重载系统等，这在实践中是难以保证的。结果，中继节点和目的节点都将受到多址干扰(MAI)，会观察到显著的网络性能退化，特别是在接收机端使用了传统的单用户检测器的时候。由于干扰随用户传输功率成比例增加，网络性能的损失不能仅仅通过增加传输功率而减少。因此，一个错误平层将以信噪比增加的形式存在。如果干扰用户离目的节点比源节点近，这些影响可能更加不利，导致所谓的远近效应(near-fareffect)。

为了减轻 MAI,对于传统非协作系统,在接收机端共同检测到多个用户的信号的多用户检测(MUD)方案已经在文献中被广泛研究[9, 17, 18, 25]。虽然由于其高复杂性,在过去避免使用 MUD,但没有有效缓解 MAI,因为由 MAI 所造成的错误平层,使得令错误概率快速下降的分集增益将减少,所以在协作系统中不再避免使用 MUD。在本节中,我们将分别讨论采用指定中继节点或者共享中继节点的网络的上行链路协作 CDMA 系统中 MUD 的使用。

6.2.1　采用指定中继节点的上行链路 CDMA

考虑到由 K 个源节点(用 s_1,$\cdots$,s_K 表示)、K 个中继节点(用 r_1,$\cdots$,r_K 表示)以及一个目的节点 d(例如,基站)组成的一个上行链路协作网络,如图 6.6 所示。每个源节点,例如 s_k,只由一个指定中继节点(即 r_k)提供服务,但由于无线介质的广播性质,仍可能对其他中继节点造成干扰。源节点-目的节点对可被看作轮流作为源节点和中继节点的两个相互协作的用户。源节点的信号波形并不是被假定为彼此正交,而是被假定为线性无关。信号波形之间缺乏正交性将导致中继节点和目的节点的多址干扰。因此,必须在这两个位置使用多用户检测以保持协作增益。

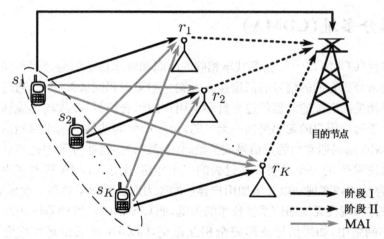

图 6.6　采用指定中继节点的 CDMA 上行链路系统示意图

具体地说,让我们考虑一个两阶段协作传输方案。在阶段Ⅰ,每个源节点发射一个 M 个符号的序列,以其独特的信号波形调制。假设 $x_k[m]$ 是第 m 个符号周期中源节点 s_k 发射的符号。然后,源节点 s_k 发射的信号可以写成连续时间函数

$$x_k(t) = \sum_{m=1}^{M} \sqrt{P_{s_k}} x_k[m] u_k(t - mT_s) \tag{6.20}$$

式中，P_{s_k}是源节点s_k的传输功率，$u_k(t)$是假定持续一个符号持续时间T_s的s_k的信号波形。源节点s_k的信号波形在数学上可以表示为

$$u_k(t) = \frac{1}{\sqrt{N}} \sum_{n=1}^{N} c_k[n]\psi(t-nT_c) \tag{6.21}$$

式中，$c_k[n] \in \{\pm 1\}$是被分配给源节点s_k的扩频序列的第n个元素，N是扩频增益，$\psi(t)$是带有单位能量的归一化分片波形，其分片持续时间$T_c = T_s/N$。这里，我们假设使用了BPSK调制，所以$x_k[m] \in \{\pm 1\}$。结果可以很容易地扩展到高阶调制系统，如QPSK或64-QAM。

为简单起见，让我们考虑同步CDMA场景，在该场景中，用户的传输都被假定为同时到达各自接收端并且在符号级上同步。因此，中继节点r_ℓ和目的节点d上接收的信号分别给出为

$$y_\ell(t) = \sum_{m=1}^{M} \sum_{k=1}^{K} \sqrt{P_{s_k}} h_{k,\ell} x_k[m] u_k(t-mT_s) + w_\ell(t) \tag{6.22}$$

和

$$y_d^{(1)}(t) = \sum_{m=1}^{M} \sum_{k=1}^{K} \sqrt{P_{s_k}} f_{k,d} x_k[m] u_k(t-mT_s) + w_d^{(1)}(t), \tag{6.23}$$

式中，$h_{k,\ell}$和$f_{k,d}$分别是s_k-r_ℓ和s_k-d链路的信道系数，$w_\ell(t)$和$w_d^{(1)}(t)$分别是中继节点r_ℓ和目的节点d的加性高斯白噪声且具有均值0和自相关函数$R_{w_r}(\tau) = R_{w_d}(\tau) = \sigma_w^2\delta(\tau)$。当用户间彼此相当接近且信号带宽足够小时，同步假设适用。尽管一个更实用的研究可以基于异步场景进行，但同步的情况足以证明多址干扰的影响和在协作网络中使用多用户检测的好处。

在阶段Ⅱ，每个中继节点，例如r_ℓ，将解码并转发通过其指定源节点s_ℓ使用相同的信号波形即$u_\ell(t)$发射的信号。考虑未编码DF中继方案，由于缺乏错误检测，在时间m通过中继节点r_ℓ转发的符号估计$\hat{x}_\ell(t)$可能不正确。因此，在阶段Ⅱ中目的节点收到的信号为

$$y_d^{(2)}(t) = \sum_{m=1}^{M} \sum_{\ell=1}^{K} \sqrt{P_{r_\ell}} g_{\ell,d} x_\ell[m] u_\ell(t-mT_s) + w_d^{(2)}(t) \tag{6.24}$$

式中，P_{r_ℓ}是中继节点r_ℓ的传输功率，$g_{\ell,d}$是r_ℓ-d链路的信道系数，$w_d^{(2)}(t)$是均值为0且自相关函数为$R_{w_d}(\tau) = \sigma_w^2\delta(\tau)$的加性高斯白噪声。

为了检测中继节点的符号，可以采用不同的接收机结构，包括单用户和多用户检测器。这些方案中最简单的是单用户匹配滤波器（MF）检测，其中的接收信号，如$y_\ell(t)$，通过一个过滤器匹配有用的源节点的信号波形，如$u_\ell(t)$。在第m个符号

周期相应的匹配滤波器输出可以写成

$$z_\ell^{\text{MF}}[m] = \int_0^{T_s} y_\ell(t+mT_s)u_\ell(t)\mathrm{d}t \tag{6.25}$$

$$= \sqrt{P_{s_\ell}}h_{\ell,\ell}x_\ell[m] + \sum_{k \neq \ell}\sqrt{P_{s_k}}\rho_{k,\ell}h_{k,\ell}x_k[m] + w_\ell[m]$$

式中,$\rho_{k,\ell}$ 是信号波形 $u_k(t)$ 和 $u_\ell(t)$ 之间的相关性,也就是

$$\rho_{k,\ell} = \int_0^{T_s} u_k(t)u_\ell(t)\mathrm{d}t$$

而 $w_\ell[m] = \int_0^{T_s} w_\ell(t+mT_s)u_\ell(t)\mathrm{d}t$ 是均值为 0 且方差为 σ_w^2 的高斯分布。在式 (6.25) 中的第一项包含了中继节点 r_ℓ 的有用信号,而第二项包含了来自其他用户的多址干扰。中继节点 r_ℓ 上匹配滤波器输出 z_ℓ^{MF} 的信号与干扰加噪声比(SINR)为

$$\text{SINR}_\ell = \frac{P_{s_\ell}|h_{\ell,\ell}|^2}{\sum_{k \neq \ell}P_{s_k}\rho_{k,\ell}^2|h_{k,\ell}|^2 + \sigma_w^2} \tag{6.26}$$

单用户匹配滤波器检测器在加性高斯白噪声信道中是最优的,但可能会由于多址干扰的存在而经历显著的性能退化。当干扰用户都位于更接近目的的地方或使用具有比源更高的功率进行传输的时候影响尤为明显,导致所谓的远近效应。

为了减缓多址干扰,可以在接收机使用更复杂的多用户检测器(MUD)来共同检测所有源符号,而不是把其他源节点发射的信号当作干扰。执行对所有源符号的共同检测,在每个中继节点,例如中继节点 r_ℓ,接收到的信号可以先通过一个包含 K 个与信号波形 $u_1(t)$,$u_2(t)$,$\cdots$,$u_K(t)$ 匹配的平行接收滤波器的匹配滤波器组(MFB)。假设 $\mathbf{x}[m] = [x_1[m], x_2[m], \cdots, x_K[m]]^T$ 是在第 m 个符号周期内由 K 个源节点发射的符号矢量。然后,在这个符号周期内匹配滤波器组的输出为

$$y_\ell[m] = \mathbf{R}\mathbf{H}_{s,\ell}\mathbf{x}[m] + \mathbf{w}_\ell[m] \tag{6.27}$$

式中,$\mathbf{H}_{s,\ell} = \text{diag}(\sqrt{P_{s_1}}h_{1,\ell}, \sqrt{P_{s_2}}h_{2,\ell}, \cdots, \sqrt{P_{s_k}}h_{k,\ell})$ 是一个由源节点和中继节点 r_ℓ 之间的信道系数乘以发射功率组成的对角矩阵,相关矩阵 $\mathbf{R}$ 为

$$\mathbf{R} = \begin{bmatrix} \rho_{1,1} & \rho_{1,2} & \cdots & \rho_{1,K} \\ \rho_{2,1} & \rho_{2,2} & \cdots & \rho_{2,K} \\ \vdots & \ddots & \ddots & \vdots \\ \rho_{K,1} & \rho_{k,2} & \cdots & \rho_{K,K} \end{bmatrix} \tag{6.28}$$

而 $\mathbf{w}_\ell[m]$ 是具有零均值和相关矩阵 $\mathbf{E}[\mathbf{w}_\ell[m]\mathbf{w}_\ell[m]^H] = \sigma_w^2\mathbf{R}$ 的匹配滤波器组的

输出上的加性高斯白噪声。

通过假设每个符号以相等概率进行发射,最小化平均符号错误概率的最优多用户检测器可以通过最大似然(ML)准则获得,其中在中继节点 r_ℓ 检测到的符号矢量为

$$\hat{\mathbf{x}}_\ell = \arg\max_{\mathbf{x}[m]} p(\mathbf{y}_\ell[m]\mathbf{x}[m]) \tag{6.29}$$
$$= \arg\min_{\mathbf{x}[m]} (\mathbf{y}_\ell[m] - \mathbf{R}\mathbf{H}_{s,\ell}\mathbf{x}[m])^H \mathbf{R}^{-1}(\mathbf{y}_\ell[m] - \mathbf{R}\mathbf{H}_{s,\ell}\mathbf{x}[m]).$$

然而,$\mathbf{x}[m]$ 的可能值和最大似然检测器的复杂性因此而随着用户数量呈指数增加,在实际中大多数移动设备是负担不起的。

作为选择,几个次优线性多用户检测器被提出以减少多址干扰到一个更合理的计算成本。两个线性多用户检测器在文献中被采用得最多:解相关多用户检测器[17] 和最小均方误差(MMSE)多用户检测器[18]。具体地说,在解相关多用户检测器中,收到的信号 $\mathbf{y}_\ell[m]$ 乘以 $\mathbf{C}_\ell = (\mathbf{R}\mathbf{H}_{s,\ell})^{-1}$ 而获得

$$\mathbf{z}_\ell^{\mathrm{DEC}}[m] = \mathbf{C}_\ell \mathbf{y}_\ell = (\mathbf{R}\mathbf{H}_{s,\ell})^{-1}\mathbf{y}_\ell \tag{6.30}$$
$$= \mathbf{x}[m] + \mathbf{w}_\ell[m]$$

式中,$\widetilde{\mathbf{w}}_\ell[m] = (\mathbf{R}\mathbf{H}_{s,\ell})^{-1}\mathbf{w}_\ell[m]$ 是多用户检测输出上的有效噪声。在某种意义上,接收信号已经被解相关,$\mathbf{z}_\ell^{\mathrm{DEC}}$ 中的每个元素仅仅取决于一个源符号的实现。因此,$\mathbf{z}_\ell^{\mathrm{DEC}}$ 可被视为 K 个平行单用户加性高斯白噪声信道,决定每个源节点的发射符号可以仅仅基于 $\mathbf{z}_\ell^{\mathrm{DEC}}$ 中相应的条目。然而,在解相关接收机的输出上,噪声协方差矩阵变成了

$$\mathbf{E}[\widetilde{\mathbf{w}}_\ell[m]\,\widetilde{\mathbf{w}}_\ell[m]^H] = \mathbf{H}_{s,\ell}^{-1}\mathbf{R}^{-1}\mathbf{E}[\mathbf{w}_\ell[m]\mathbf{w}_\ell[m]^H]\mathbf{R}^{-1}\mathbf{H}_{s,\ell}^{-H} = \sigma_w^2 \mathbf{H}_{s,\ell}^{-1}\mathbf{R}^{-1}\mathbf{H}_{s,\ell}^{-H}$$

如果矩阵 $\mathbf{R}$ 是病态矩阵,这可能带来很大的噪声值。这就是所谓的噪声增强问题,类似于迫零均衡器(用来对抗码间干扰)所经历的。

在最小均方误差多用户检测器中,线性滤波器 $\mathbf{C}_\ell$ 被选择以最小化均方误差 $\mathbf{E}[|\mathbf{x}[m] - \mathbf{C}_\ell \mathbf{y}_\ell[m]^2]$。通过取均方误差关于 $\mathbf{C}_\ell$ 的导数并设置它为零,我们获得

$$\mathbf{C}_\ell = \mathbf{K}_{xy}\mathbf{K}_{yy}^{-1} \tag{6.31}$$

式中

$$\mathbf{K}_{xy} = \mathbf{E}[\mathbf{x}[m]\mathbf{y}_\ell[m]^H] = \mathbf{H}_{s,\ell}^H \mathbf{R} \tag{6.32}$$

并且

$$\mathbf{K}_{yy} = \mathbf{E}[\mathbf{y}_\ell[m]\mathbf{y}_\ell[m]^H] = \mathbf{R}\mathbf{H}_{s,\ell}\mathbf{H}_{s,\ell}^H \mathbf{R} + \sigma_w^2 \mathbf{R} \tag{6.33}$$

最小均方误差多用户检测器的输出为

$$\mathbf{z}_\ell^{\mathrm{MMSE}}[m] = \mathbf{C}_\ell \mathbf{y}_\ell[m] \tag{6.34}$$

当中继节点 r_ℓ 被指定给源节点 s_ℓ 时,它只会对源节点 s_ℓ 发射的符号感兴趣,因此只有 $\mathbf{z}_\ell^{\mathrm{MMSE}}[m]$ 的第 ℓ 个元素用于检测。$\mathbf{z}_\ell^{\mathrm{MMSE}}[m]$ 的第 ℓ 个元素为

$$z_{\ell,\ell}^{\mathrm{MMSE}}[m] = \mathbf{e}_\ell^H \mathbf{z}_\ell^{\mathrm{MMSE}}[m] = \mathbf{e}_\ell^H \mathbf{K}_{xy} \mathbf{K}_{yy}^{-1} \mathbf{y}_\ell[m] \tag{6.35}$$

$$= \sqrt{P_{s_\ell}} h_{\ell,\ell}^* \mathbf{e}_\ell^H \mathbf{R}(\mathbf{R}\mathbf{H}_{s,\ell}\mathbf{H}_{s,\ell}^H \mathbf{R} + \sigma_w^2 \mathbf{R})^{-1}\mathbf{y}_\ell[m] \tag{6.36}$$

式中,$\mathbf{e}_\ell$ 是一个 $K \times K$ 单位矩阵的第 ℓ 列。由此产生的均方误差是

$$\mathrm{MSE}_\ell = \mathbf{E}\big[\,|\,x_\ell[m] - z_{\ell,\ell}^{\mathrm{MMSE}}[m]\,|^{\,2}\,\big]$$

$$= 1 - P_{s_\ell}\,|\,h_{\ell,\ell}\,|^{\,2}\mathbf{e}_\ell^H \mathbf{R}(\mathbf{R}\mathbf{H}_{s,\ell}\mathbf{H}_{s,\ell}^H \mathbf{R} + \sigma_w^2 \mathbf{R})^{-1}\mathbf{R}_{\mathbf{e}_\ell}$$

并且中继节点 r_ℓ 上的信号与干扰加噪声比可以计算为

$$\mathrm{SINR}_\ell = \frac{P_{s_\ell}\,|\,\mathbf{h}_{\ell,\ell}\,|^{\,2}\mathbf{e}_\ell^H (\mathbf{H}_{s,\ell}\mathbf{H}_{s,\ell}^H + \sigma_w^2 \mathbf{R}^{-1})^{-1}\mathbf{e}_\ell}{1 - P_{s_\ell}\,|\,h_{\ell,\ell}\,|^{\,2}\mathbf{e}_\ell^H (\mathbf{H}_{s,\ell}\mathbf{H}_{s,\ell}^H + \sigma_w^2 \mathbf{R}^{-1})^{-1}\mathbf{e}_\ell} \tag{6.37}$$

最小均方误差多用户检测器在接收机端最小化总干扰加噪声功率,因此成为减少噪声和缓解干扰的一个好的折中。

值得注意的是,以上所描述的线性接收机后面在采用 DF 中继时可以跟一个硬判决设备,或者在采用 AF 中继时可以跟一个模拟放大设备。下文会详细描述这些操作。由于多用户检测是在符号接符号的基础上执行,操作不随 m 变化,为了记数简单起见,我们省略了 m 上的指数。

(i) 采用解码转发中继的多用户检测

当考虑 DF 方案时,我们假设每个中继节点,例如中继节点 r_ℓ,执行一个硬判决来检测其相应的源节点即 $\hat{x}_\ell = \mathrm{sgn}(z_{\ell,\ell})$ 的符号,并在阶段 II 将其转发到目的节点。通过考虑未编码情况,我们假设检测的符号被转发到未执行任何错误检测的中继节点。因此,中继节点 r_ℓ 转发的符号可以表示为

$$\hat{x}_\ell = \theta_\ell x_\ell$$

如果中继节点 r_ℓ 上的检测是错误的,$\theta_\ell = -1$;如果它是正确的,$\theta_\ell = 1$。这里,$\theta_\ell \in \{\pm 1\}$ 可以建模为一个有如下分布的伯努利随机变量:

$$\mathrm{Pr}(\theta_\ell = -1) = 1 - \mathrm{Pr}(\theta_\ell = 1) = \varepsilon_\ell$$

式中,ε_ℓ 是中继 r_ℓ 上检测的错误概率。将干扰看作高斯分布,错误概率可以近似为

$$\varepsilon_\ell \approx Q(\sqrt{2\mathrm{SINR}_\ell})$$

如果使用单用户匹配滤波器接收机,信号与干扰加噪声比由式(6.26)给出;如果在这些中继节点上采用最小均方误差多用户检测器,信号与干扰加噪声比则由式(6.37)给出。

让 $\hat{\mathbf{x}} = [\hat{x}_1, \hat{x}_2, \cdots, \hat{x}_K]^T$ 为由 K 个中继节点的相应源节点上检测到的符号组成的矢量。在目的节点,阶段 I 和阶段 II 收到的信号是通过一个与信号波形 $\mu_1(t)$, $\mu_2(t)$, $\cdots$, $\mu_K(t)$ 对应的匹配滤波器组传递,产生的输出分别为

$$\mathbf{y}_d^{(1)} = \mathbf{RF}_{s,d}\mathbf{x} + \mathbf{w}_d^{(1)} \tag{6.38}$$

和

$$\mathbf{y}_d^{(2)} = \mathbf{RG}_{r,d}\hat{\mathbf{x}} + \mathbf{w}_d^{(2)} \tag{6.39}$$

式中,$\mathbf{F}_{s,d} = \mathrm{diag}(\sqrt{P_{s_1}}f_{1,d}, \sqrt{P_{s_2}}f_{2,d}, \cdots, \sqrt{P_{s_K}}f_{K,d})$, $\mathbf{G}_{r,d} = \mathrm{diag}(\sqrt{P_{r_1}}g_{1,d},$ $\sqrt{P_{r_2}}g_{2,d}, \cdots, \sqrt{P_{r_K}}g_{K,d})$, $\mathbf{w}_d^{(1)}$ 和 $\mathbf{w}_d^{(2)}$ 是两个阶段中在目的节点的加性高斯白噪声,它们服从 $\mathcal{CN}(\mathbf{0}_{K\times 1}, \sigma_w^2\mathbf{R})$ 分布。回想一下,$f_{k,\ell}$ 和 $g_{\ell,d}$ 是 $s_k - r_\ell$ 链路和 $r_\ell - d$ 链路的信道系数。在两个阶段收到的信号可以聚集成矢量

$$
\begin{aligned}
\mathbf{Y}_d &= [\mathbf{y}_d^{(1)T}, \mathbf{y}_d^{(2)T}]^T \\
&= \begin{bmatrix} \mathbf{R} & \mathbf{0} \\ \mathbf{0} & \mathbf{R} \end{bmatrix}\begin{bmatrix} \mathbf{F}_{s,d} & \mathbf{0} \\ \mathbf{0} & \mathbf{G}_{r,d} \end{bmatrix}\begin{bmatrix} \mathbf{x} \\ \hat{\mathbf{x}} \end{bmatrix} + \begin{bmatrix} \mathbf{w}_d^{(1)} \\ \mathbf{w}_d^{(2)} \end{bmatrix}
\end{aligned}
\tag{6.40}
$$

$$\triangleq \check{\mathbf{R}}\,\check{\mathbf{H}}\,\check{\mathbf{x}} + \check{\mathbf{w}} \tag{6.41}$$

通过在目的节点采用最小均方误差多用户检测器,我们可以获得符号估计

$$
\begin{aligned}
\mathbf{z}_d^{\mathrm{MMSE}} &= \mathbf{E}[\mathbf{x}\mathbf{Y}_d^H]\mathbf{E}[\mathbf{Y}_d\mathbf{Y}_d^H]^{-1}\mathbf{Y}_d \\
&= \mathbf{K}_{\mathbf{x}\check{\mathbf{x}}}\check{\mathbf{H}}^H\check{\mathbf{R}}(\check{\mathbf{R}}\,\check{\mathbf{H}}\mathbf{K}_{\check{\mathbf{x}}\check{\mathbf{x}}}\check{\mathbf{H}}^H\check{\mathbf{R}} + \sigma_w^2\,\check{\mathbf{R}})^{-1}\mathbf{Y}_d
\end{aligned}
\tag{6.42}
$$

式中

$$\mathbf{K}_{\check{\mathbf{x}}\check{\mathbf{x}}} \triangleq \mathbf{E}[\check{\mathbf{x}}\,\check{\mathbf{x}}^H] = \begin{bmatrix} \mathbf{I} & \Theta \\ \Theta & \mathbf{I} \end{bmatrix} \tag{6.43}$$

并且 $\Theta = \mathrm{diag}(1-2\epsilon_1, 1-2\epsilon_2, \cdots, 1-2\epsilon_K)$。然后,通过在 $\mathbf{z}_d^{\mathrm{MMSE}}$ 的每个条目上执行硬判决检测到 $\mathbf{x}$ 中的符号。

(ii) 采用放大转发中继的多用户检测

当考虑到 AF 方案,中继节点 r_ℓ 转发的信号可以表示为

$$\hat{x}_\ell = \frac{z_{\ell,\ell}}{\sqrt{\mathbf{E}[\,|z_{\ell,\ell}|^2\,]}}$$

式中,当在中继节点采用最小均方误差多用户检测器时,有

$$\mathbf{E}[\,|z_{\ell,\ell}|^2\,] = P_{s_\ell}\,|h_{\ell,\ell}|^2\mathbf{e}_\ell^H(\mathbf{H}_{s,\ell}\mathbf{H}_{s,\ell}^H + \sigma_w^2\mathbf{R}^{-1})^{-1}\mathbf{e}_\ell$$

让我们定义式(6.31)中 $\mathbf{C}_e$ 的第 ℓ 行为

$$\mathbf{c}_{\ell,\ell} = \mathbf{E}[x_\ell \mathbf{y}_\ell^H] = \sqrt{P_{s_\ell}} h_{\ell,\ell}^* \mathbf{e}_\ell^H \mathbf{R} (\mathbf{R}\mathbf{H}_{s,\ell}\mathbf{H}_{s,\ell}^H \mathbf{R} + \sigma_w^2 \mathbf{R})^{-1}$$

这样 $z_{\ell,\ell} = \mathbf{c}_{\ell,\ell}\mathbf{y}_\ell$ 如式(6.36)所示。假设在这两个阶段目的节点接收到的信号也通过匹配滤波器组传递，类似于 DF 的情况，其在阶段 I 产生的输出 $\mathbf{y}_d^{(1)}$ 由式(6.38)给出，在阶段 II 产生的输出为

$$\mathbf{y}_d^{(2)} = \mathbf{R}\mathbf{G}_{r,d}\,\hat{\mathbf{x}} + \mathbf{w}_d^{(2)} \tag{6.44}$$

$$= \mathbf{R}\mathbf{G}_{r,d}\mathbf{A}\mathbf{C}_r \left(\begin{bmatrix} \mathbf{R}\mathbf{H}_{s,1} \\ \mathbf{R}\mathbf{H}_{s,2} \\ \vdots \\ \mathbf{R}\mathbf{H}_{s,K} \end{bmatrix} \mathbf{x} + \begin{bmatrix} \mathbf{w}_1 \\ \mathbf{w}_2 \\ \mathbf{w}_3 \end{bmatrix} \right) + \mathbf{w}_d^{(2)} \tag{6.45}$$

式中，

$$\mathbf{A} = \mathrm{diag}\,(\mathbf{E}[\,|\,z_{1,1}\,|^2\,], \mathbf{E}[\,|\,z_{2,2}\,|^2\,], \cdots, \mathbf{E}[z_{K,K}]^2\,])^{-\frac{1}{2}}$$

并且

$$\mathbf{C}_r = \mathrm{diag}(\mathbf{c}_{1,1}, \mathbf{c}_{2,2}, \cdots, \mathbf{c}_{K,K})$$

两个阶段的匹配滤波器组输出可以聚集成矢量

$$\mathbf{Y}_d = \begin{bmatrix} \mathbf{R}\mathbf{F}_{s,d} \\ \mathbf{R}\mathbf{G}_{r,d}\mathbf{A}\mathbf{C}_r\,\Xi \end{bmatrix} \mathbf{x} + \begin{bmatrix} \mathbf{w}_d^{(1)} \\ \mathbf{R}\mathbf{G}_{r,d}\mathbf{A}\mathbf{C}_r\,\overset{\vee}{\mathbf{w}}_r + \mathbf{w}_d^{(2)} \end{bmatrix}$$

式中，

$$\Xi = \begin{bmatrix} \mathbf{R}\mathbf{H}_{s,1} \\ \mathbf{R}\mathbf{H}_{s,2} \\ \vdots \\ \mathbf{R}\mathbf{H}_{s,K} \end{bmatrix}$$

并且 $\overset{\vee}{\mathbf{w}}_r = [\mathbf{w}_1^T, \mathbf{w}_2^T, \cdots, \mathbf{w}_K^T]$ 是均值为 0 且相关矩阵为 $\mathbf{R}_{\overset{\vee}{\mathbf{w}}_r} = \sigma_w^2 \mathrm{diag}(\mathbf{R}, \mathbf{R}, \cdots, \mathbf{R})$ 的 $K^2 \times 1$ 的噪声矢量。通过在目的节点使用最小均方误差多用户检测器，我们也可以获得符号估计

$$\mathbf{z}_d = \mathbf{E}[\mathbf{x}\mathbf{Y}_d^H]\mathbf{E}[\mathbf{Y}_d\mathbf{Y}_d^H]^{-1}\mathbf{Y}_d$$

式中，

$$\mathbf{E}[\mathbf{x}\mathbf{Y}_d^H] = [\mathbf{F}_{s,d}^H \mathbf{R} \; \Xi^H \mathbf{C}_r^H \mathbf{A}\mathbf{G}_{r,d}^H \mathbf{R}] \tag{6.46}$$

并且

$$\mathbf{E}\left[\mathbf{Y}_d \mathbf{Y}_d^H\right]$$

$$=\begin{bmatrix} \mathbf{RF}_{s,d}\mathbf{F}_{s,d}^H\mathbf{R}+\sigma_w^2\mathbf{R} & \mathbf{RF}_{s,d}\,\Xi^H\mathbf{C}_r^H\mathbf{AG}_{r,d}^H\mathbf{R} \\ \mathbf{RG}_{r,d}\mathbf{AC}_r\,\Xi\,\mathbf{F}_{s,d}^H\mathbf{R} & \mathbf{RG}_{r,d}\mathbf{AC}_r(\Xi\Xi^H+\mathbf{R}_{w_r}^v)\mathbf{C}_r^H\mathbf{AG}_{r,d}^H\mathbf{R}+\sigma_w^2\mathbf{R} \end{bmatrix}$$

$$(6.47)$$

在图 6.7(由参考文献[24]获得)中显示了 DF 和 AF 场景的单用户匹配滤波器接收机和最小均方误差多用户检测器的 BER 性能。此处,系统由 15 个源节点组成,其中 4 个由各自的相应中继节点提供服务,其余 11 个源节点直接发射到没有协作的基站。扩频增益设置为 $N=15$。对非协作的(NC)情况(即没有中继节点为用户提供服务)和理想协作的(IC)情况(即源符号假定为可以到达中继节点)进行了比较。我们可以观察到,在 DF 情况下,由于多址干扰导致的中继错误将最终主导整个 BER,在中继节点采用单用户匹配滤波器无法获得空间分集增益。另一方面,在 AF 情况下,没有硬判决在中继节点执行,因此甚至在中继节点使用匹配滤波器接收机时,分集增益可以通过在目的节点采用最小均方误差多用户检测器来保持。然而,如果采用了单用户匹配滤波器接收机,由于在中继节点没有抑制多址干扰,很大一部分中继节点功率可能被用来转发干扰而不是源消息,导致编码增益的损失。当在中继节点采用最小均方误差接收机时,AF 和 DF 系统都可以获得空间分集增益。

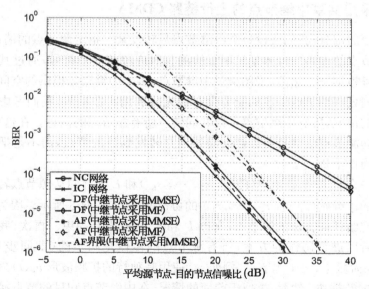

图 6.7　采用指定中继节点的协作 CDMA 上行链路系统中协作用户的 BER 性能

(来自于 Venturino,Wang 和 Lops,©[2006] IEEE)

到目前为止,当源于多用户检测器时,我们认为完整的信道状态信息可以在中继节点获得。然而,在实际中获得所有源节点-中继节点链路的信道信息通常不可能。当只有部分信道状态信息可用(如仅仅已知信道的统计信息)的时候,盲技术比如参考文献[24]中提出的盲最小均方误差估计器可被选择应用来缓解多址干扰。读者可以阅读参考文献[24]进一步了解详情。

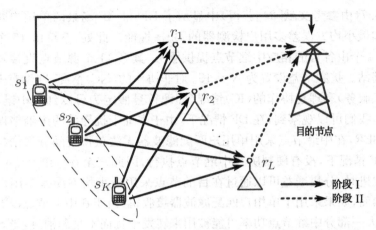

图 6.8　带有 L 个共享中继节点和 K 个源节点的 CDMA 上行链路系统示意图

6.2.2　采用共享中继节点的上行链路 CDMA

在前面的部分,我们假设每个中继节点只转发某一指定源节点的消息。因此,每个中继节点的多用户检测是只用于检测其对应源节点的符号,通过其他源节点发射的信号被抑制。然而,采用指定中继节点,多个中继路径提供的空间分集和中继节点共同处理源节点消息的能力没有被充分利用。在本节,我们考虑代替共享中继节点的情况,所有中继节点可以共同转发所有源节点的消息。在这种情况下,接收自不同源节点的消息可以被共同处理并转发到目的节点,而不是把其他源节点的信号当作干扰[13]。

考虑一个有 K 个源用户(即 s_1, s_2, $\cdots$, s_K)和 L 个共同从源节点转发消息到目的节点的中继站(即 r_1, r_2, $\cdots$, r_L)的协作网络,如图 6.8 所示。因为没有中继节点被指定给任何特定的源节点,所以 L 和 K 的值没有约束。再次,我们假设在两个传输阶段进行协作的方案,所有源节点的传输是同步的(即同步 CDMA 场景[25])。在阶段Ⅰ,每个源节点,例如 s_k,使用其独特的扩频波形 $u_k(t)$ 发射一个有 M 个符号的数据块。然后,类似于前面的情况,在中继节点和目的节点接收到的信号是通过带有与 K 个源节点的扩频波形(即 $u_1(t)$, $u_2(t)$, $\cdots$, $u_K(t)$)匹配的滤波器的匹配滤波器组传送,产生的匹配滤波器组输出分别为

$$\mathbf{y}_\ell[m] = \mathbf{R}\mathbf{H}_{s,\ell}\mathbf{x}[m] + \mathbf{w}_\ell[m]$$

和

$$\mathbf{y}_d^{(1)}[m] = \mathbf{R}\mathbf{F}_{s,d}\mathbf{x}[m] + \mathbf{w}_d^{(1)}[m]$$

式中，$\mathbf{F}_{s,d} = \mathrm{diag}(\sqrt{P_{s_1}}f_{1,d}, \sqrt{P_{s_2}}f_{2,d}, \cdots, \sqrt{P_{s_K}}f_{K,d})$，$\mathbf{H}_{s,\ell} = \mathrm{diag}(\sqrt{P_{s_1}}h_{1,\ell},$ $\sqrt{P_{s_2}}h_{2,\ell}, \cdots, \sqrt{P_{s_K}}h_{K,\ell})$，$\mathbf{R}$ 是扩频波形的相关矩阵，$\mathbf{w}_\ell[m]$ 和 $\mathbf{w}_d^{(1)}[m]$ 分别为中继节点 r_ℓ 和目的节点上均值为 $\mathbf{0}_{K\times 1}$ 且相关矩阵为 $\sigma_w^2\mathbf{R}$ 的加性高斯白噪声。然后，在中继节点的匹配滤波器组输出可以用来在源符号上执行一个最小均方误差估计，如式(6.34)给出的。根据是否基于最小均方误差估计在中继节点作硬判决，可以采用 DF 和 AF 中继方案。下面，我们将集中讨论 DF 中继的情况，而 AF 中继的情况可以同样获得。

假设最小均方误差多用户检测器被使用在检测源符号的中继节点上。矢量 $\hat{\mathbf{x}}_\ell[m] = [\hat{x}_{\ell,1}[m], \cdots, \hat{x}_{\ell,K}[m]]^T$ 用来表示第 m 个符号周期在中继节点 r_ℓ 上检测到的符号矢量，有与源节点 s_k 的符号矢量对应的第 k 个元素。在一个数据块的 M 个符号周期上检测的符号可被聚集成矩阵 $\hat{\mathbf{X}}_\ell = [\hat{\mathbf{x}}_\ell[1], \cdots, \hat{\mathbf{x}}_\ell[M]]$。使用共享中继的优势是每个源节点现在可以由多个中继节点提供服务并且可以使用在第 4 章中提出的多中继系统的协作策略。一般来说，中继节点 r_ℓ 转发的符号可以表示为

$$\mathbf{T}_\ell = k(\hat{\mathbf{X}}_\ell) = [\mathbf{t}_\ell[1], \cdots, \mathbf{t}_\ell[M']]$$

这是一个检测符号矩阵 $\hat{\mathbf{X}}_\ell$ 的函数。函数 $\kappa(\cdot)$ 取决于具体采用的协作策略，因此将被称为协作函数。例如，如果执行发射波束成形，发射的符号可以表示为 $\mathbf{T}_\ell = \mathbf{B}_\ell\hat{\mathbf{X}}_\ell$，其中 $\mathbf{B}_\ell = \mathrm{diag}(\beta_{\ell,1}, \cdots, \beta_{\ell,K})$，$\beta_{\ell,k}$ 是中继节点 r_ℓ 施加在源节点 s_k 的符号上的波束成形系数。L 个中继节点间的这组系数 $\beta_{1,k}, \beta_{2,k}, \cdots, \beta_{\ell,k}$ 构成 s_k 的符号中继的波束成形系数集合，如 4.2 节所述。如果 r_ℓ 被选择来转发符号 s_k 的符号并且 $\beta_{\ell,k} = 0$，选择中继方案的表示可以类似于 $\beta_{\ell,k} > 0$ 的。给定协作方案，$\mathbf{T}_\ell$ 的第 m 列，即 $\mathbf{t}_\ell[m] = [t_{\ell,1}[m], \cdots, t_{\ell,K}[m]]^T$，可以被看作第 m 个符号周期中由中继节点 r_ℓ 发射的符号矢量。第 k 个元素 $t_{\ell,k}[m]$ 将使用源节点 s_k 的扩频波形即 $u_k(t)$ 进行发射。这组协作函数必须满足功率约束 $\sum_{\ell=1}^{L} P_{r_\ell} = \sum_{\ell=1}^{L} \mathbf{E}[\mathbf{t}_\ell[m]^H\mathbf{R}\mathbf{t}_\ell[m]] = P_r$。阶段 II 在目的节点 d 收到的信号为

$$y_d^{(2)}(t) = \sum_{m=1}^{M}\sum_{k=1}^{K}\sum_{\ell=1}^{L} g_{\ell,d}t_{\ell,k}[m]u_k(t-mT_s) + w_d^{(2)}(t) \tag{6.48}$$

通过匹配滤波器组传送信号，我们将获得在第 m 个符号周期的匹配滤波器组输出为

$$\mathbf{y}_d^{(2)}[m] = \sum_{\ell=1}^{L} g_{\ell,d} \mathbf{R} \mathbf{t}_\ell[m] + \mathbf{w}_d^{(2)}[m] \tag{6.49}$$

式中，$\mathbf{w}_d^{(2)}[m] \sim \mathcal{CN}(\mathbf{0}_{K\times1}, \sigma_w^2 \mathbf{R})$。在 M 个符号周期获得的匹配滤波器组输出可以聚集成矩阵

$$\mathbf{Y}_d^{(2)} = \sum_{\ell=1}^{L} g_{\ell,d} \mathbf{R} \mathbf{T}_\ell + \mathbf{W}_d^{(2)} \tag{6.50}$$

式中，$\mathbf{W}_d^{(2)} = [\mathbf{w}_d^{(2)}[1], \cdots, \mathbf{w}_d^{(2)}[M]]$。

通过在中继节点和目的节点使用最小均方误差多用户检测器，多址干扰可以被降低到一定程度，但可能仍然主导高信噪比时的 BER 性能。然而，由于中继节点能够获得所有源符号的估计，可以在中继节点执行预编码以进一步增强多用户检测减缓多址干扰的能力。通过中继节点预编码器的适当设计，源信号可能在没有噪声增强的情况下在目的节点被解相关，这可以通过以下描述的所谓的中继辅助解相关多用户检测器（RAD-MUD）[13]获得。

中继辅助解相关多用户检测器

一般来说，信号解相关通过在目的节点或中继节点施加一个解相关滤波器 $\mathbf{R}^{-1}$ 来执行。前一个方案产生解相关多用户检测器，它已经被证实在目的节点引起噪声增强。后一个方案被称为迫零预编码器[27]，其中 $\mathbf{R}^{-1}$ 用来预补偿发生在中继节点到目的节点链路上发生的多址干扰。然而，迫零预编码方案导致中继节点上的功率放大，使得当中继节点功率受到约束时性能降低。这两个方案在相同的中继节点功率约束下同等执行。与这些方案相反，中继辅助解相关多用户检测器在中继节点和目的节点各执行一半的解相关操作[13]。通过这种方式，噪声增强和功率放大问题都可以避免，正如我们在下面所说明的。

中继辅助解相关多用户检测器背后的关键思想是将矩阵 $\mathbf{R}^{-1}$ 分解为两个相同的矩阵并在中继节点和目的节点之间分配它们。中继辅助解相关多用户检测器的框图如图 6.9 所示。具体来说，当 $\mathbf{R}$ 满秩时，我们可以采取柯列斯基分解[12]，使得

$$\mathbf{R} = \mathbf{L}\mathbf{L}^H$$

式中，$\mathbf{L}$ 是一个 $K \times K$ 下三角矩阵。然后，在每个中继节点，协作函数 $\kappa(\hat{\mathbf{X}}_\ell)$ 的输出在被转发到目的节点之前乘以矩阵 $\mathbf{L}^{-H}$。因此，发射符号矩阵可以表示成

$$\mathbf{T}_\ell = \mathbf{L}^{-H} \kappa(\hat{\mathbf{X}}_\ell) \tag{6.51}$$

通过式（6.50），在目的节点的匹配滤波器组输出可以表示为

$$\mathbf{Y}_d^{(2)} = \sum_{\ell=1}^{L} g_{\ell,d} \mathbf{R} \mathbf{L}^{-H} \kappa(\hat{\mathbf{X}}_\ell) + \mathbf{w}_d^{(2)} \tag{6.52}$$

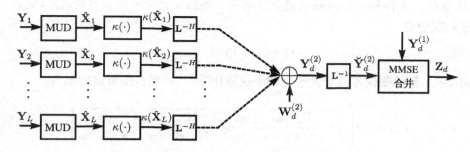

图 6.9 多用户转发 CDMA 系统的中继辅助解相关多用户检测器框图

(来自于 Huang，Hong 和 Kuo，©[2008] IEEE)

然后，在式（6.52）中接收到的信号乘以 $\mathbf{L}^{-1}$（即 $\mathbf{R}^{-1}$ 的另一半），可以产生输出

$$\check{\mathbf{Y}}_d^{(2)} = \mathbf{L}^{-1}\mathbf{Y}_d^{(2)} = \sum_{\ell=1}^{L} g_{\ell,d}\kappa(\hat{\mathbf{X}}_\ell) + \check{\mathbf{W}}_d^{(2)} \tag{6.53}$$

式中，$\check{\mathbf{W}}_d^{(2)} = \mathbf{L}^{-1}\mathbf{W}_d^{(2)} = [\check{\mathbf{w}}_d^{(2)}[1], \cdots, \check{\mathbf{w}}_d^{(2)}[M]]$。噪声项 $\check{\mathbf{w}}_d^{(2)}[m] = \mathbf{L}^{-1}\mathbf{w}_d^{(2)}[m]$ 现在有协方差矩阵

$$E[\check{\mathbf{w}}_d^{(2)}[m]\,\check{\mathbf{w}}_d^{(2)}[m]^H] = \sigma_w^2\mathbf{I}_{k\times k}$$

因此，$\mathbf{L}^{-1}$ 可以被视为一个在目的节点的预白化滤波器。因为噪声协方差矩阵并不取决于 $\mathbf{R}^{-1}$，避免了噪声增强问题。此外，也可能看出中继节点发射信号的功率不取决于 $\mathbf{R}^{-1}$（见参考文献[13]），因此避免了功率放大问题。通过使用中继辅助解相关多用户检测方案，中继节点到目的节点的信道被有效分解成 K 个正交信道，与源信号一一对应，因此可以使用第 4 章提出的多中继协作策略而不受其他源节点的干扰。然而，值得注意的是，中继节点的资源有限，源节点可能仍然需要争夺中继节点上的资源，这可能会再次影响它们的性能。

最后，在阶段 I 和 II，目的节点收到信号，即 $\mathbf{Y}_d^{(1)} = [\mathbf{y}_d^{(1)}[1], \cdots, \mathbf{y}_d^{(1)}[M]]$ 和 $\check{\mathbf{Y}}_d^{(2)}$，可被合并以检测源符号。为简单起见，让我们考虑这样一种情况，协作函数是线性的，如发射波束成形或选择中继的情况。在这些情况下，协作函数可以写成 $\kappa(\hat{\mathbf{X}}_\ell) = \mathbf{B}_\ell\hat{\mathbf{X}}_\ell$，其中 $\mathbf{B}_\ell = \mathrm{diag}(\beta_{\ell,1}, \cdots, \beta_{\ell,K})$，因此只有在第 m 个符号周期收到的信号即 $\mathbf{y}_d^{(1)}[m]$ 和 $\check{\mathbf{y}}_d^{(2)}[m]$ 将包含关于源符号 $\mathbf{x}[m]$ 的信息。这些信号可以合并成单一矢量

$$\mathbf{y}_d[m] = \begin{bmatrix} \mathbf{y}_d^{(1)}[m] \\ \check{\mathbf{y}}_d^{(2)}[m] \end{bmatrix} = \begin{bmatrix} \mathbf{R}\mathbf{H}_{s,d} \\ \sum_{\ell=1}^{L} g_{\ell,d}\mathbf{B}_\ell\Theta_\ell \end{bmatrix}\mathbf{x}[m] + \begin{bmatrix} \mathbf{w}_d^{(1)}[m] \\ \check{\mathbf{w}}_d^{(2)}[m] \end{bmatrix} \tag{6.54}$$

式中，$\Theta_\ell = \mathrm{diag}(\theta_{\ell,1}, \cdots, \theta_{\ell,K})$，$\theta_{\ell,K} \in \{-1, 1\}$ 为伯努利随机变量，用来指示在

中继节点 r_ℓ 上符号 $x_k[m]$ 是否被正确解码。类似于指定中继节点的情况（见 6.2.1 节），我们有

$$\Pr(\theta_{\ell,k} = -1) = 1 - \Pr(\theta_{\ell,k} = -1) = \varepsilon_{\ell,k}$$

式中，$\varepsilon_{\ell,k}$ 是检测误差概率。通过把干扰看作噪声，错误概率可以近似为

$$\varepsilon_{\ell,k} \approx Q\left(\sqrt{2\,\frac{P_{s_k}\,|h_{k,\ell}|^2\,\mathbf{e}_k^H\,(\mathbf{H}_{s,\ell}\mathbf{H}_{s,\ell}^H + \sigma_w^2\mathbf{R}^{-1})^{-1}\,\mathbf{e}_k}{1 - P_{s_k}\,|h_{k,\ell}|^2\,\mathbf{e}_k^H\,(\mathbf{H}_{s,\ell}\mathbf{H}_{s,\ell}^H + \sigma_w^2\mathbf{R}^{-1})^{-1}\,\mathbf{e}_k}}\right) \tag{6.55}$$

当使用最小均方误差合并器时，目的节点计算数据矢量的最小均方误差估计，即

$$\mathbf{z}_d[m] = \mathbf{C}_d\mathbf{y}_d \tag{6.56}$$

式中

$$\mathbf{C}_d = \mathbf{E}[\mathbf{x}[m]\mathbf{y}_d^H[m]]\mathbf{E}[\mathbf{y}_d[m]\mathbf{y}_d^H[m]]^{-1}$$

是最小化均方误差 $\mathbf{E}[\|\hat{\mathbf{d}}[m] - \mathbf{C}_d\mathbf{y}_d[m]\|^2]$ 的结果。然后通过对 $\mathbf{z}_d[m]$ 中的各个元素作硬判决来执行检测。然而，这种方法需要计算 $\mathbf{E}[\mathbf{y}_d[m]\mathbf{y}_d^H[m]]$ 的逆，复杂度为 $O(2K)^3$。

为了减少计算复杂度，一个逐组件的最小均方误差合并器可以像参考文献 [13] 中提出的那样被运用。在这个方案中，我们首先计算仅仅基于直接路径上接收到的信号的源符号的最小均方误差估计，即 $\mathbf{y}_d^{(1)}[m]$，然后用已经是一个解相关信号的 $\check{\mathbf{y}}_d^{(2)}$ 组件接组件地将它合并。仅仅基于 $\mathbf{y}_d^{(1)}[m]$ 计算的最小均方误差估计为

$$\begin{aligned}\mathbf{z}_d^{(1)}[m] &= \mathbf{E}[\mathbf{x}[m]\mathbf{y}_d^{(1)}[m]^H]\mathbf{E}[\mathbf{y}_d^{(1)}[m]\mathbf{y}_d^{(1)}[m]^H]^{-1}\mathbf{y}_d^{(1)}[m] \\ &= \mathbf{H}_{s,d}^H\mathbf{R}(\mathbf{R}\mathbf{H}_{s,d}\mathbf{H}_{s,d}^H\mathbf{R} + \sigma_w^2\mathbf{R})^{-1}\mathbf{y}_d^{(1)}[m]\end{aligned} \tag{6.57}$$

由于这些操作只涉及 $\mathbf{E}[\mathbf{y}_d^{(1)}[m]\mathbf{y}_d^{(1)}[m]^H]^{-1}$ 的计算，计算复杂度降低到 $O(K^3)$。通过式(6.57)，$\mathbf{z}_d^{(1)}[m]$ 的第 k 个元素可以表示为

$$z_{d,k}^{(1)}[m] = [\Gamma_D]_{k,k}x_k[m] + \xi_k[m] \tag{6.58}$$

式中，$\Gamma_D = \mathbf{H}_{s,d}^H(\mathbf{H}_{s,d}\mathbf{H}_{s,d}^H + \sigma_w^2\mathbf{R}^{-1})^{-1}\mathbf{H}_{s,d}$，$\xi_k[m]$ 是合并的多址干扰加高斯噪声项。利用 $x_k[m]$ 不依赖于 $\xi_k[m]$ 和 $\mathbf{E}[\mathbf{z}_d^{(1)}[m]\mathbf{z}_d^{(1)}[m]^H] = \Gamma_D$ 这一事实，可以说明 $\xi_k[m]$ 均值为零并且方差为 $[\Gamma_D]_{k,k} - [\Gamma_D]_{k,k}^2$。

我们将 $\mathbf{z}_d^{(1)}[m]$ 的第 k 个元素与 $\check{\mathbf{y}}_d^{(2)}$ 聚集成矢量

$$\mathbf{y}_{d,k}[m] = \begin{bmatrix} z_{d,k}^{(1)}[m] \\ \check{y}_{d,k}^{(2)}[m] \end{bmatrix} = \begin{bmatrix} [\Gamma_D]_{k,k} \\ \sum_{\ell=1}^{L} g_{\ell,d}\beta_{\ell,k}\theta_{\ell,k} \end{bmatrix} x_k[m] + \begin{bmatrix} \xi_k[m] \\ \check{w}_{d,k}^{(2)}[m] \end{bmatrix} \tag{6.59}$$

然后，$\mathbf{z}_d^{(1)}[m]$ 的第 k 个元素 和 $\breve{\mathbf{y}}_d^{(2)}$ 在最小均方误差准则下被合并，导致最小均方误差估计

$$z_k[m] = \mathbf{E}[x_k[m]\mathbf{y}_{d,k}[m]^H]\mathbf{E}[\mathbf{y}_{d,k}[m]\mathbf{y}_{d,k}[m]^H]^{-1}\mathbf{y}_{d,k} \tag{6.60}$$

式中，

$$\mathbf{E}[x_k[m]\mathbf{y}_{d,k}[m]^H] = \left[[\Gamma_D]_{k,k}, \sum_{\ell=1}^{L} g_{\ell,d}^* \beta_{\ell,k}^* (1-2\varepsilon_{\ell,k})\right]$$

并且

$$\mathbf{E}[\mathbf{y}_{d,k}[m]\mathbf{y}_{d,k}[m]^H]$$

$$= \begin{bmatrix} [\Gamma_d]_{k,k} & [\Gamma_d]_{k,k} \sum_{\ell=1}^{L} g_{\ell,d}^* \beta_{\ell,k}^* (1-2\varepsilon_{\ell,k}) \\ [\Gamma_d]_{k,k} \sum_{\ell=1}^{L} g_{\ell,d} \beta_{\ell,k} (1-2\varepsilon_{\ell,k}) & \sum_{\ell=1}^{L} \sum_{\ell'=1}^{L} g_{\ell,d} h_{\ell',d}^* \beta_{\ell,k} \beta_{\ell',k}^* \mathbf{E}[\theta_{\ell,k}\theta_{\ell',k}] + \sigma_w^2 \end{bmatrix}$$

注意，如果 $\ell = \ell'$，$\mathbf{E}[\theta_{\ell,k}\theta_{\ell',k}]$ 等于 1，否则等于 $(1-2\varepsilon_{\ell,k})(1-2\varepsilon_{\ell',k})$。最后，通过 s_k 发射的符号通过在 $z_k[m]$ 上执行一个硬判决来检测，即 $\hat{x}_{d,k}[m] = \mathrm{sgn}(\mathrm{Re}\{z_k[m]\})$。

在图 6.10 和图 6.11 中显示了在不同协作策略下，即发射波束成形（BF）、选择中继（SEL）和分布式空时编码（DSTC），协作最小均方误差多用户检测器和中继

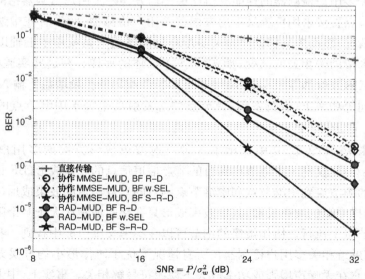

图 6.10　不同发射波束成形方案下协作最小均方误差多用户检测器和中继辅助解相关多用户检测器的 BER 比较

（来自于 Huang，Hong 和 Kuo，©[2008] IEEE）

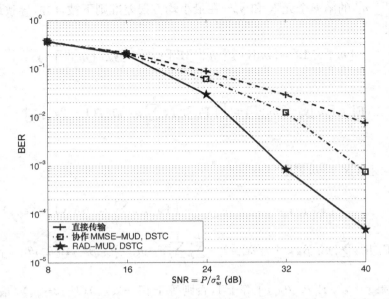

图 6.11 采用分布式空时编码的系统的协作最小均方误差多用户检测器和
中继辅助解相关多用户检测器的 BER 比较

（来自于 Huang，Hong 和 Kuo，ⓒ［2008］IEEE）

辅助解相关多用户检测器的性能。协作最小均方误差多用户检测器指的是中继节点和目的节点直接采用传统最小均方误差多用户检测器，而没有在中继节点进行预编码的情况；然而中继辅助解相关多用户检测器指的是使用中继辅助预编码在目的节点来帮助解相关的情况，如式（6.51）描述的那样。在这些实验中，源节点和中继节点的数量都等于 8，即 $K = L = 8$，扩频编码的扩频增益传输 $N = 8$。每个源节点以同等功率 P_s 进行发射，源节点的总发射功率等于中继节点的总发射功率，即 $KP_s = P_r = P$。

具体来说，在图 6.10 中显示了 3 种发射波束成形方案的多用户检测器的 BER 性能：(i)仅仅基于中继节点到目的节点信道信息的波束成形(BF R - D)；(ii)基于合并的源节点到中继节点和中继节点到目的节点信道的波束成形(BF S - R - D)；(iii)选择中继的波束成形，其中波束成形只在接收信噪比大于某个阈值的一组选定中继节点上执行。协作策略的细节可以在参考文献[13]中找到。我们可以看到，中继辅助解相关多用户检测器在所有情况下优于协作最小均方误差多用户检测器，因为它在无噪声增强或功率放大下使源符号解相关。事实上，中继辅助解相关多用户检测器比达到高分集增益的协作策略的优势更明显，因为大大降低了多址干扰引起的错误平层。中继辅助解相关多用户检测器所提供的增益也可以在采用分布式空时编码的系统中被观察到。事实上,在 BER=10^{-3} 时可以观察到一个高达 6 dB 的增益。

6.3　空分多址(SDMA)

除了传统的 TDMA、FDMA、CDMA 技术,伴随 MIMO 技术的进步,空分多址(SDMA)技术近年来也备受人们关注。该方案利用在发射机端或接收机端天线增益和相位(即波束成形系数)的调整来构建朝向期望的源节点或目的节点的空间辐射模式以及其他源节点或目的节点位置的空间无效来避免干扰。通过把中继节点作为一个虚拟的天线阵列,空分多址也可以被中继节点用来分离各源同时发射的信号并把它们转发到各自的目的节点而互不干扰。为了讨论这些问题,我们考虑本节的自组网场景,其中每个源节点都有不同的目的节点。

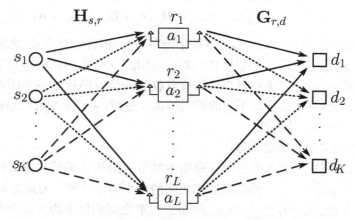

图 6.12　有多个源节点-目的节点对的基于 AF 的 SDMA 协作系统

考虑一个协作网络,其中 K 个源节点在 L 个中继节点的帮助下同时发射到各自的目的节点,如图 6.12 所示。协作采取两个阶段的传输。在阶段 I,所有的 K 个源节点不经过先验信号分离而同时发射其数据符号到中继节点,无论是在时域、频域还是码域。假设矢量 $\mathbf{x}_s = [x_{s,1}, x_{s,2}, \cdots, x_{s,K}]^T$ 是由以 K 个源节点发射的符号组成的矢量,$\mathbf{E}[|x_{s,k}|^2] = P_{s_k}$。然后,在每个中继节点(例如中继节点 r_ℓ)接收到的信号将是一个由各个源节点发射的信号的混合,即

$$y_{r,\ell} = \sum_{k=1}^{K} h_{k,\ell} x_{s,k} + w_\ell$$

式中,$h_{k,\ell}$ 是 s_k 和 r_ℓ 之间的信道系数,$w_\ell \sim \mathcal{CN}(0,\sigma_w^2)$ 是中继节点 r_ℓ 的加性高斯白噪声。在 L 个中继节点上收到的信号可以合并为 $L \times 1$ 矢量

$$\mathbf{y}_r = [y_{r,1}, \cdots, y_{r,T}]^T = \mathbf{H}_{s,r}\mathbf{x}_s + \mathbf{w}_r \qquad (6.61)$$

式中，$\mathbf{H}_{s,r}$ 是第 (ℓ, k) 个元素为 $\{\mathbf{H}_{s,r}\}_{\ell,k} = h_{k,\ell}$ 的 $L \times K$ 信道矩阵，$\mathbf{w}_r$ 是服从 $\mathcal{CN}(\mathbf{0}_{L\times1}, \sigma_w^2\mathbf{I}_{K\times K})$ 分布的加性高斯白噪声。因为在每个中继节点无法得到附加的自由度来解决信号混合，所以中继节点将无法可靠地检测源符号，因此 DF 方案似乎是不可行的。然而，可以考虑 AF 中继方案，其中在阶段 II 每个中继节点转发一个信号的缩放版本到目的节点。中继节点 r_ℓ 转发的信号可以被定义为 $x_{r,\ell} = a_\ell y_{r,\ell}$。令 $\mathbf{a} = [a_1, a_2, \cdots, a_L]^T$ 作为中继节点的增益系数矢量并令 $\mathbf{D}_a = \mathrm{diag}[a_1, a_2, \cdots, a_L]$。因此，所有中继节点发射的符号形成矢量

$$\mathbf{x}_r = [x_{r,1}, \cdots, x_{r,L}]^T = \mathbf{D}_a\mathbf{y}_r$$

阶段 II 在 K 个目的节点接收到的信号可以写成

$$\mathbf{y}_d = [y_{d,1}, \cdots, y_{d,K}]^T \\ = \mathbf{G}_{r,d}\mathbf{x}_r = \mathbf{G}_{r,d}\mathbf{D}_a\mathbf{H}_{s,r}\mathbf{x}_s + \mathbf{G}_{r,d}\mathbf{D}_a\mathbf{w}_r + \mathbf{w}_d \qquad (6.62)$$

式中，$\mathbf{G}_{r,d}$ 是一个 $\{\mathbf{G}_{r,d}\}_{k,\ell} = g_{\ell,k}$（即中继节点 r_ℓ 和目的节点 d_k 之间的信道系数）的 $K \times L$ 信道矩阵，$\mathbf{w}_d$ 是服从 $\mathcal{CN}(\mathbf{0}_{L\times1}, \sigma_w^2\mathbf{I}_{K\times K})$ 分布的目的节点加性高斯白噪声。通过式(6.62)，似乎在每个目的节点收到的信号仍然是一个所有源节点发射的信号的混合，这正是多址干扰的原因所在。然而，多址干扰可以通过适当选择放大增益 $a_1, \cdots, a_L$ 来减缓。

(i) 最小均方误差增益系数

在每个目的节点，接收的符号将根据中继节点的增益系数矢量 $\mathbf{a}$ 以一个常量进行缩放来最小化 $\mathbf{x}_s$ 和 $\mathbf{y}_d$ 的缩放版本之间的最小均方误差。为确定 $\mathbf{a}$ 的值，可以利用最小均方误差准则，即 x_s 与 y_d 的缩放版本之间的最小均方误差在 a 下被最小化，满足中继节点的总功率约束。这个问题可以用公式表示如下：

$$\min_{\mathbf{a},\mathbf{q}} \mathbf{E}[\|\mathbf{x}_s - \mathbf{D}_q\mathbf{y}_d\|^2] \qquad (6.63)$$

$$\text{满足 } \mathbf{E}[\|\mathbf{D}_a\mathbf{y}_r\|^2] \leqslant P_r \qquad (6.64)$$

式中，$\mathbf{D}_q = \mathrm{diag}(q_1, \cdots, q_K)$ 是一个第 k 个对角元素是 q_k 的对角矩阵，q_k 是施加在目的节点 d_k 的比例因子(为了最小化源节点 s_k 发射的符号的最小均方误差估计)。矢量 $\mathbf{q} = [q_1, q_2, \cdots, q_K]$ 的值必须随着放大增益 $\mathbf{a}$ 一起确定。拉格朗日函数可以写为

$$L(\mathbf{a},\mathbf{q},\lambda) = \mathbf{E}[\|\mathbf{x}_s - \mathbf{D}_q\mathbf{y}_d\|^2] + \lambda(\mathbf{E}[\|\mathbf{D}_a\mathbf{y}_r\|^2] - P_r) \qquad (6.65)$$

式中，λ 是拉格朗日乘子。$\mathbf{a}$ 和 $\mathbf{q}$ 的最优值可以通过对 $L(\mathbf{a},\mathbf{q},\lambda)$ 关于这些矢量求导并设置它们为零来获得。一般来说，$\mathbf{a}$ 和 $\mathbf{q}$ 的最优值不产生闭型，必须以数值形

式获得[4]。然而，当 q_1，$q_2 \cdots$，q_K 相同时存在一种特殊情况。

更具体地说，当 $q_1 = q_2 = \ldots = q_K \triangleq q$（即 $\mathbf{D_q} = q\mathbf{I}$），最小化最小均方误差的 $\mathbf{a}$ 的最优值为

$$\mathbf{a}_{\mathrm{MMSE}} = \lambda^{-\frac{1}{2}} \ \widetilde{\mathbf{a}}_{\mathrm{MMSE}} \qquad (6.66)$$

式中，矢量 $\widetilde{\mathbf{a}}_{\mathrm{MMSE}}$ 和拉格朗日乘子 λ 分别为

$$\widetilde{\mathbf{a}}_{\mathrm{MMSE}} = (\mathbf{B} \odot \mathbf{A}^*)^{-1} \mathbf{c} \qquad (6.67)$$

和

$$\lambda = \frac{\widetilde{\mathbf{a}}_{\mathrm{MMSE}}^H (\mathbf{A} \odot \mathbf{I}_{L \times L}) \ \widetilde{\mathbf{a}}_{\mathrm{MMSE}}}{P_r} \qquad (6.68)$$

这里，运算符 $\odot$ 表示阿达玛乘积（即逐组件乘法）。式（6.67）和式（6.68）中包含的矩阵为

$$\mathbf{A} = \mathbf{H}_{s,\,r} \mathbf{R}_x \mathbf{H}_{s,\,r}^H + \sigma_w^2 \mathbf{I}_{L \times L}$$

$$\mathbf{B} = \frac{P_r}{K \sigma_w^2} \mathbf{G}_{r,\,d} \mathbf{G}_{r,\,d}^H + \mathbf{I}_{L \times L}$$

而 $\mathbf{c}$ 是一个由矩阵的对角条目构成的列矢量

$$\left(\sqrt{\frac{P_r}{K \sigma_w^2}} \mathbf{H}_{s,\,r} \mathbf{R}_x \mathbf{G}_{r,\,d} \right)^H$$

式中，$\mathbf{R}_x = \mathbf{E}[\mathbf{x}_s \mathbf{x}_s^H] = \mathrm{diag}(\mathbf{P}_{s_1}, \cdots, \mathbf{P}_{s_K})$ 是源符号的相关矩阵。目的节点的最优比例因子为

$$q = \sqrt{\frac{\widetilde{\mathbf{a}}_{\mathrm{MMSE}}^H (\mathbf{A} \odot \mathbf{I}_{L \times L}) \ \widetilde{\alpha}_{\mathrm{MMSE}}}{K \sigma_w^2}}$$

(ii) 迫零（ZF）增益系数

当中继节点的数量远远大于源节点-目的节点对的数量以致 $L \geqslant K(K-1)+1$，增益系数可以被选择来完全消除在每个目的节点的多址干扰。这将导致下面将要描述的所谓迫零（ZF）设计[10]。

让我们首先改写式（6.62）中接收到的信号为

$$\begin{aligned} \mathbf{y}_d &= \mathbf{G}_{r,\,d} \mathbf{D_a} \mathbf{H}_{s,\,r} \mathbf{x}_s + \mathbf{G}_{r,\,d} \mathbf{D_a} \mathbf{w}_r + \mathbf{w}_d \\ &= \widehat{\mathbf{H}}_{s,\,d} \mathbf{x}_s + \widetilde{\mathbf{w}} \end{aligned} \qquad (6.69)$$

式中，$\widehat{\mathbf{H}}_{s,\,d} = \mathbf{G}_{r,\,d} \mathbf{D_a} \mathbf{H}_{s,\,r}$ 是有效协作信道，$\widetilde{\mathbf{w}} = \mathbf{G}_{r,\,d} \mathbf{D_a} \mathbf{w}_r + \mathbf{w}_d$ 是均值为零且相关矩阵为

$$\mathbf{R}_{\widetilde{\mathbf{w}}} = \sigma_w^2 (\mathbf{G}_{r,d} \mathbf{D_a} \mathbf{D_a}^H \mathbf{G}_{r,d}^H + \mathbf{I})$$

的有效高斯噪声矢量。为了消除在每个目的节点的多址干扰,矩阵 $\mathbf{D_a} = \mathrm{diag}(\mathbf{a})$ 必须被选择以使 $\widehat{\mathbf{H}}_{s,d}$ 可对角化。也就是说,我们必须通过选择 $\mathbf{D_a}$（或 $\mathbf{a}$）迫使 $\mathbf{G}_{r,d} \mathbf{D_a} \mathbf{H}_{s,r}$ 中所有非对角项为零。通过让 $\mathbf{g}_m$ 作为 $\mathbf{G}_{r,d}$ 的第 m 行并让 $\mathbf{h}_k$ 作为 $\mathbf{H}_{s,r}$ 的第 k 列,迫零条件可以表示为

$$\mathbf{g}_m \mathbf{D_a} \mathbf{h}_k = 0, \ \forall k \neq m$$

或者,相当于

$$(\mathbf{g}_m \odot \mathbf{h}_k^T) \mathbf{a} = 0, \ \forall k \neq m$$

对于所有的 $k \neq m$,行矢量 $(\mathbf{g}_m \odot \mathbf{h}_k^T)$ 可以被叠加在一起以形成 $K(K-1) \times L$ 矩阵 $\mathbf{H}_I$。迫零条件就可以表示为

$$\mathbf{H}_I \mathbf{a} = \mathbf{0} \tag{6.70}$$

这意味着 $\mathbf{a}$ 应该落在 $\mathbf{H}_I$ 的零空间。

使 $\mathbf{N}_{\mathbf{H}_I}$ 为一个 $L \times [L - K(K-1)]$ 矩阵,其列形成 $\mathbf{H}_I$ 零空间的一个基底。迫零解决方案可以表示为一个 $\mathbf{N}_{\mathbf{H}_I}$ 列的线性合并,即

$$\mathbf{a}_{ZF} = \mathbf{N}_{\mathbf{H}_I} \mathbf{q} \tag{6.71}$$

式中, $\mathbf{q} = [q_1, \cdots, q_{L-K(K-1)}]^T$ 是一个权重系数矢量。$\mathbf{q}$ 的值可以进一步被选择来优化系统性能。通过根据式(6.71)选择 $\mathbf{a}_{Z_F}$,在目的节点 d_k 接收的信号,即 $\mathbf{y}_d$ 的第 k 项,可以表示为

$$y_{d,k} = [\widehat{\mathbf{H}}_{s,d}]_{k,k} x_{s,k} + (\mathbf{g}_k \odot \mathbf{a}^T) \mathbf{w}_r + \mathbf{w}_d \tag{6.72}$$

因此,第 k 个源节点-目的节点对的瞬时信噪比可以计算为

$$\mathrm{SNR}_k = \frac{P_s |[\mathbf{H}_{s,d}]_{k,k}|^2}{\sigma_w^2 (1 + \| \mathbf{g}_k^T \odot \mathbf{a}_{Z_F} \|^2)} \tag{6.73}$$

为了进一步提高系统性能,可以选择权重矢量 $\mathbf{q}$ 以最大化系统总速率。具体来说,最优权重系数可以由下式得到

$$\max_{\mathbf{q}} \sum_{k=1}^{K} \frac{1}{2} \log_2(1 + \mathrm{SNR}_k), \ \text{满足} \ \mathbf{E}[\| \mathbf{D_a} \mathbf{y}_r \|^2] \leqslant P_r \tag{6.74}$$

式中,

$$\mathbf{E}[\| \mathbf{D_a} \mathbf{y}_d \|^2] = \mathbf{q}^T \mathbf{N}_{\mathbf{H}_I}^T (P_s \mathbf{H}_{s,r} \mathbf{H}_{s,r}^H \odot \mathbf{I}_{L \times L} + \sigma_w^2 \mathbf{I}_{L \times L}) \mathbf{N}_{\mathbf{H}_I}^* \mathbf{q}^*$$

$\mathbf{q}$ 的最优值没有一个闭型,从而必须以数值的形式得到。

在图 6.13 中显示了有 $K = 2$ 和 $K = 4$ 个源节点-目的节点对的协作 SDMA 系统的平均总速率。

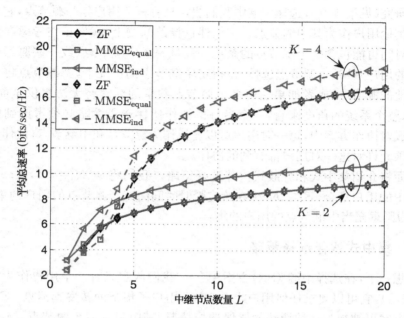

图 6.13 有 $K = 2$ 和 $K = 4$ 个源节点-目的节点对的协作 SDMA 系统的平均总速率
（来自于 Berger 和 Wittneben，ⓒ［2005］IEEE）

显示了最小均方误差和迫零设计的性能，即分别使用来自式（6.66）和式（6.71）的 $\mathbf{a}_{\mathrm{MMSE}}$ 和 $\mathbf{a}_{\mathrm{ZF}}$。在仿真中，源节点 s_1 和目的节点 d_1 被认为更接近中继节点，这样对于所有 ℓ，$\mathbf{E}\big[\,|\,h_{1,\ell}\,|^2\,\big] = \mathbf{E}\big[\,|\,g_{\ell,1}\,|^2\,\big] = 100$，其他用户被认为离中继节点的距离相等，那么对于所有 ℓ 和所有 $k \neq 1$，$\mathbf{E}\big[\,|\,h_{k,\ell}\,|^2\,\big] = \mathbf{E}\big[\,|\,g_{\ell,k}\,|^2\,\big] = 1$。标签 "MMSE$_{\mathrm{equal}}$" 表明对于所以 k 以 $q_k = q$ 使用均方误差增益系数得到的总速率，标签 "MMSE$_{\mathrm{ind}}$" 表明以最优 q_k 值通过使用最小均方误差增益系数获得的总速率，它们各自不同。我们可以观察到在目的节点具有最优比例因子的最小均方误差中继表现最佳。同样，应该注意，当中继节点的数量小于源节点-目的节点对的数量时，不能得到迫零增益系数。然而，当中继节点的数量足够大时，它可以达到比得上最小均方误差中继的性能。

6.4 伙伴选择策略

考虑上一节中采用指定中继节点的协作，我们假定与各个源节点协作的中继节点根据一些预先确定的协作伙伴选择策略来指定。然而,为了充分利用协作优势,应该选择怎样的标准和如何选择协作伙伴的问题依然存在。这不同于对选择中继的研究(见第 4 章),选择中继中我们假定只有一个用户作为源节点,它可以选择任何其他用户作为其中继节点。在伙伴选择的问题上,我们正在考虑在任何给定瞬时时间可能包含多个源节点的系统。一旦一个中继节点(或一些愿意充当中继节点的用户)被某个源节点选择,在指定中继节点的情况下,中继节点将不再被用于其他的源节点,或者如果它由多个源节点共享的话它将无法提供全面服务。因此,从整个系统的角度来看,一个良好的协作伙伴选择策略必须考虑到协作优势。在成对协作方案中,每一对用户可以轮流作为源节点和中继节点,伙伴选择策略也必须允许对这一对用户都有利的协作。

下面将介绍集中式和分散式伙伴选择策略。我们将令 $\mathcal{N} = \{1, 2, \cdots, N\}$ 为网络中的用户集合,$\mathcal{S} \subset \mathcal{N}$ 为在给定瞬时时间内充当源节点的用户的集合,$\mathcal{R} \subset \mathcal{N}$ 为愿意充当中继节点的用户的集合。

6.4.1　集中式伙伴选择策略

回想一下,在选择中继(SR)方案中[5, 6],我们假定只有一个用户作为源节点(用 s 表示),它可以要求任何用户或在 $\mathcal{R}$ 中的用户子集帮助转发其消息。因此,选择中继方案可被视为一种特殊的伙伴选择情况,其中只有一个源节点。4.3 节中给出的一个例子是 DF 选择中继方案,即源节点 s 在解码集合 $\mathcal{D}(s) = \{\ell \in \mathcal{R} : P | h_{s, \ell} |^2 / \sigma_w^2 \geqslant 2^{2R} - 1\}$ 中的那些中继节点之中选择具有最好中继节点到目的节点信道的中继节点。在这里,P 是源节点的传输功率,R 是传输速率,$h_{\ell, d}$ 是用户 ℓ 和目的节点之间的信道系数。s 选择的充当其中继节点的用户为

$$r(s) = \arg \max_{\ell \in \mathcal{D}(s)} P | h_{\ell, d} |^2 / \sigma_w^2 \qquad (6.75)$$

然而,当有多个用户作为源节点也就是 $|\mathcal{S}| > 1$ 时,基于式(6.75)为每个源节点单独执行选择是次最优的。这是因为,这样做的话,一个中继节点(尤其是那些具有最好的中继节点到目的节点信道)可以被多个源节点选择,它的传输功率必须被分配以转发不同源节点的信息,减少了每个源节点收到的协作增益。在这种情况下,对 $\mathcal{S}$ 中的一个用户来说,它可能是最好的选择而不是次好的中继节点,那么中继节点功率的竞争就可以避免。因此,最优伙伴选择策略必须共同考虑所有源用户的选择。

注意,源节点集合 $\mathcal{S}$ 和中继节点集合 $\mathcal{R}$ 可能不是互不相交的。例如,在 TDMA 系统中,用户可以在一个时隙充当源节点,而在另一个时隙作为其他用户的中继节点。

(i) 有完整瞬时信道状态信息的伙伴选择策略

假设有 K 个用户作为源用户,用集合 $\mathcal{S} = \{s_1, s_2, \cdots, s_K\}$ 来表示。我们假设

每个源节点只选择一个用户作为其中继节点,并且用 $r(s_k) \in \mathcal{R}$ 表示源节点 s_k 选择的中继节点。函数 $r(\bullet)$ 也可以用来代表伙伴选择策略,因为它决定了每个源节点选择的中继节点。伙伴选择策略可以被选择来最大化系统整体性能,如最大化所有源节点间的最小速率或最大化系统总速率。例如,在最大化所有源节点间的最小速率的情况下[3],最优伙伴选择策略为

$$r(\bullet) = \arg\max_{r:r(s_k)\in\mathcal{D}(s_k)\forall k} \min\{I_{s_1,r(s_1)},\ I_{s_2,r(s_2)},\ \cdots,\ I_{s_K,r(s_K)}\} \qquad (6.76)$$

式中,

$$I_{s_k,r(s_k)} = \frac{1}{2}\log_2\left(1 + \frac{P\,|h_{s_k,d}|^2}{\sigma_w^2} + \frac{P\,|h_{r(s_k),d}|^2}{N_{r(s_k)}\sigma_w^2}\right) \qquad (6.77)$$

是在中继节点 $r(s_k) \in \mathcal{D}(s_k)$ 的帮助下 s_k 可达的最大速率,$N_{r(s_k)}$ 是选择 $r(s_k)$ 作为它们的中继节点的源节点的数目。然而,上面描述的最优策略的时间复杂度随着源节点的数目呈指数增长。

为了降低复杂度,可以采用一个(次最优)顺序伙伴选择策略[3],它允许源节点轮流选择自己的伙伴,在它们可以选择的时间内让每个源节点选择最好的中继节点。比较复杂度最多为 $O(N^2)$,当考虑所有可能的中继节点分配组合时与所需的指数复杂度相反。更具体地说,因为目标是最大化所有源节点间的最小速率,我们首先根据在目的节点的源节点信噪比的增加顺序来排序源节点。即标记源节点为 s_1,s_2,$\cdots$,s_K,这样

$$\frac{P\,|h_{s_1,d}|^2}{\sigma_w^2} < \frac{P\,|h_{s_2,d}|^2}{\sigma_w^2} < \cdots < \frac{P\,|h_{s_K,d}|^2}{\sigma_w^2}$$

然后,源节点 s_1 到 s_K 轮流选择自己的伙伴,这样有最糟源节点到目的节点信道的源节点被允许第一个选择。当轮到 s_k 选择它的协作伙伴时,源节点 s_1,$\cdots$,s_{k-1} 将已经选择了它们的中继节点,因此如果没有其他中继节点提供更好的前往目的节点的信道,源节点 s_k 可能必须和另一个源节点共享一个中继节点。令 $N_\ell^{(k-1)}$ 为在前 $k-1$ 个迭代中选择用户 ℓ 作为它们的伙伴(即在前 $k-1$ 个源节点已经选择自己的伙伴之后)的源节点的数目。在第 k 次迭代中,源节点 s_k 将在本身和所有之前 $k-1$ 个源节点之间选择一个最大化最小可达速率的伙伴,即用户

$$r(s_k) = \arg\max_{m\in\mathcal{D}(s_k)}\left\{\min_{i=1,\cdots,k}\log_2\left(1 + \frac{P\,|h_{s_i,d}|^2}{\sigma_w^2} + \frac{P\,|h_{r(s_i),d}|^2}{\widetilde{N}_{r(s_i),m}^{(k)}\sigma_w^2}\right)\right\} \qquad (6.78)$$

式中,

$$\widetilde{N}_{\ell,m}^{(k)} = \begin{cases} N_\ell^{(k-1)} + 1, & \text{如果 } m = \ell \\ N_\ell^{(k-1)}, & \text{如果 } m \neq \ell \end{cases}$$

是如果 s_k 选择 m 作为其伙伴的更新的数量。

例如,假设只有两个源节点 s_1 和 s_2 存在于网络中。通过上面的排序,s_1 将有较糟的源节点到目的节点信道,从而将首先选择一个伙伴,例如用户 i。如果用户 i 也是在 s_2 的解码集中最好的用户,然后 s_2 要么与 s_1 共享中继节点,要么在其解码集中选择次好的用户,例如用户 $j \in \mathcal{D}(s_2)$,来作为其中继节点。$\mathcal{D}(s_2)$ 中的其他用户不需要被考虑,因为它们不可能比上面描述的两种选择更好。s_2 上的决定将通过比较下面两个值作出:

$$R_{\min,i} \triangleq \min\left\{ \log_2\left(1 + \frac{P\,|h_{s_1,d}|^2}{\sigma_w^2} + \frac{P\,|h_{i,d}|^2}{2\sigma_w^2}\right), \right.$$
$$\left. \log_2\left(1 + \frac{P\,|h_{s_2,d}|^2}{\sigma_w^2} + \frac{P\,|h_{i,d}|^2}{2\sigma_w^2}\right)\right\}$$

和

$$R_{\min,j} \triangleq \min\left\{ \log_2\left(1 + \frac{P\,|h_{s_1,d}|^2}{\sigma_w^2} + \frac{P\,|h_{i,d}|^2}{\sigma_w^2}\right), \right.$$
$$\left. \log_2\left(1 + \frac{P\,|h_{s_2,d}|^2}{\sigma_w^2} + \frac{P\,|h_{j,d}|^2}{2\sigma_w^2}\right)\right\}$$

它们分别是当 $r(s_2) = i$ 和 $r(s_2) = j$ 时,s_1 和 s_2 之间的最小可达速率。如果 $R_{\min,i} > R_{\min,j}$,用户 i 将被选择作为 s_2 的中继节点,否则将选择用户 j。

在图 6.14 中,我们比较在一个有 $N=3$ 或 5 个用户的协作网络中三种伙伴选择策略的中断性能。所有用户都是源节点,但也可以作为其他源节点的中继节点。因此,我们有 $N = |\mathcal{S}| = |\mathcal{R}|$。假设任意两个用户之间的平均信道增益都是 1,所有用户的传输速率都是 $R = 1$ bit/sec/Hz。在简单策略中,每个源节点使用式 (6.75) 单独选择最好的中继节点伙伴,它不需要任何集中信息。在最优伙伴选择策略中,最优中继节点分配是根据式 (6.76) 搜索所有可能的场景来决定的。在次最优策略中,按源节点到目的节点信道信噪比的增加次序,源节点轮流选择自己的伙伴。我们可以看到,虽然最优策略得到最好的性能,次优的策略可以以低得多的复杂度达到比得上的性能[5]。

(ii) 有统计信道状态信息的伙伴选择策略

前面介绍的协作伙伴选择策略利用上行链路信道状态的瞬时信息来执行计算。然而,如果瞬时信道状态信息无法获得,例如在高度动态环境中,我们可以考虑将所有用户的平均中断概率作为伙伴选择准则[20]。这个方案只需要用户信道的统计信息,其变化得比实际信道实现要慢得多。该设计方针可以进一步为下一小节中讨论的分布式伙伴选择策略所利用。注意,因为无法得到瞬时信道状态信息,所以不能保证每个时隙中在选定的中继节点或目的节点成功解码,但可以选择协作伙伴,这样平均中断概率要尽可能小。

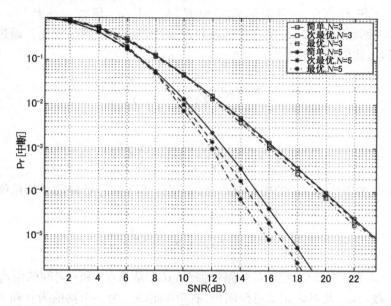

图 6.14　有 $N=3$ 和 $N=5$ 个用户的网络在最优伙伴选择策略、顺序伙伴选择策略和单独 (简单)伙伴选择策略下的中断概率

(来自于 Beres 和 Adve,©[2008] IEEE)

具体来说,让 $\mathcal{R}_k$ 为 s_k 的能够成功解码 s_k 在给定时隙中发射的符号的伙伴子集,即 $\mathcal{R}_k \subset \mathcal{D}(s_k)$。注意,$\mathcal{R}_k$ 不仅取决于伙伴选择策略还取决于瞬时信道状态信息,因此它在不同时隙中是随机的。s_k 的中断概率可以表示为

$$p_{\text{out},k} = \sum_{\mathcal{R}_k} \Pr(\mathcal{R}_k) \cdot p_{\text{out},k}(\mathcal{R}_k) \tag{6.79}$$

式中,$\Pr(\mathcal{R}_k)$ 是在能够成功解码消息时 $\mathcal{R}_k$ 中的用户被选择为 s_k 的伙伴的概率,$p_{\text{out},k}(\mathcal{R}_k)$ 是由 $\mathcal{R}_k$ 中的用户协助的源节点 s_k 的条件中断概率。所有用户的平均中断概率为

$$\bar{p}_{\text{out,avg}} = \frac{1}{K} \sum_{k=1}^{K} p_{\text{out},k} \tag{6.80}$$

可以用来作为伙伴选择准则。

条件中断概率 $p_{\text{out},k}(\mathcal{R}_k)$ 可以表示为

$$P_{\text{out},k}(\mathcal{R}_k) = \int \cdots \int_{\mathcal{O}_k} f_{s_k,d}(\gamma_{s_k,d}) \mathrm{d}\gamma_{s_k,d} \times \prod_{\ell \in \mathcal{R}_k} f_{\ell,d}(\gamma_{\ell,d}) \mathrm{d}\gamma_{\ell,d} \qquad (6.81)$$

式中，$\mathcal{O}_k$ 是 s_k 的中断事件（或不能支持 s_k 的传输速度 R 的信噪比条件的集合），$f_{s_k,d}(\gamma_{s_k,d})$ 和 $f_{\ell,d}(\gamma_{\ell,d})$ 分别是 $\gamma_{s_k,d} = P|h_{s_k,d}|^2/\sigma_w^2$ 和 $\gamma_{\ell,d} = P|h_{\ell,d}|^2/(N_\ell \sigma_w^2)$ 的概率密度函数，即 s_k-d 直接链路和 ℓ-d 中继链路上的信噪比。通过考虑瑞利衰落场景，我们可以写

$$f_{s_k,d}(\gamma_{s_k,d}) = \frac{1}{\overline{\gamma}_{s_k,d}} \exp\left(-\frac{\gamma_{s_k,d}}{\overline{\gamma}_{s_k,d}}\right)$$

和

$$f_{\ell,d}(\gamma_{\ell,d}) = \frac{N_\ell}{\overline{\gamma}_{\ell,d}} \exp\left(-\frac{N_\ell \gamma_{\ell,d}}{\overline{\gamma}_{\ell,d}}\right)$$

式中，N_ℓ 是由用户 ℓ 帮助的用户的数量。节点 i 和 j 之间链路的平均信噪比由下式决定

$$\overline{\gamma}_{i,j} = \frac{P}{\sigma_w^2} \text{PL}(d_0) \cdot S_{i,j} \cdot \left(\frac{d_{i,j}}{d_0}\right)^{-a} \qquad (6.82)$$

式中，$\text{PL}(d_0)$ 是在单位距离 d_0 的路径损耗，$d_{i,j}$ 是节点 i 和 j 之间的距离，α 是路径损耗指数，$S_{i,j}$ 是对数正态遮蔽阴影，有 $10\log_{10} S_{i,j}$ 为一个均值为 0 和方差为 σ_S^2（dB）的高斯随机变量。

回想一下，中断事件取决于具体协作策略的采用。例如，通过假设用户可以通过正交信道发射并且在 $\mathcal{R}_k$ 中的用户上以重复编码应用 DF，中断事件可以表示为

$$\mathcal{O}_k^{\text{DF}} \triangleq \left\{\frac{1}{2}\log_2\left(1+\gamma_{s_k,d}+\sum_{\ell \in \mathcal{R}_k}\gamma_{\ell,k}\right) < R\right\} = \left\{\gamma_{s_k,d}+\sum_{\ell \in \mathcal{R}_k}\gamma_{\ell,k} < 2^{2R}-1\right\}$$

当编码协作（CC）被采用，中继用户将重新编码源节点的符号为一组有别于通过源节点发射的码字的同等集合（见参考文献 [14, 15] 和 3.3 节）。在这种情况下，中断事件可以描述为

$$\mathcal{O}_k^{\text{CC}} \triangleq \left\{\alpha_k\log_2(1+\gamma_{s_k,d})+(1-\alpha_k)\log_2\left(1+\sum_{\ell \in \mathcal{R}_k}\gamma_{\ell,d}\right) < R\right\}$$
$$= \left\{(1+\gamma_{s_k,d})^{\alpha_k}\left(1+\sum_{\ell \in \mathcal{R}_k}\gamma_{\ell,d}\right)^{1-\alpha_k} < 2^R\right\}$$

式中，$0 < \alpha_k \leqslant 1$ 是分配给源节点的发射时间的分数，$(1-\alpha_k)$ 是分配给中继节点的时间的分数。更重要地，值得注意的是，如第 4 章所述，如果它被指定 n 个协作伙伴，对于源节点 s_k 可以达到 $n+1$ 的完全分集阶数。因为式（6.80）中的平均中断概率包含了所有用户的中断概率之和，总体分集阶数将会由有最少伙伴数目的

源节点所主导。因此,为了保证 $n+1$ 的分集阶数,伙伴选择算法必须允许每个源节点在每个时隙至少分配到 n 个伙伴。基于这个要求,最优伙伴分配可被进一步推出以最小化在有限信噪比下的平均中断概率。

让我们考虑一个简单的情况,所需分集阶数为 2,因此在系统中每个源节点必须有至少 $n=1$ 个伙伴。当然,你可能考虑中继节点分配给源节点的所有可能组合,然后选择产生最低平均中断概率的分配。然而,这也需要比较复杂度随用户数量呈指数增长,正如之前的例子。为了降低复杂度,一个次最优伙伴选择策略可以基于贪婪算法[20]而得出。假定每个用户只协助一个用户,也只由一个用户协助(它们不一定是相同的)。然后,贪婪算法通过在两个用户之间交换伙伴来执行,如果这一操作导致平均中断概率最大的降低的话。这个过程可描述如下:

1. 随机分配协作伙伴,这样每个用户恰好协助一个其他用户并恰好由一个其他用户协助。

2. 在两个用户之间交换伙伴,如果该交换可以产生在所有用户对之间的平均中断概率的最大减小。

3. 重复步骤 2 直到没有其他交换将产生一个更小的平均中断概率。

注意,步骤 1 中随机分配不需要是双向的,因此通过随机排序可以很容易地发现用户形成一个环,每个用户顺时针方向地协助其最亲密的邻居。平均中断概率在每次伙伴更新后计算。

在图 6.15 中,我们考虑一个有 $N=10$ 或 $N=50$ 个用户随机定位在一个圆形区域的协作网络。假定所有用户作为源节点,也作为到其他用户的中继节点,即 $N=|\mathcal{S}|=|\mathcal{R}|$。在仿真中,我们假定所有用户采用编码协作方案并设置路径损耗指数为 $\alpha=4$,圆形区域外缘的路径损耗参考 $PL(d_0)=-60$ dB,阴影参数为 $\sigma_s=8$。对于所有的 i,阶段 I 的分数设定为 $\alpha_i=0.75$,传输速率设置为 $R=1/3$ bits/sec/Hz。在瑞利衰落环境下编码协作方案的平均中断概率可以在参考文献[20]和 3.4 节找到。在图 6.15 中,显示了集中式伙伴选择策略的平均中断概率与在统计信道信息的不同假设下集中单元上的信噪比的对比。从图 6.15 我们可以看到,没有集中信息,中断性能并不能随着用户数量的增加而提高。然而,用户的位置和所有链路的阴影组件的额外信息导致约 8 dB 的增益。

遵循这一节介绍的方法,许多伙伴选择策略也可以基于不同的设计准则得出。例如,为了保持公平,伙伴选择策略可以被设计来最小化所有用户的最大中断概率,如参考文献[19]中所描述。这可以通过搜索所有可能的中继节点分配组合或采用每个源节点轮流选择自己的伙伴的顺序选择方案来实现[19]。此外,还可以考虑最小化满足符号错误概率约束的所有用户的能量消耗的伙伴选择策略,如参考文献[22]中所提出的。然而,伙伴选择策略的设计中仍然存在许多挑战,如需要获得全局信道状态信息和必须在用户间交换大量的控制信息。接下来的部分将讨论

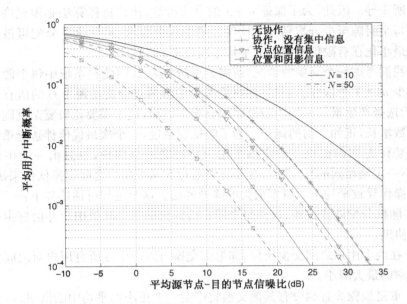

图 6.15 有 **N＝10** 或 **50** 个用户的系统的贪婪伙伴选择策略的平均中断概率。显示了集中单元上不同统计信息的情况的结果

(来自于 Nosratinia 和 Hunter,©[2007]IEEE)

一个基于中断的伙伴选择算法的分散式实现。

6.4.2　分散式伙伴选择策略

　　在前面的小节,我们假定全局(瞬时或统计)信道状态信息可以在每个用户或集中单元获得,以便可以实现集中式伙伴选择策略。在本节,我们介绍参考文献[20]中提出的分散式伙伴选择策略,其中每个用户单独确定其协作伙伴而不知道其他用户的选择。每个用户的目标是最小化系统的平均中断概率。

　　假设网络中有 N 个用户,以 $0, 1, \cdots, N-1$ 编索引,其中每个用户能够充当 n 个其他用户的中继节点。如果每个用户随机或伺机(基于瞬时信噪比)选择 n 个源节点来服务,源节点 s_k 不会被 n 个用户服务的概率为

$$\Pr(\mid \mathcal{R}_k \mid < n) = \sum_{k=0}^{n-1}\binom{N-1}{k}\left(\frac{n}{N-1}\right)^k\left(1-\frac{n}{N-1}\right)^{N-k-1}$$

这个概率不会随着信噪比的增加而消失,因此 $n+1$ 的完全分集阶数将不会实现。

　　为了保证每个源节点由 n 个中继节点提供服务,可以将用户按顺序排成一个环,让每个用户为在顺时针方向的 n 个最近邻居的中继。这个简单方案称为固定优先级协议[20]。例如,如果用户是按照它们的索引排序,用户 i 会选择为用户中继

$$(i+1)\bmod N,\ (i+2)\bmod N,\ \cdots,\ (i+n)\bmod N$$

事实上,该方案不仅可以保证每个源节点由 n 个用户提供服务,也可以保证每个用户为不超过 n 个的用户中继,因此,每个源与其伙伴享有相同的中继节点功率。

在图 6.16(见参考文献[20])中,固定优先级协议的中断概率与随机选择和接收信噪比选择策略的中断概率进行比较。无协作时的情况也显示出来以进行比较。

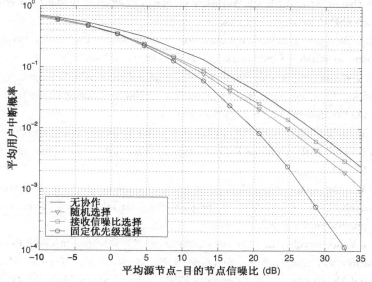

图 6.16　三种分布式伙伴选择协议的中断概率

(来自于 Nosratinia 和 Hunter,©[2007]IEEE)

在仿真中,用户数量设置为 $N=10$,每个用户被假定基于用户索引选择 $n=1$ 个协作伙伴,即用户 i 选择用户数为 $i+1\bmod N$。这些用户随机分布在一个具有归一化半径的圆形区域内。类似于图 6.15 所示,假定 $\alpha=4$,$PL(d_o)=-60$ dB,$\sigma_S=8$。在接收信噪比选择方案中,每个用户帮助转发具有最高用户间信噪比的源节点。尽管接收信噪比方案优于随机选择方案,但这两种方案都不能实现完全分集增益,因为概率 $\mathrm{Pr}\{|\mathcal{R}_k|=0\}$ 不随信噪比的增加而消失。另一方面,固定优先级方案能够实现 2 的完全分集阶数。

注意,设计可以实现完全分集的分散式伙伴选择策略一般不难。然而,可以设计更聪明的策略以实现更高的编码增益。例如,也可以允许源节点与它们的本地邻居交换伙伴以进一步降低用户的中断概率,类似于在集中式情况中所介绍的。

参考文献

1. Abu-Rgheff, M. A.: Introduction to CDMA Wireless Communications. Academic Press (2007)

2. Agustin, A., Vidal, J.: Radio resource optimization for the half-duplex relay-assisted multiple access channel. In: IEEE 8th Workshop on Signal Processing Advances in Wireless Communications (SPAWC), pp. 1-5 (2007)

3. Beres, E., Adve, R.: Selection cooperation in multi-source cooperative networks. IEEE Transactions on Wireless Communications 7(1), 118-127 (2008)

4. Berger, S., Wittneben, A.: Cooperative distributed multiuser MMSE relaying in wireless ad-hoc networks. In: Conference Record of the Thirty-Ninth Asilomar Conference on Signals, Systems and Computers, pp. 1072-1076 (2005)

5. Bletsas, A., Khisti, A., Reed, D. P., Lippman, A.: A simple cooperative diversity method based on network path selection. IEEE Journal on SelectedAreas in Communications 24(3), 659-672 (2006)

6. Bletsas, A., Shin, H., Win, M. Z.: Outage-optimal cooperative communications with regenerative relays. In: Proceedings of the Conference on Information Sciences and Systems (CISS), pp. 632-647 (2006)

7. Boyd, S., Vandenberghe, L.: Convex Optimization. Cambridge University Press (2004)

8. Chakravarthy, V., Nunez, A. S., Stephens, J. P., Shaw, A. K., Temple, M. A.: TDCS, OFDM, and MC-CDMA: a brief tutorial. IEEE Communications Magazine 43(9), S11-S16 (2005)

9. Duel-Hallen, A.: Decorrelating decision-feedback multiuser detection for synchronous code-division multiple-access channel. IEEE Transactions on Communications 41(2), 285-290 (1993)

10. Esli, C., Berger, S., Wittneben, A.: Optimizing zero-forcing based gain allocation for wireless multiuser networks. In: Proc. IEEE International Conference on Communications ICC'07, pp. 5825-5830 (2007)

11. Hammerstrom, I., Kuhn, M., Wittneben, A.: Channel adaptive scheduling for cooperative relay networks. In: Proc. on IEEE Vehicular Technology Conference (VTC), vol. 4, pp. 2784-2788 (2004)

12. Horn, R. A., Johnson, C. R.: Matrix Analysis. Cambridge University Press (1990)

13. Huang, W.-J., Hong, Y.-W. P., Kuo, C.-C. J.: Relay-assisted decorrelating multiuser detector (RAD-MUD) for cooperative CDMA networks. IEEE Journal on Selected Areas in Communications 26(3), 550-560 (2008)

14. Hunter, T. E., Nosratinia, A.: Diversity through coded cooperation. IEEE Transactions on Wireless Communications 5(2), 283-289 (2006)

15. Hunter, T. E., Sanayei, S., Nosratinia, A.: Outage analysis of coded cooperation. IEEE Transactions on Information Theory **52**(2), 375-391 (2006)

16. Lu, S., Bharghavan, V., Srikant, R.: Fair scheduling in wireless packet networks. IEEE/ACM Transactions on Networking **7**(4), 473-489 (1999)

17. Lupas, R., Verdú, S.: Linear multiuser detectors for synchronous code-division multiple-access channels. IEEE Transactions on Information Theory **35**(1), 123-136(1989)

18. Madhow, U., Honig, M. L.: MMSE interference suppression for direct-sequence spread-spectrum CDMA. IEEE Transactions on Communications **42**(12), 3178-3188 (1994)

19. Mahinthan, V., Cai, L., Mark, J., Shen, X.: Partner selection based on optimal power allocation in cooperative diversity systems. IEEE Transactions on Vehicular Technology **57**(1), 511-520 (2008)

20. Nosratinia, A., Hunter, T.: Grouping and partner selection in cooperative wireless networks. IEEE Journal on Selected Areas in Communications **25**(2), 369-378 (2007)

21. Serbetli, S., Yener, A.: Relay assisted F/TDMA ad hoc networks: node classification, power allocation and relaying strategies. IEEE Transactions on Communications **56**(6), 937-947 (2008)

22. Shi, J., Yu, G., Zhang, Z., Chen, Y., Qiu, P.: Partial channel state information based cooperative relaying and partner selection. In: Proceedings of the IEEE Wireless Communications and Networking Conference (WCNC), pp. 975-979 (2007)

23. Torrieri, D.: Principles of Spread-Spectrum Communication Systems. Springer US (2009)

24. Venturino, L., Wang, X., Lops, M.: Multiuserdetection for cooperative networks and performance analysis. IEEE Transactions on Signal Processing **54**(9), 3315-3329 (2006)

25. Verdú, S.: Multiuser Detection. Cambridge University Press (1998)

26. Viterbi, A. J.: CDMA: Principles of Spread Spectrum Communication. Addison-Wesley (1995)

27. Vojcic, B. R., Jang, W. M.: Transmitter precoding in synchronous multiuser communications. IEEE Transactions on Communications **46**(10), 1346-1355 (1998)

第7章 OFDM 和 MIMO 系统的协作中继

在前面的章节里介绍了基本设置下不同的协作中继方案,其中每个中继节点都配备一个单天线并且通过一个单载波信道进行传输。不过,协作分集其实可以在很多其他传输技术中利用。特别是,近年来正交频分复用(OFDM)和多输入多输出(MIMO)系统中协作的使用由于在当前和下一代无线通信系统中的重要性而备受关注。在这一章,我们首先介绍一种基本协作 OFDM 系统并提出了一个该系统的高效功率和子载波分配算法。然后,我们须回顾几种技术,即波束成形、选择中继和分布式空频编码(DSFC)并展示如何在不知道信道状态信息(CSI)的情况下使用它们以利用协作和频率分集增益。在 MIMO 中继节点的情况下,我们介绍中继预编码器的优化设计并展示如何使用它们进一步改善空间分集增益。

7.1 OFDM 系统的简要回顾

正交频分复用(OFDM)是一个物理层传输方案,其中每个用户的带宽被分为多个正交子载波并通过这些子载波并行传输数据。这项技术有效地克服频率选择性衰落、缓解码间干扰并实现高的频谱效率。由于这些原因,OFDM 在很多的无线标准如 IEEE 802.11 a、IEEE 802.16 (WiMAX)、长期演进(LTE)和数字音频/视频广播(DAB/DVB)中已成为关键技术。

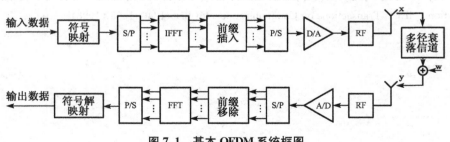

图 7.1 基本 OFDM 系统框图

考虑这样一个 OFDM 系统,其中每个用户通过一个被分成 N 个子载波信道的正交频带发射。事实上,N 个子载波可被划分来传输数据符号、导频符号以及监视或空符号。让我们考虑如图 7.1 所示的 OFDM 传输的基本过程。在发射机端,源数据的序列首先映射到属于一个特定信号星座的符号中并通过一个串并行(S/P)转换器被分成 N 个并行数据流。每个数据流将通过一个单独的子载波信道发射。具体地说,设 $X_i[n]$ 是在用户 i 的第 n 个子载波上发射的数据,令

$$\mathbf{X}_i = [X_i[0], \ X_i[1], \ \cdots, \ X_i[N-1]]^T$$

形成一个频域 OFDM 符号矢量。通过取 $\mathbf{X}_i$ 的离散傅里叶反变换(IDFT),我们获得了时域 OFDM 符号矢量 $\mathbf{x}_i = [x_i[0], \ x_i[1], \ \cdots, \ x_i[N-1]]^T$ 为

$$\mathbf{x}_i = \mathbf{F}^H \mathbf{X}_i$$

式中

$$\mathbf{F} = \frac{1}{\sqrt{N}} \begin{bmatrix} 1 & 1 & \cdots & 1 \\ 1 & e^{-j2\pi\frac{1\cdot 1}{N}} & \cdots & e^{-j2\pi\frac{(N-1)\cdot 1}{N}} \\ \vdots & \vdots & & \vdots \\ 1 & e^{-j2\pi\frac{1(N-1)}{N}} & \cdots & e^{-j2\pi\frac{(N-1)(N-1)}{N}} \end{bmatrix}$$

是离散傅里叶变换(DFT)矩阵(因此,$\mathbf{F}^H$ 是离散傅里叶反变换矩阵)。一个长度为 N_{cp} 的循环前缀(CP)附加在前面以获得符号矢量

$$\mathbf{x}_{i, cp} = [x_i[-N_{cp}], \ \cdots, \ x_i[-1], \ x_i[0], \ x_i[1], \ \cdots, \ x_i[N-1]]^T$$

式中,CP 与 $\mathbf{x}_i$ 的最后一个 N_{cp} 采样相同。符号 $\mathbf{x}_{i, cp}$ 是实际由用户 i 发射的离散时间 OFDM 符号。

　　假设用户 i 和用户 j 之间的信道建模为脉冲响应为 $h_{ij}(t)$ 的一个多径衰落信道,其延伸 $\nu_{i,j}$ 个样本,采样间隔 $t_s = T_s/N$,其中 T_s 为 OFDM 符号持续时间。通过在 t_s 的倍数取样,非零信道系数形成离散基带信道矢量 $\mathbf{h}_{i,j} = [h_{i,j}[0]$, $h_{i,j}[1], \ \cdots, \ h_{i,j}[\nu_{i,j}-1]]^T$,其中 $h_{i,j}[v] \triangleq h_{i,j}(vt_s)$,$v = 0, \ \cdots, \ \nu_{i,j}-1$。用户 j 接收到的信号为

$$y_{i,j}[m] = \sum_{\ell=0}^{\nu_{i,j}-1} h_{i,j}[\ell]x_i[m-\ell] + w_j[m], \ 对于 \ m = -N_{cp}, \ \cdots, \ N-1 \qquad (7.1)$$

式中,$w_j[m] \sim \mathcal{CN}(0, \sigma_w^2)$ 是用户 j 的加性高斯白噪声(AWGN)。假设 CP 的长度大于信道长度,即 $N_{cp} > \nu_{i,j}$。然后,在移除 CP 后和通过利用 $x_i[-\ell] = x_i[N-\ell]$(对于所有的 ℓ),接收到的信号可以写成

$$\mathbf{y}_{i,j} = \mathsf{CM}(\mathbf{h}_{i,j})\mathbf{x}_i + \mathbf{w}_j \qquad (7.2)$$

式中,$\mathbf{w}_j = [w_j[0], \ w_j[1], \ \cdots, \ w_j[N-1]]^T$ 是噪声矢量,$\mathsf{CM}(\mathbf{h}_{i,j})$ 是一个如下

的 $N \times N$ 的循环矩阵

$$CM(\mathbf{h}_{i,j}) =$$

$$\begin{bmatrix} h_{i,j}[0] & & & h_{i,j}[\nu_{i,j}-1] & \cdots & h_{i,j}[1] \\ h_{i,j}[1] & h_{i,j}[0] & & & \ddots & \vdots \\ \vdots & & \ddots & & & h_{i,j}[\nu_{i,j}-1] \\ h_{i,j}[\nu_{i,j}-1] & & & \ddots & & \\ & \ddots & & & \ddots & \\ & & h_{i,j}[\nu_{i,j}-1] & \cdots & & h_{i,j}[0] \end{bmatrix}$$

其中第 (k, ℓ) 个元素为

$$\{CM(\mathbf{h}_{i,j})\}_{k,\ell} = \begin{cases} h_{i,j}[(k-\ell) \bmod N], & \text{对于}(k-\ell) \bmod N < \nu_{i,j} \\ 0, & \text{其他} \end{cases}$$

通过对接收信号执行离散傅里叶变换,我们可以得到一个等价的频域信号模型,其中第 n 个子载波上的信号为

$$Y_{i,j}[n] = H_{i,j}[n]X_{i,j}[n] + W_j[n] \tag{7.3}$$

式中,$H_{i,j}[n]$ 是用户 i 和用户 j 之间的第 n 个子载波信道,$W_j[n]$ 是第 n 个子载波上用户 j 的加性高斯白噪声。通过假设子载波带宽足够小,信道频率响应在一个子载波将相对稳定,因此每个子载波可视为一个等价的平坦衰落信道。在这种情况下,可以克服频率选择性和码间干扰,而无需在接收机进行复杂的均衡。此外,利用发射机的信道状态信息,执行功率和比特分配可以进一步提高吞吐量。这种技术特别适合协作系统,其中不同中继节点的传输可能经历随机传播延迟,导致延迟扩展和频率选择性的增加。

7.2 成对协作 OFDM 系统的资源分配

让我们考虑一对协作的用户(例如,用户 1 和用户 2)通过正交频带发射,每个频带分为 N 个间距等于 Δf 的子载波,也就是,在一个协作对里总共有 $2N$ 个子载波。假设用户采用两阶段协作传输方案,其中,每个用户在阶段 I 首先发射一个 OFDM 符号给其伙伴和目的节点,在阶段 II 中继其他用户的数据或重发它自己的数据(可能来自其他子载波)。在协作 OFDM 系统中,通过使用两个用户的子载波间的功率分配,利用频率选择性来提高吞吐量。由于两个用户有自己的发射数据,在一个协作对的用户间有一种固有的竞争,以取得所需资源。此外,不同于点到点的 OFDM 传输,协作系统的中继节点可以进一步执行子载波匹配来提高频率分集增益。在本节中,以 AF 系统作为一个例子来阐述成对协作用户之间的资源分配的有效性。这个概念可以同样地延伸到 DF 系统,因此在本节中将被省略。

7.2.1　成对协作 OFDM 系统的功率分配

令 $X_i[n]$ 为阶段 I 中用户 i 的第 n 个子载波上发射的数据,其中 $i \in \{1, 2\}$,令 (i, n) 为用户 i 的第 n 个子载波的索引。在这种情况下,用户 j ($j \neq i$) 和子载波 (i, n) 上的目的节点所接收的信号分别为

$$Y_j[i, n] = H_{i,j}[n]X_i[n] + W_j[i, n]$$

和

$$Y_d[i, n] = H_{i,d}[n]X_i[n] + W_d[i, n]$$

式中,索引对 (i, n) 代表用户 i 的第 n 个子载波,$W_j[i, n]$、$W_d[i, n] \sim \mathcal{CN}(0, \sigma_w^2)$ 分别是在子载波 (i, n) 上用户 j 和目的节点 d 的接收端噪声。令 P_I 为第 I 阶段中假定每个用户的总发射功率在所有子载波中均匀分布,即对于 $i = 1, 2$,$\mathbf{E}[|X_i[n]|^2] = P_\mathrm{I}/N$。

图 7.2　每个用户有 N＝3 个子载波的完全重复方案的例子。这里,
$Z_i^{(j, k)}[n]$ 代表子载波 (j, k) 上信号 $X_i[n]$ 的重发

在阶段 II 中,每个用户将中继其伙伴的数据或重发在其 N 个子载波上其自己的数据。让我们首先考虑直观的方法,所有子载波上两个用户的数据,即 $X_1[0]$,…,$X_1[N-1]$ 和 $X_2[0]$,…,$X_2[N-1]$,在阶段 II 的正交时隙中被所有 $2N$ 个子载波转发,类似于参考文献[8]中提出的以重复为基础的方法。这是通过分配 $2N$ 个相等长度的时隙给阶段 II 并把每个时隙用于不同子载波数据的中继或重发来实现的。我们将此称为完全重复(FR)方案。图 7.2 列举了一个每个用户有 N ＝ 3 个子载波的一个例子。这里,在转发数据 $X_i[n]$ 时,$Z_i^{(j, k)}[n]$ 代表着在子载波 (j, k) 上发射的信号。

令 P_II 是阶段 II 中每个用户的总传输功率并令 $\alpha_i^{(j, k)}[n]P_\mathrm{II}$ 为分配给子载波

(j, k) 用于数据 $X_i[n]$ 的中继或重发的功率。当数据 $X_i[n]$ 在子载波 (j, k) 上被转发时,发射信号为

$$Z_i^{(j, k)}[n] = \begin{cases} \sqrt{\dfrac{\alpha_i^{(j, k)}[n] P_{\text{II}}}{\dfrac{P_{\text{I}}}{N} \mid H_{i, j}[n] \mid^2 + \sigma_w^2}} \cdot Y_j[i, n], & \text{如果 } j \neq i \\ \sqrt{\dfrac{\alpha_i^{(j, k)}[n] P_{\text{II}}}{P_{\text{I}}/N}} \cdot X_i[n], & \text{如果 } j = i \end{cases} \quad (7.4)$$

并且在目的节点接收的信号是

$$Y_d[j, k] = H_{j, d}[k] Z_i^{(j, k)}[n] + W_d[j, k]$$

请注意,在阶段 II 的传输功率分配必须满足每个用户的功率约束即

$$\sum_{i=1}^{2} \sum_{n=0}^{N-1} \sum_{k=0}^{N-1} \alpha_i^{(j, k)}[n] \cdot P_{\text{II}} = P_{\text{II}} \text{ 或者 } \sum_{i=1}^{2} \sum_{n=0}^{N-1} \sum_{k=0}^{N-1} \alpha_i^{(j, k)}[n] = 1, \text{ 对于 } j = 1, 2$$
$$(7.5)$$

让我们定义如下的功率分配矩阵

$$\mathbf{A} = \begin{bmatrix} \alpha_1^{(1, 0)}[0] & \cdots & \alpha_1^{(1, 0)}[N-1] & \alpha_2^{(1, 0)}[0] & \cdots & \alpha_2^{(1, 0)}[N-1] \\ \vdots & \ddots & \vdots & \vdots & \ddots & \vdots \\ \alpha_1^{(1, N-1)}[0] & \cdots & \alpha_1^{(1, N-1)}[N-1] & \alpha_2^{(1, N-1)}[0] & \cdots & \alpha_2^{(1, N-1)}[N-1] \\ \hline \alpha_1^{(2, 0)}[0] & \cdots & \alpha_1^{(2, 0)}[N-1] & \alpha_2^{(2, 0)}[0] & \cdots & \alpha_2^{(2, 0)}[N-1] \\ \vdots & \ddots & \vdots & \vdots & \ddots & \vdots \\ \alpha_1^{(2, N-1)}[0] & \cdots & \alpha_1^{(2, N-1)}[N-1] & \alpha_2^{(2, N-1)}[0] & \cdots & \alpha_2^{(2, N-1)}[N-1] \end{bmatrix}$$
$$= \begin{bmatrix} \mathbf{A}_{1, 1} & \mathbf{A}_{1, 2} \\ \mathbf{A}_{2, 1} & \mathbf{A}_{2, 2} \end{bmatrix}$$
$$(7.6)$$

式中,子矩阵 $\mathbf{A}_{j, i}$ 包括分配给用户 j 用于用户 i 的数据(如果 $j \neq i$)的中继或它自己的数据的重发(如果 $j = i$)的功率。每列的总和是阶段 II 中分配给一个特定子载波的数据传输的总功率。假设源符号为高斯分布,根据功率分配 $\mathbf{A}$,AF 协作 OFDM 系统的一个可达总速率为

$$C(\mathbf{A}) = \frac{\Delta f}{2N + 1} \sum_{i=1}^{2} \sum_{n=0}^{N-1} \log(1 + \text{SNR}_i[n](\mathbf{A})) \quad (7.7)$$

式中,

$$\text{SNR}_i[n](\mathbf{A}) = \frac{1}{N} \mid H_{i, d}[n] \mid^2 \gamma_{\text{I}} + \sum_{k=0}^{N-1} \alpha_i^{(i, k)}[n] \mid H_{i, d}[k] \mid^2 \gamma_{\text{II}}$$

$$+ \sum_{k=0}^{N-1} g\left(\frac{1}{N} |H_{i,j}[n]|^2 \gamma_1, \alpha_i^{(j,k)}[n] |H_{j,d}[k]|^2 \gamma_{\mathrm{II}}\right)$$

是对应于数据 $X_i[n]$ 的有效信噪比，$\gamma_1 = P_1/\sigma_w^2 \Delta f$，$\gamma_{\mathrm{II}} = P_{\mathrm{II}}/\sigma_w^2 \Delta f$ 及 $g(x, y) = xy/(x+y+1)$。请注意，由于在阶段 I 和阶段 II 共 $2N+1$ 个时隙用于传输，所以速率以 $\Delta f/(2N+1)$ 来衡量。当发射机端的信道状态信息未知时，在阶段 II 的功率可以均匀地分配给所有子载波，这样对所有 $i, j \in \{1, 2\}$ 且 $k, n \in \{1, 2, \cdots, N\}$，有 $\alpha_i^{(j,k)}[n] = \frac{1}{2N^2}$。另一方面，当在发射机端所有信道状态信息可获知时，最优功率分配可以通过求解下面的最优化问题得出：

$$\text{最小化} \quad -\sum_{i=1}^{2}\sum_{n=0}^{N-1}\log(1+\mathrm{SNR}_i[n](\mathbf{A})) \tag{7.8}$$

$$\text{满足} \quad \mathbf{1}_N^T \mathbf{A}_j \mathbf{1}_{2N} = 1, \text{ 对于 } j \in \{1, 2\}$$
$$-\mathbf{A} \preccurlyeq \mathbf{0}_{2N\times 2N}$$

式中，$\mathbf{A}_j = [\mathbf{A}_{j,1}, \mathbf{A}_{j,2}]$，$\mathbf{0}_{2N\times 2N}$ 是 $2N\times 2N$ 的全零矩阵，$\preccurlyeq$ 是逐元素不等，$\mathbf{1}_M$ 是 $M\times 1$ 的全 1 矢量。已在参考文献[20]证明，对于 $\mathbf{A}$，最优化问题是凸的，因此可以通过标准凸优化工具[3]解决。更有趣的是，通过 KKT 条件，可以观察到以下特性，如参考文献[20]中所示。

定理 7.1　令 $\mathbf{A}^*$ 是对于式(7.8)的最优功率分配。必须拥有以下特性：

(i) 对于 $j \neq i$，如果 $\min_k \mathrm{SNR}_j[k](\mathbf{A}^*) \leqslant \min_n \mathrm{SNR}_i[n](\mathbf{A}^*)$，那么 $\mathbf{A}_{j,i}^* = \mathbf{0}_{N\times N}$。

(ii) 使 $n_i^* \triangleq \arg\max_k |H_{i,d}[k]|^2$ 为有最佳上行链路信道的用户 i 的子载波索引。必须有 $\alpha_i^{(i,k)*}[n] = 0$，$\forall n$ 且 $\forall k \neq n_i^*$。

定理 7.1(i) 中的结果意味着用户 j 不应该为用户 i 中继，如果它所有子载波上的最小有效信噪比低于用户 i 的话。即当存在协作时，最优功率分配只允许一个用户为其他用户中继。然而，可能无协作存在，在这种情况下，我们有 $\mathbf{A}_{j,i}^* = \mathbf{A}_{i,j}^* = \mathbf{0}$。此外，在(ii)中的结果意味着当用户 i 在阶段 II 重发自己的数据，只有子载波与最有利的信道将被利用。

要判断何时协作才是可取的，可以比较协作和非协作系统之间的最大可达速率。具体而言，当无协作时（即当 $\mathbf{A}_{j,i}$ 和 $\mathbf{A}_{i,j}$ 设置为零时），最优功率分配 $\mathbf{A}_{i,i}^*$ 导致如下的注水解决方案

$$\alpha_i^{(i,k)*}[n] = \begin{cases} \dfrac{1}{\gamma_{\mathrm{II}} |H_{i,d}[k]|^2}\left[U_i - \dfrac{\gamma_1}{N} |H_{i,d}[n]|^2\right]^+, & \text{如果 } k = n_i^* \\ 0, & \text{其他} \end{cases}$$

其中，n=1，…，N，$[x]^+ = \max(0, x)$。在这里，U_i 是与用户 i 关联的水位且它被选择以满足式（7.5）中的功率约束。因此与子载波 (i, n) 关联的数据的有效信噪比为

$$\widetilde{SNR}_i[n] = \begin{cases} U_i, & \text{如果} \quad \dfrac{\gamma_1}{N} \mid H_{i,d}[n] \mid^2 < U_i \\ \dfrac{\gamma_1}{N} \mid H_{i,d}[n] \mid^2, & \text{其他} \end{cases} \tag{7.9}$$

更有趣的是，已在参考文献[20]中证明，用户 i 和 j 之间的协作关系可以简单地通过比较它们各自的水位 U_i 和 U_j 得知，水位可以看作在给定总功率约束下由用户可得的有效信噪比。

命题 7.1（见参考文献[20]） 令 U_i 和 U_j 为与用户 i 和用户 j 的非协作功率分配相关联的水位。必须拥有以下特性：

(i) 如果 $U_i \leqslant U_j$，对于 $i \neq j$，最优功率分配结果 $\mathbf{A}_{i,j}^* = \mathbf{0}$，即用户 i 不为用户 j 中继。

(ii) 给定 $U_i \leqslant U_j$，对于 $i \neq j$，当且仅当 $F(j, i) > 0$ 时协作达到更高的系统速率，其中

$$F(j, i) = 1 + U_j - \min\left\{ (1 + U_i)\left(1 + \frac{N}{\gamma_1 \max_{\ell \in \mathcal{S}_i} \mid H_{i,j}[\ell] \mid^2}\right), \right.$$
$$\left. \min_{\ell \in \mathcal{S}_i^c}\left(1 + \frac{\gamma_1}{N}\mid H_{i,d}[\ell] \mid^2\right)\left(1 + \frac{N}{\gamma_1 \mid H_{i,j}[\ell] \mid^2}\right)\right\}$$

有 $\mathcal{S}_i = \left\{n: \dfrac{\gamma_1}{N} \mid H_{i,d}[n] \mid^2 < U_i\right\}$ 且 $\mathcal{S}_i^c = \{0, \cdots, N-1\} - \mathcal{S}_i$

命题 7.1(i)中的结果意味着如果其非协作水位小于用户 j 的，即 $U_i \leqslant U_j$，用户 i 不应该为用户 j 中继。这是合理的，因为如果总功率不足以为自己实现更好的有效信噪比，那么用户不应该消耗功率转发其他用户的数据。然而，这并不意味着用户 j 应为用户 i 中继。事实上，命题 7.1(ii)中的结果进一步表明当且仅当 $F(j, i)$ 的值大于 0 时，协作才是可取的。可以证明的一点是 $F(j, i)$ 的值在某种意义上表征了协作的优势，因此可以作为一个有用的选择协作伙伴的标准，如参考文献[20]所阐述。本节中讨论的方案是一个简单、直观的在协作 OFDM 系统中利用空间分集和频率分集的方式，但是由于在阶段 II 需要大量的重复时隙而不是一个有高带宽效率的方案。一个有更高带宽效率的方案是只有一个时隙分配给阶段 II 并允许每个子载波在这个时隙中只转发一个子载波的数据。然而，这导致确定应由阶段 II 中每个子载波中继或重发的数据的所谓子载波匹配问题（subcarrier matching problem)。

7.2.2　成对协作 OFDM 系统的子载波匹配

在本节中,我们考虑只允许每个子载波中继或重发阶段 II 中另一个子载波的数据的成对协作 OFDM 系统的子载波匹配问题。也就是说,如图 7.3 的示例中所示,在阶段 II 中只有一个时隙可用。

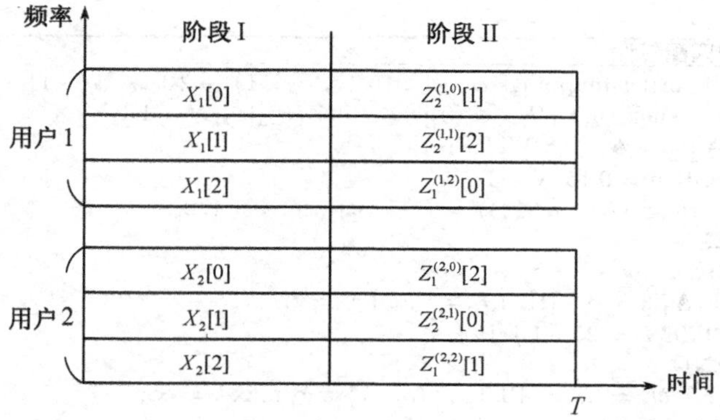

图 7.3　一个每用户有 N = 3 个子载波的系统的子载波匹配问题的例子。在这里,子载波匹配函数 π 由 $\pi(1, 0) = (2, 1)$, $\pi(1, 1) = (2, 2)$, $\pi(1, 2) = (1, 0)$, $\pi(2, 0) = (1, 2)$, $\pi(2, 1) = (2, 0)$ 和 $\pi(2, 2) = (1, 1)$ 定义

设 $\mathcal{S} = \{1, 2\} \times \{0, 1, \cdots, N-1\}$ 为在协作对中的所有子载波的索引集合,设 $\pi: \mathcal{S} \to \mathcal{S}$ 是子载波匹配函数,其中 $\pi(i, n)$ 是其数据通过子载波 (i, n) 转发的子载波的索引。给定子载波匹配 π 和功率分配 $\mathbf{Q} = [Q^{(1, 0)}, \cdots, Q^{(1, N-1)}, Q^{(2, 0)}, \cdots, Q^{(2, N-1)}]^T$,其中 $Q^{(i, n)}$ 是在阶段 II 中分配给子载波 (i, n) 的功率,可达总速率为

$$C(\pi, \mathbf{Q}) = \frac{\Delta f}{2} \sum_{i=1}^{2} \sum_{n=0}^{N-1} \log\Big(1 + \frac{\gamma_1}{N} \mid H_{i, d}[n] \mid^2 + \sum_{(j, k) \in \pi^{-1}(i, n)} \zeta_i^{(j, k)}[n]\Big) \qquad (7.10)$$

式中,$\pi^{-1}(i, n)$ 是被分配到中继或重发 $X_i[n]$(即子载波 (i, n) 的数据)的子载波集合且

$$\zeta_i^{(j, k)}[n] = \begin{cases} g\Big(\frac{\gamma_1}{N} \mid H_{i, j}[n] \mid^2, Q^{(j, k)} \mid H_{j, d}[k] \mid^2 \gamma_{\mathrm{II}}\Big), & \text{对于 } j \neq i \\ Q^{(j, k)} \mid H_{j, d}[k] \mid^2 \gamma_{\mathrm{II}}, & \text{对于 } j = i \end{cases}$$

是由在阶段 II 中子载波 (j, k) 的传输所分配的数据 $X_i^{(n)}$ 的有效信噪比。最优

功率分配 **Q** 和子载波分配 π 可以由最大化式（7.10）中的总速率联合确定。不过，这个问题是有名的 NP-hard 问题[7, 24]，因此在实践中由于实际的 N 值可能会较大而被禁止。因此，必须设计一种有效的次最优算法解决子载波匹配问题。有趣的是，可以利用来自前一小节中的 FR 方案的最优功率分配 **A*** 来获得针对此问题的一个有效解决方案。其基本思想是在阶段 II 中指派子载波给被分配了 **A*** 中最大功率的数据。基于 FR 的子载波匹配算法描述如下并总结在图 7.4 中。

子载波匹配算法

1: FIND order-mappings $\phi_1, \phi_2 : \{0, \ldots, N-1\} \rightarrow \{0, \ldots, N-1\}$
2:         such that $|H_{i,d}[\phi_i(0)]|^2 \leq \cdots \leq |H_{i,d}[\phi_i(N-1)]|^2$;
3: IF $\mathbf{A}_{1,2}^* = \mathbf{A}_{2,1}^* = \mathbf{0}$ THEN
4:     FOR $n = 0$ to $N-1$
5:         $\pi(i, \phi_i(N-n-1)) := (i, \phi_i(n))$, for $i = 1, 2$;
6:     END
7: ELSE
8:     IF $\mathbf{A}_{1,2}^* = \mathbf{0}$ THEN $i := 1$ and $j := 2$;
9:     ELSE $i := 2$ and $j := 1$;
10:    END
11:    SET $\mathcal{U}_s = \mathcal{U}_r := \{0, 1, \ldots, N-1\}$ and maxA $= \infty$;
12:    WHILE $|\mathcal{U}_r| > 0$ and maxA > 0
13:       maxA $:= \max_{k \in \mathcal{U}_r} \left\{ \max_{(i', n') \in \mathcal{S}} \alpha_{i'}^{(j,k)*}[n'] \right\}$;
14:       indA $:= \arg \max_{k \in \mathcal{U}_r} \left\{ \max_{(i', n') \in \mathcal{S}} \alpha_{i'}^{(j,k)*}[n'] \right\}$;
15:       IF maxA > 0 THEN
16:         $\pi(j, \text{indA}) = \arg \max_{(i', n') \in \mathcal{S}} \alpha_{i'}^{(j,\text{indA})*}[n']$;
17:         $\mathcal{U}_r := \mathcal{U}_r - \{\text{indA}\}$;
18:         IF $\pi(j, \text{indA}) = (j, \tilde{n})$ for some $\tilde{n}$ THEN $\mathcal{U}_s := \mathcal{U}_s - \{\tilde{n}\}$; END
19:       END
20:    END
21:    FIND order-mapping $\phi_j' : \{0, \ldots, |\mathcal{U}_r| - 1\} \rightarrow \mathcal{U}_r$ such that
22:       $|H_{j,d}[\phi_j'(0)]|^2 \leq \cdots \leq |H_{j,d}[\phi_j'(|\mathcal{U}_r| - 1)]|^2$
23:   and order-mappings $\varphi_i : \{0, \ldots, N-1\} \rightarrow \{0, \ldots, N-1\}$,
24:    $\varphi_j : \{0, \ldots, |\mathcal{U}_s| - 1\} \rightarrow \mathcal{U}_s$ such that
25:   SNR$_i[\varphi_i(0)] \leq \cdots \leq$ SNR$_i[\varphi_i(N-1)]$, SNR$_j[\varphi_j(0)] \leq \cdots \leq$ SNR$_j[\varphi_j(|\mathcal{U}_s| - 1)]$
26:   where SNR$_i[n]$ is the effective SNR of $X_i[n]$ given in (7.11);
27:   FOR $n = 0$ to $|\mathcal{U}_r| - 1$
28:     $\pi(j, \phi_j'(|\mathcal{U}_r| - n - 1)) := (j, \varphi_j(n))$;
29:   END
30:   FOR $n = 0$ to $N-1$
31:     $\pi(i, \phi_i(N-n-1)) := (i, \varphi_i(n))$;
32:   END
33: END

图 7.4　基于 FR 的子载波分配算法

（重新生成和修改的图，来自于 Sung，Hong 和 Chao，© 2010 IEEE）

具体而言,在算法开始时,可以首先检查命题 7.1 的条件以确定协作是否可取。在无协作存在(即 $\mathbf{A}_{1,2}^* = \mathbf{A}_{2,1}^* = \mathbf{0}$)的情况下,该建议的子载波匹配方案在阶段 II 中根据用户自己的子载波的上行链路信道质量的倒序,将每个用户数据指派给它自己的一个子载波,例如在阶段 I 中最初在最差子载波上发射的数据在阶段 II 中是由同一用户的最佳子载波重发,如图中 4~6 行所示。另一方面,当 $\mathbf{A}_{i,j}^* \neq \mathbf{0}$(这意味着 $\mathbf{A}_{i,j}^* = \mathbf{0}$),我们开始指派数据给协作用户即用户 j 的子载波,使得与 $\mathbf{A}_{i,i}^*$ 中最大分量相关联的数据在阶段 II 将被分配所需的子载波。然而,如果该数据属于相同的用户,我们施加一个限制,没有其他该用户的子载波将被允许重发相同的数据(比照图 7.4 的 12~20 行)。然后,此时并没有被指派任何数据的用户 j 的剩余子载波使用它自己的数据。要做到这一点,根据在阶段 I 中直接传输的贡献和到目前为止确定的部分的子载波匹配,首先计算用户 j 的每个子载波的有效信噪比。然后,子载波的消息在阶段 II 被指派给剩余子载波,以便有最小有效信噪比的消息以有最佳上行链路信道的子载波重发等等。用户 i 也是同样,它只在阶段 II 重发自己的数据。这些过程由图 7.4 的 21~32 行描述。请注意,25 行和 26 行的有效信噪比由下式给出

$$\text{SNR}_i[n] = \frac{\gamma_1}{N} \mid H_{i,d}[n] \mid^2 + \sum_{(j,k) \in \pi^{-1}(i,n)} \zeta_i^{(j,k)}[n], \text{ 对于所有 } i, n \quad (7.11)$$

子载波匹配过程已经完成后,在第 II 阶段中子载波之间的最优功率分配,即 $\mathbf{Q}$,可以用标准凸优化工具进行计算。

例 1:比较不同的子载波分配算法

按照 IEEE802.11a 标准[15],让我们考虑 $N = 64$,$\Delta f = 312.5$ KHz,采样周期 $t_s = 50$ ns 的情况。我们采用 ν 抽头指数延迟多径信道模型[15],有均方根(RMS)延迟扩展 $T_{\text{RMS}} = 100$ ns。设 $\mathbf{h}_{i,j}$ 是用户 i 和用户 j 之间由 ν 个均值为零且方差为 $\sigma_{i,j}^2[k] = \sigma_{i,j}^2[0]e^{-kt_s/T_{\text{RMS}}}$(对于 $k = 0, \cdots, \nu-1$)的独立复高斯随机变量构成的信道,其中 $\nu = 10 \times T_{\text{RMS}}/t_s$ 并且 $\sigma_{i,j}^2[0]$ 根据给定的 $\mathbf{E}[\parallel \mathbf{h}_{i,j} \parallel^2] = \sum_{k=0}^{\nu-1} \sigma_{i,j}^2[k]$ 值选择。我们考虑两个信道条件集合:情况 I 中,我们假设两个用户的信道对称并设 $\mathbf{E}[\parallel \mathbf{h}_{1,d} \parallel^2] = \mathbf{E}[\parallel \mathbf{h}_{2,d} \parallel^2] = 1$ 和 $\mathbf{E}[\parallel \mathbf{h}_{1,2} \parallel^2] = \mathbf{E}[\parallel \mathbf{h}_{2,1} \parallel^2] = 2$;情况 II 中,我们假定用户 2 具有更差的到目的节点的信道并设 $\mathbf{E}[\parallel \mathbf{h}_{2,d} \parallel^2] = 0.2$ 而其他参数保持不变。频率响应 $H_{1,d}[n]$,$H_{2,d}[n]$,$H_{1,2}[n]$ 及 $H_{2,1}[n]$(对于所有的 n)通过分别取 $\mathbf{h}_{1,d}$,$\mathbf{h}_{2,d}$,$\mathbf{h}_{1,2}$ 和 $\mathbf{h}_{2,1}$ 的 DFI 而获得。这里,我们假设 $P_{\text{I}} = P_{\text{II}} = P$。

在图 7.5 中,显示了采用最优功率分配的不同子载波分配策略的协作对总速率。这里,信噪比定义为噪声方差上的平均功率,即 $P/(\sigma_w^2 N \Delta f)$。在这个实

验中,我们考虑 3 个子载波匹配方案:(i)基于完全重复的子载波匹配(FRSM)方案;(ii)随机子载波匹配(RSM)方案,即每个子载波随机选择一个子载波的数据来中继或重发;(iii)有序子载波配对(OSP)方案[6,9],即有最好的上行链路信道的子载波用来中继最好用户间信道接收的数据。我们观察图 7.5,对于 4bits/sec/HZ 的总速率,情况 I 中相比于 RSM 和 OSP 方案,FRSM 方案实现了约 2 dB 的增益,而情况 II 中 FRSM 方案达到超过 OSP 方案约 0.8 dB 和超过 RSM 方案约 1.4 dB 的增益。我们可以观察到,当两个用户信道的统计数据相同时(例如,情况 I),用户之间的竞争比非对称情况下更严重,因此情况 I 中 FRSM 方案获得的性能增益大于情况 II 中的。

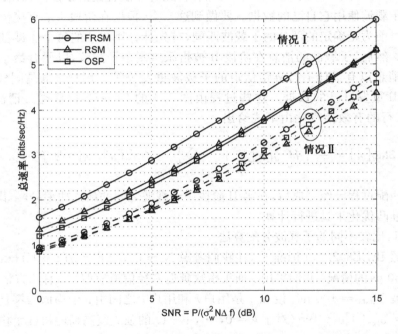

图 7.5 在不同子载波分配方案下并采用最优功率分配的协作对总速率的比较
(实线为情况 I,虚线为情况 II)

7.3 多中继协作 OFDM 系统

协作系统中 OFDM 也使用可以扩展到多中继的情况。类似于第 4 章中讨论的,中继节点在这个场景中可以形成一个虚拟天线阵列,采用不同的 MIMO 传输技术,如波束成形、天线选择、空时编码等等。通过在频域中附加自由度,在中继节点进行进一步处理或通过子载波进行编码可以提高性能。在本节中,我们将描述基本的协作 OFDM 系统中的分布式波束成形和选择中继方案,并在下一节中介绍分布式空频编码的使用。

7.3.1　OFDM 多中继系统的协作波束成形

考虑一个协作 OFDM 系统,它由一个源节点、L 个中继节点和一个目的节点组成,如图 7.6 所示。带宽划分为 N 个间隔等于 Δf 的子载波。同样地,协作的实现分为两个阶段:在阶段 I,源节点发射一个信号给所有中继节点,在阶段 II,中继节点使用波束成形协作地发射到目的节点。源节点和目的节点之间被认为没有直接链路。由于 DF 方案与第 4 章的联系更加紧密,在本小节中,我们将只专注于 AF 方案。

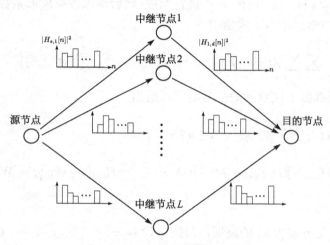

图 7.6　多中继协作 OFDM 系统示意图

具体而言,设 $\mathbf{h}_{s,\ell} = [h_{s,\ell}[0], \cdots, h_{s,\ell}[v_{s,\ell}-1]]^T$ 是源节点和中继 ℓ 节点之间的信道矢量,设 $\mathbf{h}_{\ell,d} = [h_{\ell,d}[0], \cdots, h_{\ell,d}[v_{\ell,d}-1]]^T$ 是中继节点 ℓ 和目的节点之间的信道矢量。假设源节点广播一个时域符号矢量 $\mathbf{x} = [x[0], \cdots, x[N-1]]^T$ 到所有中继节点。在中继节点 ℓ 接收到的信号可以表示为

$$\mathbf{y}_\ell = \mathrm{CM}(\mathbf{h}_{s,\ell})\mathbf{x} + \mathbf{w}_\ell \qquad (7.12)$$

式中,$\mathbf{w}_\ell = [w_\ell[0], \cdots, w_\ell[N-1]]^T \sim \mathcal{CN}(\mathbf{0}_{N\times 1}, \sigma_r^2 \mathbf{I}_{N\times N})$ 是在中继节点 ℓ 的噪声矢量。等效频域信号模型由下式给出

$$Y_\ell[n] = H_{s,\ell}[n]X[n] + W_\ell[n], \text{对于 } n = 0, \cdots, N-1 \qquad (7.13)$$

式中,

$$H_{s,\ell}[n] = \sum_{k=0}^{v_{s,\ell}-1} h_{s,\ell}[k]e^{-j2\pi kn/N}, \text{ 对于 } n = 0, \cdots, N-1$$

是信道的频率响应，$X[n]$ 是功率 $\mathbf{E}[|X[n]|^2] = P_s$ 的第 n 个子载波上发射的数据。当在中继节点可得到完全信道状态信息时，在每个中继节点的发射符号可以乘以一个不同的复系数来补偿已知的信道影响，实现所谓的协作波束成形。

频域协作波束成形

协作 OFDM 系统中实现波束成形增益的最直观方式是通过执行频域（FD）协作的波束成形，即在中继节点执行 DFT 以得到频域信号和单独施加于每个子载波信号的波束成形系数。更具体地说，在中继节点，每个子载波上接收的信号首先通过 $\beta_\ell[n] = 1/\sqrt{|H_{s,\ell}[n]|^2 P_s + \sigma_r^2}$ 进行缩放，然后乘以波束成形系数 $G_\ell[n]$。在这种情况下，总中继功率由下式给出

$$\sum_{n=0}^{N-1}\sum_{\ell=0}^{L} \mathbf{E}[|G_\ell[n]\beta_\ell[n]Y_\ell[n]|^2] = \sum_{n=0}^{N-1}\sum_{\ell=1}^{L} |G_\ell[n]|^2$$

目的节点在子载波上接收到的信号由下式给出

$$\begin{aligned}
Y_d[n] &= \sum_{\ell=1}^{L} H_{\ell,d}[n]G_\ell[n]\beta_\ell[n]Y_\ell[n] + W_d[n]\\
&= \sum_{\ell=1}^{L} H_{\ell,d}[n]G_\ell[n]\beta_\ell[n]H_{s,\ell}[n]X[n] + \sum_{\ell=1}^{L} H_{\ell,d}[n]G_\ell[n]\beta_\ell[n]W_\ell[n] + W_d[n]
\end{aligned}$$

$$(7.14)$$

式中，$W_d[n]$ 是方差为 σ_d^2 的高斯白噪声。设 $\mathbf{G}[n] = [G_1[n], \cdots, G_L[n]]^T$ 是第 n 个子载波上跨中继节点的波束成形矢量，并设 $\mathbf{H}_{s,r}[n] = [H_{s,1}[n], \cdots, H_{s,L}[n]]^T$，$\mathbf{H}_{r,d}[n] = [H_{1,d}[n], \cdots, H_{L,d}[n]]^T$ 分别是源节点和中继节点之间及中继节点和目的节点之间的信道矢量。定义

$$\mathbf{H}_{\text{eff}}[n] = [H_{1,d}[n]\beta_1[n]H_{s,1}[n], \cdots, H_{L,d}[n]\beta_L[n]H_{s,L}[n]]^T$$

为端到端链路的有效信道矢量。在这种情况下，接收到的信号可以重写为

$$Y_d[n] = \mathbf{G}[n]^T \mathbf{H}_{\text{eff}}[n]X[n] + \mathbf{G}[n]^T \widetilde{\mathbf{H}}_{r,d}[n]\widetilde{\mathbf{B}}[n]\mathbf{W}_r[n] + W_d[n]$$

式中，$\widetilde{\mathbf{H}}_{r,d}[n] = \text{diag}(\mathbf{H}_{r,d}[n])$，$\widetilde{\mathbf{B}}[n] = \text{diag}(\beta_1[n], \cdots, \beta_L[n])$，$\mathbf{W}_r[n] = [W_1[n], \cdots, W_L[n]]^T$。第 n 个子载波上接收信号的信噪比由下式给出

$$\text{SNR}[n] = \frac{P_s\mathbf{G}[n]^T \mathbf{H}_{\text{eff}}[n](\mathbf{H}_{eff}[n])^H \mathbf{G}[n]^*}{\mathbf{G}[n]^T[\widetilde{\mathbf{H}}_{r,d}[n]\widetilde{\mathbf{B}}[n](\widetilde{\mathbf{H}}_{r,d}[n]\widetilde{\mathbf{B}}[n])^H\sigma_r^2 + (\sigma_d^2/a[n])\mathbf{I}]\mathbf{G}[n]^*}$$

$$(7.15)$$

式中，$a[n] = \| \mathbf{G}[n] \|^2$ 是波束成形矢量的平方增益。假设是高斯输入，子载波 n 上的可达速率为

$$C[n] = \frac{1}{2} \log_2 (1 + SNR[n])$$

最优波束成形矢量 $\{\mathbf{G}[n]\}_{n=0}^{N-1}$ 可以通过最大化满足中继节点总功率约束的所有子载波上的总速率而获得。该优化问题可用公式表示如下：

$$\text{取最大值} \quad \sum_{n=0}^{N-1} C[n] = \frac{1}{2} \sum_{n=0}^{N-1} \log(1 + SNR[n]) \tag{7.16}$$

$$\text{满足} \quad \sum_{n=0}^{N-1} \| \mathbf{G}[n] \|^2 \leqslant P_r$$

式中，P_r 是总中继功率约束条件。假设波束成形矢量 $\mathbf{G}[n]$ 可以表示为

$$\mathbf{G}[n] = \sqrt{a[n]} \mathbf{V}[n] \tag{7.17}$$

式中，$a[n]$ 是增益，$\mathbf{V}[n]$ 是单位范数向量，它表示波束成形矢量的方向。该优化问题可以分为两个步骤：首先，我们解决作为 $a[n]$ 的函数的最优方向 $\mathbf{V}[n]$，然后在总中继功率约束 P_r 下确定最优功率分配 $\{a[n]\}_{n=0}^{N-1}$。

（i）对于给定 $a[n]$ 的波束成形方向 $\mathbf{V}[n]$ 的优化

有趣的是，对于一个给定的功率分配 $\{a[n]\}_{n=0}^{N-1}$，最大化在信道方向 $\{\mathbf{V}[n]\}_{n=0}^{N-1}$ 的可达总速率等同于单独为每个子载波最大化式（7.15）中的信噪比。这导致广义特征值问题，类似于第 4 章描述的分布式波束成形设计。由于分子 $\mathbf{H}_{eff}[n] (\mathbf{H}_{eff}[n])^H$ 具有秩 1，波束成形方向可以以封闭型解决如下：

$$\mathbf{V}[n] = \mathbf{U}[n] / \| \mathbf{U}[n] \| \tag{7.18}$$

式中，

$$\mathbf{U}[n] = \left[\frac{(H_{1,d}[n]\beta_1[n]H_{s,1}[n])^*}{| H_{1,d}[n]\beta_1[n] |^2 \sigma_r^2 + \sigma_d^2/a[n]}, \cdots, \frac{(H_{L,d}[n]\beta_L[n]H_{s,L}[n])^*}{| H_{L,d}[n]\beta_L[n] |^2 \sigma_r^2 + \sigma_d^2/a[n]} \right]^T$$

通过将相应的 $\mathbf{G}[n]$ 和 $\beta_\ell[n]$ 的定义替换至式（7.15），第 n 个子载波的信噪比成为

$$SNR[n] = \sum_{\ell=1}^{L} \frac{P_s a[n] | H_{\ell,d}[n] H_{s,\ell}[n] |^2}{a[n] | H_{\ell,d}[n] |^2 \sigma_r^2 + P_s | H_{s,\ell}[n] |^2 \sigma_d^2 + \sigma_r^2 \sigma_d^2} \tag{7.19}$$

它现在仅取决于波束成形增益 $a[n]$。

（ii）波束成形增益 $\{a[n]\}_{n=0}^{N-1}$ 的优化

给定式（7.18）中的最优方向和所得到的 $\mathbf{G}[n]$ 及 $SNR[n]$，式（7.16）中仍有待

解决的是功率分配问题：

取最大值 $\quad \sum_{n=0}^{N-1}\log\Big(1+\sum_{\ell=1}^{L}\dfrac{P_s a[n]\,|\,H_{\ell,d}[n]H_{s,\ell}[n]\,|^2}{a[n]\,|\,H_{\ell,d}[n]\,|^2\sigma_r^2+P_s\,|\,H_{s,\ell}[n]\,|^2\sigma_d^2+\sigma_r^2\sigma_d^2}\Big)$

$$(7.20)$$

满足 $\quad \sum_{n=0}^{N-1}a[n]\leqslant P_r$ 和 $a[n]\geqslant 0, \forall\, n$

由于目标函数是凹函数而约束条件是凸函数，上述功率分配问题是一个可以通过标准凸优化方案如内点法或双重二分搜索方法解决的凸优化问题[3, 12]。

时域协作波束成形

当波束形成在频域中进行时，必须在中继节点执行 DFT 和 IDFT 计算并且需要大量反馈比特以表征 N 信道实现。在协作 OFDM 系统中波束成形的另一种方法是在参考文献[12]中提出的时域（TD）协作波束成形。在这个方案中，每个中继节点的信号接收是通过时域循环波束成形滤波器（C-BFF）而不必执行 DFT 和 IDFT。

设 $\mathbf{g}_\ell=[g_\ell[0],\cdots,g_\ell[\mu-1]]^T$ 是时域 C-BFF 且设 $\mathrm{CM}(\mathbf{g}_\ell)$ 是 $N\times N$ 的循环矩阵，其中

$$\{\mathrm{CM}(\mathbf{g}_\ell)\}_{i,j}=\begin{cases}g_\ell[(i-j)\bmod N], & \text{对于 }(i-j)\bmod N<\mu\\ 0, & \text{其他}\end{cases}$$

遵循式（7.12）中的信号模型，中继节点 ℓ 转发的信号是 $\mathbf{z}_\ell=\mathrm{CM}(\mathbf{g}_\ell)\mathbf{y}_\ell$，而目的节点接收到的信号由下式给出

$$\mathbf{y}_d=\sum_{\ell=1}^{L}\mathrm{CM}(\mathbf{h}_{\ell,d})\,\mathrm{CM}(\mathbf{g}_\ell)\,\mathrm{CM}(\mathbf{h}_{s,\ell})\mathbf{x}+\mathrm{CM}(\mathbf{h}_{\ell,d})\,\mathrm{CM}(\mathbf{g}_\ell)\mathbf{w}_\ell+\mathbf{w}_d$$

在目的节点，执行相同的接收器处理，即时域信号 $\mathbf{y}_d$ 首先通过 DFT 滤波器来获得相同的频域信号

$$Y_d[n]=\sum_{\ell=1}^{L}H_{\ell,d}[n]G_\ell[n]H_{s,\ell}[n]X[n]+\sum_{\ell=1}^{L}H_{\ell,d}[n]G_\ell[n]W_\ell[n]+W_d[n]$$

其中，$n=0,\cdots,N-1$。请注意，我们省略了缩放因子 $\{\beta_\ell[n], \forall\,\ell,\,n\}$，因为每个可以组合成其相应的波束成形系数 $\{G_\ell[n], \forall\,\ell,\,n\}$。因此，TD 和 FD 波束成形之间的唯一区别是，在 TD 波束成形中，频域波束成形系数 $G_\ell[n]$ 由 $\mathbf{g}_\ell$ 的维度所限制，这是因为

$$G_\ell[n]=\sum_{k=0}^{\mu-1}g_\ell[k]e^{-j2\pi kn/N} \tag{7.21}$$

其中，$n=0,\cdots,N-1$ 且 $\ell=1,\cdots,L$。在一般情况下，当 $\mu<N$ 时，TD 波束成形的性能将不能达到与 FD 波束成形相同。然而，当 $\mu=N$ 时，TD 波束成形可能

会达到与 FD 波束成形同样的增益。TD 波束成形的优点是,它仅需要 μ 个变量来反馈到中继节点。这个数字可能会大大低于 FD 波束成形所需的数目,而 FD 波束成形所需数目等于子载波数目 N。此外,计算复杂度也降低了,因为在中继节点不需要 DFT 和 IDFT。

与 FD 波束成形类似,最优波束成形系数可以通过最大化可达总速率获得。具体而言,设 $\mathbf{g} = [\mathbf{g}_1^T, \cdots, \mathbf{g}_L^T]^T$ 是由所有中继节点的 C-BFF 组成的 $\mu L \times 1$ 矢量,设 $\mathbf{F}(n) = \mathbf{I}_{L \times L} \otimes \mathbf{f}[n]$,其中,$\otimes$ 是克罗内克积且 $\mathbf{f}[n] = \left[1, e^{-j2\pi n/N}, \cdots, \right.$ $\left. e^{-j2\pi(\mu-1)n/N} \right]^T$。在这种情况下,频域波束成形矢量可以表示为

$$\mathbf{G}[n] = \mathbf{F}[n]^T \mathbf{g}$$

优化问题可用公式表示如下:

$$\text{取最大值} \quad \sum_{n=0}^{N-1} \log(1 + \mathrm{SNR}[n]) \tag{7.22}$$

$$\text{满足} \quad \sum_{n=0}^{N-1} \mathbf{g}^T \mathbf{F}[n] \boldsymbol{\Upsilon}[n] \mathbf{F}[n]^H \mathbf{g}^* \leqslant P_r$$

式中,

$$\mathrm{SNR}[n] = \frac{P_s \mathbf{g}^T \mathbf{F}[n] \mathbf{H}_{\mathrm{eff}} (\mathbf{H}_{\mathrm{eff}}[n])^H \mathbf{F}[n]^H \mathbf{g}^*}{\mathbf{g}^T [\mathbf{F}[n] \widehat{\mathbf{H}}_{r,d}[n] (\widehat{\mathbf{H}}_{r,d}[n])^H \mathbf{F}[n]^H \sigma_r^2 + (\sigma_d^2/a)\mathbf{I}] \mathbf{g}^*}$$

$a = \parallel g \parallel^2$,$\boldsymbol{\Upsilon}[n] = \mathrm{diag}(\mid H_{s,1}[n] \mid^2 P_s + \sigma_r^2, \cdots, \mid H_{s,L}[n] \mid^2 P_s + \sigma_r^2)$。回想一下 $\{\beta_\ell[n]\}_{\ell=1}^L$ 被并入 $\mathbf{G}[n]$,因此有效信道矢量现在定义为 $\mathbf{H}_{\mathrm{eff}} = [H_{1,d}[n]H_{s,1}[n], \cdots, H_{L,d}[n]H_{s,L}[n]]^T$。不幸的是,上述的优化问题不是一个凸优化问题,因为目标函数不是凹函数。虽然在这种情况下很难保证全局最优的解决方案,但标准的优化技术如梯度下降(或上升)算法可以用来获得局部最小的解决方案。

例 2:FD 与 TD 协作波束成形

让我们考虑类似于上一节中的例子的情况,即 $N = 64$,$\Delta f = 312.5$ KHz,采样周期 $t_s = 50$ ns。采用 RMS 延迟扩展 $T_{\mathrm{RMS}} = 100$ ns 的 ν 抽头指数延迟多径模型并且 $\mathbf{E}[\parallel \mathbf{h}_{s,\ell} \parallel] = \mathbf{E}[\parallel \mathbf{h}_{\ell,d} \parallel^2] = 1$(对于所有 ℓ)。这里,我们假设源发送功率 P_s 和噪声方差 σ_r^2 及 σ_d^2 是 1。

在图 7.7 中显示了有不同长度(如 μ)的 C-BFF 的 FD 和 TD 协作波束成形的总速率。正如预期的那样,当 $\mu < N$ 时,TD 波束成形的性能劣于 FD 波束成形。然而,当 μ 增加,性能的损失可以接受。具体而言,对于总速率为 15 bits/sec/Hz,当 μ 从 2 增加到 20 时,与 FD 波束成形相比,性能的损失从约 2 dB 减少到 0.5 dB。减少反馈开销和计算复杂度使 TD 波束成形成为更灵活的方法。

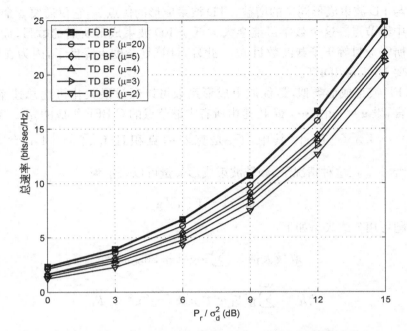

图 7.7 FD 和 TD 协作波束成形方案之间的可达总速率比较

7.3.2 OFDM 多中继系统的选择中继

在上一节中,介绍了多中继 OFDM 系统的协作波束成形技术。然而,波束成形不仅需要发射机端完美的信道状态信息,也需要中继节点之间完美的协调与同步。鉴于这些要求,选择中继(SR)被认为是一个更实际的在 OFDM 系统中获得空间和频率分集增益的方法。具体而言,在协作 OFDM 系统中有两种类型的选择中继方案可以采用:基于符号的 SR 和基于子载波的 SR。在基于符号的 SR 方案中,在同一 OFDM 符号的所有子载波上的数据在相同中继节点上发射,而在基于子载波的 SR 方案中,每个子载波被允许选择不同的中继节点来转发其消息。下面将会考虑 DF 和 AF 系统。

基于符号的选择中继方式

在基于符号的 SR 方案中,有子载波上最大总速率的中继节点将被选来转发 OFDM 符号。在这种情况下,整个 OFDM 符号将由相同的中继节点转发。请注意,如果该符号在中继节点 ℓ 上发射,在 DF 系统中的可达速率由下式给出:

$$C_\ell = \sum_{n=0}^{N-1} \frac{1}{2} \log(1 + \min\{\text{SNR}_{s,\ell}[n],\ \text{SNR}_{\ell,d}[n]\})$$

式中,$\text{SNR}_{s,\ell}[n] = P_s \mid H_{s,\ell}[n] \mid^2 / \sigma_r^2$ 和 $\text{SNR}_{\ell,d}[n] = P_r \mid H_{\ell,d}[n] \mid^2 / \sigma_d^2$ 分别是

s-ℓ 和 ℓ-d 链路的第 n 个子载波上的信噪比。此外,在 AF 系统中的可达速率由下式给出:

$$C_\ell = \sum_{n=0}^{N-1} \frac{1}{2} \log(1 + g\{\mathrm{SNR}_{s,\ell}[n], \mathrm{SNR}_{\ell,d}[n]\})$$

式中,$g(x, y) = xy(x+y+1)$。直观地说,被选择来转发 OFDM 符号的中继节点是所有可能的中继节点之中实现最大传输速率的一个,即

$$\ell^* = \arg \max_\ell C_\ell$$

基于符号的 SR 方案相对容易实现,但所有子载波上没有充分利用协作分集。这可以通过基于 SR 的子载波改善,另外,还要采用子载波匹配。

基于子载波的选择中继方案

基于子载波的 SR 方案为每个子载波分别选择最佳的中继节点,因此允许一个 OFDM 符号由多个中继节点转发。在这种情况下,子载波 n 的最佳中继节点将由下式得到

$$\ell_n^* = \arg \max_\ell C_\ell[n]$$

式中,$C_\ell[n] = \sum_{n=0}^{N-1} \frac{1}{2} \log(1 + \min\{\mathrm{SNR}_{s,\ell}[n], \mathrm{SNR}_{\ell,d}[n]\})$ 是 DF 系统中中继节点 ℓ 的第 n 个子载波上可达的速率,$C_\ell[n] = \sum_{n=0}^{N-1} \frac{1}{2} \log(1 + g\{\mathrm{SNR}_{s,\ell}[n], \mathrm{SNR}_{\ell,d}[n]\})$ 是在 AF 系统中中继节点 ℓ 的第 n 个子载波上可达的速率。该系统的可达总速率由下式给出

$$C_{\mathrm{sub}} = \sum_{n=0}^{N-1} \max_\ell C_\ell[n]$$

这显然大于基于符号的 SR 方案的总速率,即 $C_{\mathrm{symb}} = \max_\ell \sum_{n=0}^{N-1} C_\ell[n]$。然而,由于一个 OFDM 符号在不同中继节点间传播,基于子载波的 SR 方案需要额外的中继节点之间的协调和同步。幸运的是,OFDM 系统本质上对时间误差有更强的鲁棒性,从而令该方案可实现。

子载波匹配的 OFDM 选择中继

在先前的 SR 策略中,每个子载波上的数据在相同的子载波被转发而不管中继节点的选择。在这种情况下,每个子载波的数据可以在 L 个等效的 s-r-d 信道之中选择来发射其数据。当然,这可通过实施如 7.2.2 节所述的最优子载波匹配来改进。不同于成对协作系统,其中的子载波匹配问题比较棘手,这种情况下的最

优子载波匹配可被证明是有序子载波配对(OSP)方案。

设 $\pi:\{0,\cdots,N-1\}\rightarrow\{0,\cdots,N-1\}$ 是子载波匹配函数,其中在 $r-d$ 链路上的子载波 n 是用来中继最初在 $s-r$ 链路的子载波 $\pi(n)$ 上发射的消息。具体而言,在 OSP 方案中,$s-r$ 链路上具有最佳信道的子载波与 $r-d$ 链路上具有最佳信道的子载波匹配。对于具有多个中继节点的系统,$s-r$ 和 $r-d$ 链路上的子载波 n 的有效信道分别被定义为

$$\mathrm{SNR}_{s,r}[n]\overset{\triangle}{=}\max_{\ell}\mathrm{SNR}_{s,\ell}[n] \text{ 与 } \mathrm{SNR}_{r,d}[n]\overset{\triangle}{=}\max_{\ell}\mathrm{SNR}_{\ell,d}[n]$$

设 $\phi_{s,r}:\{0,\cdots,N-1\}\rightarrow\{0,\cdots,N-1\}$ 和 $\phi_{r,d}:\{0,\cdots,N-1\}\rightarrow\{0,\cdots,N-1\}$ 是如下的顺序映射

$$\mathrm{SNR}_{s,r}[\phi_{s,r}(0)]\leqslant\mathrm{SNR}_{s,r}[\phi_{s,r}(1)]\leqslant\cdots\leqslant\mathrm{SNR}_{s,r}[\phi_{s,r}(N-1)]$$

和

$$\mathrm{SNR}_{r,d}[\phi_{r,d}(0)]\leqslant\mathrm{SNR}_{r,d}[\phi_{r,d}(1)]\leqslant\cdots\leqslant\mathrm{SNR}_{r,d}[\phi_{r,d}(N-1)]$$

然后,OSP 方案可以由定义为 $\pi_{\mathrm{OSP}}(\phi_{r,d}(n))=\phi_{s,r}(n)$ (对于 $n=0,\cdots,N-1$)的子载波匹配函数 π_{OSP} 来表示。

为了表明 OSP 最优,考虑一个实例,其中 $\mathrm{SNR}_{s,r}[n_1]<\mathrm{SNR}_{r,d}[n_2]$ 且 $\mathrm{SNR}_{r,d}[m_1]<\mathrm{SNR}_{r,d}[m_2]$。在这种情况下,可以证明在 AF 情况下

$$\log\Big(1+\frac{\mathrm{SNR}_{s,r}[n_1]\mathrm{SNR}_{r,d}[m_1]}{1+\mathrm{SNR}_{s,r}[n_1]+\mathrm{SNR}_{r,d}[m_1]}\Big)+\log\Big(1+\frac{\mathrm{SNR}_{s,r}[n_2]\mathrm{SNR}_{r,d}[m_2]}{1+\mathrm{SNR}_{s,r}[n_2]+\mathrm{SNR}_{r,d}[m_2]}\Big)$$
$$<\log\Big(1+\frac{\mathrm{SNR}_{s,r}[n_1]\mathrm{SNR}_{r,d}[m_2]}{1+\mathrm{SNR}_{s,r}[n_1]+\mathrm{SNR}_{r,d}[m_2]}\Big)+\log\Big(1+\frac{\mathrm{SNR}_{s,r}[n_2]\mathrm{SNR}_{r,d}[m_1]}{1+\mathrm{SNR}_{s,r}[n_2]+\mathrm{SNR}_{r,d}[m_1]}\Big)$$

且在 DF 情况下

$$\log(1+\min\{\mathrm{SNR}_{s,r}[n_1],\mathrm{SNR}_{r,d}[m_1]\})+\log(1+\min\{\mathrm{SNR}_{s,r}[n_2],$$
$$\mathrm{SNR}_{r,d}[m_2]\})<\log(1+\min\{\mathrm{SNR}_{s,r}[n_1],\mathrm{SNR}_{r,d}[m_2]\})+$$
$$\log(1+\min\{\mathrm{SNR}_{s,r}[n_2],\mathrm{SNR}_{r,d}[m_1]\})$$

因此,当子载波根据 π_{OSP} 是不匹配的时,必定存在 n_1,n_2,m_1,m_2 使得 $\pi(m_1)=n_1$,$\pi(m_2)=n_2$ 和 $\mathrm{SNR}_{s,r}[n_1]<\mathrm{SNR}_{s,r}[n_2]$ 及 $\mathrm{SNR}_{r,d}[m_1]>\mathrm{SNR}_{r,d}[m_2]$。因此,通过切换匹配 m_1 和 m_2 的子载波,总是可以实现更大的总速率,即取 $\pi(m_2)=n_1$,$\pi(m_1)=n_2$。这可以连续进行,直到这样的实例不存在,在这种情况下,函数 π 将等于 π_{OSP} 并且将达到最大的总速率。遵循参考文献[9]中的推导,我们可以证明 OSP 方案的最优性,甚至在子载波上采用功率分配时。

7.4 分布式空频编码

在前面章节中,我们已经证明了波束成形和选择性中继可以扩展到多载波系统及先进设计可以帮助利用频域中的自由度。当然,通过在每个子载波上发射一个单独的 DSTC,分布式空时编码方案也可以在协作 OFDM 系统中采用。然而,这种方法在 OFDM 系统中不能利用频率分集增益。实现这一任务的一种重要技术是所谓的分布式空频编码(DSFC),将在本节中讨论。

考虑一个协作 OFDM 系统,它由在 L 个中继节点的帮助下一个源节点到目的节点的发射组成,如图 7.8 所示。类似于之前的方案,协作在两个阶段实现:源节点广播传输和中继节点协作传输。我们假设目的节点超出源节点的范围,因此只从中继节点接收信号。在阶段 I,源节点首先发送符号序列 $\mathbf{X}_s = [X_s[0], X_s[1]\cdots, X_s[M-1]]^T$ 到中继节点。当接收到信号时,每个中继节点如中继节点 ℓ 基于特定中继或空频编码方案生成一个码字 $\mathbf{X}_\ell = [X_\ell[0], \cdots, X_\ell[N-1]]^T$,其中 N 是子载波数量。请注意,需要的源节点符号数目 M 不等于 N。(在基于 DF 的传输方案中,源节点可能也不需要使用 OFDM 传输来发射。)然后这个空频分组编码(SFBC)

$$\mathbf{X}_r = [\mathbf{X}_1, \cdots, \mathbf{X}_L] \tag{7.23}$$

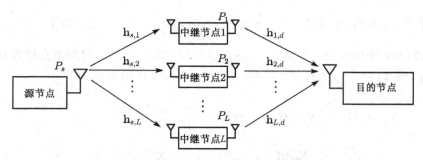

图 7.8 多径衰落的多中继网络系统模型

通过 L 个中继节点发射到目的节点。目的节点接收到的信号由下式给出

$$Y_d[n] = \sum_{\ell=1}^{L} \sqrt{P_\ell} H_{\ell,d}[n] X_\ell[n] + W_d[n], \quad 对于 \ n = 0, \cdots, N-1$$

$$\tag{7.24}$$

式中,$H_{\ell,d}[n]$ 是第 n 个子载波上的 $\ell\text{-}d$ 信道频率响应,P_ℓ 是中继节点 ℓ 的传输功率,$W_d[n] \sim \mathcal{CN}(0, \sigma_d^2)$ 是第 n 个子载波上的加性高斯白噪声。这里,我们假

设 s-ℓ 和 ℓ-d 信道的长度相同,即 $\nu_{s,\ell}=\nu_{\ell,d}=\nu,\forall\ell$。结果可以很容易地推广到非相同信道长度的情况下,例如在参考文献[11,17]中所述。基于 DF 的传输方案中,中继节点将尝试解码源消息并且如果它能够正确地解码,将只参加阶段 II 的协作传输。不论该消息是否被正确解码都确定使用,例如循环冗余校验(CRC)码。在这里,我们假设所有可以正确解码消息的中继节点将以功率 P_r(即 $P_\ell=P_r$)中继,否则保持不变(即 $P_\ell=0$)。在基于 AF 的传输方案中,所有中继节点都将转发接收到的信号,因为没有执行解码。因此,对于所有 ℓ,我们有 $P_\ell=P_r$。值得一提的是,与前面章节中提出的方案相反,DSFC 不要求中继节点处 ℓ-d 信道的信息。

7.4.1 解码转发空频编码

我们首先考虑一下这种情况:所有 L 个中继节点都能正确解码出源消息,即 $P_\ell=P_r,\forall\ell$。设 $\mathbf{h}_{\ell,d}=[h_{\ell,d}[0],\cdots,h_{\ell,d}[\nu-1]]^T$ 是在 ℓ-d 链路上的离散基带信道矢量且设

$$\mathbf{H}_{\ell,d}=[H_{\ell,d}[0],H_{\ell,d}[1],\cdots,H_{\ell,d}[N-1]]^T=\mathbf{F}_\nu\mathbf{h}_{\ell,d} \qquad(7.25)$$

式中,

$$\mathbf{F}_\nu=[\mathbf{f}^{(0)},\mathbf{f}^{(1)},\cdots,\mathbf{f}^{(\nu-1)}]$$

是一个 $N\times\nu$ 矩阵,它由 $\mathbf{f}^{(v)}=\frac{1}{\sqrt{N}}[1,e^{-j2\pi\frac{v}{N}},\cdots,e^{-j2\pi\frac{(N-1)v}{N}}]^T$(对于 $v=0,\cdots,\nu-1$)的 DFT 矩阵的前 ν 列组成。通过式(7.24)和式(7.25),目的节点接收到的信号矢量,即 $\mathbf{Y}_d=[Y_d[0],Y_d[1]\cdots,Y_d[N-1]]^T$,可以表示为

$$\mathbf{Y}_d=\sqrt{P_r}\sum_{\ell=1}^L\mathbf{X}_\ell\odot\mathbf{H}_{\ell,d}+\mathbf{W}_d$$
$$=\sqrt{P_r}\sum_{\ell=1}^L[\mathbf{X}_\ell\odot\mathbf{f}^{(0)},\mathbf{X}_\ell\odot\mathbf{f}^{(1)},\cdots,\mathbf{X}_\ell\odot\mathbf{f}^{(\nu-1)}]\mathbf{h}_{\ell,d}+\mathbf{W}_d \qquad(7.26)$$

式中,$\odot$ 是哈达玛积,即对于任何两个相同维度的矩阵 $\mathbf{A}$,$\mathbf{B}$,逐元素积定义为 $[\mathbf{A}\odot\mathbf{B}]_{i,j}=[\mathbf{A}]_{i,j}[\mathbf{B}]_{i,j}$。我们定义

$$\mathbf{F}^{(v)}\triangleq[\mathbf{f}^{(v)},\mathbf{f}^{(v)},\cdots,\mathbf{f}^{(v)}]$$

为一个由所有 L 列上的 $\mathbf{f}^{(v)}$ 组成的 $N\times L$ 矩阵且定义 $\tilde{\mathbf{h}}_{r,d}=[h_{1,d}[0],h_{2,d}[n],\cdots,h_{L,d}[0],h_{1,d}[1],\cdots,h_{1,d}[\nu-1],\cdots,h_{L,d}[\nu-1]]^T$ 为中继点和目的节点之间的所有衰落路径的信道系数集合。然后,接收到的矢

量可以重写为

$$\mathbf{Y}_d = \sqrt{P_r}[\mathbf{F}^{(0)} \odot \mathbf{X}_r, \mathbf{F}^{(1)} \odot \mathbf{X}_r, \cdots, \mathbf{F}^{(\nu-1)} \odot \mathbf{X}_r]\widetilde{\mathbf{h}}_{r,d} + \mathbf{W}_d \qquad (7.27)$$

$$\equiv \sqrt{P_r}\mathbf{C}_r \widetilde{\mathbf{h}}_{r,d} + \mathbf{W}_d \qquad (7.28)$$

式中, $\mathbf{C}_r = [\mathbf{F}^{(0)} \odot \mathbf{X}_r, \mathbf{F}^{(1)} \odot \mathbf{X}_r, \cdots, \mathbf{F}^{(\nu-1)} \odot \mathbf{X}_r]$ 是一个取决于空频码字 $\mathbf{X}_r$ 的 $N \times L\nu$ 矩阵。

给定接收的矢量 $\mathbf{Y}_d$, 在目的节点被检测到的 SFC $\mathbf{C}_r$ (或者等价的 $\mathbf{X}_r$) 使用 ML 解码。得到的成对错误概率(PEP)[11]的上界为

$$\Pr(\mathbf{X}_r \to \hat{\mathbf{X}}_r) \leqslant \left(\frac{P_r}{\sigma_d^2}\right)^{-k}\binom{2k-1}{k}\left(\prod_{i=1}^{k}\lambda_i\right)^{-1} \qquad (7.29)$$

式中, κ 是秩, $\{\lambda_i\}_{i=1}^{\kappa}$ 是 $(\mathbf{C}_r - \hat{\mathbf{C}}_r)\mathbf{R}_h (\mathbf{C}_r - \hat{\mathbf{C}}_r)^H$ 的非零特征值集合, $\mathbf{R}_h$ 是信道矢量 $\widetilde{\mathbf{h}}_{r,d}$ 的 $L\nu \times L\nu$ 相关矩阵, 即 $\mathbf{R}_h = \mathbf{E}[\widetilde{\mathbf{h}}_{r,d} \widetilde{\mathbf{h}}_{r,d}^H]$。通过假设信道系数 $\{h_{\ell,d}[v], \forall v, \ell\}$ 均值为零且独立, 相关矩阵 $\mathbf{R}_h$ 将是对角矩阵。空频编码的平均错误概率(以及因此的分集增益)由具有最大 PEP 的码字对控制。因此, 类似于传统 MIMO 系统中的 STC 代码设计, DSFC $\mathbf{X}_r$ 的设计准则也由参考文献[2,11]给出:

1. 秩准则: $\{(\mathbf{X}_r, \hat{\mathbf{X}}_r) : \mathbf{X}_r \neq \hat{\mathbf{X}}_r\}$ 中所有码字对上矩阵 $(\mathbf{C}_r - \hat{\mathbf{C}}_r)\mathbf{R}_h$ $(\mathbf{C}_r - \hat{\mathbf{C}}_r)^H$ 的最小秩应该尽可能大。

2. 行列式准则: $\{(\mathbf{X}_r, \hat{\mathbf{X}}_r) : \mathbf{X}_r \neq \hat{\mathbf{X}}_r\}$ 中所有码字对上积 $\prod_{i=1}^{\kappa}\lambda_i$ (即 $(\mathbf{C}_r - \hat{\mathbf{C}}_r)\mathbf{R}_h (\mathbf{C}_r - \hat{\mathbf{C}}_r)^H$ 的非零特征值的积)的最小值, 应该尽可能大。

观察式(7.29)中 PEP, 所有不同码字对上的最小秩 κ 确定分集阶数, 而非零特征值的最小积导致编码增益。在高信噪比时, 在代码设计中, 秩准则主导 PEP, 应得到更多重视。在找到达到秩准则的 SFC 种类后, 我们选择在这类代码之间产生非零特征值的最大积的 SFC。当 $(\mathbf{C}_r - \hat{\mathbf{C}}_r)\mathbf{R}_h (\mathbf{C}_r - \hat{\mathbf{C}}_r)^H$ 在所有不同码字对上满秩时, 由下式给出最大可达分集

$$d = \min(N, L\nu)$$

当 $N > L\nu$ 时, 最大分集阶数等于 $L\nu$, 这是从中继节点到目的节点的独立衰落路径的总数。当所有的中继节点-目节点的链路的长度不同时, 最大可达分集的结果可以很容易地推广到

$$d = \min\left(N, \sum_{\ell=1}^{L}\nu_{\ell,d}\right)$$

式中 $\nu_{\ell,d}$ 是 ℓ - d 信道的长度。在这种情况下,构造 DSFC 代码时信道长度 ν 可以设置为 $\max_{\ell}\nu_{\ell,d}$。

Li-Zhang-Xia DSFC 代码构造[11]

Li,Zhang 和 Xia 在参考文献[10]中已经提出实现全面分集的一个 DSFC 代码构造。假设阶段 I 中中继节点从源节点接收 $M = NL$ 的符号。假设每个符号属于一个任意的复符号星座图,比如说 QAM 或 PAM,并且当 $\eta \triangleq 2^{\lceil \log_2 L \rceil + \lceil \log_2 v \rceil}$ 和 J 是一些正整数时,子载波数 $N = \eta J$。接收的序列 $\mathbf{X}_s$ 被分成 J 个子块以便每个子块由 ηL 个符号组成。也就是说,设 $\mathbf{X}_s = [\mathbf{X}_{s_1}^T, \cdots, \mathbf{X}_{s,J}^T]^T$,其中 $\mathbf{X}_{sj} = [X_s[(j-1)\eta L + 1], \cdots, X_s[j\eta L]]^T$ 是长度为 ηL 的第 j 个子块。每个源符号的子块,例如 $\mathbf{X}_{sj}$,单独被编码到 $\eta \times L$ 维的空频矩阵 $\mathbf{B}_j$ 中。DSFC 码字由下式给出:

$$\mathbf{X}_r = \begin{bmatrix} \mathbf{B}_1 \\ \mathbf{B}_2 \\ \vdots \\ \mathbf{B}_J \end{bmatrix} \tag{7.30}$$

定义 $\eta_L \triangleq 2^{\lceil \log_2 L \rceil}$ 和 $\eta_v \triangleq 2^{\lceil \log_2 v \rceil}$,使 $\eta = \eta_L \eta_v$。码字子块 $\mathbf{B}_j$(对于 $j = 1, 2, \cdots, J$)字通过采取下式构造:

$$\mathbf{B}_j = \begin{bmatrix} \mathbf{A}_1 \\ \mathbf{A}_2 \\ \vdots \\ \mathbf{A}_{\eta_v} \end{bmatrix} \tag{7.31}$$

式中,$\{\mathbf{A}_i, \text{for } i = 1, 2, \cdots, \eta_v\}$ 是由源符号的第 j 个子块构成的 $\eta_L \times L$($\eta_L \geqslant L$)矩阵,即 $\mathbf{X}_{sj}$。具体而言,让我们进一步把 $\mathbf{X}_{sj}$ 分为 η_L 个子块,使得 $\mathbf{X}_{sj} = [\mathbf{X}_{sj1}^T, \cdots, \mathbf{X}_{sj\eta_L}^T]^T$,其中 $\mathbf{X}_{sjm}$ 是 $\mathbf{X}_{sj}$ 的第 m 个子块,具有 $\eta_v L$ 个元素。给定 $\mathbf{X}_{sjm}$,我们可以构造所谓的第 m 层的符号矢量

$$\mathbf{a}^{(m)} = [a^{(m)}[1], \cdots, a^{(m)}[\eta_v L]]^T = \Theta \mathbf{X}_{sjm}, \text{ 对于 } m = 1, 2, \cdots, \eta_L \tag{7.32}$$

其中,Θ 是一个 $\eta_v L \times \eta_v L$ 单位矩阵,将在稍后讨论。矩阵 $\mathbf{A}_i (i = 1, 2, \cdots, \eta_v)$ 由下式给出:

$$\mathbf{A}_i = \begin{bmatrix} a^{(1)}[k_i+1] & \phi a^{(2)}[k_i+1] & \cdots & \phi^{L-1} a^{(L)}[k_i+1] \\ \phi^{\eta_v-1} a^{(\eta_L)}[k_i+a_L+1] & a^{(1)}[k_i+2] & \cdots & \phi^{L-2} a^{(L-1)}[k_i+2] \\ \vdots & \vdots & \ddots & \vdots \\ \phi a^{(2)}[k_i+L] & \phi^{(2)} a^{(3)}[k_i+L] & \cdots & \phi^{(1-a_L)L} a^{(1+(1-a_L)L)}[k_i+L] \end{bmatrix} \tag{7.33}$$

式中，$k_i = (i-1)L$，$\alpha_L = [L/\eta_L] \in \{0, 1\}$ 并且 ϕ 是相位旋转参数。$\mathbf{A}_i$ 的元素遵循下面的规则：(1)第 m 层的符号循环放置，(2)第 m 层的符号乘以 ϕ 的功率等于 $m-1$，(3) $a^{(m)}[k_i + j]$ 项为第 m 层的第 j 个编码符号自顶向下地放置在 $\mathbf{A}_i$ 中。例如，对于 $L=3$，我们有 $\eta_L = 4$ 和

$$\mathbf{A}_i = \begin{bmatrix} a^{(1)}[k_i + 1] & \phi a^{(2)}[k_i + 1] & \cdots & \phi^2 a^{(3)}[k_i + 1] \\ \phi^3 a^{(4)}[k_i + 1] & a^{(1)}[k_i + 2] & \cdots & \phi a^{(2)}[k_i + 2] \\ \phi^2 a^{(3)}[k_i + 2] & \phi^3 a^{(4)}[k_i + 2] & \ddots & a^{(1)}[k_i + 3] \\ \phi a^{(2)}[k_i + 3] & \phi^2 a^{(3)}[k_i + 3] & \cdots & \phi^3 a^{(4)}[k_i + 3] \end{bmatrix}$$

或者，对于 $L=4$

$$\mathbf{A}_i = \begin{bmatrix} a^{(1)}[k_i + 1] & \phi a^{(2)}[k_i + 1] & \phi^2 a^{(3)}[k_i + 1] & \phi^2 a^{(4)}[k_i + 1] \\ \phi^3 a^{(4)}[k_i + 2] & a^{(1)}[k_i + 2] & \phi a^{(2)}[k_i + 2] & \phi^2 a^{(3)}[k_i + 2] \\ \phi^2 a^{(3)}[k_i + 3] & \phi^3 a^{(4)}[k_i + 3] & a^{(1)}[k_i + 3] & \phi a^{(2)}[k_i + 3] \\ \phi a^{(2)}[k_i + 4] & \phi^2 a^{(3)}[k_i + 4] & \phi^3 a^{(4)}[k_i + 4] & a^{(1)}[k_i + 4] \end{bmatrix}$$

对单位矩阵 Θ 和相位旋转参数 ϕ 必须适当地选择，以实现完全分集[10]。一个选择是设置单位矩阵 Θ 为矩阵

$$\widetilde{\Theta} = \mathbf{F}_{\widetilde{L}}^H \mathrm{diag}(1, \varphi, \cdots, \varphi^{\widetilde{L}-1}) \tag{7.34}$$

的第一主 $\eta_L \times \eta_L$ 子矩阵，式中，$\widetilde{L} = 2^{\lceil \log_2(\eta_L) \rceil}$，$\varphi = e^{j\pi/(2\widetilde{L})}$，$\mathbf{F}_{\widetilde{L}}$ 是 $\widetilde{L} \times \widetilde{L}$ DFT 矩阵。同时，相位旋转参数设置为

$$\phi = \theta^{1/\eta_L} \tag{7.35}$$

式中，θ 是有理数域 $\mathbb{Q}$ 的扩展域上度至少为 $\eta_\nu \eta_L$ 的代数元素，它包含 Θ 的所有条目，符号星座图的信号字母表及 $e^{-j2\pi/N}$。DSFC 的这种构造已经被证明可实现 $L\nu$ 的完全分集。详细的证明可以在参考文献[11]中找到。

例 3：考虑一下文献[11]中给出的这个例子，该系统由 $L=2$ 个中继节点构成，信道长度 $\nu=2$，功率延迟描述为 $[1/2, 1/2]$。因此，我们得到 $\eta_L = 2$ 和 $\eta_\nu = 2$。矩阵 $\mathbf{B}_j$ 可由下式构造：

$$\mathbf{B}_j = \begin{bmatrix} a^{(1)}[1] & \phi a^{(2)}[1] \\ \phi a^{(2)}[2] & a^{(1)}[2] \\ a^{(1)}[3] & \phi a^{(2)}[3] \\ \phi a^{(2)}[4] & a^{(1)}[4] \end{bmatrix} \tag{7.36}$$

式中，

$$\mathbf{a}^{(m)} = \begin{bmatrix} a^{(m)}[1] \\ a^{(m)}[2] \\ a^{(m)}[3] \\ a^{(m)}[4] \end{bmatrix} = \Theta \, \mathbf{X}_{sjm} \text{,对于 } m = 1,\, 2 \tag{7.37}$$

且 $\mathbf{X}_{sjm}$ 中的元素是 QPSK 数据符号。假设 OFDM 符号的长度是 64,然后 θ 可以设为 $\theta = e^{-j\pi/8}$,单位矩阵 Θ 可以由下式构造:

$$\Theta = \frac{1}{2} \begin{bmatrix} 1 & 1 & 1 & 1 \\ 1 & e^{j\frac{\pi}{2}} & e^{j\pi} & e^{j\frac{3\pi}{2}} \\ 1 & e^{j\pi} & e^{j2\pi} & e^{j3\pi} \\ 1 & e^{j\frac{3\pi}{2}} & e^{j3\pi} & e^{j\frac{9\pi}{2}} \end{bmatrix} \begin{bmatrix} 1 & 0 & 0 & 0 \\ 0 & e^{j\frac{\pi}{8}} & 0 & 0 \\ 0 & 0 & e^{j\frac{\pi}{4}} & 0 \\ 0 & 0 & 0 & e^{j\frac{3\pi}{8}} \end{bmatrix} \tag{7.38}$$

首先,让我们考虑目的节点配备一根天线的情况,在式(7.36)中的相位参数设置为 $\phi = 0$,即在 DSFC 中只用了一层且传输速率 $R = 2$ bits/sec/Hz。在图7.9中,相应的 SER 性能和 STC - OFDM 方案依据总发射信噪比 $\rho = LP_r/\sigma_d^2$ 进行比较。在 STC - OFDM 方案中,QPSK 调制的数据符号首先通过 Alamouti 方案进行空时编码,然后通过 OFDM 发射。从图.7.9 中观察到,DSFC 由多径传播实现更高的分集阶数。

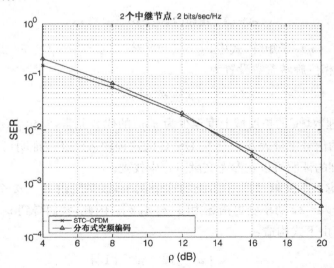

图7.9　对于有 L = 2 个中继节点,信道长度 υ = 2 且在目的节点配备一根天线的情况下,式(7.36)中的分布式空频编码与 Alamouti 编码 OFDM 方案的误符号率的比较

(来自于 Li, Zhang 和 Xia,© 2009 IEEE)

当目的节点配备多根天线时,每根天线接收到的信号可以进一步合并以获得接收机分集。在图 7.10 中,考虑目的节点有两根天线并且相位参数选择为 $\phi = e^{j\pi/64}$。由于采用两层符号,传输速率是每信道使用 2 个符号,即 $R = 4$ bits/sec/Hz。在图 7.10 中上述 DSFC 的 SER 性能与 STC – OFDM 方案相比,为了传输速率相等,在 STC—OFDM 方案中使用 16QAM。另外,在图 7.10 我们可以观察到,Li-Zhang-Xia DSFC 方案同时实现协作和多径分集。

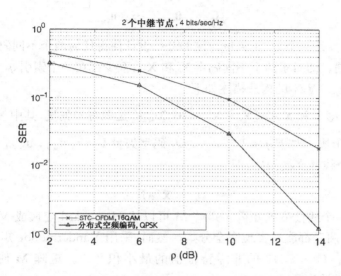

图 7.10　**有 L = 2 个中继节点,信道长度 $\upsilon = 2$ 且在目的节点配置两根天线的情况下,式(7.36)中分布式空频编码与 Alamouti 编码 OFDM 方案的误符号率的比较**

（来自于 Li,Zhang 和 Xia,© 2009 IEEE）

Seddik-Liu DSFC 代码构造[17]

另一基于 DF 的 DSFC 方案是由 Seddik 和 Liu 在参考文献[17]中提出的。不同于先前的方案,Seddik – Liu DSFC 方案不需要子载波数目 N 是 η 的整数倍数。

具体而言,考虑一个协作 OFDM 系统,其中子载波数目 N 远远大于 $L\upsilon$。在 Seddik – Liu DSFC 方案中,中继节点发射的 DSFC 码字是

$$\mathbf{X}_r = \begin{bmatrix} \mathbf{U}_1 \\ \mathbf{U}_2 \\ \vdots \\ \mathbf{U}_Q \\ \mathbf{0}_{(N-QL\upsilon)\times L} \end{bmatrix} \tag{7.39}$$

式中，$\mathbf{U}_q$ 是码字的第 q 个 $L\nu \times L$ 子矩阵，$Q = [N/(L\nu)]$ 是码字中非零子块的数量。这意味着，只有前 $QL\nu$ 个子载波将被中继节点利用，如果 N 不是 $L\nu$ 的整数倍数的话。每个子块，比如说子块 q，具有块对角结构如下：

$$\mathbf{U}_q = \begin{bmatrix} \mathbf{u}_{q,1} & \mathbf{0}_{\nu \times 1} & \cdots & \mathbf{0}_{\nu \times 1} \\ \mathbf{0}_{\nu \times 1} & u_{q,2} & \cdots & \mathbf{0}_{\nu \times 1} \\ \vdots & \vdots & \ddots & \vdots \\ \mathbf{0}_{\nu \times 1} & \mathbf{0}_{\nu \times 1} & \cdots & \mathbf{u}_{q,L} \end{bmatrix} \tag{7.40}$$

式中，每个 $\mathbf{u}_{q,\ell}$ 是一个 $\nu \times 1$ 矢量。该 DSFC 设计使得任何两个不同码字至少在一个子块中不同。即对于两个不同码字 $\mathbf{X}_r$ 和 $\hat{\mathbf{X}}_r$，至少存在一个索引 q_0，使得 $\mathbf{U}_{q_0} \neq \hat{\mathbf{U}}_{q_0}$。码字 $\{\mathbf{u}_{q,\ell}, \forall \ell\}$ 的构造描述如下。

设 $M = QL\nu$ 和 $\mathbf{X}_s \triangleq [\mathbf{X}_{s_1}, \mathbf{X}_{s_2}, \cdots, \mathbf{X}_{s_Q}]^T$ 是源符号矢量，其中 $\mathbf{X}_{sq}$ 是长度为 $L\nu$ 的第 q 个子块。对于 $q = 1, 2, \cdots, Q$，码字矢量 $\overline{\mathbf{U}}_q \triangleq [\mathbf{u}_{q,1}, \mathbf{u}_{q,2}, \cdots, \mathbf{u}_{q,L}]$ 是由 $\mathbf{X}_{sq}$ 的一个线性变换构造，即

$$\overline{\mathbf{U}}_q = \mathbf{X}_{sq}^T M \tag{7.41}$$

式中，$\mathbf{M}$ 是一个线性变换矩阵。矩阵 $\mathbf{M}$ 可以从 Hadamard 变换或 Vandermonde 矩阵获得，且两者都能够实现完全分集。然而，采用 Vandermonde 矩阵产生较大 $(\mathbf{C}_r - \hat{\mathbf{C}}_r)\mathbf{R}_h(\mathbf{C}_r - \hat{\mathbf{C}}_r)^H$ 的非零特征值的最小积[17,19]。矩阵 $\mathbf{M}$ 使用 Vandermonde 矩阵表示为

$$\mathbf{M} = \frac{1}{\sqrt{L\nu}} \mathbf{T}(\theta_1, \theta_2, \cdots, \theta_{L\nu})$$

$$\triangleq \frac{1}{\sqrt{L\nu}} \begin{bmatrix} 1 & 1 & \cdots & 1 \\ \theta_1 & \theta_2 & \cdots & \theta_{L\nu} \\ \vdots & \vdots & \ddots & \vdots \\ \theta_1^{L\nu-1} & \theta_2^{L\nu-2} & \cdots & \theta_{L\nu}^{L\nu-1} \end{bmatrix} \tag{7.42}$$

式中，$\theta_1, \theta_2, \cdots, \theta_{L\nu}$ 是相位参数。当 $L\nu = 2^m$ 采用任何正整数 m 和 QAM 调制时，最优变换由式（7.42）中的 Vandermonde 矩阵得到，其中

$$\theta_k = \exp\left(j \frac{(4k-3)\pi}{2L\nu}\right), \text{对于 } k = 1, 2, \cdots, L\nu$$

有关码字 $\overline{\mathbf{U}}_q$ 更多的设计细节，有兴趣的读者可以阅读参考文献[19]。

为了评估式（7.29）中的 PEP，让我们考虑最坏情况，即两个不同码字 $\mathbf{X}_r$ 和 $\hat{\mathbf{X}}_r$ 只在一个子块中不同。在这种情况下，我们有

$$\mathbf{X}_r - \hat{\mathbf{X}}_r = \left[\mathbf{0}_{(q_0)-1\ L\nu\times L}^T, \mathbf{U}_{q_0}^T - \hat{\mathbf{U}}_{q_0}^T, \mathbf{0}_{(N-q_0 L\nu)\times L}^T\right]^T$$

和

$$(\mathbf{C}_r - \hat{\mathbf{C}}_r) = \left[\mathbf{F}^{(0)}\odot(\mathbf{X}_r - \hat{\mathbf{X}}_r), \mathbf{F}^{(1)}\odot(\mathbf{X}_r - \hat{\mathbf{X}}_r), \cdots, \mathbf{F}^{(\nu-1)}\odot(\mathbf{X}_r - \hat{\mathbf{X}}_r)\right]$$

$$= \begin{bmatrix} \mathbf{0}_{(q_0-1)L\nu\times L} & \mathbf{0}_{(q_0-1)L\nu\times L} & \cdots & \mathbf{0}_{(q_0-1)L\nu\times L} \\ \mathbf{F}_{q_0}^{(0)}\odot(\mathbf{U}_{q_0}-\hat{\mathbf{U}}_{q_0}) & \mathbf{F}_{q_0}^{(1)}\odot(\mathbf{U}_{q_0}-\hat{\mathbf{U}}_{q_0}) & \cdots & \mathbf{F}_{q_0}^{(\nu-1)}\odot(\mathbf{U}_{q_0}-\hat{\mathbf{U}}_{q_0}) \\ \mathbf{0}_{(N-q_0 L\nu)\times L} & \mathbf{0}_{(N-q_0 L\nu)\nu\times L} & \cdots & \mathbf{0}_{(N-q_0 L\nu)\nu\times L} \end{bmatrix}$$

式中，$\mathbf{F}_{q_0}^{(v)} = \left[\mathbf{0}_{L\times(q_0-1)L\nu}, \mathbf{I}_{L\nu\times L\nu}, \mathbf{0}_{L\times(N-q_0 L\nu)}\right]\mathbf{F}^{(v)}$。因此，秩 κ 和特征值 $\{\lambda_i\}$ 需要评估对应如下矩阵的 PEP：

$$\sum_{v=0}^{\nu-1}\left[\mathbf{F}_{q_0}^{(v)}\odot(\mathbf{U}_{q_0}-\hat{\mathbf{U}}_{q_0})\right]\mathbf{R}_{\mathbf{h}(v)}\left[\mathbf{F}_{q_0}^{(v)}\odot(\mathbf{U}_{q_0}-\hat{\mathbf{U}}_{q_0})\right]^H$$

式中，$\mathbf{R}_{\mathbf{h}(v)}$ 是 $\left[h_{1,d}[v], h_{2,d}[v]\cdots, h_{L,d}[v]\right]^T$ 的相关矩阵。

考虑到解码错误时，不能正确解码源消息（根据 CRC）的中继节点将不会在阶段 II 发射消息。设 $\mathcal{I}_r = \mathrm{diag}(\boldsymbol{\chi}_1, \boldsymbol{\chi}_2\cdots, \boldsymbol{\chi}_L)$ 是 $\mathbf{x}_\ell = 1$ 的 $L\times L$ 对角矩阵，如果中继节点 ℓ 能够正确解码的话，否则 $\boldsymbol{\chi}_\ell = 0$。对于一个给定的解码状态 $\mathcal{I}_r$，PEP 由式 (7.29) 同样可表示，其中 κ 和 $\{\lambda_i\}$ 是矩阵

$$\sum_{v=0}^{\nu-1}\left[\mathbf{F}_{q_0}^{(v)}\odot(\mathbf{U}_{q_0}-\hat{\mathbf{U}}_{q_0})\right]\mathcal{I}_r \mathbf{R}_{\mathbf{h}(v)} \mathcal{I}_r\left[\mathbf{F}_{q_0}^{(v)}\odot(\mathbf{U}_{q_0}-\hat{\mathbf{U}}_{q_0})\right]^H \tag{7.43}$$

的秩和特征值。假设 ε_ℓ 是中继 ℓ 节点的错误概率，可以通过以下方式获得 PEP

$$\Pr(\mathbf{X}_r \rightarrow \hat{\mathbf{X}}_r) \leqslant \sum_{\mathcal{I}_r}\prod_{\ell:\boldsymbol{\chi}_\ell=1}(1-\varepsilon_\ell)\prod_{\ell:\boldsymbol{\chi}_\ell=0}\varepsilon_\ell\left(\frac{P_r}{\sigma_d^2}\right)^{-\kappa}\binom{2\kappa-1}{\kappa}\left(\prod_{i=1}^{\kappa}\lambda_i\right)^{-1} \tag{7.44}$$

式中，κ 和 $\{\lambda_i\}_{i=1}^{\kappa}$ 是式 (7.43) 中矩阵的秩和特征值并且取决于解码状态 $\mathcal{I}_r$。

请注意，也可以在源节点采用适当的传输方案利用源节点和中继节点之间的多径分集增益。假设 $P_s/\sigma_r^2 = P_r/\sigma_d^2 = \mathrm{SNR}$。在这种情况下，中继节点 ℓ 的误符号率即 SER_ℓ 可以定界为

$$\mathrm{SER}_\ell \leqslant c_\ell \times \mathrm{SNR}^{-\nu}$$

式中，c_ℓ 是取决于 ℓ 的一个常数。事实上，以这样的源节点传输方案和上述的中继节点 DSFC，已在参考文献[17]中证明，甚至在中继节点解码错误时也可以实现完全分集 $L\nu$。

7.4.2　放大转发空频编码

　　式(7.39)和式(7.40)中的 Seddik-Liu DSFC 设计可以推广到 AF 系统,如参考文献[16,17]所示。同样地,让我们假定子载波数目 N 远远大于 $L\nu$。与 DF 系统中中继节点应用的 DSFC 不同,源符号在空间域和频域都被编码并从源节点直接发射。假设,在阶段 I,源节点在 N 个子载波上发射码字

$$
\begin{aligned}
\mathbf{X}_s &= [X_s[0], X_s[1], \cdots, X_s[N-1]]^T \\
&= [\mathbf{V}_1^T, \mathbf{V}_2^T, \cdots, \mathbf{V}_Q^T, \mathbf{0}_{(N-QL\nu)\times 1}]^T
\end{aligned}
\tag{7.45}
$$

式中,$Q = \lceil N/(L\nu) \rceil$ 和 $\mathbf{V}_q$ 是长度为 $L\nu$ 的码字的第 q 个子块。每个子块,比如说 $\mathbf{V}_q$,进一步被划分为

$$
\mathbf{V}_q = [\mathbf{v}_{q,1}^T, \mathbf{v}_{q,2}^T, \cdots, \mathbf{v}_{q,L}^T]^T, \quad q = 1, 2, \cdots, Q
$$

式中,长 ν 的子块 $\mathbf{v}_{q,\ell}$ 只被中继节点 ℓ 转发。码字 $\{\mathbf{v}_{q,\ell}\}$ 的构造来自源符号的线性变换,如式(7.41)所示,可以选择式(7.42)中的 Vandermonde 矩阵以实现完全的分集阶数。

　　在阶段 II,在中继节点 ℓ,子块 $\mathbf{v}_{1,\ell}, \mathbf{v}_{2,\ell}\cdots, \mathbf{v}_{Q,\ell}$ 的对应子载波上接收到的信号首先被因子 $\beta_\ell[n] = 1/\sqrt{P_s\,|H_{s,\ell}[n]|^2 + \sigma_r^2}$ 缩放,然后以每个子载波上的功率 P_r 被转发到目的节点,中继节点 ℓ 的其他子载波上发送零。在目的节点,第 n 个子载波接收到的信号由下式给出

$$
Y_d[n] = \sqrt{\frac{P_s P_r}{P_s\,|H_{s,\ell[n]}[n]|^2 + \sigma_r^2}} H_{s,\ell[n]}[n] H_{\ell[n],d}[n] X_s[n]
\tag{7.46}
$$

$$
+ \sqrt{\frac{P_r}{P_s\,|H_{s,\ell[n]}[n]|^2 + \sigma_r^2}} H_{\ell[n],d}[n] W_{\ell[n]}[n] + W_d[n]
$$

$$
\triangleq \sqrt{\frac{P_s P_r}{P_s\,|H_{s,\ell[n]}[n]|^2 + \sigma_r^2}} H_{s,\ell[n]}[n] H_{\ell[n],d}[n] X_s[n] + \widetilde{W}_d[n]
\tag{7.47}
$$

式中,$\ell[n] = \in \{1, 2, \cdots, L\}$ 是转发子载波 n 的相关数据的中继节点的索引,即 $\ell[n] = \lfloor (n \bmod L\nu)/\nu \rfloor + 1$,并且 $\widetilde{W}_d[n]$ 是有如下方差的目的节点等效噪声

$$
\sigma_{\widetilde{W}}^2[n] = \sigma_d^2 + \sigma_r^2 \frac{P_r\,|H_{\ell[n],d}[n]|^2}{P_s\,|H_{s,\ell[n]}[n]|^2 + \sigma_r^2}
\tag{7.48}
$$

通过采用 ML 检测,目的节点取得的估计值为

$$\hat{\mathbf{X}}_s = \arg \min_{\mathbf{X}_s} \sum_{n=1}^{N} \frac{1}{\sigma_{\widehat{W}}^2[n]} \Big| Y_d[n]$$

$$- \sqrt{\frac{P_s P_r}{P_s \mid H_{s, \ell[n]}[n] \mid^2 + \sigma_r^2}} H_{s, \ell[n]}[n] H_{\ell[n], d}[n] X_s[n] \Big|^2 \tag{7.49}$$

给定信道实现 $\mathcal{H} = \{H_{s, \ell}[n], H_{\ell, d}[n], \forall n, \ell\}$，PEP 的上界可由下式给出，如参考文献[16,17]中所示：

$$\Pr(\mathbf{X}_s \to \widetilde{\mathbf{X}}_s \mid \mathcal{H}) = \mathbf{E}\big[e^{\mu[\log p(\mathbf{Y}_d \mid \widetilde{\mathbf{X}}_s, \mathcal{H}) - \log p(\mathbf{Y}_d \mid \mathbf{X}_s, \mathcal{H})]}\big] \tag{7.50}$$

式中，μ 是一个恒定的选择以尽量减小上限。PEP 可以在信道统计上进一步平均，但对于 $\nu > 2$，积分变得难以估计。然而，对于 $\nu = 1, 2$，平均 PEP 可以近似如下。

假设对于任何不同码字对 $\mathbf{X}_s$ 和 $\widetilde{\mathbf{X}}_s$，存在至少一个子块，比如说 q_0，在其中两个码字有所不同，即 $\mathbf{V}_{q_0} \neq \widetilde{\mathbf{V}}_{q_0}$，其中 $\widetilde{\mathbf{V}}_{q_0}$ 是 $\widetilde{\mathbf{X}}_s$ 中相应的子块。若要获得平均 PEP 的上限，我们考虑最坏的情况下只有一个子块中的两个码字不同。对于所有的 ℓ, n，假设 $P_s/\sigma_r^2 = P_r/\sigma_d^2 = \mathrm{SNR}$ 和 $H_{s, \ell}[n]$，$H_{\ell, n}[n]$ 是有单位方差的零均值复高斯随机变量。已在参考文献[16,17]中证明，对于 $\nu = 1$，在高信噪比时平均 PEP 可以近似为

$$\Pr(\mathbf{X}_s \to \widetilde{\mathbf{X}}_s) \lesssim \Big(\frac{\mathrm{SNR}}{16}\Big)^{-L} \Big(\prod_{n=1}^{L} \mid \mathbf{V}_{q_0}[n] - \widetilde{\mathbf{V}}_{q_0}[n] \mid^2\Big)^{-1} \tag{7.51}$$

式中，$\mathbf{V}_{q_0}[n]$ 是矢量 $\mathbf{V}_{q_0}$ 的第 n 个元素。对于 $\nu = 2$ 的情况，我们可以考虑相同中继节点的不同子载波的源节点-中继节点信道相关以及其中继节点-目的节点信道相关的情况。任何两个子载波的信道系数之间的相关性假定是相同的，对于任何一个子载波 $n_1 \neq n_2$ 且 $\ell = 1, 2, \cdots, L$，设 ρ 是随机变量对（$\mid H_{s, \ell}[n_1] \mid^2$，$\mid H_{s, \ell}[n_2] \mid^2$）和（$\mid H_{\ell, d}[n_1] \mid^2$，$\mid H_{\ell, d}[n_2] \mid^2$）的相关系数。在这种情况下，平均 PEP 的上界可以由下式给出

$$\Pr(\mathbf{X}_s \to \widetilde{\mathbf{X}}_s) \lesssim \Big(\frac{\mathrm{SNR}(1-\rho)}{16}\Big)^{-2L} \Big(\prod_{n=1}^{2L} \mid \mathbf{V}_{q_0}[n] - \widetilde{\mathbf{V}}_{q_0}[n] \mid^2\Big)^{-1} \tag{7.52}$$

从式(7.51)和式(7.52)可以观察到，对于 $\nu = 1$ 和 $\nu = 2$ 的情况，可以保证至少在一个子块中有差异的 DSFC 实现 $L\nu$ 全分集。

例 4：DF 和 AF DSFC 方案的对比[17]

在图 7.11 和图 7.12 中，我们分别比较对于 $\nu = 2$ 和 $\nu = 4$，Seddik - Liu 设计下 DF 和 AF DSFC 方案的误符号率。在这些实验中，中继节点数目 $L = 2$，子载波数目 $N = 128$，系统总带宽 $W = 1\,\mathrm{MHz}$。每个信道实现中的不同路径以 $5\mu s$ 分隔，并且数据符号采用 BPSK 调制。这里，我们假设 $P_s = P_r$ 和 $\sigma_r^2 = \sigma_d^2$ 且定义 $\mathrm{SNR} = (P_s + P_r)/\sigma^2$。基于 DF 方案的 DSFC 在式(7.39)中描述，基于 AF 方案的 DSFC 在式(7.45)中描述。对于所有的 $v = 0, \cdots, \nu-1$ 和 $\ell = 1, 2$，功能延迟分布由

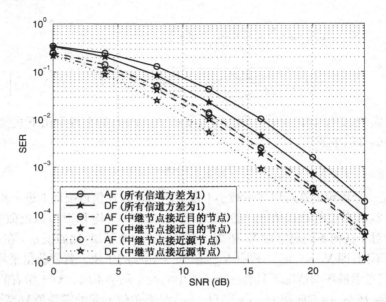

图 7.11 在有 **L = 2** 个中继节点及信道长度 **υ = 2** 的情况下式 (7.36) 中的分布式空频
编码和 **Alamouti** 编码 **OFDM** 方案的误符号率

（来自于 Seddik 和 Liu,修改了坐标,© 2008 IEEE)

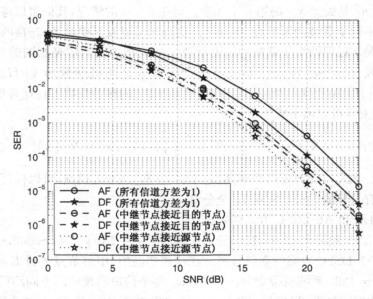

图 7.12 在有 **L = 2** 个中继节点及信道长度 **υ = 4** 的情况下式 (7.36) 中的分布式空频
编码和 **Alamouti** 编码 **OFDM** 方案的误符号率

（来自于 Seddik 和 Liu,修改了坐标,© 2008 IEEE)

$\mathbf{E}\big[|\,h_{s,\,\ell}[v]\,|^2\big]=\sigma_1^2$ 和 $\mathbf{E}\big[|\,h_{\ell,\,d}[v]\,|^2\big]=\sigma_2^2$ 相等地给出。在图中,实线表示中继节点位于源节点和目的节点中间的情况,因此 $\sigma_1^2=\sigma_2^2=1$。虚线代表中继节点接近目的节点的情况,因此信道统计由 $(\sigma_1^2,\sigma_2^2)=(1,10)$ 给出。点划线代表相反情况,中继节点靠近源节点,因此 $(\sigma_1^2,\sigma_2^2)=(10,1)$。从仿真结果中我们可以观察到,DF 在所有情况下优于 AF $2\sim4\,$dB。此外,尽管在 $\nu=4$ 时基于 AF 的方案的分集阶数很难解析获得,仿真结果表明,基于 AF 的 DSFC 达到了与基于 DF 的方案相同的分集阶数,其中,后者已被证明能够实现完全分集。

7.5 MIMO 中继的协作

协作通信的主要优点之一是能够实现空间分集增益,而无需在每个终端使用多根天线。然而,如果用户可以配备多个天线,可以利用更多的空间自由度并且将可实现更大的设计灵活性,因为天线不完全分布。事实上,类似传统的 MIMO 系统(参见第 2 章),预编码器和解码器可以设计为分解 MIMO 信道为多个独立的本征信道并且可以采用适当的功率与速率分配策略以利用可达空间维度。

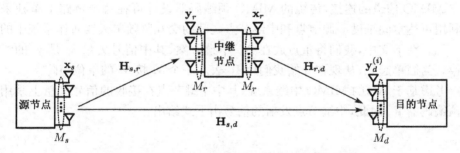

图 7.13 源节点、中继节点和目的节点有多根天线的协作系统模型

考虑一个协作系统,包括一个源节点、一个中继节点和一个目的节点,分别配备 M_s,M_r 和 M_d 根天线,如图 7.13 所示。同样地,我们假设中继是半双工的,协作采用两个阶段传输。在阶段 I,源节点发射一个符号矢量 $\mathbf{x}_s=[x_s[1],\cdots,x_s[M_s]]^T$ 至中继节点和目的节点,其中 $x_s[m]$ 是第 m 根天线上发射的符号。下式分别给出中继节点和目的节点接收到的信号:

$$\mathbf{y}_r=\sqrt{P_s}\mathbf{H}_{s,\,r}\mathbf{x}_s+\mathbf{w}_r$$

和

$$\mathbf{y}_d^{(1)}=\sqrt{P_s}\mathbf{H}_{s,\,d}\mathbf{x}_s+\mathbf{w}_d^{(1)}$$

式中，P_s 是源节点传输功率，$\mathbf{H}_{s,r}$，$\mathbf{H}_{s,d}$ 分别是 $s-r$ 和 $s-d$ 链路的 $M_r \times M_s$ 和 $M_d \times M_s$ 信道矩阵，并且 $\mathbf{w}_r \sim \mathcal{CN}(\mathbf{0}_{M_r}, \sigma_r^2 \mathbf{I}_{M_r \times M_r})$ 和 $\mathbf{w}_d^{(1)} \sim \mathcal{CN}(\mathbf{0}_{M_d}, \sigma_d^2 \mathbf{I}_{M_d \times M_d})$ 分别是中继节点和目的节点的高斯白噪声。$\mathbf{H}_{s,r}$ 的第 (ℓ, k) 个元素是源节点的第 k 根天线和中继节点的第 ℓ 根天线之间的信道系数，并且 $\mathbf{H}_{s,d}$ 的第 (i, k) 个元素是源节点的第 k 根天线和目的节点的第 i 根天线之间的信道系数。此外，假设源符号矢量是零均值循环对称复高斯分布，源符号矢量的协方差矩阵由 $\mathbf{R}_s \triangleq \mathbf{E}[\mathbf{x}_s \mathbf{x}_s^H] = \frac{1}{M_s} \mathbf{I}_{M_s \times M_s}$ 给出。

在阶段 II，中继节点根据具体的协作方案以 $\mathbf{E}[\mathbf{x}_r^H \mathbf{x}_r] = 1$ 生成一个 $M_r \times 1$ 符号矢量 $\mathbf{x}_r$ 并以功率 P_r 转发信号到目的节点。在阶段 II 目的节点接收到的信号由下式给出：

$$\mathbf{y}_d^{(2)} = \sqrt{P_r} \mathbf{H}_{r,d} \mathbf{x}_r + \mathbf{w}_d^{(2)} \tag{7.53}$$

式中，$\mathbf{H}_{r,d}$ 是一个 $M_d \times M_r$ 信道矩阵，其第 (i, ℓ) 个元素是源节点的第 ℓ 根天线和目的节点的第 i 根天线之间的信道系数，并且 $\mathbf{w}_d^{(2)} \sim \mathcal{CN}(\mathbf{0}_{M_d}, \sigma_d^2 \mathbf{I}_{M_d \times M_d})$ 是目的节点的高斯白噪声。需要注意的是，在 DF 系统中，MIMO 中继链路可以作为两个点到点 MIMO 信道的连接，传统的 MIMO 预编码器设计可在每个链路上单独采用以利用可达空间维度。源节点和中继节点之间的交互紧随单天线协作系统中的交互[5, 23]。在下文中，我们将重点放在 AF 中继方案，其中信号矢量 $\mathbf{x}_r$ 是 $\mathbf{y}_r$ 的线性变换。为简单起见，从现在开始我们用 $\mathbf{I}_M$ 表示一个 M 接 M 的单位矩阵。

考虑基于 AF 的 MIMO 中继系统，其中中继节点在接收的信号矢量上采用线性预编码器 $\mathbf{F}$。因此，中继节点发射的信号由下式给出：

$$\mathbf{x}_r = \mathbf{F} \mathbf{y}_r \tag{7.54}$$

式中，$\mathbf{F}$ 是一个 $M_r \times M_r$ 预编码矩阵。采用线性预编码器 $\mathbf{F}$，在阶段 II 目的节点接收的信号可以写成

$$\begin{aligned} \mathbf{y}_d^{(2)} &= \sqrt{P_s P_r} \mathbf{H}_{r,d} \mathbf{F} \mathbf{H}_{s,r} \mathbf{x}_s + \sqrt{P_r} \mathbf{H}_{r,d} \mathbf{F} \mathbf{w}_r + \mathbf{w}_d^{(2)} \\ &= \sqrt{P_s P_r} \mathbf{H}_{r,d} \mathbf{F} \mathbf{H}_{s,r} \mathbf{x}_s + \widetilde{\mathbf{w}}_d^{(2)} \end{aligned}$$

式中，$\widetilde{\mathbf{w}}_d^{(2)} = \sqrt{P_r} \mathbf{H}_{r,d} \mathbf{F} \mathbf{w}_r + \mathbf{w}_d^{(2)}$ 是如下协方差矩阵的有效噪声：

$$\mathbf{R}_{\widetilde{\mathbf{w}}} \triangleq \mathbf{E}[\widetilde{\mathbf{w}}_d^{(2)} \widetilde{\mathbf{w}}_d^{(2)H}] = P_r \sigma_r^2 \mathbf{H}_{r,d} \mathbf{F} \mathbf{F}^H \mathbf{H}_{r,d}^H + \sigma_d^2 \mathbf{I}_{M_d} \tag{7.55}$$

给定中继节点瞬时 CSI，预编码矩阵 $\mathbf{F}$ 可以被设计以最大化满足中继节点之间的总功率约束的信道容量，即

$$\mathrm{tr}(\mathbf{E}[\mathbf{x}_r\mathbf{x}_r^H]) = \mathrm{tr}\Big(\mathbf{F}\Big(\frac{P_s}{M_s}\mathbf{H}_{s,r}\mathbf{H}_{s,r}^H + \sigma_r^2\mathbf{I}_{M_r}\Big)\mathbf{F}^H\Big) \leqslant 1 \tag{7.56}$$

无源节点-目的节点链路

让我们首先考虑目的节点位于源节点传输范围之外的情况,因此只有在阶段 II 接收到的信号即 $\mathbf{y}_d^{(2)}$,其用于目的节点的检测。给定 $\mathbf{H}_{s,r}$ 和 $\mathbf{H}_{r,d}$ 的瞬时信息, AF MIMO 中继信道的容量[21]由下式给出:

$$\begin{aligned}
C &= \frac{1}{2}\log_2\det\Big(\mathbf{I}_{M_s} + \frac{P_sP_r}{M_s}\mathbf{H}_{s,r}^H\mathbf{F}^H\mathbf{H}_{r,d}^H\mathbf{R}_{\overline{w}}^{-1}\mathbf{H}_{r,d}\mathbf{F}\mathbf{H}_{s,r}\Big)\\
&= \frac{1}{2}\log_2\det\Big(\mathbf{I}_{M_s} + \frac{P_sP_r}{M_s}\mathbf{H}_{s,r}^H\mathbf{F}^H\mathbf{H}_{r,d}^H\\
&\quad \times (\sigma_d^2\mathbf{I}_{M_d} + P_r\sigma_r^2\mathbf{H}_{r,d}\mathbf{F}\mathbf{F}^H\mathbf{H}_{r,d}^H)^{-1}\mathbf{H}_{r,d}\mathbf{F}\mathbf{H}_{s,r}\Big)\\
&\overset{(a)}{=} \frac{1}{2}\log_2\det\Big(\mathbf{I}_{M_s} + \frac{P_s}{M_s\sigma_r^2}\mathbf{H}_{s,r}^H\\
&\quad \times \Big(\mathbf{I}_{M_r} - \Big(\mathbf{I}_{M_r} + \frac{P_r\sigma_r^2}{\sigma_d^2}\mathbf{F}^H\mathbf{H}_{r,d}^H\mathbf{H}_{r,d}\mathbf{F}\Big)^{-1}\Big)\mathbf{H}_{s,r}\Big)\\
&= \frac{1}{2}\log_2\det\Big(\mathbf{I}_{M_r} + \frac{P_s}{M_s\sigma_r^2}\mathbf{H}_{s,r}\mathbf{H}_{s,r}^H - \frac{P_s}{M_s\sigma_r^2}\mathbf{H}_{s,r}\mathbf{H}_{s,r}^H\mathbf{Q}^{-1}\Big)
\end{aligned} \tag{7.57}$$

式中,(a)由矩阵求逆引理产生且 $\mathbf{Q} = \mathbf{I}_{M_r} + (P_r\sigma_r^2/\sigma_d^2)\cdot\mathbf{F}^H\mathbf{H}_{r,d}^H\mathbf{H}_{r,d}\mathbf{F}$。此外,式 (7.57)的行列式中的项可以重写为

$$\begin{aligned}
&\mathbf{I}_{M_r} + \frac{P_s}{M_s\sigma_r^2}\mathbf{H}_{s,r}\mathbf{H}_{s,r}^H - \frac{P_s}{M_s\sigma_r^2}\mathbf{H}_{s,r}\mathbf{H}_{s,r}^H\mathbf{Q}^{-1}\\
&= \mathbf{I}_{M_r} + \Big(\mathbf{I}_{M_r} + \frac{P_s}{M_s\sigma_r^2}\mathbf{H}_{s,r}\mathbf{H}_{s,r}^H\Big)(\mathbf{I}_{M_r} - \mathbf{Q}^{-1}) - (\mathbf{I}_{M_r} - \mathbf{Q}^{-1})\\
&= \Big(\mathbf{I}_{M_r} + \Big(\mathbf{I}_{M_r} + \frac{P_s}{M_s\sigma_r^2}\mathbf{H}_{s,r}\mathbf{H}_{s,r}^H\Big)\frac{P_r\sigma_r^2}{\sigma_d^2}\mathbf{F}^H\mathbf{H}_{r,d}^H\mathbf{H}_{r,d}\mathbf{F}\Big)\mathbf{Q}^{-1}
\end{aligned}$$

因此信道容量由下式给出:

$$C = \frac{1}{2}\log_2\Big(\frac{\det\Big(\mathbf{I}_{M_r} + \Big(\mathbf{I}_{M_r} + \frac{P_s}{M_s\sigma_r^2}\mathbf{H}_{s,r}\mathbf{H}_{s,r}^H\Big)\frac{P_r\sigma_r^2}{\sigma_d^2}\mathbf{F}^H\mathbf{H}_{r,d}^H\mathbf{H}_{r,d}\mathbf{F}\Big)}{\det\Big(\mathbf{I}_{M_r} + \frac{P_r\sigma_r^2}{\sigma_d^2}\mathbf{F}^H\mathbf{H}_{r,d}^H\mathbf{H}_{r,d}\mathbf{F}\Big)}\Big) \tag{7.58}$$

通过信道矩阵 $\mathbf{H}_{s,r}$ 和 $\mathbf{H}_{r,d}$ 的奇异值分解(SVD),我们得到

$$\mathbf{H}_{s,r} = \mathbf{U}_{s,r}\mathbf{\Lambda}_{s,r}\mathbf{V}_{s,r}^H \tag{7.59}$$

$$\mathbf{H}_{r,d} = \mathbf{U}_{r,d}\mathbf{\Lambda}_{r,d}\mathbf{V}_{r,d}^H \tag{7.60}$$

式中，$\mathbf{U}_{s,r}$，$\mathbf{U}_{r,d}$，$\mathbf{V}_{s,r}$ 和 $\mathbf{V}_{r,d}$ 是单位矩阵，$\boldsymbol{\Lambda}_{s,r}$ 是一个前 $\kappa_{s,r}$ 个对角元素是奇异值 $\lambda_{s,r}(1) \geqslant \lambda_{s,r}(2) \geqslant \cdots \geqslant \lambda_{s,r}(k_{s,r})$ 的 $M_r \times M_s$ 矩阵，$\boldsymbol{\Lambda}_{r,d}$ 是一个前 $\kappa_{r,d}$ 个对角元素是奇异值 $\lambda_{r,d}(1) \geqslant \lambda_{r,d}(2) \geqslant \cdots \geqslant \lambda_{r,d}(k_{r,d})$ 的 $M_d \times M_r$ 矩阵。这里，$\kappa_{s,r}$ 和 $\kappa_{r,d}$ 分别是矩阵 $\mathbf{H}_{s,r}$ 和 $\mathbf{H}_{r,d}$ 的秩。已在参考文献[21]中证明，最大化式(7.58)中信道容量的最优预编码器具有如下形式：

$$\mathbf{F} = \mathbf{V}_{r,d}\boldsymbol{\Lambda}_F\mathbf{U}_{s,r}^H \tag{7.61}$$

式中，$\boldsymbol{\Lambda}_F \triangleq \mathrm{diag}(f_1, f_2, \cdots, f_{M_r})$ 是一个 $M_r \times M_r$ 对角矩阵。因此，问题简化为发现最优权重因子 $\{f_i\}_{i=1}^{M_r}$ 集合。通过将式(7.59)、式(7.60)和式(7.61)代入式(7.58)中的信道容量表达式，我们有

$$
\begin{aligned}
C &= \frac{1}{2}\log_2\left(\frac{\det\left(\mathbf{I}_{M_r} + \left(\mathbf{I}_{M_r} + \frac{P_s}{M_s\sigma_r^2}\boldsymbol{\Lambda}_{s,r}\boldsymbol{\Lambda}_{s,r}^H\right)\frac{P_r\sigma_r^2}{\sigma_d^2}\boldsymbol{\Lambda}_F^H\boldsymbol{\Lambda}_{r,d}^H\boldsymbol{\Lambda}_{r,d}\boldsymbol{\Lambda}_F\right)}{\det(\mathbf{I}_{M_r} + \frac{P_r\sigma_r^2}{\sigma_d^2}\boldsymbol{\Lambda}_F^H\boldsymbol{\Lambda}_{r,d}^H\boldsymbol{\Lambda}_{r,d}\boldsymbol{\Lambda}_F)}\right) \\
&= \frac{1}{2}\sum_{i=1}^{M_r}\log_2\left(\frac{1 + \frac{P_r\sigma_r^2}{\sigma_d^2}\left(1 + \frac{P_s}{M_s\sigma_r^2}\mid\lambda_{s,r}(i)\mid^2\right)\mid\lambda_{r,d}(i)\mid^2\mid f_i\mid^2}{1 + \frac{P_r\sigma_r^2}{\sigma_d^2}\mid\lambda_{r,d}(i)\mid^2\mid f_i\mid^2}\right) \\
&= \frac{1}{2}\sum_{i=1}^{M_r}\log_2\left(1 + \frac{\frac{P_rP_s}{M_s\sigma_d^2}\mid\lambda_{s,r}(i)\mid^2\mid\lambda_{r,d}(i)\mid^2\mid f_i\mid^2}{1 + \frac{P_r\sigma_r^2}{\sigma_d^2}\mid\lambda_{r,d}(i)\mid^2\mid f_i\mid^2}\right)
\end{aligned}
\tag{7.62}
$$

注意，对于 $i > \kappa_{s,r}$，$\lambda_{s,r}(i) = 0$；对于 $i > \kappa_{r,d}$，$\lambda_{r,d}(i) = 0$。从式(7.62)中的容量表达可以看到，MIMO 中继信道被分解为 $\min(M_s, M_r, M_d)$ 个平行 AF 中继信道。通过将式(7.59)和式(7.61)代入到式(7.56)，功率约束可以表示为

$$\sum_{i=1}^{M_r}\left(\sigma_r^2 + \frac{P_s}{M_s}\mid\lambda_{s,r}(i)\mid^2\right)\mid f_i\mid^2 \leqslant 1 \tag{7.63}$$

最大化式(7.62)中信道容量的最优权重因子 $\{f_i\}_{i=1}^{M_r}$ 由如下注水解决方案给出：[21]

$$\mid f_i\mid^2 = \frac{\sigma_d^2}{2\rho_{2,i}(1+\rho_{1,i})\sigma_r^2}\left(\sqrt{\rho_{1,i}^2 + 4\rho_{1,i}\rho_{2,i}\mu} - \rho_{1,i} - 2\right)^+ \tag{7.64}$$

式中，$\rho_{1,i} \triangleq \frac{P_s}{M_s\sigma_r^2}\mid\lambda_{s,r}(i)\mid^2$，$\rho_{2,i} \triangleq P_r\mid\lambda_{r,d}(i)\mid^2$，$(x)^+ = \max(x, 0)$，$\mu$ 被设置

为满足式(7.63)中的功率约束。

例 5：比较不同的 MIMO 中继节点预编码器

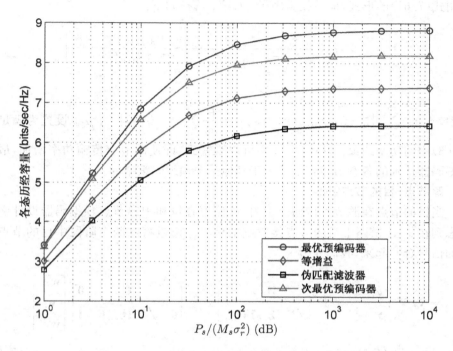

图 7.14　$M_s = M_r = M_d = 4$ 和固定中继节点传输功率 $P_r/(M_r \sigma_d^2) = 10$ dB 的双跳 MIMO 中继系统中不同中继节点预编码策略的各态历经容量对比

在图 7.14 中，将最优预编码器的各态历经容量与其他三种中继节点预编码策略的各态历经容量进行了比较：等增益策略、参考文献[18]中提出的伪匹配滤波器策略和参考文献[22]中推导的次最优预编码器。在设定 $M_s = M_r = M_d = 4$ 和固定中继节点功率 $P_r/(M_r \sigma_d^2) = 10$ dB 下比较这些策略的性能。我们假设 $\mathbf{H}_{s,r}$ 和 $\mathbf{H}_{r,d} \sim \mathcal{CN}(\mathbf{0}, \mathbf{I})$ 及 $\sigma_r^2 = \sigma_d^2 = 1$。在等增益方案中，在中继节点的天线接收到的信号都通过一个共同的权重因子 $1/\sqrt{\mathrm{tr}(\sigma_r^2 \mathbf{I}_{M_r} + (P_s/M_s)\mathbf{H}_{s,r}\mathbf{H}_{s,r}^H)}$ 放大。在伪匹配滤波器方法中，预编码器匹配有效信道 $\mathbf{H}_{r,d}\mathbf{H}_{s,r}$。通过根据功率约束归一化，伪匹配滤波器的预编码矩阵由下式给出：

$$\mathbf{F} = \sqrt{\frac{1}{\mathrm{tr}\left(\mathbf{H}_{s,r}^H \mathbf{H}_{s,r}\left(\sigma_r^2 \mathbf{I}_{M_r} + \dfrac{P_s}{M_s}\mathbf{H}_{s,r}^H \mathbf{H}_{s,r}\right)\mathbf{H}_{r,d}\mathbf{H}_{r,d}^H\right)}}\, \mathbf{H}_{r,d}^H \mathbf{H}_{s,r}^H$$

在次最优预编码方案中,通过最大化式(7.57)中的容量上界获得预编码矩阵,且仅在高信噪比或 $\mathbf{H}_{s,r}$ 是病态的[22]时可以实现上界。次最优预编码解决方案也采用式(7.61)的形式,但是权重因子 $\{f_i\}_{i=1}^{M_r}$ 选择如下:

$$| f_i |^2 = \mu_{\text{sub}} \frac{1}{1 + \dfrac{P_s}{M_s \sigma_r^2} | \lambda_{s,r}(i) |^2} \left| \frac{\phi_2 | \lambda_{s,r}(i) |^2 - \phi_1}{\phi_1 | \lambda_{r,d}(i) |^2} \right|$$

式中,$\phi_1 = \sum\limits_{n=1}^{M_r} | \lambda_{s,r}(n)/\lambda_{r,d}(n) |^2$, $\phi_2 = \dfrac{P_r}{\sigma_d^2} \sum\limits_{n=1}^{M_r} | \lambda_{r,d}(n) |^{-2}$, μ_{sub} 设置为满足式(7.63)中的功率约束。从图 7.14 中可以观察到,即使源节点传输功率增加,最佳预编码器达到的各态历经容量也大于其他三个预编码策略的。

源节点-目的节点链路

当目的节点在源节点传输范围内,该信道容量和中继节点预编码器设计必须考虑到在 $s-d$ 链路上目的节点接收到的信号。通过将这两个阶段中目的节点接收的信号合并起来,我们获得

$$\mathbf{y}_d \triangleq \begin{bmatrix} \mathbf{y}_d^{(1)} \\ \mathbf{y}_d^{(2)} \end{bmatrix} = \sqrt{P_s} \begin{bmatrix} \mathbf{H}_{s,d} \\ \sqrt{P_r}\mathbf{H}_{r,d}\mathbf{F}\mathbf{H}_{s,r} \end{bmatrix} \mathbf{x}_s + \begin{bmatrix} \mathbf{I} & \mathbf{0} & \mathbf{0} \\ \mathbf{0} & \sqrt{P_r}\mathbf{H}_{r,d}\mathbf{F} & \mathbf{I} \end{bmatrix} \begin{bmatrix} \mathbf{w}_d^{(1)} \\ \mathbf{w}_r \\ \mathbf{w}_d^{(2)} \end{bmatrix}$$

$$\triangleq \sqrt{P_s}\mathbf{H}\mathbf{x}_s + \mathbf{w} \tag{7.65}$$

式中,

$$\mathbf{H} = \begin{bmatrix} \mathbf{H}_{s,d} \\ \sqrt{P_r}\mathbf{H}_{r,d}\mathbf{F}\mathbf{H}_{s,r} \end{bmatrix}$$

是源节点和目的节点之间的有效信道并且

$$\mathbf{w} = \begin{bmatrix} \mathbf{I} & \mathbf{0} & \mathbf{0} \\ \mathbf{0} & \sqrt{P_r}\mathbf{H}_{r,d}\mathbf{F} & \mathbf{I} \end{bmatrix} \begin{bmatrix} \mathbf{w}_d^{(1)} \\ \mathbf{w}_r \\ \mathbf{w}_d^{(2)} \end{bmatrix}$$

是协方差矩阵

$$\mathbf{R}_w = \begin{bmatrix} \sigma_d^2 \mathbf{I}_{M_d} & \mathbf{0} \\ \mathbf{0} & P_r\sigma_r^2\mathbf{H}_{r,d}\mathbf{F}\mathbf{F}^H\mathbf{H}_{r,d}^H + \sigma_d^2\mathbf{I}_{M_d} \end{bmatrix} \tag{7.66}$$

的有效噪声。给定 $\mathbf{H}_{s,r}$, $\mathbf{H}_{r,d}$ 和 $\mathbf{H}_{s,d}$,信道容量可以计算为

$$
C = \frac{1}{2} \log_2 \left(\det \left(\mathbf{I}_{M_s} + \frac{P_s}{M_s} \mathbf{H}^H \mathbf{R}_w^{-1} \mathbf{H} \right) \right) \tag{7.67}
$$
$$
= \frac{1}{2} \log_2 \left(\det \left(\mathbf{I}_{2M_d} + \frac{P_s}{M_s} \mathbf{H} \mathbf{H}^H \mathbf{R}_w^{-1} \right) \right)
$$

当信道矩阵 $\mathbf{H}_{s,r}$，$\mathbf{H}_{r,d}$ 和 $\mathbf{H}_{s,d}$ 在中继节点已知时，预编码矩阵 $\mathbf{F}$ 可被设计以最大化满足式(7.56)中功率约束的式(7.67)中的容量。通过展开式(7.67)的括号中的矩阵，我们有

$$
\mathbf{I}_{2M_d} + \frac{P_s}{M_s} \mathbf{H} \mathbf{H}^H \mathbf{R}_w^{-1}
$$

$$
= \begin{bmatrix} \mathbf{I}_{M_d} + \dfrac{P_s}{M_s \sigma_d^2} \mathbf{H}_{s,d} \mathbf{H}_{s,d}^H & \dfrac{P_s \sqrt{P_r}}{M_s} \mathbf{H}_{s,d} \mathbf{H}_{s,r}^H \mathbf{F}^H \mathbf{H}_{r,d}^H \widetilde{\mathbf{Q}}^{-1} \\[2ex] \dfrac{P_s \sqrt{P_r}}{M_s \sigma_d^2} \mathbf{H}_{r,d} \mathbf{F} \mathbf{H}_{s,r} \mathbf{H}_{s,d}^H & \mathbf{I}_{M_d} + \dfrac{P_s P_r}{M_s} \mathbf{H}_{r,d} \mathbf{F} \mathbf{H}_{s,r} \mathbf{H}_{s,r}^H \mathbf{F}^H \mathbf{H}_{r,d}^H \widetilde{\mathbf{Q}}^{-1} \end{bmatrix}
$$

$$
\triangleq \begin{bmatrix} \mathbf{X}_{11} & \mathbf{X}_{12} \\ \mathbf{X}_{21} & \mathbf{X}_{22} \end{bmatrix} \tag{7.68}
$$

式中，$\widetilde{\mathbf{Q}} = P_r \sigma_r^2 \mathbf{H}_{r,d} \mathbf{F} \mathbf{F}^H \mathbf{H}_{r,d}^H + \sigma_d^2 \mathbf{I}_{M_d}$。通过利用恒等式

$$
\det \left(\begin{bmatrix} \mathbf{X}_{11} & \mathbf{X}_{12} \\ \mathbf{X}_{21} & \mathbf{X}_{22} \end{bmatrix} \right) = \det(\mathbf{X}_{11}) \det(\mathbf{X}_{22} - \mathbf{X}_{21} \mathbf{X}_{11}^{-1} \mathbf{X}_{12}) \tag{7.69}
$$

信道容量可以进一步写为[14]

$$
C = \frac{1}{2} \log_2 \det \left(\mathbf{I}_{M_d} + \frac{P_s}{M_s \sigma_d^2} \mathbf{H}_{s,d} \mathbf{H}_{s,d}^H \right)
$$
$$
+ \frac{1}{2} \log_2 \det \left(\mathbf{I}_{M_d} + \frac{P_s P_r}{M_s} \mathbf{H}_{r,d} \mathbf{F} \mathbf{H}_{s,r} \left(\mathbf{I}_{M_d} + \frac{P_s}{M_s \sigma_d^2} \mathbf{H}_{s,d}^H \mathbf{H}_{s,d} \right)^{-1} \right.
$$
$$
\times \left. \left(\mathbf{H}_{s,r}^H \mathbf{F}^H \mathbf{H}_{r,d}^H (P_r \sigma_r^2 \mathbf{H}_{r,d} \mathbf{F} \mathbf{F}^H \mathbf{H}_{r,d}^H + \sigma_d^2 \mathbf{I}_{M_d})^{-1} \right) \right) \tag{7.70}
$$

式(7.70)中的第一项是 s-d 链路的容量，因此它不取决于中继节点预编码器。因此，最优预编码器 $\mathbf{F}$ 可通过最大化第二项得到。

设 $\mathbf{G}$ 定义为 $\mathbf{G} \triangleq \mathbf{H}_{s,r} \left(\mathbf{I}_{M_s} + \dfrac{P_s}{M_s \sigma_d^2} \mathbf{H}_{s,d}^H \mathbf{H}_{s,d} \right)^{-\frac{1}{2}}$，有如下 SVD 分解：

$$
\mathbf{G} = \mathbf{U}_G \mathbf{\Lambda}_G \mathbf{V}_G^H \tag{7.71}
$$

式中，$\mathbf{U}_G$ 是 $M_r \times M_r$ 单位矩阵，$\mathbf{\Lambda}_G = \mathrm{diag}(\lambda_g(1), \cdots, \lambda_g(2), \lambda_g(M_r))$，$\{\lambda_g(i)\}$

是非增序的 $\mathbf{G}$ 的奇异值。类似于前面的例子,最优预编码器 $\mathbf{F}$ 表示为[14]

$$\mathbf{F} = \mathbf{V}_{r,d}\mathbf{\Lambda}_F\mathbf{U}_G^H \tag{7.72}$$

式中,单位矩阵 $\mathbf{V}_{r,d}$ 通过式(7.60)中 $\mathbf{H}_{r,d}$ 的 SVD 获得,对角矩阵 $\mathbf{\Lambda}_F = \mathrm{diag}(f_1, f_2, \cdots, f_{M_r})$ 由要优化的系数组成[13,14]。将式(7.60)和式(7.71)代入式(7.70)中的第二项,我们可以将第二项写为

$$\frac{1}{2}\log_2\det\Bigg(\mathbf{I}_{M_d} + \frac{P_sP_r}{M_s}\mathbf{\Lambda}_{r,d}\mathbf{\Lambda}_F\mathbf{\Lambda}_G\mathbf{\Lambda}_G^H\mathbf{\Lambda}_F^H\mathbf{\Lambda}_{r,d}^H$$

$$\times (\sigma_d^2\mathbf{I}_{M_d} + P_r\sigma_r^2\mathbf{\Lambda}_{r,d}\mathbf{\Lambda}_F\mathbf{\Lambda}_F^H\mathbf{\Lambda}_{r,d}^H)^{-1}\Bigg)$$

$$= \frac{1}{2}\sum_{i=1}^{M_d}\log_2\Bigg(1 + \frac{\dfrac{P_sP_r}{M_s}|\lambda_{r,d}(i)\lambda_g(i)|^2|f_i|^2}{\sigma_d^2 + P_r\sigma_r^2|\lambda_{r,d}(i)|^2|f_i|^2}\Bigg) \tag{7.73}$$

最大化式(7.73)中项的最优权重因子得出如下注水解决方案:

$$|f_i|^2 = \Bigg(\sqrt{\rho_{g,i}^2 + \mu \cdot \frac{4\rho_{2,i}\rho_{g,i}\sigma_r^2/\sigma_d^2 \cdot (\rho_{g,i}+\sigma_r^2)}{P_s/M_s \cdot |\lambda_{s,r}(i)|^2 + \sigma_r^2}} - \rho_{g,i} - 2\sigma_r^2\Bigg)^+$$

$$\times (2\rho_{2,i}(\rho_{g,i}+\sigma_r^2)\sigma_r^2/\sigma_d^2)^{-1} \tag{7.74}$$

式中,$\rho_{g,i} \triangleq \dfrac{P_s}{M_s}|\lambda_g(i)|^2$,$\rho_{2,i} \triangleq P_r|\lambda_{r,d}(i)|^2$,$\mu$ 设置为满足式(7.63)中的功率约束。

如果中继节点只有本地 CSI 可用,预编码器仅可基于瞬时 CSI 的 $\mathbf{H}_{s,r}$ 和 $\mathbf{H}_{r,d}$ 的瞬时 CSI 来优化。在这种情况下,中继将无法计算矩阵 $\mathbf{G}$ 的奇异值分解,因此不可能实现式(7.72)中的解决方案。在这种情况下为了找到一个次最优预编码器,反而可以考虑式(7.67)中信道容量的上限和下限,其优化不依赖于 $\mathbf{H}_{s,d}$ 的信息。在参考文献[13,14]中这些边界已被推导出并总结如下。

首先,通过矩阵不等式

$$\det\Bigg(\begin{bmatrix}\mathbf{X}_{11} & \mathbf{X}_{12} \\ \mathbf{X}_{21} & \mathbf{X}_{22}\end{bmatrix}\Bigg) \leqslant \det(\mathbf{X}_{11})\det(\mathbf{X}_{22}) \tag{7.75}$$

及将式(7.68)代入式(7.67)中的容量表达式,信道容量的上界为

$$C \leqslant \frac{1}{2}\log_2\det(\mathbf{X}_{11}) + \frac{1}{2}\log_2\det(\mathbf{X}_{22})$$

$$= \frac{1}{2}\log_2 \det\left(\mathbf{I}_{M_d} + \frac{P_s}{M_s \sigma_d^2}\mathbf{H}_{s,d}\mathbf{H}_{s,d}^H\right) + \frac{1}{2}\log_2 \det\left(\mathbf{I}_{M_d}\right.$$

$$\left. + \frac{P_s P_r}{M_s}\mathbf{H}_{r,d}\mathbf{F}\mathbf{H}_{s,r}\mathbf{H}_{s,r}^H\mathbf{F}^H\mathbf{H}_{r,d}^H(P_r\sigma_r^2\mathbf{H}_{r,d}\mathbf{F}\mathbf{F}^H\mathbf{H}_{r,d}^H + \sigma_d^2\mathbf{I}_{M_d})^{-1}\right)$$

$$(7.76)$$

请注意，第一项只取决于的 $s-d$ 链路的信道，第二项仅取决于 $s-r$ 链路和 $r-d$ 链路的信道。另一方面，容量下界可以通过利用如下事实获得：

$$\det\left(\begin{bmatrix}\mathbf{X}_{11} & \mathbf{X}_{12} \\ \mathbf{X}_{21} & \mathbf{X}_{22}\end{bmatrix}\right) = \det(\mathbf{X}_{22})\det(\mathbf{X}_{11} - \mathbf{X}_{12}\mathbf{X}_{22}^{-1}\mathbf{X}_{21}) \qquad (7.77)$$

式中，第二个行列式中的项是式(7.68)中矩阵的 Schur 补集，由下式给出：

$$\mathbf{X}_{11} - \mathbf{X}_{12}\mathbf{X}_{22}^{-1}\mathbf{X}_{21}$$

$$= \mathbf{I} + \frac{P_s}{M_s\sigma_d^2}\mathbf{H}_{s,d}\left(\mathbf{I} + \frac{P_s P_r}{M_s}\mathbf{H}_{s,r}^H\mathbf{F}^H\mathbf{H}_{r,d}^H\widetilde{\mathbf{Q}}^{-1}\mathbf{H}_{r,d}\mathbf{F}\mathbf{H}_{s,r}\right)^{-1}\mathbf{H}_{s,d}^H$$

已在参考文献[14]中证明，这种情况下 $\det(\mathbf{X}_{11} - \mathbf{X}_{12}\mathbf{X}_{22}^{-1}\mathbf{X}_{21}) \geqslant 1$。因此，容量下界为

$$C \geqslant \frac{1}{2}\log_2 \det(\mathbf{X}_{22})$$

$$= \frac{1}{2}\log_2 \det\left(\mathbf{I}_{M_d} + \frac{P_s P_r}{M_s}\mathbf{H}_{r,d}\mathbf{F}\mathbf{H}_{s,r}\mathbf{H}_{s,r}^H\mathbf{F}^H\mathbf{H}_{r,d}^H\right.$$

$$\left. \times (P_r\sigma_r^2\mathbf{H}_{r,d}\mathbf{F}\mathbf{F}^H\mathbf{H}_{r,d}^H + \sigma_d^2\mathbf{I}_{M_d})^{-1}\right) \qquad (7.78)$$

从式(7.76)和式(7.78)中我们可以看出信道容量的上界和下界由矩阵 $\mathbf{X}_{22}$ 的行列式确定，其只取决于 $\mathbf{H}_{s,r}$ 和 $\mathbf{H}_{r,d}$。因此，当在中继节点只有 $\mathbf{H}_{s,r}$ 和 $\mathbf{H}_{r,d}$ 可得时，可设计次最优预编码器以最大化 $\mathbf{X}_{22}$ 的行列式。已在参考文献[14]中证明，该预编码矩阵与式(7.61)和式(7.64)[13,14]中得到的相同。也就是说，当在中继节点不可得 $s-d$ 链路的信道信息时，最大化上界和下界的预编码器与没有合并 $s-d$ 链路时获得的最优预编码器相同。如果中继没有任何信道矩阵的信息，空时编码可以应用在源节点和中继节点，如参考文献[25]中所述。此外，MIMO 中继策略也可以扩展到参考文献[1，26]中的具有多个中继节点的情况以及参考文献[4]中的具有多个源节点和多个目的节点的情况。

例6：协作和双跳 MIMO 传输的比较

考虑一个基于 AF 的 MIMO 三节点协作系统，每个节点采用 4 根天线（$M_s = M_r = M_d = 4$），我们依据采用协作（有源节点-目的节点链路）或双跳（天源节点-

目的节点链路)传输,比较了使用最优预编码器和等增益预编码器的系统的各态历经容量,如图 7.15 所示。

这里,我们在两个阶段配置相等的传输功率($P_s = P_r$)并显示各态历经容量为 $P_s/M_s/\sigma_r^2$ 的函数。另外,我们假设 $\mathbf{H}_{s,r}$ 和 $\mathbf{H}_{r,d} \sim \mathcal{CN}(0, \mathbf{I})$,$\mathbf{H}_{s,d} \sim \mathcal{CN}\left(0, \frac{1}{2\sqrt{2} \cdot \mathbf{I}}\right)$,$\sigma_r^2 = \sigma_d^2 = 1$。从图 7.15 中观察,目的节点相对远离源节点和中继节点,协作传输与双跳传输相比,容量增加约 4 bit/Hz/sec。此外,在低信噪比时等增益预编码器在某些意义上浪费了复用自由度,并仅仅提供与使用最优预编码器的双跳传输相当的性能。

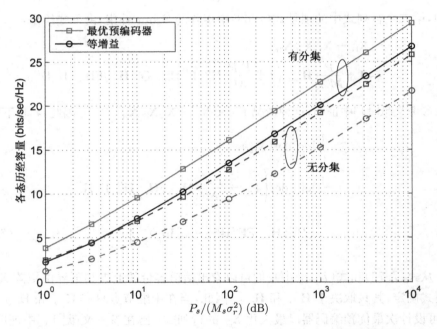

图 7.15 采用 $\mathbf{M}_s = \mathbf{M}_r = \mathbf{M}_d = 4$ 和相等功率分配($\mathbf{P}_s = \mathbf{P}_r$)的 MIMO 协作中继系统中协作和双跳传输的各态历经容量比较

参考文献

1. Adinoyi, A., Yanikomeroglu, H.: Cooperative relaying in multi-antenna fixed relay networks. IEEE Transactions on Wireless Communications **6**(2), 533-544 (2007)
2. Boleskei, H., Paulraj, A.: Space-frequency coded broadband OFDM systems. In: Proceed-

ings of the IEEE Wireless Communications and Networking Conference, pp. 1-6 (2000)

3. Boyd, S., Vandenberghe, L.: Convex Optimization. Cambridge University Press (2004)

4. Chalise, B. K., Vandendorpe, L.: MIMO relay design for multipoint-to-multipoint communications with imperfect channel state information. IEEE Transactions on Signal Processing 57(7), 2785-2796 (2009)

5. Gunduz, D., Goldsmith, A., Poor, H.: Diversity-multiplexing tradeoffs in MIMO relay channels. In: Proceedings of IEEE Global Telecommunications Conference (GLOBECOM), pp. 1-6 (2008)

6. Hammerström, I., Wittneben, A.: On the optimal power allocation for nonregenerative OFDM relay links. In: IEEE International Conference on Communications, vol. 10, pp. 4463-4468 (2006)

7. Han, Z., Himsoon, T., Siriwongpairat, W. P., Liu, K. J. R.: Resource allocation for multiuser cooperative OFDM networks: Who helps whom and how to cooperate. IEEE Transactions on Vehicular Technology 58(5), 2378-2391 (2009)

8. Laneman, J. N., Wornell, G. W.: Distributed space-time-coded protocols for exploiting cooperative diversity in wireless networks. IEEE Transactions on Information Theory 49(10), 2415-2425 (2003)

9. Li, Y., Wang, W., Kong, J., Peng, M.: Subcarrier pairing for amplify-and-forward and decode-and-forward OFDM relay links. IEEE Communications Letters 13(4), 209-211 (2009)

10. Li, Y., Zhang, W., Xia, X.-G.: Distributive high-rate full-diversity space-frequency codes for asynchronous cooperative communications. In: Proc. on IEEE International Symposium on Information Theory (ISIT), pp. 2612-2616 (2006)

11. Li, Y., Zhang, W., Xia, X.-G.: Distributive high-rate space-frequency codes achieving full cooperative and multipath diversities for asynchronous cooperative communications. IEEE Transactions on Vehicular Technology 58(1), 207-217 (2009)

12. Liang, Y., Schober, R.: Cooperative amplify-and-forward beamforming for OFDM systems with multiple relays. In: IEEE International Conference on Communications (ICC), pp. 1-6 (2009)

13. Munoz, O., Vidal, J., Agustin, A.: Non-regenerative MIMO relaying with channel state information. In: Proceedings of the IEEE International Conference on Acoustics, Speech, and Signal Processing (ICASSP), vol. 3, pp. 361-364 (2005)

14. Munoz-Medina, O., Vidal, J., Agustin, A.: Linear transceiver design in nonregenerative relays with channel state information. IEEE Transactions on Signal Processing 55(6), 2593-2604 (2007)

15. O'Hara, B., Petrick, A.: The IEEE 802.11 Handbook: A Designer's Companion. IEEE Press, New York (1999)

16. Seddik, K. G., Liu, K. J. R.: Distributed space-frequency coding over amplify-and-forward

relay channels. In: Proceedings of IEEE Wireless Communications and Networking Conference (WCNC), pp. 356-361 (2008)

17. Seddik, K. G. , Liu, K. J. R. : Distributed space-frequency coding over broadband relay channels. IEEE Transactions on Wireless Communications **7**(11), 4748-4759 (2008)

18. Sripathi, P. U. , Lehnert, J. S. : A throughput scaling law for a class of wireless relay networks. In: Proceedings of the Thirty-Eighth Asilomar Conference on Signals, Systems and Computers, vol. 2, pp. 1333-1337 (2004)

19. Su, W. , Safar, Z. , Liu, K. J. R. : Full-rate full-diversity space-frequency codes with optimum coding advantage. IEEE Transactions on Information Theory **51**(1), 229-249 (2005)

20. Sung, K. -Y. , Hong, Y. -W. P. , Chao, C. -C. : Resource allocation and partner selection for wireless cooperative multicarrier systems. submitted to Transactions on Wireless Communications (2009)

21. Tang, X. , Hua, Y. : Optimal design of non-regenerative MIMO wireless relays. IEEE Transactions on Wireless Communications **6**(4), 1398-1407 (2007)

22. Tang X. Hua, Y. : Optimal waveform design for MIMO relaying. In: Proceedings of IEEE 6th Workshop on Signal Processing Advances in Wireless Communications (SPAWC), pp. 289-293 (2005)

23. Wang, B. , Zhang, J. , Host-Madsen, A. : On the capacity of MIMO relay channels. IEEE Transactions on Information Theory **51**(1), 29-43 (2005)

24. Wang, W. , Wu, R. : Capacity maximization for OFDM two-hop relay system with separate power constraints. IEEE Transactions on Vehicular Technology **58**(9), 4943-4954 (2009)

25. Yang, S. , Belfiore, J. -C. : Optimal space-time codes for the MIMO amplify-and-forward cooperative channel. In: Proceedings of the IEEE International Zuirch Seminar on Communications (IZS), pp. 122-125 (2006)

26. Yilmaz, A. : Cooperative multiple-access in fading relay channels. In: IEEE International Conference on Communications (ICC), vol. 10, pp. 4532-4537 (2006)

第8章　协作网络的介质访问控制

如前章节所述,文献中大部分关于协作通信的工作主要关注于物理层方面的问题,比如编码、调制、MIMO 信号处理技术等。然而,对实际系统而言,多用户可能都需要访问信道,因此有必要设计一种合理的介质访问控制(MAC)协议来充分利用协作网络中的分集技术优势。在本章中,我们将讨论如何修改 MAC 层协议,才能将协作通信嵌入物理层,而从 MAC 层来看,这种修改恰恰是协作通信的优势。我们主要研究随机包到达、动态排队、用户交互。我们首先在 8.1 节中讨论协作时隙 ALOHA 协议,在 8.2 节中讨论利用协作增加其在冲突解决中的功能。然后,我们将在 8.3 节中讨论如何简单修改 IEEE 802.11 传统系统,使其支持协作通信。在 8.4 节中讨论利用协作传输来提高分布式自动重发请求(ARQ)的效率。最后,在 8.5 节中介绍基于传统最大微分积压算法的吞吐量最优调度策略。

8.1　时隙 ALOHA 的协作

为研究协作在 MAC 层中的优势,我们首先来研究基本时隙 ALOHA 随机访问协议[1,3]。在该协议中,在各个时隙中由每个用户决定是否传输消息,这种决定仅仅取决于本地随机事件结果。在上述网络中,不存在调度各用户的传输的中心控制器,因此该网络并没有立即表现出协作的优势,因为在这种情况下用户之间缺少协作。然而,在参考文献[9-11]中,在增加可实现的稳定吞吐量方面,这些优势可能确实存在。这些研究结果我们总结如下。

如图 8.1 所示,在一个无线时隙 ALOHA 随机访问网络中,N 个用户通过独立衰落信道与公共接入点(AP)通信。在该网络中有多个协作对,也包含非协作用户。现在,我们只考虑成对协作的情况,这时协作只出现在作为协作对的两个用户之间。系统时间以等于一个数据包的传输时间的持续时间分隔开。令 $A_k^{\text{tot}}[m]$ 为在第 m 个时隙中到达用户 k 的数据包总数,这些数据包可能是外源数据包,也可能是接收的来自其伙伴的数据包。这些到达用户 k 的数据包被保存在用户 k 的本地缓存中,我们表示该缓存为 buffer_k。如果在该时隙起始 buffer_k 非空,则用户 k 发射一个数据包的概率为 p_k。现在,我们讨论带有传输误差的冲突信道,我们定义 AP 正确接收到用户 k 所发射的消息的概率为 $\psi_{k,D}$,其他用户不发射消息。如果在同一时隙不止一个用户发射消息,各用户将发生冲突,消息则不能传输。概率 $\psi_{k,D}$ 作为无线系统中衰减影响的概率模型,我们称其为正确接收概率(correct veception probability)。在每个时隙结束时,AP 将给所有用户发送反馈信息(**0**,**1**,**e**),其中 **0** 表示该时隙空闲,**1** 表示传输成功,**e** 表示由于衰减或冲突导致传输失败。我们假定用户总是可以正确接收反馈信息。

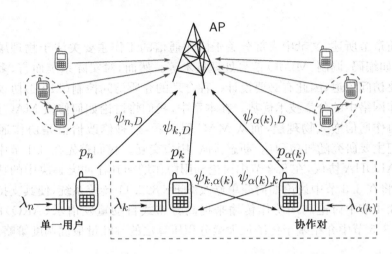

图 8.1 有协作和无协作用户的时隙 ALOHA 系统

(来自于 Hong, Lin 和 Wang, © [2010] IEEE)

首先,我们讨论一下基于简单解码转发(DF)中继的基本协作方案。具体来说,我们假定协作用户 k 发射数据包到 AP 失败,但该数据包被其协作伙伴接收到,记该协作伙伴为 $\alpha(k)$,则该协作伙伴将把该数据包保存在其缓存中并把该数据包当作自身的数据包,而在下一个时隙把该数据包同其自身的数据包一起传输的概率为 $p_{\alpha(k)}$。另一方面,如果 AP 成功接收用户 k 发送的数据包,则协作伙伴就不需要保存该数据包。现在,我们讨论一个半双工系统(halt-duplex system)。在该系统中,只要一个用户在一个时隙内不发射消息,则在同一时隙内该用户就能够接收其协作伙伴发射的消息。为模型化用户间信道衰落的效果,我们定义 $\psi_{k,\alpha(k)}$ 表示从用户 k 到用户 $\alpha(k)$ 的正确接收概率,即在其他用户不发射消息时,用户 k 的协作伙伴 $\alpha(k)$ 正确接收其发送的数据包的概率。此外,为控制协作水平,我们允许用户 $\alpha(k)$ 拒绝来自用户 k 的用户间数据包,其拒绝概率(rejection probability)为 $r_{\alpha(k)}$。如果协作伙伴 $\alpha(k)$ 能够正确解码数据包且不选择拒绝该数据包,则它将把该数据包保存在自己的缓存中,同时发送一个用户间反馈信息给用户 k 以通知用户 k 接收到数据包。用户 k 的缓存将删除该数据包。我们有必要说明,对所有 k,设置 $r_k=1$ 时,非协作系统是协作系统的一个特例。

令 $\{Q_k[m]\}_{m=0}^{\infty}$ 为用户 k 所处理的队列长度,其中 $Q_k[m]$ 为第 m 个时隙起始时 buffer_k 中数据包的数量。这个队列的递推公式如下:

$$Q_k[m+1] = (Q_k[m] - S_k^{\mathrm{tot}}[m])^+ + A_k^{\mathrm{tot}}[m]$$

式中，$\{A_k^{\mathrm{tot}}[m]\}_{m=0}^{\infty}$ 和 $\{S_k^{\mathrm{tot}}[m]\}_{m=0}^{\infty}$ 分别表示用户 k 的到达数据包和服务进程，且 $(a)^+ = \max\{a, 0\}$。更具体地说，对于一个协作用户 k，到达数据包总数即 $A_k^{\mathrm{tot}}[m]$ 包含两部分：外源数据包（记为 $A_k[m]$）和来自其协作伙伴 $\alpha(k)$ 的用户间数据包（记为 $A_k^{(\alpha(k))}[m]$）。因此，可得

$$A_k^{\mathrm{tot}}[m] = A_k[m] + A_k^{(\alpha(k))}[m] \tag{8.1}$$

这里我们假定 $\{A_k[m]\}_{m=0}^{\infty}$ 是均值为 λ_k 的独立同分布(i.i.d.)的伯努利过程，即 $A_k[m] \sim \mathcal{B}ern(\lambda_k)$，且各用户相互独立。用户 k 的服务进程定义如下：

$$S_k^{\mathrm{tot}}[m] = S_k[m] + S_k^{(\alpha(k))}[m] \tag{8.2}$$

式中，

$$S_k[m] = V_k[m] \prod_{\ell \neq k}(1 - V_\ell[m]\mathbf{1}_{\{Q_\ell[m]>0\}})H_{k,D}[m]$$

对应发送到 AP 的数据包并且

$$S_k^{(\alpha(k))}[m] = V_k[m]\Big[\prod_{\ell \neq k}(1 - V_\ell[m]\mathbf{1}_{\{Q_\ell[m]>0\}})\Big] \times (1 - H_{k,D}[m])(1 - R_{\alpha(k)}[m])H_{k,\alpha(k)}[m]$$

对应发送到用户 k 的协作伙伴 $\alpha(k)$ 的数据包。这里 $\mathbf{1}_{\{Q_k[m]>0\}}$ 为指示函数：如果 $Q_k[m]>0$，则函数取值为 1；否则，函数取值为 0。上式中，$\{V_k[m]\}_{m=0}^{\infty}$、$\{R_{\alpha(k)}[m]\}_{m=0}^{\infty}$、$\{H_{k,D}[m]\}_{m=0}^{\infty}$ 和 $\{H_{k,\alpha(k)}[m]\}_{m=0}^{\infty}$ 均为伯努利随机过程，它们分别表示用户 k 所作的传输尝试、用户 $\alpha(k)$ 拒绝来自用户 k 的数据包的事件、用户 k 到 AP 通过信道的无误传输、用户 k 到协作伙伴通过信道的无误传输。更具体地说，即有 $V_k[m] \sim \mathcal{B}ern(p_k)$、$R_{\alpha(k)}[m] \sim \mathcal{B}ern(r_{\alpha(k)})$、$H_{k,D}[m] \sim \mathcal{B}ern(\psi_{k,D})$、$H_{k,\alpha(k)}[m] \sim \mathcal{B}ern(\psi_{k,\alpha(k)})$。

此外，因为只有在队列非空且 $S_k^{\mathrm{tot}}[m]=1$ 时数据包离开用户 k，所以在第 m 个时隙（即离开进程）离开用户 k 的数据包数量表示如下：

$$D_k^{\mathrm{tot}}[m] = S_k^{\mathrm{tot}}[m]\mathbf{1}_{\{Q_k[m]>0\}}$$

类似地，我们还可以定义

$$D_k[m] = S_k[m]\mathbf{1}_{\{Q_k[m]>0\}} \text{ 和 } D_k^{(\alpha(k))}[m] = S_k^{(\alpha(k))}[m]\mathbf{1}_{\{Q_k[m]>0\}}$$

因为通过用户间信道到达用户 k 的数据包数量等于通过用户间信道离开用户 $\alpha(k)$ 的数据包数量，由此可得

$$A_k^{(\alpha(k))}[m] = D_{\alpha(k)}^{(k)}[m]$$

因为 $A_k[m]$，$V_k[m]$，$R_{a(k)}[m]$，$H_{k,D}[m]$ 均是随时间变化的独立同分布，所以当给定状态 $\mathbf{Q}[M]$ 时 N 维队列状态 $\mathbf{Q}[m] = (Q_1[m], \cdots, Q_N[m])$ 独立于所有的过去状态。因此，$\{\mathbf{Q}[m]\}_{m=0}^{\infty}$ 形成一个 N 维的马尔可夫过程。

8.1.1 稳定域的定义

为衡量排队网络的性能，我们通常关注到达率集合，即使在稳定状态（即无需队列长度增加到无穷大），到达速率也可调节。队列稳定性的定义如下。

定义 8.1（系统稳定性[21, 24]） 已知系统参数矢量 $\boldsymbol{\omega} = (p_1, \cdots, p_N, r_1, \cdots, r_N)$，外源到达速率矢量 $\boldsymbol{\lambda} = (\lambda_1, \cdots, \lambda_N)$，如果

$$F_k(x) = \lim_{m \to \infty} \Pr(Q_k[m]) < x \text{ 且 } \lim_{x \to \infty} F_k(x) = 1, \ \forall k \tag{8.3}$$

我们称该系统稳定。

因为这些队列是交互式的，所以每个用户的稳定性取决于到达速率和所有用户的传输概率（如果这些用户相互协作，稳定性也取决于拒绝概率）。当然，对于一组给定的系统参数，并不能使所有的到达速率矢量都稳定。因此，我们只关注至少在一组给定系统参数的条件下稳定的到达速率矢量集合。这样的集合称为稳定域（stability region）。我们假定 $\mathcal{C}(\boldsymbol{\omega})$ 为对于给定系统参数 $\boldsymbol{\omega}$ 所能获得的稳定域。稳定域闭包（或所谓的网络容量域）可以定义为系统参数 $\boldsymbol{\omega}$ 的所有可能值的稳定域的并集，即

$$\overline{\mathcal{C}} \equiv \bigcup_{\boldsymbol{\omega} \in \Omega} \mathcal{C}(\boldsymbol{\omega}) \tag{8.4}$$

值得一提的是，当各用户稳定后，到达速率就等于离开速率，即用户吞吐量。因此，我们还要说明，在稳定域内部到达速率即为可获得的稳定吞吐量。

为计算一个系统的稳定域（或为进一步获得网络容量域），通常可以方便地建立一个辅助系统，这样辅助系统的稳定性可以指示原系统的稳定性。换句话说，辅助系统有可能主导原系统，在此意义上

$$\Pr(Q_k[m] > x) \leqslant \Pr(Q_k^{\text{dom}}[m] > x), \ \forall k, m$$

条件是初始状态相同，即 $\mathbf{Q}[0] = \mathbf{Q}^{\text{dom}}[0]$。这里，$\{\mathbf{Q}^{\text{dom}}[m]\}_{m=0}^{\infty}$ 表示辅助系统中用户 k 的队列长度进程。由于具有随机主导性能，该系统称为主导系统（dominant system）[21, 24]。主导系统的稳定域比较容易获得，可作为原系统稳定域的内界。构建一个主导系统的典型方法是假定系统中一组用户均为全负荷的（fully-loaded），也就是说这些用户总是发射数据包，不管其实际队列状态（即如果用户的缓存为空，那它将发射虚拟数据包）。由于全负荷用户发射的虚拟数据包可能会给网络造成额外的拥塞，导致更长的队列，所以拥有全负荷用户的系统会随机主导原系统。

在通常情况下,时隙 ALOHA 系统的稳定域很难获得。事实上,尽管传统的网络中没有协作,但稳定域仅仅用来描述有两、三个用户的情况[21, 24]。在有限用户的系统中,该边界可以在参考文献[17, 21]中找到。下一节,我们将推导出协作对的两用户稳定域,我们称其中一个用户为用户 1,另一个为用户 2。用两个用户的情景足以说明协作的优势。在有限用户的系统中,该边界可以在参考文献[11, 12]中找到。

8.1.2　协作对的稳定域

为推导两用户的稳定域,我们利用洛尼斯定理[16]来描述每个队列的稳定性特征。对于稳定到达速率和服务进程,由洛尼斯定理可知,如果(例如用户 k)总到达速率(即 $\lambda_k^{tot}=\mathbf{E}[A_k^{tot}[m]]$)比总服务率(即 $\mu_k^{tot}=\mathbf{E}[S_k^{tot}[m]]$)低,则队列稳定;如果 $\lambda_k^{tot}>\mu_k^{tot}$,则队列不稳定[1]①。由式(8.1)和式(8.2)知,协作用户 k 的总到达速率和服务速率分别为

$$\lambda_k^{tot} = \mathbf{E}[A_k^{tot}[m]] = \mathbf{E}[A_k[m]] + \mathbf{E}[A_k^{(a(k))}[m]] = \lambda_k + \lambda_k^{(a(k))}$$

和

$$\mu_k^{tot} = \mathbf{E}[S_k^{tot}[m]] = \mathbf{E}[S_k[m]] + \mathbf{E}[S_k^{(a(k))}[m]] = \mu_k + \mu_k^{(a(k))}$$

式中,λ_k 为每个时隙到达用户 k 的外源数据包的平均数量,$\lambda_k^{(a(k))}$ 为用户 k 接收的来自其协作伙伴 $a(k)$ 的数据包的平均数量,μ_k 和 $\mu_k^{(a(k))}$ 为总服务速率平均值的一部分,分别对应发送到 AP 和其协作伙伴 $a(k)$ 的数据包。此外,因为 $A_k^{(a(k))}[m]=D_{a(k)}^{(k)}[m]$,所以有

$$\lambda_k^{(a(k))} = \mu_{a(k)}^{(k)} \cdot \Pr(Q_{a(k)}[m] > 0)$$

现在,我们讨论主导系统 $\mathcal{D}_{\{1,2\}}$,系统中的所有用户(即用户 1 和用户 2)均假设为全负荷的。我们把这样的系统称为全负荷系统。在全负荷系统中,两个用户访问信道的概率相互独立且无论队列状态如何都保持相同的总时隙。因此,对每个用户而言,稳定的到达速率和服务进程都满足要求,所以可以用洛尼斯定理来描述队列的稳定性。更具体地说,在系统参数为 ω 的主导系统 $\mathcal{D}_{\{1,2\}}$ 中,我们令 $\lambda_{k,\mathcal{D}_{\{1,2\}}}^{tot}(\omega)$ 和 $\mu_{k,\mathcal{D}_{\{1,2\}}}^{tot}(\omega)$ 分别表示用户 k 的总到达速率和服务速率。为简化表示方法,当从上下文可以清晰地看出依赖关系时,我们可以省略 ω。因为在 $\mathcal{D}_{\{1,2\}}$ 中我们假设两个用户均为全负荷的,对应发送到 AP 的数据包的用户 k 的平均服务速率由下式给出:

$$\mu_{k,\mathcal{D}_{\{1,2\}}} = \mathbf{E}[S_{k,\mathcal{D}_{\{1,2\}}}[m]] = p_k(1-p_{a(k)})\psi_{k,D}$$

用户间服务速率由下式给出:

---

① 当等式成立时,序列的稳定性(或不稳定性)不能保证。然而,本书中,仅仅讨论稳定区域的内部。

$$\mu_{k, \mathcal{D}_{\{1, 2\}}}^{(a(k))} = \mathbf{E}[S_{k, \mathcal{D}_{\{1, 2\}}}^{a(k)}[m]] = p_k(1 - p_{a(k)})(1 - \psi_{k, D})\psi_{k, a(k)}(1 - r_{a(k)})$$

请注意,在主导系统 $\mathcal{D}_{\{1, 2\}}$ 中两个用户均是全负荷的,因此总有数据包在传输。所以从用户 1(或用户 2)的角度来看,在第 m 个时隙其接收的来自用户 2(或用户 1)的数据包数量为 $S_2^{(1)}[m]$(或 $S_1^{(2)}[m]$),这些数据包也有可能是虚拟数据包。因此,可得 $\lambda_{1, \mathcal{D}_{\{1, 2\}}}^{(2)} = \mathbf{E}[S_2^{(1)}[m]] = \mu_{2, \mathcal{D}_{\{1, 2\}}}^{(1)}$ 和 $\lambda_{2, \mathcal{D}_{\{1, 2\}}}^{(1)} = \mathbf{E}[S_1^{(2)}[m]] = \mu_{1, \mathcal{D}_{\{1, 2\}}}^{(2)}$。

所以,对于给定 ω,主导系统 $\mathcal{D}_{\{1, 2\}}$ 的稳定域(或所谓的全负荷域)为

$$
\begin{aligned}
&\mathcal{C}_{\mathcal{D}_{\{1, 2\}}}(\omega) \\
&= \{\boldsymbol{\lambda} = (\lambda_1, \lambda_2) \in \mathbb{R}_+^2 : \lambda_1 + \lambda_{1, \mathcal{D}_{\{1, 2\}}}^{(2)} < \mu_{1, \mathcal{D}_{\{1, 2\}}}^{\text{tot}} \\
&\quad 且 \lambda_2 + \lambda_{2, \mathcal{D}_{\{1, 2\}}}^{(1)} < \mu_{2, \mathcal{D}_{\{1, 2\}}}^{\text{tot}}\} \\
&= \{\boldsymbol{\lambda} \in \mathbb{R}_+^2 : \lambda_1 < p_1\Phi_1(1 - p_2) - p_2\Gamma_2(1 - p_1) \\
&\quad 且 \lambda_2 < p_2\Phi_2(1 - p_1) - p_1\Gamma_1(1 - p_2)\}
\end{aligned}
\tag{8.5}
$$

式中,

$$\Gamma_k \triangleq (1 - \psi_{k, D})\psi_{k, a(k)}(1 - r_{a(k)}) \tag{8.6}$$

是只有用户 k 传输数据包时,数据包成功离开用户 k 去往其协作伙伴 $a(k)$ 的概率,而且

$$\Phi_k \triangleq \psi_{k, D} + (1 - \psi_{k, D})\psi_{k, a(k)}(1 - r_{a(k)}) = \psi_{k, D} + \Gamma_k \tag{8.7}$$

是只有用户 k 传输数据包时,数据包成功离开用户 k(该数据包可能传输到 AP,也可能传输到其协作伙伴)的概率。如图 8.2 所示,稳定域在 $\lambda_1 - \lambda_2$ 平面上呈矩形。

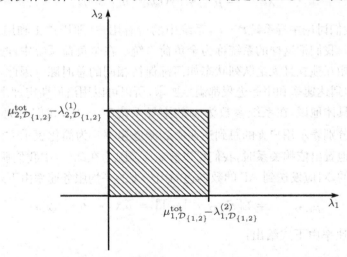

图 8.2 传输参数为 ω 的全负荷系统的稳定域示意图

(来自于 Hong, Lin 和 Wang, © 2010 IEEE)

正如在 8.1.1 节中所述，在通常情况下，全负荷域只是作为真实稳定域的内界。然而，随后我们将给出与两用户情况的网络容量域相吻合的全负荷域的并集。具体论证可在参考文献[11]中找到。

引理 8.1. （a）已知 ω，协作两用户稳定域为

$$\mathcal{C}(\boldsymbol{\omega}) = \mathcal{C}_{\mathcal{D}\{1\}}(\boldsymbol{\omega}) \bigcup \mathcal{C}_{\mathcal{D}\{2\}}(\boldsymbol{\omega})$$

式中，

$$\mathcal{C}_{\mathcal{D}\{1\}}(\boldsymbol{\omega}) = \Big\{ \boldsymbol{\lambda} \in \mathbb{R}_+^2 : \lambda_2 < p_2 \Phi_2 (1-p_1) - p_1 \Gamma_1 (1-p_2)$$

$$\text{且} \; \lambda_1 < \frac{p_1(1-p_1)(\Phi_1\Phi_2 - \Gamma_1\Gamma_2)}{(1-p_1)\Phi_2 + p_1\Gamma_1} - \frac{p_1\Phi_1 + (1-p_1)\Gamma_2}{(1-p_1)\Phi_2 + p_1\Gamma_1}\lambda_2 \Big\}$$

$$\mathcal{C}_{\mathcal{D}\{2\}}(\boldsymbol{\omega}) = \Big\{ \boldsymbol{\lambda} \in \mathbb{R}_+^2 : \lambda_1 < p_1 \Phi_1 (1-p_2) - p_2 \Gamma_2 (1-p_1)$$

$$\text{且} \; \lambda_2 < \frac{p_2(1-p_2)(\Phi_1\Phi_2 - \Gamma_1\Gamma_2)}{(1-p_2)\Phi_1 + p_2\Gamma_2} - \frac{p_2\Phi_2 + (1-p_2)\Gamma_1}{(1-p_2)\Phi_1 + p_2\Gamma_2}\lambda_1 \Big\}$$

（b）已知拒绝概率 r_1 和 r_2，所有 p_1 和 p_2 上的的协作两用户稳定域的并集由下式给出：

$$\overline{\mathcal{C}}_r(r_1, r_2) \triangleq \bigcup_{p_1, p_2} \mathcal{C}(p_1, p_2, r_1, r_2) = \bigcup_{\substack{p_1, p_2: \\ p_1+p_2=1}} \mathcal{C}_{\mathcal{D}\{1,2\}}(p_1, p_2, r_1, r_2)$$

$$= \{ \boldsymbol{\lambda} \in \mathbb{R}_+^2 : \sqrt{\lambda_1\Phi_2 + \lambda_2\Gamma_2} + \sqrt{\lambda_1\Gamma_1 + \lambda_2\Phi_1} < \sqrt{\Phi_1\Phi_2 - \Gamma_1\Gamma_2} \}$$

式中，Γ_k 和 $\Phi_k (k=1, 2)$ 分别由式（8.6）和式（8.7）给出。

事实证明，稳定域闭包可以记为全负荷域的并集，这样我们就可以用如上闭型公式表示稳定域闭包。类似的结果也非常适合确定非协作两用户稳定域[21]。有意思的是，这一结果[21]可以看作两用户协作情况的特例，因为当 $r_1 = r_2 = 1$ 时，$\Gamma_k = 0$ 且 $\Phi_k = \psi_{k,D}(k=1, 2)$，协作模型可以简化为非协作的情况。非协作两用户稳定域由下式给出：

$$\overline{\mathcal{C}}_{NC} = \overline{\mathcal{C}}_r(1, 1) = \Big\{ \boldsymbol{\lambda} \in \mathbb{R}_+^2 : \sqrt{\frac{\lambda_1}{\psi_{1,D}}} + \sqrt{\frac{\lambda_2}{\psi_{2,D}}} < 1 \Big\} \tag{8.8}$$

当考虑正确接收概率 $\psi_{1,D}$ 和 $\psi_{2,D}$ 时，上述结果也可以仿照参考文献[21]的证明过程得出。

由引理 8.1 和式（8.4）可得

$$\overline{\mathcal{C}} = \bigcup_{\boldsymbol{\omega} \in \Omega} (\omega) = \bigcup_{r_1, r_2} \bigcup_{\substack{p_1, p_2: \\ p_1+p_2=1}} \mathcal{C}_{\mathcal{D}\{1,2\}}(p_1, p_2, r_1, r_2)$$

$$= \bigcup_{\substack{p_1, p_2: \\ p_1+p_2=1}} \overline{\mathcal{C}}_{\mathbf{p}, \mathcal{D}\{1,2\}}(p_1, p_2) = \bigcup_p \overline{\mathcal{C}}_{\mathbf{p}, \mathcal{D}\{1,2\}}(p, 1-p) \tag{8.9}$$

式中，

$$\overline{\mathcal{C}}_{\mathbf{p},\,\mathcal{D}_{\{1,\,2\}}}(p_1,\,p_2) = \bigcup_{r_1,\,r_2} \mathcal{C}_{\mathcal{D}\{1,\,2\}}(p_1,\,p_2,\,r_1,\,r_2)$$

$$= \bigcup_{r_1,\,r_2} \{\boldsymbol{\lambda} \in \mathbb{R}_+^2 : \lambda_1 < p_1 \Phi_1(1-p_2) - p_2 \Gamma_2(1-p_1)$$

$$\text{且 } \lambda_2 < p_2 \Phi_2(1-p_1) - p_1 \Gamma_1(1-p_2)\}$$

$$= \{\boldsymbol{\lambda} \in \mathbb{R}_+^2 : \lambda_1 < p_1(1-p_2)[\psi_{1,\,D}+(1-\psi_{1,\,D})\psi_{1,\,2}],$$

$$\lambda_2 < p_2(1-p_1)[\psi_{2,\,D}+(1-\psi_{2,\,D})\psi_{2,\,1}],$$

$$\text{且 } \lambda_1 + \lambda_2 < p_1(1-p_2)\psi_{1,\,D} + p_2(1-p_1)\psi_{2,\,D}$$

$$\overset{\triangle}{=} \zeta(p_1,\,p_2)\}$$

注意，在图 8.3 中 $\overline{\mathcal{C}}_{\mathbf{p},\,\mathcal{D}_{\{1,\,2\}}}(p_1,\,p_2)$ 呈现五角形。当 $r_1 = 1$ 且 $r_2 = 0$ 时，λ_1 取得最大值，对应顶点为 $\mathbf{V}_1(p_1,\,p_2) = (p_1(1-p_2)[\psi_{1,\,D}+(1-\psi_{1,\,D})\psi_{1,\,2}],\, \zeta(p_1,\,p_2) - p_1(1-p_2)[\psi_{1,\,D}+(1-\psi_{1,\,D})\psi_{1,\,2}])$。类似地，当 $r_1 = 0$ 且 $r_2 = 1$ 时，λ_2 取得最大值，对应顶点为 $\mathbf{V}_2(p_1,\,p_2) = (\zeta(p_1,\,p_2) - p_2(1-p_1)[\psi_{2,\,D}+(1-\psi_{2,\,D})\psi_{2,\,1}],\, p_2(1-p_1)[\psi_{2,\,D}+(1-\psi_{2,\,D})\psi_{2,\,1}])$。同时还应注意，直线 $L(p_1,\,p_2)$ 的斜率为 -1。通过分析区域 $\mathcal{C}_{\mathbf{p},\,\mathcal{D}\{1,\,2\}}$，$\mathcal{C}_{\mathbf{r}}(1,\,0)$ 和 $\mathcal{C}_{\mathbf{r}}(0,\,1)$，我们可得到下面的引理。证明可见参考文献[11]。

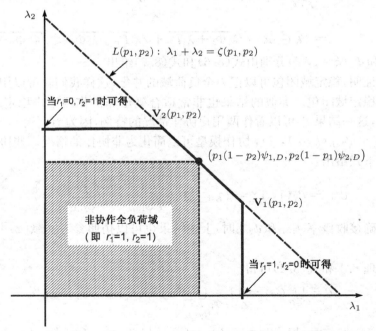

图 8.3　平均传输概率 $\mathbf{p}=(p_1,\,p_2)$ 即 $\overline{\mathcal{C}}_{\mathbf{p},\,\mathcal{D}_{\{1,\,2\}}}(p_1,\,p_2)$ 下全负荷域示意图

（来自于 Hong, Lin 和 Wang, © 2010 IEEE）

引理 8.2. $\overline{\mathcal{C}}_{\mathbf{p}, \mathcal{D}_{\{1, 2\}}}(p, 1-p) \subset \overline{\mathcal{C}}_{\mathbf{r}}(1, 0)$，其中 $0 \leqslant p \leqslant \dfrac{\psi_{2, D}}{\psi_{1, D} + \psi_{2, D}}$

$$\overline{\mathcal{C}}_{\mathbf{p}, \mathcal{D}_{\{1, 2\}}}(p, 1-p) \subset \overline{\mathcal{C}}_{\mathbf{r}}(0, 1)，其中 \dfrac{\psi_{2, D}}{\psi_{1, D} + \psi_{2, D}} \leqslant p \leqslant 1$$

由引理 8.2 和式(8.9)，可得 $\overline{\mathcal{C}} \subset \overline{\mathcal{C}}_{\mathbf{r}}(1, 0) \cup \overline{\mathcal{C}}_{\mathbf{r}}(0, 1)$。

定理 8.1　协作两用户稳定域闭包 $\overline{\mathcal{C}}_C$ 为

$$\overline{\mathcal{C}}_C = \overline{\mathcal{C}}_{\mathbf{r}}(1, 0) \cup \overline{\mathcal{C}}_{\mathbf{r}}(0, 1) \tag{8.10}$$

式中，

$$\overline{\mathcal{C}}_{\mathbf{r}}(1, 0) = \left\{ \boldsymbol{\lambda} \in \mathbb{R}_+^2 : \sqrt{\frac{\lambda_1}{\psi_{1, D} + \overline{\psi}_{1, D}\psi_{1, 2}}} + \sqrt{\frac{\lambda_1(1 - \psi_{1, D})\psi_{1, 2}}{\psi_{2, D}[\psi_{1, D} + \overline{\psi}_{1, D}\psi_{1, 2}]} + \frac{\lambda_2}{\psi_{2, D}}} < 1 \right\}$$

$$\overline{\mathcal{C}}_{\mathbf{r}}(0, 1) = \left\{ \boldsymbol{\lambda} \in \mathbb{R}_+^2 : \sqrt{\frac{\lambda_2}{\psi_{2, D} + \overline{\psi}_{2, D}\psi_{2, 1}}} + \sqrt{\frac{\lambda_2(1 - \psi_{2, D})\psi_{2, 1}}{\psi_{1, D}[\psi_{2, D} + \overline{\psi}_{2, D}\psi_{2, 1}]} + \frac{\lambda_1}{\psi_{1, D}}} < 1 \right\}$$

其中，$\overline{\psi}_{k, D} = 1 - \psi_{k, D}$，$k = 1, 2$。

由定理 8.1 可知，我们只要应用一种策略就可以获得稳定域内的点，该策略中一个用户完全自私(即该用户总是拒绝来自其协作伙伴的数据包)，另一个用户完全协作(即该用户总是接收来自其协作伙伴的数据包)，即。

图 8.4 和图 8.5 分别表示协作两用户稳定域和非协作两用户稳定域。图中的曲线为稳定域边界，图中的点为用户能够在 10^8 时隙中保持队列长度小于 100 的仿真点。如图 8.4 所示，当用户间的信道统计是非对称的，稳定域放大很明显，因为用户 1 通过用户 2 中继其消息来增加其稳定吞吐量，而用户 2 拥有较好的信道。另一个原因是从用户 1 到用户 2 的用户间信道可靠性的衰减导致稳定域变小。尽管当一个用户比其他用户有更好的信道时协作通信的优势很明显，但当两个用户拥有一样的信道时优势就不那么明显了。事实上，乍一看，当两个用户有相同的正

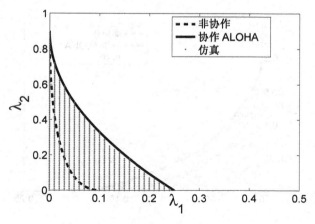

(a) $\psi_{1, D} = 0.1$，$\psi_{2, D} = 0.9$，$\psi_{1, 2} = \psi_{2, 1} = 1$

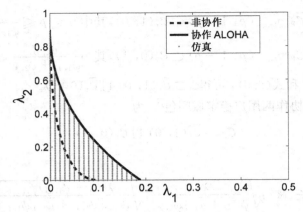

(b) $\psi_{1,D}=0.1$, $\psi_{2,D}=0.9$, $\psi_{1,2}=0.5$, $\psi_{2,1}=1$

图 8.4   非对称用户的两用户稳定域

(来自于 Hong，Lin 和 Wang，© 2010 IEEE)

确接收概率时，一个用户通过另一个用户中继其消息似乎得不到什么优势。然而，在图 8.5 中，虽然是对称的情况，但协作系统的稳定域仍然被放大。为解释这个结果，我们首先说明非协作两用户稳定域的边界呈凸形的原因。因为缺少协作的两用户可能造成冲突，所以当两用户访问信道的概率相似时，两用户的总吞吐量就会减少。事实上，当两用户有相同的传输概率时，在稳定域的边界上可获得最小的总吞吐量。当用户可以进行协作时，一个全协作用户（即其不会拒绝来自其他用户的数据包）将会被分配高传输概率，使其在发射自身数据包和接收来自其协作伙伴的数据包时拥有对信道更高的控制权。这样做可以降低冲突概率，同时提高系统的总吞吐量。因此，同非协作系统中一样，在两用户均可调节的协作系统中，为两用户分配相同的传输概率不能获得最大稳定吞吐量。

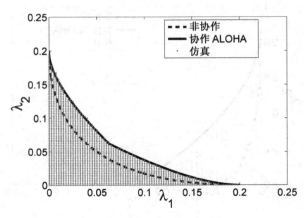

(a) $\psi_{1,D}=0.2$, $\psi_{2,D}=0.2$, $\psi_{1,2}=\psi_{2,1}=1$

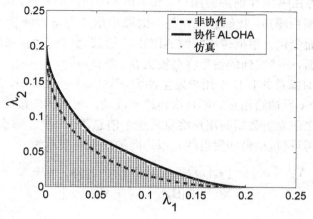

(b) $\psi_{1,D}=0.2$, $\psi_{2,D}=0.2$, $\psi_{1,2}=0.5$, $\psi_{2,1}=1$

图 8.5　对称用户的两用户稳定域

(来自于 Hong，Lin 和 Wang，© 2010 IEEE)

8.2　协作网络中的冲突解决机制

在上一节中,协作网络的优势在于通过用户中继相互之间的数据包,使数据包到达目的节点。利用空间分集来抵抗衰落以提高吞吐量。在本节中,介绍了通过允许用户重发错误消息直到在目的节点被正确解码以提高冲突解决的效率,这样时隙 ALOHA 网络的吞吐量同样能提高。这种方法在参考文献[26]提出的称为网络辅助分集多址接入(NDMA)的方案中第一次介绍,在参考文献[13]的协作中继中进一步发展。在传统时隙 ALOHA 网络中,目的节点发现的冲突数据包被直接丢弃而不从其中提取任何信息。这样,在冲突期间浪费了能量和带宽。NDMA 的主要思想在于通过一系列的重发利用分集合并和信号分离来提取冲突用户的信号。

8.2.1　网络辅助分集多址接入

具体而言,考虑一个网络中有 N 个用户,按照传统时隙 ALOHA 协议发射数据包给一个共同的 AP。这就是说,每个用户如用户 i 在一个时隙中,无论它是否有新的数据包,它尝试一次发射操作的概率为 p_i。假设在第 m 个时隙时,用户 i 发射的长为 L 个字符的数据包为 $\mathbf{x}_i[m]=[x_{i,0}[m],\cdots,x_{i,L-1}[m]]^T$。已知在第 m 个时隙时有用户集 $\mathcal{I}[m]$ 发射数据包,在 AP 接收到的信号可表示为

$$\mathbf{y}_d[m] = \sum_{i\in\mathcal{I}[m]} h_{i,d}[m]\mathbf{x}_i[m] + \mathbf{w}_d[m] \tag{8.11}$$

式中，$h_{i,d}[m]$ 为在第 m 个时隙时用户 i 和 AP 之间的信道系数，$\mathbf{w}_d[m] \sim \mathcal{CN}(\mathbf{0}, \sigma_w^2 \mathbf{I})$ 是加性高斯白噪声。我们假设在每一时隙中信道保持吞吐量不变，但信道随着时隙的不同而变化。根据传统时隙 ALOHA 协议，如果在同一时隙中有多个用户同时发射数据，则接收到的信号将会被丢弃，即 $\mathcal{I}[m] > 1$。

假设在 m 时隙总共有 K 个用户发生冲突，即 $\mathcal{I}[m] = \{i_1, \cdots, i_K\}$。由于冲突，AP 将发送一个 e 反馈给用户表明这次传输不成功。每当用户接收到 e 反馈，在接下来的时隙中之前发射数据的用户将重发这个消息 $\hat{K} - 1$ 次。那么，AP 收集到 $\hat{K}$ 个冲突数据包拷贝（包括最初发射的），以矩阵的形式可表示为

$$\begin{aligned}
\mathbf{Y}_d^{(\hat{K})}[m] &= [\mathbf{y}_d[m], \mathbf{y}_d[m+1], \cdots, \mathbf{y}_d[m+\hat{K}-1]] \\
&= \mathbf{X}^{(K)}[m]\mathbf{H}_d^{(\hat{K})}[m] + \mathbf{W}_d^{\hat{K}}[m]
\end{aligned}$$

式中，

$$\mathbf{X}^{(K)}[m] = [\mathbf{x}_{i1}[m], \cdots, \mathbf{x}_{iK}[m]]$$

$$\mathbf{H}_d^{(\hat{K})}[m] = \begin{bmatrix} h_{i1,d}[m] & \cdots & h_{i1,d}[m+\hat{K}-1] \\ \vdots & \ddots & \vdots \\ h_{i_K,d}[m] & \cdots & h_{i_K,d}[m+\hat{K}-1] \end{bmatrix}$$

$$\mathbf{W}_d^{(\hat{K})}[m] = [\mathbf{w}_d[m], \cdots, \mathbf{w}_d[m+\hat{K}-1]]$$

根据这个信号模型，我们相当于得到一个经典源分离问题，即根据观察 $\mathbf{Y}_d^{(\hat{K})}[m]$ 的值估计 $\mathbf{X}^{(K)}[m]$ 的值。如果已知或能估计信道矩阵 $\mathbf{H}_d^{(\hat{K})}[m]$ 的值，运用如下最大似然 (ML) 检测器我们能检测到 K 个用户发射的 K 个独立数据包

$$\hat{\mathbf{X}}^{(K)}[m] = \arg\max_{\mathbf{X}} \left\| \mathbf{Y}_d^{(\hat{K})}[m] - \mathbf{X} \cdot \mathbf{H}_d^{(\hat{K})}[M] \right\|_F^2 \tag{8.12}$$

式中，$\| \cdot \|_F$ 是弗洛宾尼斯范数，$\mathbf{X}$ 为取决于信号星座的值的有限集合。为了降低复杂度，也可以运用次最优线性接收机如解相关接收机

$$\hat{\mathbf{X}}^{(K)}[m] = \mathbf{Y}_d^{(\hat{K})}[m](\mathbf{H}_d^{(\hat{K})}[m])^{-1} \tag{8.13}$$

在无噪声环境中，已知矩阵 $\mathbf{H}_d^{(\hat{K})}[m]$ 满秩（如果假设信道服从连续分布，则 $\mathbf{H}_d^{(\hat{K})}[m]$ 一定满秩），为得到 $\mathbf{X}^{(K)}[m]$ 的唯一值，观察 $\hat{K} = K$ 次就够了。但在实际情况中，信道矩阵可能仍然是病态的，解相关接收机导致噪声加大，因此为了得到发射符号的准确检测可能需要观察 $\hat{K} > K$ 次。这个方案的优势在于没有浪费时隙，解析 K 个数据包仅需要 $\hat{K} \approx K$ 个时隙。而传统时隙 ALOHA 由于冲突数据包被丢弃，准确检测所有用户的数据包需要大量重发。

在这个方案中，AP 必须能估计 $\mathcal{I}[m]$ 中活动用户的数量。参考文献[26]中提到，在发射数据包时给每个用户分配一个独立的正交单位矢量用来估计活动用户

的数量。在 AP 中,运用大量匹配滤波器、阈值检测器和用户的单位矢量来检测在冲突集合中出现的每一个用户。有意思的是,依靠控制信道的复杂度,根据重发的次数能得出不同的假设。例如,AP 在每一次重发结束时都会发送一个 **e** 反馈直到所有的数据包都被成功接收(或者重发次数达到最大值),在更复杂的控制信道中,AP 甚至会在接下来的时隙中一个接一个地按顺序安排重发。

8.2.2 中继用户的 NDMA 的增强

在基本的 NDMA 方案中,在每一个时隙中冲突用户都会持续重发直到在 AP 被正确解码。这种方案的缺点在于:(i)不能抵抗大范围衰落带来的不利影响;(ii)在缓慢变化的信道中效率不高,因为在相邻时隙中信道之间的高相关性会产生病态的信道矩阵。由于(i),用户远离 AP 或者两者之间有大障碍物阻挡,那么 BER 仍然会很高。为了改善这种情况,参考文献[13]的作者提出了利用网络中其他用户来中继在冲突时隙中监听到的信号。这样,如果假设每个用户的衰落都独立,那么以上的两个缺点都解决。

和上文中描述的基本 NDMA 相似,假设在第 m 个时隙中 AP 接收的信号由式(8.11)给出。假设在第 m 个时隙中一部分用户(记作 $\mathcal{R}[m]$)愿意作为其他用户的中继节点。由于无线介质的广播特性,中继节点 $r \in \mathcal{R}[m]$ 也能监听信道发射和接收的情况

$$\mathbf{y}_r[m] = \sum_{i \in \mathcal{I}[m]} h_{i,r}[m]\mathbf{x}_i[m] + \mathbf{w}_r[m],$$

式中,$h_{i,r}[m]$ 为用户 i 和中继节点 r 之间的信道系数,$\mathbf{w}_r[m]$ 为中继节点 r 的高斯白噪声。假设有 K 个用户参与发射,那么需要 $\hat{K}-1$ 次重发才能解决 K 个用户之间的冲突。在第 $(m+k)$ 个时隙中,用户 $r_k \in \mathcal{I}[m] \bigcup \mathcal{R}[m]$ 被选择来进行重发。如果用户 r_k 是冲突集合 $\mathcal{I}[m]$ 的一员,在第 $(m+k)$ 个时隙中用户 r_k 会重发自己的数据包。否则的话,r_k 会放大并转发在第 m 个时隙 AP 接收到的信号。那么,在第 $(m+k)$ 个时隙 AP 接收到的信号可表示为

$$\mathbf{y}_d[m+k]$$
$$= \begin{cases} h_{r_k,d}[m+k]\mathbf{x}_{r_k}[m] + \mathbf{w}_d[m+k], & \text{如果 } r_k \in \mathcal{I}[m] \\ h_{r_k,d}[m+k]a_{r_k}[m+k]\mathbf{y}_{r_k}[m] + \mathbf{w}_d[m+k], & \text{如果 } r_k \in \mathcal{R}[m] - \mathcal{I}[m] \end{cases}$$

式中,$a_{r_k}[m+k]$ 是中继节点 r_k 的放大系数。在这里,能提前判定每一个时隙中用户重发的次序。通过集合 $\hat{K}$ 个时隙所接收到的信号,用最小距离法或式(8.12)和式(8.13)中的解相关检测器可检测 $\mathcal{I}[m]$ 集合中用户发射的数据。

考虑一个网络中有 $N = 32$ 个用户,每个用户发射数据的速率为 12 Mbps,每个数据包中包含 424 bit 的数据和 4-QAM 符号。中心频率为 5.2 GHz,多普勒频

移 f_d 为 52 Hz。图 8.6 为吞吐量和传输负荷的关系图。图中运用最大似然检测器检测数据,如果错误概率超过 0.02,那么数据包被判定为无效。从图中可以看到,尽管传输负荷很大,中继节点的协作重发明显提高了吞吐量。因此,协作机制能运用到冲突解决技术中去。

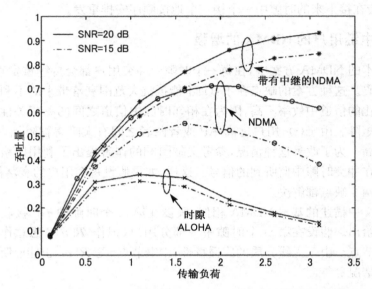

图 8.6 带有中继和时隙 ALOHA 的 NDMA 的吞吐量与传输负荷

(来自于 Lin 和 Petropulu,ⓒ〔2005〕IEEE)

8.3 CSMA/CA 协作

在上一节中,我们已经证明在时隙 ALOHA 随机接入网络中怎样发挥协作的优势。由于这个协议的简单性,我们能获得理论结果以帮助我们从 MAC 层的角度来理解协作的基本优势。有趣的是,参考文献[15]中提出协作的概念还能运用到更实际的 IEEE 802.11 传统系统中去。基于带冲突避免的载波侦听多址(CSMA/CA)方案,IEEE 802.11 协议能有效地解决隐藏终端和暴露终端问题,并为无线局域网(WLAN)提供了有效的冲突避免机制。但是问题在于,当发射机和接收机相距很远或两者之间的链路很弱时传输速率会很低,如果采用速率匹配机制,那么占用信道的时间就会很长,因此会降低网络的总吞吐量(见参考文献[8]和[22])。正如参考文献[15]中提到的,利用中间节点以更高的有效速率将消息从源节点中继到目的节点中能解决这种问题。

接下来,我们首先概述 IEEE 802.11 MAC 协议的分布式协调功能(DCF),然后描述协作如何纳入这些设计中。

8.3.1　IEEE 802.11MAC 协议的概述

IEEE 802.11MAC 协议中接入信道的基本方法也被称为分布式协调功能。DCF 是一种基于 CSMA/CA 协议的随机接入方案。尽管定义了基于调度的点协调功能(PCF),我们主要关注于 DCF,因为 DCF 最常被用到并且和我们在接下来的章节中讨论的协作 MAC 协议关系最密切。

DCF 描述了关于数据包传输的两种机制:(i)数据传输开始前,发射机和接收机首先交换准备发送/清除发送(RTS/CTS)控制消息;(ii)数据传输结束后,接收机发送确认(ACK)信号通知发射机数据发射是否成功。第二个方案通常被称为基本接入机制。具体而言,当一个节点有数据要发射时,它首先在 DCF 帧间间隔(DIFS)期间侦听信道是否有数据正在传输来执行空闲信道评估(CCA)。这就是所谓的实体载波侦听。如果信道在 DIFS 期间处于空闲状态,节点会立即发射数据包。如果信道处于忙状态,节点会持续侦听信道直到在 DIFS 期间信道处于空闲状态。这时,需要等待随机的退避时间再发射数据包,以避免因其他节点也在等待这个机会发射数据而发生冲突。当接收机成功接收数据包后,在等待一个短帧帧间间隔(SIFS)后接收机会给发射机发送一个 ACK。DATA 和 ACK 消息的交换形成基本接入机制的双向握手过程。

除 DATA/ACK 的双向握手之外,DCF 还包括一个可选的 RTS/CTS 机制,它采用一个 RTS,CTS,DATA,ACK 四个消息交换的四向握手过程,如图 8.7 所示。这种机制被用来解决分布式网络中的隐藏终端和暴露终端问题。具体而言,握手过程首先是源节点向目的节点发送一个 RTS,如果目的节点成功接收 RTS 并准备好接收数据包,目的节点发送 CTS 通知源节点用户它已做好准备。CTS 和 RTS 中包含一个网络分配矢量(NAV)用来通知正在监听这些数据包的用户信道在这段时间内将处于忙状态。若源节点用户没有接收到 CTS,这说明在目的节点的接收范围内有其他用户正在进行发射。如果目的节点成功接收数据包,

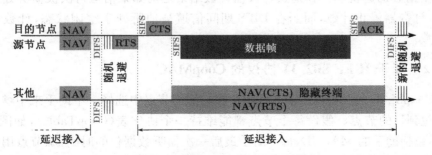

图 8.7　IEEE 802.11 消息流示意图

目的节点会发送一个 ACK 以确认数据包被接收。每个消息发射的过程中,发射机必须等待一个 SIFS 以补偿传播延迟,收发机也利用这段延迟来转换收发状态。如果信道在 DIFS 期间被侦听为处于忙状态或数据发射不成功,将采用接下来描述的二进制指数退避(binary exponential backoff)机制。图 8.8 为四向握手过程的流程图。

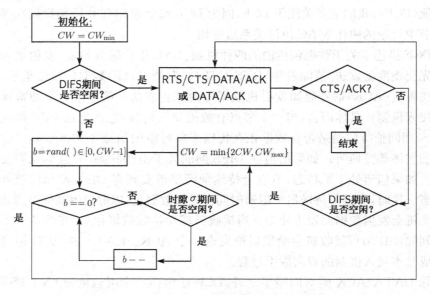

图 8.8　IEEE 802.11 二进制随机退避的流程图

注意,每个离散时隙的持续时间 σ 包括随机退避时间,随机退避时间被收发机用来从接收状态切换到发送状态并用于标记 MAC 层信道的状态,这段延迟被看作传播延迟。退避计数器的值在 0 到 $CW-1$ 之间,CW 是当前竞争窗口的大小。每次传输成功后,竞争窗口的大小设置为初始值 $CW_{\min}$。每当出现连续的传输失败时,竞争窗口的大小加倍直到达到最大值 $CW_{\max}=2^M CW_{\min}$。这就是二进制指数退避机制。在退避计数器计数结束之前如果信道再次被侦听处于忙状态,计数器停止计数,而当在 DIFS 期间信道被侦听处于空闲状态,计数器接着计数。

8.3.2　基于 IEEE 802.11 协议的 CoopMAC

CoopMAC 的关键在于源节点用户在它的邻节点中选择一个助手来中继它的数据包到目的节点。假设每个节点都能维持一个协作表(CoopTable),如图 8.9 所示,包括助手的 MAC ID,每个助手最后一次侦听数据包的时间,源节点用户和助手之间以及助手和目的节点之间的速率(分别表示为 $R_{s,h}$ 和 $R_{h,d}$),用户与每个助手间的链路连续传输错误的次数。节点通过侦听 RTS,CTS 和 ACK 消息来得到以上信息。这些信息通常以基准速率(即 802.11b 为 1 Mbps,802.11a 和 802.11g 为 6 Mbps)来传输,所以在传输范围内所有节点都能接收这些信息。具体而言,当一个助手侦听到源节点发送的数据包时,它将把接收到的信号的强度和一系列预先设定的阈值进行比较来判定源节点和助手之间链路上可达的数据速率。我们假设信道对称,即 $R_{s,h} = R_{h,s}$。而且,如果源节点能侦听助手发送到目的节点的数据包,那么源节点能从物理层会聚过程(PLCP)标头中提取数据速率信息。助手信息将被保存到 CoopTable,如果

$$\frac{L}{R_{s,h}} + \frac{L}{R_{h,d}} < \frac{L}{R_{s,d}}$$

这样,通过使用中断链路使得传输一个 L 比特长的数据包所需的总时间减少。在 CoopTable 中,连续传输失败的次数可以用来估计链路的可靠度,如果该值超过阈值这个链路被放弃。参考文献[15]中建议阈值为 3。此外,助手最后一次侦听数据包的时间用来测量链路的时效性。

ID (48 bits)	时间(8 bits)	$R_{h,d}$(8 bits)	$R_{s,h}$(8 bits)	失败次数
助手 1 的 MAC 地址	助手 1 侦听的最后数据包的时间	从助手 1 至目的节点的传输速率	从源节点至助手 1 的传输速率	助手 1 的连续传输失败次数
……	……	……	……	……
助手 N 的 MAC 地址	助手 N 侦听的最后数据包的时间	从助手 N 至目的节点的传输速率	从源节点至助手 N 的传输速率	助手 N 的连续传输失败次数

图 8.9　Cooptable 的格式

(来自于 Liu 等人,©[2007]IEEEE)

在 CoopMAC 中,提出了一种基本接入和 RTS/CTS 方案机制的变体,使得协作传输成为可能。在两种情况中,源节点只有在协作传输能减少完成传输所需的总时间时才会通过助手中继来尝试传输。在基本接入模式中,源节点用户直接发送消息给从 CoopTable 中选择的助手。助手的选择基于能最小化传输到目的节点的时间。如果消息被正确接收,目的节点会回复一个 ACK 给源节点。

作为传统 802.11 系统中的 RTS/CTS 机制的扩展,协作传输中还有 CoopRTS/HTS/CTS/DATA/ACK 消息的五向握手,其中 HTS 表示助手准备发送。这种协作情况的消息流和 NAV 设置如图 8.10 所示,接下来将描述源节点/助手/目的节点端的操作。

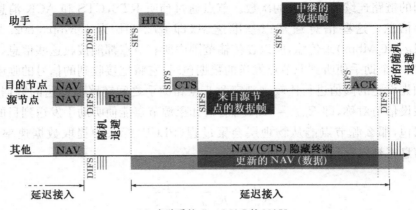

(a) 有助手的 CoopMAC 的 NAV

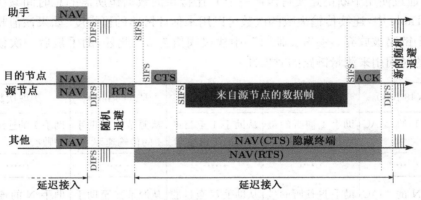

(b) 没有助手的 CoopMAC 的 NHV

图 8.10 CoopMAC 中的 NAV 设置

(来自于 Liu 等人,© 2007 IEEE)

源节点端:

1. 当源节点要发射数据,首先会发送一个 CoopRTS 数据包通知目的节点和潜在的助手有协作中继请求,在 CoopRTS 帧中包含了助手的身份信息。CoopRTS 消息中还包含了数据速率 $R_{s,h}$ 和 $R_{h,d}$。CoopRTS 还规定了 NAV 的持续时间为

$$\text{Duration}_{\text{CoopRTS}} = 4T_{\text{SIFS}} + T_{\text{CTS}} + \frac{L}{R_{s,d}} + T_{\text{PLCR}} + T_{\text{ACK}}$$

式中,L 为源数据包的比特长度[如图 8.10(a)所示]。注意数据传输的持续时间是在最坏情况下为直接传输数据所保留,因为协作只能在减少数据传输时间时发生。

2. 接下来,源节点将等待助手发送的 HTS 或目的节点发送的 CTS,等待的持续时间为 $2T_{\text{SIFS}} + T_{\text{CTS}}$。如果 CTS 没有被接收,源节点将等待随机退避时间。

3. 如果接收到 CTS 而没有接收到 HTS,数据包将会将被直接传输而不经过助手。与相应的助手间的链路失败的次数将加 1。

4. 如果 CTS 和 HTS 均被接收到,源节点将以速率 $R_{s,h}$ 发射数据包并设定 ACK 的延迟为

$$\text{ACK\_Timeout}_H = 2T_{\text{SIFS}} + \frac{L}{R_{h,d}} + T_{\text{PLCP}} + T_{\text{ACK}}$$

与助手间的链路失败的次数将被重置为 0。

5. 如果在规定的延迟之后没有接收到 ACK,源节点将执行随机退避。否则,源节点将开始处理下一个数据包。

助手端:

1. 当助手接收到指定助手作为中继节点的 CoopRTS 消息后,助手首先验证是否能达到 CoopRTS 消息指定的速率。如果能,在等待 SIFS 时间之后,助手将向源节点和目的节点广播 HTS 数据包。NAV 中的持续时间字段被设置为

$$\text{Duration}_{\text{HTS}} = 4T_{\text{SIFS}} + T_{\text{CTS}} + \frac{L}{R_{s,h}} + \frac{L}{R_{h,d}} + 2T_{\text{PLCP}} + T_{\text{ACK}}$$

如果速率达不到,则不发送 HTS,助手返回到空闲状态。HTS 消息的格式和 CTS 消息的格式一样,这样助手将通知其周围的邻节点它将处于传输状态。

2. 如果助手能中继源节点的消息,它需要为目的节点发送给它的 CTS 等待 $T_{\text{SIFS}} + T_{\text{CTS}}$ 的持续时间。如果接收到 CTS,助手将等待源节点发送的数据包,然后以 $R_{h,d}$ 的速率将数据包(等待 SIFS 时间之后)重发到目的节点。如果没有接收到,助手认为传输被放弃,将再次返回到空闲状态。

目的节点端:

1. 当目的节点接收到 CoopRTS 后,它需要接收以下信息,在 SIFS 时间之内等待接收从指定助手发送来的 HTS 消息。

2. 如果目的节点接收到从助手发送来的 HTS 消息,在等待 SIFS 时间间隔之后,它将给助手和源节点发送 CTS 消息。CTS 指定 NAV 中的持续时间为

$$\text{Duration}_{\text{CTS, H}} = 3T_{\text{SIFS}} + \frac{L}{R_{s,h}} + \frac{L}{R_{h,d}} + 2T_{\text{PCLP}} + T_{\text{ACK}}$$

然后,它设置一个数据计时器,持续时间设定为 $T_{\text{SIFS}} + R_{s,h} + T_{\text{PCLP}} + T_{\text{SIFS}}$,在计时期间等待接收数据包。如果在计时结束之前没有接收到数据包,目的节点将认为传输被放弃。

3. 在接收 CoopRTS 的 SIFS 时间之后目的节点没有接收到 HTS 消息,目的

节点将响应一个 CTS 消息,保留该信道用于直接传输,即 NAV 中指定的时间为

$$\text{Duration}_{\text{CTS, NoH}} = 2T_{\text{SIFS}} + \frac{L}{R_{s,d}} + T_{\text{PLCP}} + T_{\text{ACK}}$$

从上文中可以看出,在助手的参与下一次成功协作传输花费的总时间为

$$T_{\text{CoopRTS}} + 5T_{\text{SIFS}} + T_{\text{HTS}} + T_{\text{CTS}} + 2T_{\text{PLCP}} + \frac{L}{R_{s,h}} + \frac{L}{R_{h,d}} + T_{\text{ACK}}$$

如果节点选择采用直接传输(即在传统 802.11DCF 模式下操作),所需的总时间为

$$T_{\text{CoopRTS}} + 3T_{\text{SIFS}} + T_{\text{CTS}} + T_{\text{PLCP}} + \frac{L}{R_{s,h}} + T_{\text{ACK}}$$

因此,只有存在助手的情况下才会采用协作传输模式使得

$$\frac{L}{R_{s,h}} + \frac{L}{R_{h,d}} + T_{\text{PLCP}} + T_{\text{HTS}} + 2T_{\text{SIFS}} < \frac{L}{R_{s,d}}$$

注意,上式给出的总传输时间并不包括冲突时间和随机退避时间。在下一小节中,将评估 802.11 传统系统和 CoopMAC 的性能指标:有效吞吐量(即考虑到了冲突和随机退避时间的平均数据速率)。

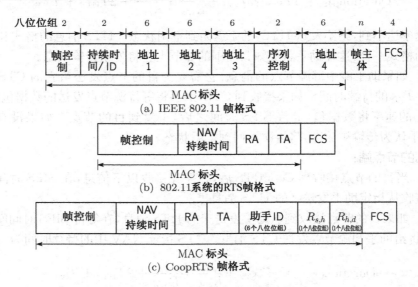

(a) IEEE 802.11 帧格式

(b) 802.11系统的RTS帧格式

(c) CoopRTS 帧格式

图 8.11 802.11 系统和 CoopRTS 的帧格式

(来自于 Liu 等人,© [2007] IEEE;O'Hara 和 Petrick,© [2004] IEEE)

此外,采用上述协作机制,需要调整控制消息如 CoopRTS 和数据帧的 MAC 标头,这样 CoopRTS 包含了助手的 MAC 地址且源节点和助手之间没有交换多余

的控制消息。在 IEEE 802.11 系统中,标准帧格式定义如图 8.11(a)所示,包含了 MAC 标头、数据和帧校验序列(FCS)。MAC 标头定义了帧的性质,各帧段的顺序并且根据帧的不同用法给出了四个 MAC 地址字段,分别可以存储源节点/目的节点/接收机/发射机/BBS/IBBS 地址,这里 BSS 和 IBSS 分别表示基本服务集和独立基本服务集。例如,802.11 RTS 控制消息的 MAC 标头中只包含了发射机地址(TA)和接收机地址段(RA)字段,分别在地址 2 和地址 1 字段中。而 CoopRTS 还包含了 MAC 标头的助手 MAC 地址和分别存储在地址 3 和序列控制字段中的速率 $R_{s,h}$ 和 $R_{h,d}$,如图 8.11(b)和(c)所示。

源节点和助手之间交换的数据帧也有一个 MAC 标头格式,这与 IEEE 802.11 数据帧的 MAC 标头格式不同。如图 8.11(a)所示,在同一个 BSS 中数据帧的交换不会用到地址 4 字段。具体而言,对于 BSS 中数据帧的传输,地址 2 和地址 1 字段就分别存储了目的节点和源节点 MAC 地址。如果助手能够中继数据包,源节点将把助手的地址保存在 MAC 标头的地址 1 字段中,而目的节点地址将会被转移到地址 4 字段中。当助手接收到数据包时,助手将把目的节点地址从地址 4 字段还原到地址 1 字段中去,在等待 SIFS 时间后,将数据包重发到目的节点。

8.3.3 CoopMAC 分析

采用参考文献[4,6]中的方法,我们评估 CoopMAC 的饱和吞吐量并与 IEEE 802.11 传统系统中的进行比较。饱和吞吐量 S 定义如下:[4]

$$S = \frac{\mathbf{E}[时隙中传输的有效载荷总量]}{\mathbf{E}[时隙持续时间]} \tag{8.14}$$

假设网络中共存在总数为 N 的用户,如前面所述,如果一个传输不成功,例如发生冲突,源节点在尝试重发之前将采用一种随机退避机制。若假设网络已经饱和,即在每个节点处至少有一个数据包在等待传输。在饱和系统内,每个节点都有可能因为随机退避而空闲或因为传输而繁忙(传输可能成功或可能导致冲突)。假设每个节点在时隙内拥有相同的期望传输概率 τ,那么在时隙中至少有一个节点进行发射的概率由下式给出:

$$p_{tx} = 1 - (1-\tau)^N$$

利用参考文献[4]中的分析以及附录 8.1,传输概率 τ 可通过解下列方程组而得到:

$$\begin{cases} p = 1 - (1-\tau)^{N-1} \\ \tau = \dfrac{2(1-2P)}{(1-2P)(CW_{min}+1) + p \cdot CW_{min}[1-(2p)^M]} \end{cases}$$

式中，M 是随机退避阶段的最大量，使得 $CW_{max} = 2^M CW_{min}$，p 是相关节点的数据包与该节点发射的数据包之间发生冲突的概率。因为只有一个节点进行发射时才能成功传输，传输成功的概率可表示成

$$p_s = \frac{n\tau(1-\tau)^{N-1}}{p_{tx}}$$

像 802.11b 协议中那样假设每个节点可以接受 4 个不同的传输速率，即 11 Mbps、5.5 Mbps、2 Mbps 和 1 Mbps，其相应的传输范围分别为 d_{11}、$d_{5.5}$、d_2 和 d_1。从源节点到目的节点之间的直接传输速率为 x Mbps。例如，当 $x=2$ Mbps，意味着目的节点位于离源节点 $d_{5.5}$ 和 d_2 的距离之间，如图 8.12 所示。使用直接传输的必要时间为

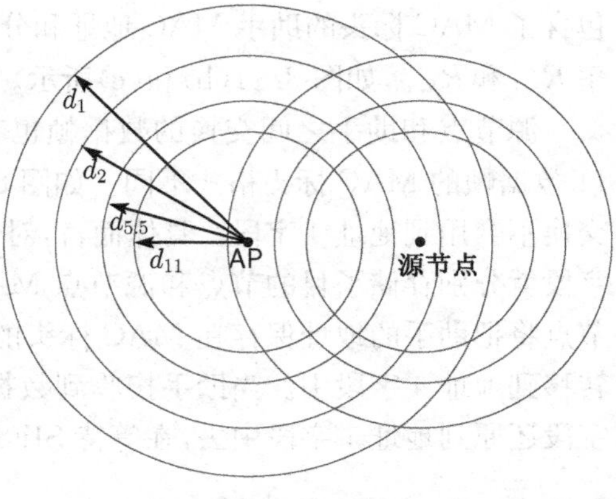

$$T_{x,\,direct} = T_{overhead} + \frac{L}{x}$$

图 8.12　CoopMAC 的传输范围和协作区域

式中，$T_{overhead} = T_{PLCP} + T_{DIFS} + T_{RTS} + T_{CTS} + 3T_{SIFS} + T_{ACK}$。假设节点位于源节点和目的节点之间的概率为 $p_{x,\,y}$，这样协作可获得的速率 $(R_{s,\,h}, R_{h,\,d}) = (x, y)$ 或 (y, x)。例如，若 $x = 5.5$，$y = 11$，这意味着在离源节点 d_{11} 到 $d_{5.5}$ 的距离之间和离目的节点 d_{11} 的距离内存在一个助手，或是相反的情况。在附录 8.2 中给出了这些概率的来源。通过助手的协作传输，所需的传输时间为

$$T_{x,\,y} = T_{CoopOH} + \frac{L}{x} + \frac{L}{y}$$

式中，$T_{CoopOH} = 2T_{PLCP} + T_{DIFS} + 5T_{SIFS} + T_{RTS} + T_{HTS} + T_{CTS} + T_{ACK}$。因为 HTS 消息的帧格式和 CTS 的一样，故 $T_{HTS} = T_{CTS}$。源节点只有当数据包发射所需的总时间在协作传输时能被减少时才选择协作。例如，如果直接传输速率为 2 Mbps，只有当助手可以提供的速率对 $(R_{s,\,h}, R_{h,\,d})$ 等于 $(11, 11)$、$(5.5, 11)$、$(11, 5.5)$ 和 $(5.5, 5.5)$ 时才能被采用。在这种情况下，提供 2 Mbps 的直接传输速率，采用 CoopMAC 方式从源节点发射一个数据包的平均所需时间为

$$T_{2,\,coop} = p_{11,\,11} T_{11,\,11} + p_{5.5,\,11} T_{5.5,\,11} + p_{5.5,\,5.5} T_{5.5,\,5.5}$$

$$+ (1 - p_{11,\,11} - p_{5.5,\,11} - p_{5.5,\,5.5}) T_{2,\,direct}$$

通过假设在网络中的节点均匀分布，直接传输速率可维持在 x Mbps 的概率为 f_x，

其中 x 可以为 11 Mbps、5.5 Mbps、2 Mbps 和 1 Mbps，分别表示为 $f_{11} = \dfrac{\pi d_{11}^2}{\pi d_1^2}$、

$f_{5.5} = \dfrac{\pi d_{5.5}^2 - \pi d_{11}^2}{\pi d_1^2}$、$f_2 = \dfrac{\pi d_2^2 - \pi d_{5.5}^2}{\pi d_1^2}$、$f_1 = \dfrac{\pi d_1^2 - \pi d_2^2}{\pi d_1^2}$。那么，一个数据包的平均

传输时间为

$$T_S = f_{11} T_{11,\,\text{coop}} + f_{5.5} T_{5.5,\,\text{coop}} + f_2 T_{2,\,\text{coop}} + f_1 T_{1,\,\text{coop}}$$

网络的饱和吞吐量为

$$S = \frac{p_s p_{tx} L}{(1 - p_{tx})\sigma + p_s p_{tx} T_s + p_{tx}(1 - p_s) T_c}$$

式中，σ 是一个随机退避时隙的持续时间，$T_c = T_{\text{RTS}} + T_{\text{DIFS}} + T_{\text{CTSTtimeout}}$ 是源节点检测冲突的所需时间，$T_{\text{CTSTtimeout}}$ 是源节点等待目的地节点发射的 CTS 的最长持续时间。例如，在 802.11 传统系统中 $T_{\text{CTSTtimeout}} = T_{\text{CTS}} + T_{\text{SIFS}}$ 且在 CoopMAC 中 $T_{\text{CTSTtimeout}} = T_{\text{CTS}} + T_{\text{HTS}} + 2 T_{\text{SIFS}}$ 表明一个助手能够中继，但是目的节点不会反馈 CTS。

在图 8.13 中比较了对于不同 MAC 服务数据单元（MSDU）长度，802.11b 传统系统和 CoopMAC 的饱和吞吐量。MAC 标头、PHY 标头、RTS、CTS 和

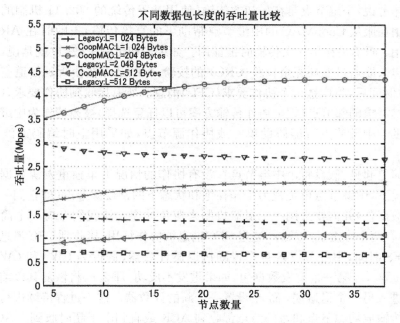

图 8.13　不同数据包大小的吞吐量与节点数量的关系图

（来自于 Liu 等人，© [2007] IEEE）

ACK 的位长度分别为 272 bits、192 bits、352 bits、304 bits 和 304 bits。所有的表头和控制消息都以 1 Mbps 的基本传输速率进行传输。一个 SIFS、DIFS 和随机退避时隙 σ 的持续时间分别为 10 μs、50 μs 和 20 μs。最小和最大的竞争窗口大小分别为 CW_{min} = 32 时隙和 CW_{max} = 1 024 时隙。最大允许的数据包重发次数是 6。此外，不同传输速率所对应的传输范围分别为 d_{11} = 48.2 m、$d_{5.5}$ = 67.1 m、d_2 = 74.7 m 和 d_1 = 100 m。我们可以发现吞吐量随着 MSDU 长度的增加而增加，这是因为开销只占用了信道的很少一部分。因为相同的原因也使得协作带来的改进也增加了。

CoopMAC 的进一步提高在参考文献[7，23]中进行讨论并在参考文献[27]中延伸到了多助手的情况。

8.4 协作中继下的自动重发请求(ARQ)

在前面的小节中，为了利用机会型中间节点来提高传输，IEEE 802.11 协议已被修改。协作的进一步优势也可以被利用来提高分布式自动重发请求(ARQ)的效率，已在参考文献[2]中证明。该方案称为持久性中继载波侦听多址(PRCS-MA)。

具体地说，中继节点是在最初的传输(使用基于传统的 802.11 机制的直接传输或使用在服从 CoopMAC 的中继节点帮助下的直接传输)失败时在 ARQ 的过程被征用，而不是在第一次传输时被征用。如果最初传输失败，也就是说，接收到的数据包未能通过循环冗余校验(CRC)的校验，目的节点在侦听到信道空闲了一个 SIFS 时间后，将广播一个协作要求(CFC)消息。所有接收到协作要求(CFC)和满足中继需求的邻节点(根据协作传输方案可以任意选择)被邀请作为中继节点并参与重发。中继节点可能协助单一或协作源节点，如采用空时编码或波束成形技术。

为简单起见，假设每个中继节点在没有协作的情况下单独重发源数据包。在这种情况下，中继节点可被视为工作在饱和状态下的常规源节点(即它们一直有要发射的数据包)并需要采用一个退避机制来避免冲突。让我们考虑一个简单的示例，其中有两个中继 即 r_1 和 r_2 通过 CFC 消息被协作征用。接收到 CFC 消息后经过一个 SIFS 时间，中继节点各自设置随机退避计数器，假设为 CW_1 和 CW_2。如果 $CW_1 < CW_2$，r_1 第一个重发数据包。如果重发不成功，那么 r_2 将恢复其以前的计数器继续进入另一个退避期，而 r_1 设置一个新的计数器。这一过程持续进行直到由于数据传输成功源节点和目的节点都收到 ACK 或直到由于超时收到 NACK。可以根据协作重发方案或所需的可靠性和吞吐量选择竞争窗口的大小和超时计数器。事实上，我们可能令每个中继节点选择的竞争窗口大小与其信道质量成反比。

这与所谓的机会型载波侦听方法所蕴含的理论类似[5]。

通过把中继节点看作一个饱和用户的网络,参考文献[28]中开发的工具可以用来分析传输一个分布式协作 ARQ 数据包的平均延迟。具体来说,一个 PRCS-MA 节点的退避计数器可以用附录中图 8.15 所示的嵌入式马尔可夫链建模。在每个状态,标签 (i,j) 表明退避计数器处于第 j 阶段的 i 状态。最初的退避窗口大小 W_0 等于最小竞争窗口的大小 CW_{min} 并在每个阶段乘以 2 直到它达到最大值 $CW_{max} = 2^M CW_{min}$。取 κ 是重发的最大值。对于 $\kappa > M$,退避窗口的大小依然保持在上 $\kappa - M$ 次重发尝试的最大值。假设有一个中继节点在发射,取 p 为冲突概率并取 τ 为节点试图在某一时隙发射的概率。假设 N 中继节点被协作征用,那么我们有

$$p = 1 - (1-\tau)^{N-1}$$

和

$$\tau = \frac{1-p^{M+1}}{1-p}\pi_{0,0}$$

式中,

$$\pi_{0,0} = \begin{cases} \dfrac{2(1-2p)(1-p)}{W_0[1-(2p)^{M+1}(1-p)] + (1-2p)(1-p^{M+1})}, & \kappa \geq M \\[4mm] \dfrac{2(1-2p)(1-p)}{\begin{aligned}W_0[1-(2p)^{\kappa+1}(1-p)] + (1-2p)(1-p^{M+1}) + \\ W_0 2^\kappa p^{\kappa+1}(1-2p)(1-p^{M-\kappa})\end{aligned}}, & \kappa < M \end{cases}$$

是状态 $(0,0)$ 的稳态概率。回顾一下,至少有一个中继节点在发射的概率是 $p_{tx} = 1-(1-\tau)^N$,至少一个节点在发射时在一个时隙中传输成功的概率为 $p_s = N\tau(1-\tau)^{N-1}/p_{tx}$。最后,有一个空闲的概率、成功的概率或冲突时隙的概率分别给出如下:

$$p_I = 1 - p_{tx} \tag{8.15}$$

$$p_S = p_{tx}p_s = N\tau(1-\tau)^{N-1} \tag{8.16}$$

$$p_C = p_{tx}(1-p_s) \tag{8.17}$$

基于分布式协作 ARQ 协议传输一个数据包的平均延迟可以表示为

$$\mathbf{E}[T_{\text{Coop}}] = \mathbf{E}[T_{\min}] + \mathbf{E}[T_{\text{contention}}] \tag{8.18}$$

式中,$\mathbf{E}[T_{\min}]$ 是预期的最小延迟(也就是说,即使我们关于重发有完善的调度安排,这个延迟时间也是必需的)且 $\mathbf{E}[T_{\text{contention}}]$ 是由于竞争所引起的额外延迟。$\mathbf{E}$

[T_{min}]项可计算为

$$\mathbf{E}[T_{min}] = T_0 + T_{CFC} + \mathbf{E}[\gamma]T_{reData} + T_{ACK} + 4T_{SIFS}$$

式中,T_0 是一个数据包的第一次传输(可以是从源节点到目的节点的直接传输也可以是基于 CoopMAC 的传输),T_{reData} 是一个数据包通过任何中继节点(假设它们都使用相同的速率)的单一重发所需要的时间。T_{reData} 的值取决于是基本接入模式还是执行 RTS/DATA/CTS/ACK 握手。也就是说,在基本接入模式下我们有 $T_{reData} = T_{DIFS} + T_{DATA} + T_{SIFS}$,在四向握手模式下我们有 $T_{reData} = T_{DIFS} + T_{RTS} + T_{SIFS} + T_{CTS} + T_{SIFS} + T_{DATA} + T_{SIFS}$。

另一方面,平均竞争时间可以写成

$$\mathbf{E}[T_{contention}] = \mathbf{E}[r]\mathbf{E}[T_{cp}]$$

式中,$\mathbf{E}[r]$ 是重发所需的平均次数,$\mathbf{E}[T_{cp}]$ 是每个数据包传输的平均竞争时间。因为 ps 是在给定的时隙内一个成功传输能够实现的概率,在一个成功的时隙之前所需的平均时隙为

$$\sum_{k=0}^{\infty} (k+1)(1-ps)^k ps = \frac{1}{ps}$$

假定一个时隙不成功,它的平均持续时间是

$$\frac{p_1}{1-p_S}\sigma + \frac{p_C}{1-p_S}T_c$$

式中,σ 是空闲时隙的持续时间,它等于随机退避机制下一个基本时隙持续时间,T_c 是冲突时隙的持续时间。在 802.11 传统系统中,T_c 的值在基本接入模式下是 $T_{DIFS} + T_{DATA} + T_{SIFS}$,而采用 RTS / CTS 握手时是 $T_{DIFS} + T_{RTS} + T_{SIFS} + T_{CTS\,timeout}$。因此,平均竞争时间由下式给出

$$\mathbf{E}[T_{contention}] = \mathbf{E}[r]\left(\frac{1}{p_S} - 1\right)\left[\frac{p_1}{1-p_S}\sigma + \frac{p_C}{1-p_S}T_{collision}\right]$$

8.5 协作网络的吞吐量最优调度协议

当一个集中调度器(拥有信道状态信息和队列长度的全面信息)在网络中可用来控制所有用户的传输时,可获得吞吐量最优控制方案[25, 29]来共同解决调度、路由和/或资源分配问题。这些策略在吞吐量最优调度方面不差于任何其他策略,因为系统能够适应一组信息到达时的速率变得不稳定。许多这种方案,包括在下面将要介绍的,可以被视为最大差分积压(MDB)策略或参考文献[25]中提出的所谓

的反压力算法。

8.5.1　非协作网络吞吐量最优控制策略的回顾

让我们首先考虑一个非协作多跳网络 $\mathcal{G} = (\mathcal{V}, \mathcal{L})$，由节点集合 $\mathcal{V}$ 和非协作（或直接）链路集合 $\mathcal{L}$ 组成，链路由有序对 (u, v) 给出，其中 $u, v \in \mathcal{V}$。注意，链路 (u, v) 是定向的且从 u 到 v。假设流量可能在任何节点进入网络，根据其分布位置分为不同的交换量（commodity）。例如，如果一个流量去往节点 d，也就是说它属于交换量 d。令 $\mathcal{D}$ 为一组可能的交换量并令 $|\mathcal{D}|$ 为可能位置的数量。假设交换量 $d \in \mathcal{D}$ 的外源流量以速率 $\rho_k^{(d)}$ 根据遍历过程 $\{B_k^{(d)}[m]\}_{m=1}^{\infty}$ 到达节点 k，在这里 $B_k^{(d)}[m]$ 为第 m 个时隙中到达用户 k 的比特数[①]，并且

$$\rho_k^{(d)} = \lim_{m \to \infty} \frac{1}{m} \sum_{n=0}^{m-1} B_k^{(d)}[n]$$

令 $\mathbf{H}[m] = [H_{u, v}[m]]$ 为信道状态过程矩阵，其中第 (u, v) 个 $H_{u, v}[m]$ 项代表在第 m 个时隙内链路 (u, v) 的信道状态。我们假设在每一个时隙内信道保持静止并且网络控制器可以知道信道状态。假设 $\mathbf{H}[m]$ 需要一个有限状态空间，在每个状态 $\mathbf{h}$ 下 $\mathbf{H}[m]$ 以时间平均概率 $\pi_{\mathbf{h}}$ 遍历。

令 $Q_k^{(d)}[m]$ 为在第 m 个时隙开始时用户 k 的交换量 d 的队列长度。即，每个用户为属于不同交换量的比特保留一个单独的队列。此外，令 $S_{u, v}[m]$ 为在第 m 个时隙内链路 (u, v) 能够传输的比特总数，令 $S_{u, v}^{(d)}[m]$ 为对应于交换量 d 的一部分，因此

$$\sum_d S_{u, v}^{(d)}[m] \leqslant S_{u, v}[m]$$

队列演变描述如下：

$$Q_k^{(d)}[m+1] \leqslant \max\left\{ Q_k^{(d)}[m] - \sum_v S_{k, v}^{(d)}[m], 0 \right\} + \sum_u S_{u, k}^{(d)}[m] + B_k^{(d)}[m]$$

如果来自邻节点的内源到达只有极少或是没有交换量 d 的流量来传输，该不等式成立，例如，当 $Q_u^{(d)}[m] < S_{u, k}^{(d)}[m]$ 时。

考虑到非各态历经路由的可能性或功率/速率分配策略，我们稍微修改一下稳定的概念。也就是说，如果[18, 19]

$$F_k^{(d)}(x) = \liminf_{m \to \infty} \frac{1}{m} \sum_{n=0}^{m-1} \Pr(Q_k^{(d)}[n] < x) \text{ 和} \lim_{x \to \infty} F_k^{(d)}(x) = 1, \ \forall k$$

---

① 注意，为了探讨速率分配效果，接收和发出数据用位而不是数据包来计量。因此，我们用 $B_k^{(d)}[m]$ 代替 $A_k^{(d)}[m]$ 表示到达过程，用 $\rho_k^{(d)}$ 代替 $\lambda_k^{(d)}$ 表示到达速率。

我们说系统在特定网络控制策略下是稳定的。

定义 8.2(网络稳定域[19]) 网络稳定域是所有速率矩阵 $\boldsymbol{\rho} = [\rho_k^{(d)}]$ 集合的闭包,其中 $k, d \in \mathcal{V}$,考虑了所有可能算法,可以稳定地支持网络。

令 $\mathcal{C}(\mathbf{h})$ 为信道状态 $\mathbf{h}$ 下网络中所有链路的信道容量域,这是一个凸函数,因为其中一个节点的速率总是能达到分时下两个可达速率的凸组合,并且令 $\Gamma = \sum_{\mathbf{h}} \pi_{\mathbf{h}} \mathcal{C}(\mathbf{h})$。当且仅当存在速率集 $\{\mathbf{R_h}\}$,使得 $\mathbf{R} = \sum_{\mathbf{h}} \pi_{\mathbf{h}} \mathbf{R_h}$ 时,速率矩阵 $\mathbf{R} = [R_{u,v}]$ 属于 Γ。因此,$R_{u,v}$ 可被视为链路 (u, v) 上的长期传输速率。网络稳定域的定义如下。

定理 8.2(网络稳定区域[19]) 网络稳定区域 Λ 是所有输入速率矩阵 $\boldsymbol{\rho}$ 的集合,其中存在多交换量流变量 $\{f_{u,v}^{(d)}\}$,使得

$$f_{u,v}^{(d)} \geqslant 0 \text{ 且 } f_{u,u}^{(d)} = f_{u,v}^{(u)} = 0, \ \forall u, v, d \tag{8.19}$$

$$\rho_k^{(d)} \leqslant \sum_v f_{k,v}^{(d)} - \sum_u f_{u,k}^{(d)}, \ \forall k, d \text{ 且 } k \neq d \tag{8.20}$$

$$\sum_d f_{u,v}^{(d)} \leqslant R_{u,v}, \ \forall u, v, \mathbf{R} \in \Gamma \tag{8.21}$$

注意式(8.19)中的不等式约束所有流为非负的。此外,$f_{u,u}^{(d)} = f_{u,v}^{(u)} = 0$ 保证节点本身没有路由数据,也没有已经到达目的节点的再注入数据返回到网络中。式(8.20)中的不等式是守恒约束,确保交换量 d 的数据总流量进入 k 节点的量比流出的要少,倘若 k 节点不是目的地节点的话。

受参考文献[25]提议的最大差分积压算法启发,参考文献[19]中已经推导出一个动态控制策略,能够在容量域 Λ 内部对于任何输入速率矩阵使网络稳定。具体来说,在每一个时隙内,网络控制器观察信道状态 $\mathbf{H}[m]$ 和积压的队列状态 $[Q_k^{(d)}[m]]$,执行下面的路由和速率分配策略。

动态路由和速率分配策略:

1. 于所有链路 (u, v),发现交换量 $d_{u,v}^*[m]$ 为

$$d_{u,v}^*[m] = \arg \max_{d \in \mathcal{D}} Q_u^{(d)}[m] - Q_v^{(d)}[m]$$

表明在链路 (u, v) 上交换量积压的数据总量 $d_{u,v}^*[m]$ 为

$$W_{u,v}^*[m] = \max\{Q_u^{d_{u,v}^*[m]} - Q_v^{d_{u,v}^*[m]}, 0\}$$

2. 速率分配:选择一个速率矩阵 $\mathbf{r} = [r_{u,v}]$ 为

$$\mathbf{r} = \arg \max_{r \in \Gamma} \sum_{(u,v)} r_{u,v} W_{u,v}^*[m]$$

3. 路由选择:交换量 d 的数据在链路 (u, v) 上的传输速率为

$$R_{u,v}^{(d)}[m] = \begin{cases} r_{u,v}, & d = d_{u,v}^*[m] \text{ 且 } W_{u,v}^*[m] > 0 \\ 0, & \text{其他} \end{cases}$$

如果一个节点没有足够的交换量 d 比特以在指定链路上传输,则发送零比特。

有一点值得注意,$W_{u,v}^*[m]$ 是链路 (u,v) 在时隙 m 内所有交换量队列的最大差分积压。该策略随后选择在链路上以最大差分积压来发送数据,使不同的链路获得相等的差分积压。

8.5.2　协作网络吞吐量最优控制策略

与传统的无线网络不同,数据包穿过协作链路网络时可以在同一时隙内驻留在不止一个位置,分配给传输一个数据包的资源可能涉及到网络中的多个用户,例如协作伙伴。因此,传统非协作网络衍生的 MDB 策略不能直接适用于协作网络。协作网络中已经衍生出广义的 MDB 策略[29],总结如下。

让我们来考虑一个网络 $\mathcal{G}$,由节点集合 $\mathcal{V}$ 和非协作链路集合 $\mathcal{L}$ 组成。除了 $\mathcal{L}$,我们定义一个协作链路集合 S,它由 (S,v) 这样的有序对给出,其中 $S \subset \mathcal{V}$ 且 $v \in \mathcal{V}$;再设定一个广播链路集合 $\mathcal{T}$,它由 (u,T) 这样的有序对给出,其中 $u \in \mathcal{V}$ 且 $T \subset \mathcal{V}$。集合 S 表示协作中继相同消息的用户集合。此外,集合 T 表示将从 u 中接收公共消息的用户集合。假设在整个有效时间范围内没有衰落和拓扑结构变化。这里,我们只考虑两跳协作,当且仅当存在一个广播链路 (u,T) 使得 $S = T$ 时,存在一个协作链路 (S,v)。当且仅当在一个相关广播链路上接收到数据包时,协作链路上才能传输数据包。考虑到协作链路的图形用 $\mathcal{G} = (v, \mathcal{L}, S, T)$ 表示。

令 $\mathbf{R}[m] = [R_\ell[m]]_{\ell \in \mathcal{L} \cup S \cup \mathcal{T}}$ 为所有链路 $\ell \in \mathcal{L} \cup S \cup \mathcal{T}$ 的传输速率矢量。这个矢量必须在瞬时链路容量范围 $\mathcal{C}$ 内,$\mathcal{C}$ 包含了可以同时实现给定信道条件的速率集合。为了简单起见,假定信道在整个过程中保持恒定吞吐量且从一个时隙变换到另一个时隙时不会随意改变。在图 8.14 中我们介绍一个有协作链路的四节点网络的简单例子并讨论对该四节点网络的操作,如下所述。

例 1:协作链路网络

令 $\mathbf{R} = (R_{1,\{2,3\}}, R_{1,2}, R_{1,3}, R_{\{2,3\},4}, R_{2,4}, R_{3,4})$ 为图 8.14 所示网络的 6 个链路的速率矢量。我们使用香农容量作为瞬时链路容量的例子。在每一个链路 $\ell = (u,v)$

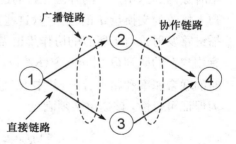

图 8.14　协作链路网络示例

上的接收信噪比(SNR)用 $\gamma_{u,v}$ 表示。假设集合 $V_1 = \{1\}$ 和 $V_2 = \{2,3\}$ 由于半双

工约束不能同时工作。当 V_1 处于工作状态时，$R_{\{2,3\},4} = R_{2,4} = R_{3,4} = 0$ 且可行速率必须满足 $(R_{1,2} + R_{1,\{2,3\}}, R_{1,3}) \in \mathcal{C}_{BC}$，其中 $\mathcal{C}_{BC}$ 是高斯广播信道的容量域。定义 $\mathcal{C}_1$ 作为所有速率矢量 $\mathbf{R} = (R_{1,\{2,3\}}, R_{1,2}, R_{1,3}, 0, 0, 0)$ 的集合，因此 $(R_{1,2} + R_{1,\{2,3\}}, R_{1,3}) \in \mathcal{C}_{BC}$。另一方面，若 V_2 处于工作状态，节点 2 和节点 3 可以通过直接链路发射其个体消息或协作发射公共消息到节点 4。当节点 2 和节点 3 只采用非协作传输时，即 $R_{\{2,3\},4} = 0$，传输速率必须在多址接入网络的信道容量域之内，即

$$\sum_{\ell \in \mathcal{E}_{NC}} R_{\ell,4} \leqslant \log_2\left(1 + \sum_{\ell \in \mathcal{E}_{NC}} \gamma_{\ell,4}\right), \ \forall \varepsilon_{NC} \subset \{2,3\}$$

当只采用协作链路时，即 $R_{2,4} = 0$ 且 $R_{3,4} = 0$，因此

$$R_{\{2,3\},4} \leqslant \log_2\left(1 + (\sqrt{\gamma_{2,4}} + \sqrt{\gamma_{3,4}})^2\right)$$

假设已采用波束成形。更普遍的是，当协作链路和非协作链路可以同时工作，该系统可被视为一个三用户多址接入信道，其中前两个用户对应于节点 2 和节点 3，第三个用户对应于协作流量。当 V_2 处于工作状态时，速率矢量集 $\mathcal{C}_2$ 可以实现，它可以表示为速率矢量 $\mathbf{R} = (0, 0, 0, R_{\{2,3\},4}, R_{2,4}, R_{3,4})$，满足

$$\sum_{\ell \in \mathcal{E}} R_\ell \leqslant \log_2\left(1 + \sum_{\ell \in \mathcal{E}} P_\ell(\alpha_1, \alpha_2)\right),$$

$\forall \varepsilon \in \{(\{2,3\}, 4), (2,4), (3,4)\}$ 且 $\forall \alpha_1, \alpha_2 \in [0, 1]$，其中 $P_{\{2,3\},4}(\alpha_1, \alpha_2) = (\sqrt{\alpha_1 \gamma_{2,4}} + \sqrt{\alpha_2 \gamma_{3,4}})^2$，$P_{2,4}(\alpha_1, \alpha_2) = \gamma_{2,4}(1 - \alpha_1)$，$P_{3,4}(\alpha_1, \alpha_2) = \gamma_{3,4}(1 - \alpha_2)$。节点 2 和节点 3 用于协作传输的功率分数分别为 α_1 和 α_2。通过允许分时，瞬时链路容量域 $\mathcal{C}$ 可以写为 $\mathcal{C}_1 \bigcup \mathcal{C}_2$。

　　类似于前面讨论的非协作网络，令 $\mathcal{D} \subset \mathcal{V}$ 为交换量集合，令 $B_k^{(d)}[m]$ 为在第 m 个时隙内到达用户 k 的外源比特的遍历过程。此外，除了队列 $Q_k^{(d)}[m]$ 用来存储用户 k 接收的交换量 d 的数据包（这些数据包可以通过直接链路发射也可以通过广播链路发射），对于所有的协作集也需要单独的队列，包括协作集 S 内所有 d 和所有用户 k 的队列 $Q_S^{(d)}[m]$。令 $\{R_\ell^{(d)}[m], \forall \ell \in \mathcal{L} \bigcup \mathcal{S} \bigcup \mathcal{T}$ 和 $\forall d \in \mathcal{D}\}$ 作为时间 m 时的联合速率和路由分配，其中 $R_\ell^{(d)}[m]$ 是链路 l 上分配给交换量 d 流量的速率。为保证可行性，该速率必须满足

$$\sum_{d \in \mathcal{D}} R_\ell^{(d)}[m] \leqslant R_\ell[m], \ \forall \ell$$

其中 $\mathbf{R}[m] = [R_\ell[m]]_{\ell \in \mathcal{L} \bigcup \mathcal{S} \bigcup \mathcal{T}} \in \mathcal{C}$。

　　由于该速率可行，队列的动态特性可以表示为

$$Q_k^{(d)}[m+1] \leqslant \left(Q_k^{(d)}[m] - \sum_{(k,\,T)\in\mathcal{T}_k} R_{(k,\,T)}^{(d)}[m] - \sum_{(k,\,j)\in\mathcal{O}_{k_k}} R_{(k,\,j)}^{(d)}[m]\right)^+$$
$$+ \sum_{(S,\,k)\in\mathcal{S}_k} R_{(S,\,k)}^{(d)}[m] + \sum_{(n,\,k)\in\mathcal{I}_k} R_{(n,\,k)}^{(d)}[m] + B_k^{(d)}[m]$$

式中，$\mathcal{T}_k \equiv \{(\ell,\,T):(\ell,\,T)\in\mathcal{T}\,\text{且}\,\ell=k\}$ 和 $\mathcal{O}_k \equiv \{(\ell,\,j):(\ell,\,j)\in\mathcal{L}\,\text{且}\,\ell=k\}$ 分别为节点 k 处的发射广播和直接链路，$\mathcal{S}_k \equiv \{(S,\,\ell):(S,\,\ell)\in\mathcal{S}\,\text{且}\,\ell=k\}$ 和 $\mathcal{T}_k \equiv \{(n,\,\ell):(n,\,\ell)\in\mathcal{L}\,\text{且}\,\ell=k\}$ 分别为节点 k 处的接收协作和直接链路。若 $x>0$ 时，函数 (x^+) 等于 x，否则等于 0。同样地，协作队列的动态特性为

$$Q_S^{(d)}[m+1] \leqslant \left(Q_S^{(d)}[m] - \sum_{(S,\,\ell)\in\mathcal{O}_{k_s}} R_{(S,\,\ell)}^{(d)}[m]\right)^+ + \sum_{(i,\,S)\in\mathcal{I}_s} R_{(i,\,S)}^{(d)}[m]$$

式中，$\mathcal{O}_S \equiv \{(S',\,\ell):(S',\,\ell)\in\mathcal{S}\,\text{且}\,S'=S\}$ 和 $\mathcal{I}_S \equiv \{(i,\,S'):(i,\,S')\in\mathcal{T}\,\text{且}\,S'=S\}$ 是协作集 S 的发射和接收链路。注意无外源流量进入协作集。

网络稳定域在定义 8.2 中进行了定义，其特征在下面的定理中进行了描述，是定理 8.2[19] 和参考文献[25]中相关内容的直观描述。

定理 8.3(协作网络稳定域[29])　一个两跳协作转发网络 $\mathcal{G} = (\mathcal{V}, \mathcal{L}, \mathcal{S}, \mathcal{T})$ 的网络稳定域 Λ 是存在非负流变量 $[f_\ell]_{\ell\in\mathcal{L}\cup\mathcal{S}\cup\mathcal{T},\,d\in\mathcal{D}}$ 的所有到达速率 $\boldsymbol{\rho} = [\rho_k^{(d)}]_{k\in\mathcal{V}}$ 的集合，满足

$$\rho_k^{(d)} = \sum_{(k,\,j)\in\mathcal{O}_k} f_{k,\,j}^{(d)} + \sum_{(k,\,T)\in\mathcal{T}_k} f_{k,\,T}^{(d)} - \sum_{(i,\,k)\in\mathcal{I}_k} f_{i,\,k}^{(d)} - \sum_{(S,\,k)\in\mathcal{S}_k} f_{S,\,k}^{(d)}$$
$$\forall k\in\mathcal{V}\backslash d\,\text{且}\,\forall d\in\mathcal{D}$$
$$0 = \sum_{(S,\,j)\in\mathcal{O}_S} f_{S,\,j}^{(d)} - \sum_{(i,\,S)\in\mathcal{I}_S} f_{i,\,S}^{(d)},\ \forall S\in\mathcal{S}\,\text{且}\,\forall d\in\mathcal{D}$$
$$\sum_{k\in\mathcal{V}} \rho_k^{(d)} = \sum_{k\in\mathcal{I}_d} f_{k,\,d}^{(d)} + \sum_{(S,\,d)\in\mathcal{S}_d} f_{S,\,d}^{(d)},\ \forall d\in\mathcal{D}$$

和

$$\sum_{d\in\mathcal{D}} f_\ell^{(d)} \leqslant R_\ell,\ \forall \ell\in\mathcal{L}\cup\mathcal{S}\cup\mathcal{T},\text{其中}\ \mathbf{R} = [R_\ell]_{\ell\in\mathcal{L}\cup\mathcal{S}\cup\mathcal{T}} \in \Gamma$$

根据参考文献[19, 25]给出的方法，下面所示的策略能够稳定支持位于协作稳定域内的任意到达速率集合。

动态速率分配/协作路由策略：

1. 对于所有链路 $(u,\,v)$，令交换量 $d_{u,\,v}^*[m]$ 如下：

$$d_{u,\,v}^*[m] = \arg\max_{d\in\mathcal{D}} Q_u^{(d)}[m] - Q_v^{(d)}[m]$$
$$d_{u,\,T}^*[m] = \arg\max_{d\in\mathcal{D}} Q_u^{(d)}[m] - |T|\cdot Q_T^{(d)}[m]$$
$$d_{S,\,v}^*[m] = \arg\max_{d\in\mathcal{D}} |S|\cdot Q_S^{(d)}[m] - Q_v^{(d)}[m]$$

并且定义

$$W^*_{u,v}[m] = \max\{Q^{d^*_{u,v}[m]}_u - Q^{d^*_{u,v}[m]}_v, 0\}$$

$$W^*_{u,T}[m] = \max\{Q^{d^*_{u,T}[m]}_u - |T| \cdot Q^{d^*_{T,v}[m]}_T, 0\}$$

$$W^*_{S,v}[m] = \max\{|S| \cdot Q^{d^*_{S,v}[m]}_S - Q^{d^*_{S,v}[m]}_v, 0\}$$

2. 速率分配：选择一个速率矩阵 **r** 如下

$$\mathbf{r} = \arg\max_{\mathbf{r} \in \Gamma} \sum_{(u,v)} r_{u,v} W^*_{u,v}[m] + \sum_{(u,T)} r_{u,T} W^*_{u,T}[m] + \sum_{(S,v)} r_{S,v} W^*_{S,v}[m]$$

3. 路由：对于所有 $\ell \in \mathcal{L} \cup \mathcal{S} \cup \mathcal{T}$，交换量 d 的数据在链路 ℓ 上传输的速率为

$$R^{(d)}_\ell[m] = \begin{cases} r_\ell, & \text{如果 } d = d^*_\ell[m] \text{ 且 } W^*_\ell[m] > 0 \\ 0, & \text{其他} \end{cases}$$

注意，$Q^{(d)}_u[m] - |T| \cdot Q^{(d)}_T[m]$ 和 $|S| \cdot Q^{(d)}_S[m] - Q^{(d)}_v[m]$ 项反映了非协作网络中不会出现队列耦合效应（queue coupling effect）。上述策略称为协作最大差分积压（CMDB）策略，参考文献[29]证明了其最优性。

值得注意的是反压力算法及其许多变体不需要统计信息和对到达状态或信道状态过程的长期观察。然而，该算法的完美执行需要信道当前状态和队列长度的全面信息，这可能在实践中难以实现。此外，解决速率分配步骤的复杂度可能会随着网络中的节点数量呈指数级增加。参考文献[19]呈现了这些策略的分布式实现方法，而参考文献[14，20]则呈现了非理想信道状态或队列长度信息下的情况。

附录 8.1：IEEE 802.11 系统中的冲突和传输概率

本附录中，我们总结了参考文献[4]中介绍的饱和 IEEE 802.11 系统的吞吐量分析。更具体地说，我们考虑一个有 N 个节点的网络，网络中所有节点在每个时隙中都至少有一个数据包在等待传输，即饱和条件。

令 $b[m]$ 为随机过程，表示一个给定节点的退避时间计数器。只有当退避计数器的值改变时，这个过程的时间指数才增加 1。当信道被侦听到繁忙时，退避计数器可能会暂停，那么这个过程的时间指数和有固定持续时间 σ 的 802.11 过程的离散时间尺度不对应。

令 $CW_{\min}$ 和 $CW_{\max} = 2^M CW_{\min}$ 为竞争窗口大小的最小值和最大值，其中 M 是最大退避阶段。此外，令 $s[m]$ 为随机过程，表示时间 m 时的退避阶段，其中 $s[m]$

$\in\{0,1,\cdots,M\}$。假设 p 为一个数据包由给定节点发射的给定冲突概率。假设 p 对于每个用户在不同时隙是独立和固定的。在这个假设下,二维过程$\{(s[m],b[m])\}_{m=0}^{\infty}$可以表示为一个离散时间马尔可夫链,如图 8.15 所示。

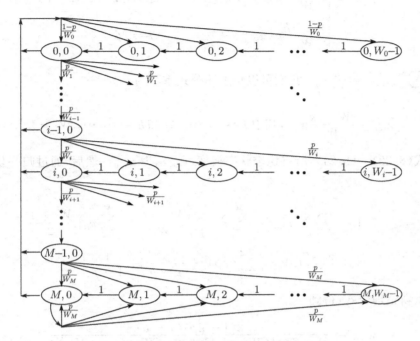

图 8.15　随机退避机制的马尔可夫链模型

(来自于 Bianchi,© [2010] IEEE)

在马尔可夫链中,如果节点为$(i,0)$中的一个状态,其中 $i=0$,$\cdots$,M,该节点将进行传输尝试。由于冲突而传输失败的概率为 p 并且退避计数器的值在整数集合$\{0,\cdots,W_{i+1}-1\}$中均匀选择,其中 $W_{i+1}=2^{i+1}CW_{\min}$,假设之前处于 i 阶段。每一个空闲时隙之后退避计数器的值减 1。

令 $\pi_{i,k}=\lim_{m\to\infty}\Pr(s[m]=i,b[m]=k)$ 为马氏链的平稳分布,其中 $i=0$,$\cdots$,M 且 $k=0$,$\cdots$,W_i-1。首先,注意到

$$\pi_{i-1,0}\cdot p=\pi_{i,0}\Rightarrow\pi_{i,0}=p^i\pi_{0,0},\text{对于 }i=1,\cdots,M-1 \qquad (8.22)$$

并且

$$\pi_{M-1,0}\cdot p+\pi_{M,0}\cdot p=\pi_{M,0}\Rightarrow\pi_{M,0}=\frac{p^M}{1-p}\pi_{0,0} \qquad (8.23)$$

同样,对于每一个 $k=0$,$\cdots$,W_i-1,我们有

$$\pi_{i,\,k} = \begin{cases} \dfrac{W_i - k}{W_i}(1-p)\sum_{j=0}^{M}\pi_{j,\,0}, & i=0 \\[3mm] \dfrac{W_i - k}{W_i}p\,\pi_{i-0,\,0}, & i=1,\cdots,M-1 \\[3mm] \dfrac{W_i - k}{W_i}p\,(\pi_{m-1,\,0}+\pi_{m,\,0}), & i=M \end{cases}$$

通过 $\sum_{i=0}^{M}\pi_{i,\,0}=\dfrac{\pi_{0,\,0}}{1-p}$，我们可以将上述公式重写为

$$\pi_{i,\,k}=\frac{W_i - k}{W_i}\pi_{i,\,0},\text{其中 } i=0,\cdots,M \text{ 和 } k=0,\cdots,W_i-1 \qquad (8.24)$$

根据式(8.22)~(8.24)，所有稳定状态概率可表示为 $\pi_{0,\,0}$。然后，通过归一化条件得到

$$1 = \sum_{i=0}^{M}\sum_{k=0}^{W_i-1}\pi_{i,\,k} = \sum_{i=0}^{M}\pi_{i,\,0}\sum_{k=0}^{W_i-1}\frac{W_i - k}{W_i} = \sum_{i=0}^{M}\pi_{i,\,0}\frac{W_i+1}{2}$$

$$= \frac{\pi_{0,\,0}}{2}\Big[CW_{\min}\Big(\sum_{i=0}^{M-1}(2p)^i + \frac{(2p)^M}{1-p}\Big)+\frac{1}{1-p}\Big]$$

通过重新整理公式，得到

$$\pi_{0,\,0} = \frac{2(1-2p)(1-p)}{(1-2p)(CW_{\min}+1)+p \cdot CW_{\min}(1-(2P)^M)}$$

使用上面计算得到的稳定状态概率，任意给定时隙中节点的传输概率可计算为

$$\tau = \sum_{i=0}^{M}\pi_{i,\,0} = \frac{\pi_{0,\,0}}{1-p} = \frac{2(1-2p)}{(1-2p)(CW_{\min}+1)+p \cdot CW_{\min}(1-(2P)^M)}$$

$$(8.25)$$

此外，使用 τ 节点传输的给定冲突概率也可以表示为

$$p = 1 - (1-\tau)^{N-1} \qquad (8.26)$$

这是至少还有另一个节点在传输时的概率。概率 τ 和 p 只能通过非线性方程式(8.25)和式(8.26)求解。

附录 8.2：概率推导

本附录中，我们计算的是最优传输方案概率，该方案采用速率 R_x 和 R_y 通过两

跳传输,假设直接传输为 2 Mbps。

首先注意到,半径为 d_x 和 d_y 的两个圆,假设其圆心相距为 ℓ,如图 8.12 所示,它们的重叠区域可以计算为

$$S_{d_x,d_y}(\ell) = d_x^2 \sin^{-1}\left(\frac{h}{d_x}\right) + d_y^2 \sin^{-1}\left(\frac{h}{d_y}\right) - h\ell$$

式中,$h = \sqrt{2d_x^2 d_y^2 + 2(d_x^2 + d_y^2)\ell^2 - (d_x^4 + d_y^4) - \ell^4}/2\ell$。假设 d_x 是速率 R_x 的传输半径,d_y 是速率 R_y 的传输半径,只要其他节点落在两个圆的重叠区域中,源节点将能以速率 R_x 和 R_y 利用两跳传输到达目的节点。通过假设每个节点均匀分布在覆盖区域内,即与最小传输速率 1 Mbps 相关的区域,位于此重叠区域中的给定节点的概率给出如下:[15]

$$q_{11,11}(\ell) = \frac{S_{d_{11},d_{11}}(\ell)}{\pi d_1^2}$$

$$q_{5.5,11}(\ell) = \frac{2(S_{d_{5.5},d_{11}}(\ell) - S_{d_{11},d_{11}}(\ell))}{\pi d_1^2}$$

$$q_{5.5,5.5}(\ell) = \frac{S_{d_{5.5},d_{5.5}}(\ell) + S_{d_{11},d_{11}}(\ell) - 2S_{d_{5.5},d_{11}}(\ell)}{\pi d_1^2}$$

$$q_{2,11}(\ell) = \frac{2(S_{d_2,d_{11}}(\ell) - S_{d_{5.5},d_{11}}(\ell))}{\pi d_1^2}$$

$$q_{5.5,2}(\ell) = \frac{2(S_{d_2,d_{5.5}}(\ell) + S_{d_{5.5},d_{11}}(\ell))}{\pi d_1^2} - \frac{2(S_{d_2,d_{11}}(\ell) + S_{d_{5.5},d_{5.5}}(\ell))}{\pi d_1^2}$$

最优传输方案采用速率 R_x 和 R_y 通过两跳传输并假设直接传输速率为 2 Mbps,其概率计算如下

$$p_{11,11} = 1 - \int_{d_{5.5}}^{d_2} \frac{2\ell \left[1 - q_{11,11}(\ell)\right]^{N-1}}{d_2^2 - d_{5.5}^2}\mathrm{d}\ell$$

$$p_{5.5,11} = 1 - p_{11,11} - \int_{d_{5.5}}^{d_2} \frac{2\ell \left[1 - q_{11,11}(\ell) - q_{5.5,11}(\ell)\right]^{N-1}}{d_2^2 - d_{5.5}^2}\mathrm{d}\ell$$

$$p_{11,11} = 1 - p_{11,11} - p_{5.5,11}$$

$$- \int_{d_{5.5}}^{d_2} \frac{2\ell \left[1 - q_{11,11}(\ell) - q_{5.5,11}(\ell) - q_{5.5,5.5}(\ell)\right]^{N-1}}{d_2^2 - d_{5.5}^2}\mathrm{d}\ell$$

其中,(x, y) 分别等于 $(11, 11)$,$(5.5, 11)$ 和 $(5.5, 5.5)$。

参考文献

1. Abramson, N.: The Aloha system — Another alternative for computer communications.

In: Proceedings of Fall Joint Computer Conference, AFIPS Conference, vol. 37, pp. 281-285(1970)

2. Alonso-Zárate, J., Kartsakli, E., Verikoukis, C., Alonso, L.: Persistent RCSMA: A MAC protocol for a distributed cooperative ARQ scheme in wireless networks. EURASIP Journal on Advances in Signal Processing (2008)

3. Bertsekas, D., Gallager, R.: Data Networks, 2nd edn. Prentice Hall (1992)

4. Bianchi, G.: Performance analysis of the IEEE 802.11 distributed coordination function. IEEE Journal on Selected Areas in Communications **18**(3),535-547(2000)

5. Bletsas, A., Khisti, A., Reed, D. P., Lippman, A.: A simple cooperative diversity method based on network path selection. IEEE Journal on Selected Areas in Communications **24**(3),659-672(2006)

6. Cali, F., Conti, M., Gregori, E.: IEEE 802.11 wireless LAN: Capacity analysis and protocol enhancement. In: Proceedings of IEEE INFOCOM, vol.1, pp. 142-149(1998)

7. Chou, C.-T., Yang, J., Wang, D.: Cooperative MAC protocol with automatic relay selection in distributed wireless networks. In: Proceedings of IEEE International Conference on Pervasive Computing and Communications Workshops (PerComW), pp. 526-531(2007)

8. Heusse, M., Rousseau, F., Berger-Sabbatel, G., Duda, A.: Performance anomaly of 802.11b. In: Proceedings of IEEE INFOCOM, vol. 2, pp. 836-843(2003)

9. Hong, Y.-W., Lin, C.-K., Wang, S.-H.: On the stability of two-user slotted ALOHA with channel-aware and cooperative users. In: 5th International Symposium on Modeling and Optimization in Mobile, Ad Hoc and Wireless Networks and Workshops (WiOpt), pp. 1-10 (2007)

10. Hong, Y.-W., Lin, C.-K., Wang, S.-H.: On the stability region of two-user slotted ALOHA with cooperative relays. In: Proceedings on the IEEE International Symposium on Information Theory (ISIT), pp. 356-360(2007)

11. Hong, Y.-W. P., Lin, C.-K., Wang, S.-H.: Exploiting cooperative advantages in slotted ALOHA random access networks. to appear in IEEE Transactions on Information Theory (2010)

12. Lin, C.-K., Hong, Y.-W. P.: On the finite-user stability region of slotted ALOHA with cooperative users. In: Proc. on IEEE International Conference on Communications (ICC), pp. 1082-1086(2008)

13. Lin, R., Petropulu, A. P.: A new wireless network medium access protocol based on cooperation. IEEE Transactions on Signal Processing **53**(12),4675-4684(2005)

14. Lin, X., Shroff, N. B.: The impact of imperfect scheduling on cross-laye congestion control in wireless networks. IEEE/ACM Transactions on Networking **14**(2),302-315(2006)

15. Liu, P., Tao, Z., Narayanan, S., Korakis, T., Panwar, S.: CoopMAC: A cooperative MAC for wireless LANs. IEEE Journal on Selected Areas in Communications **25**(2),340-354(2007)

16. Loynes, R.: The stability of a queue with non-independent inter-arrival and service times. Proceedings of the Cambridge Philosophical Society **58**,497-520(1962)

17. Luo, W., Ephremides, A.: Stability of N interacting queues in random-access systems. IEEE Transactions on Information Theory **45**(5),1579-1587(1999)

18. Neely, M. J.: Dynamic power allocation and routing for satellite and wireless networks with time varying channels. Ph. D. thesis, Massachusetts Institute of Technology (2003)

19. Neely, M. J., Modiano, E., Rohrs, C. E.: Dynamic power allocation and routing for time-varying wireless networks. IEEE Journal on Selected Areas in Communications **23**(1),89-103(2005)

20. Neely, M. J., Urgaonkar, R.: Optimal backpressure routingfor wireless networks with multi-receiver diversity. Ad Hoc Networks **7**(5),862-881(2009)

21. Rao, R., Ephremides, A.: On the stability of interacting queues in a multi-access system. IEEE Transactions on Information Theory **34**(5),918-930(1988)

22. Sadeghi, B., Kanodia, V., Sabharwal, A., Knightly, E.: Opportunistic media access for multirate ad hoc networks. In: Proceedings of ACM MobiCom, pp. 24-35(2002)

23. Sayed, S., Yang, Y.: BTAC: A busy tone based cooperative MAC protocol for wireless local area networks. In: International Conference on Communications and Networking in China (ChinaCom), pp. 403-409(2008)

24. Szpankowski, W.: Stability conditions for some multiqueue distributed systems: Buffered random access systems. Advances in Applied Probability **26**,498-515(1994)

25. Tassiulas, L., Ephremides, A.: Stability properties of constrained queueing systems and scheduling policies for maximum throughput in multihop radio networks. IEEE Transactions on Automatic Control **37**(12),1936-1948(1992)

26. Tsatsanis, M. K., Zhang, R., Banerjee, S.: Network-assisted diversity for random access wireless networks. IEEE Transactions on Communications **48**(3),702-711(2000)

27. Verde, F., Korakis, T., Erkip, E., Scaglione, A.: On avoiding collisions and promoting cooperation: Catching two birds with one stone. In: Proceedings of IEEE Workshop on Signal Processing for Advanced Wireless Communications (SPAWC), pp. 431-435(2008)

28. Wu, H., Peng, Y., Long, K., Cheng, S., Ma, J.: Performance of reliable transport protocol over IEEE 802. 11 wireless LAN: Analysis and enhancement. In: Proceedings of INFOCOM, vol. 2, pp. 559-608(2002)

29. Yeh, E., Berry, R.: Throughput optimal control of cooperative relay networks. IEEE Transactions on Information Theory **53**(10),3827-3833(2007)

第9章　协作网络中的网络和跨层问题

在前面的章节中,我们已经研究了协作网络的介质访问控制(MAC)层的问题并介绍了多种协作 MAC 协议来从 MAC 层利用协作的优势。在本章中,我们将进一步研究协作网络中其他更高层的问题,包括服务质量(QoS)、路由和安全。首先,我们从提高所支持的网络的 QoS 如多媒体应用方面来研究协作的优势。利用有效容量的概念来描述 QoS 的特征并且在一定 QoS 要求可以得到满足的情况下提供相应的条件。其次,我们将介绍协作传输在网络路由问题中的作用。与传统的路由问题不同,在最优路由搜索中考虑协作传输的可能性比较棘手。本章将介绍几种协作路由协议并突出其在能效方面的优势。最后,我们稍微接触协作网络中涉及行为不端的中继节点或伙伴的安全性问题。虽然很多工作已经致力于在更高层次中研究此问题,特别是在自组网的背景下,但我们更专注于使用物理层信号处理来识别恶意中继节点并避免其损害的跨层方法。

9.1　协作网络的服务质量

例如,在第 5 章和第 8 章中已经表明用户协作增加了香农容量以及网络吞吐量。然而,容量和吞吐量的研究不能准确地表征系统保证服务质量(QoS)要求的能力,如传输延迟界限或缓存溢出概率。在本节中,我们利用有效容量[22]的概念来描述无线系统中用户的 QoS 特征。有效容量的概念源于有效带宽[2,3]的概念,最初的研究背景为有线网络。在有线网络中,假设传输信道稳定并且可靠,因此假定数据包到达过程随机时服务速率可以建模为常量。在这种情况下,信源缓存区超出其极限是可能的,从而导致缓存溢出和丢包。在缓存区大小无限和服务速率恒定的系统中,队列长度可被视为排队延迟的范畴,因此缓存溢出概率也表征延迟超过一定界限的概率。因此,缓存溢出概率是对于不同信源到达过程和不同恒定服务速率值的很好的 QoS 衡量方法。不幸的是,一般在缓存区大小有限的情况下很难描述这种概率。然而,通过利用大偏差理论,可以将缓存溢出概率的渐近衰减率表征为缓存大小 Q_{max} 的增长。有效带宽被定义为实现预定缓存溢出概率的衰减率所需要的恒定服务速率。类似地,在无线网络中,代替服务过程随机,我们可以描述一个给定恒定到达速率的缓存溢出概率的渐近衰减率,并将有效容量定义为缓存溢出概率的渐进衰减率约束下的最大可支持到达速率。

具体而言,让我们考虑一个简单的排队模型,如图 9.1 所示。令 $A(t)$ 是在时

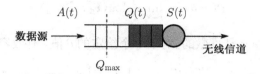

图 9.1　一个队列的排队模型

间间隔 $[0, t)$ 内已到达缓存区的信源数据量,并令 $S(t)$ 为时间间隔 $[0, t)$ 内由信道服务的数据量。在 t 时刻,队列长度由下式给出

$$Q(t) = (A(t) - S(t))^+ \tag{9.1}$$

式中,$(x)^+ = \max(0, x)$。假设渐近对数正态分布生成函数 $A(t)$,即函数

$$\Lambda(\theta) \triangleq \lim_{t \to \infty} \frac{1}{t} \log \mathbf{E}[e^{\theta A(t)}] \tag{9.2}$$

存在并对于所有 $\theta \geqslant 0$ 是可微的。然后,有效带宽可被定义为一个参数为 θ 的函数

$$\mathcal{B}(\theta) \triangleq \frac{\Lambda(\theta)}{\theta} = \frac{1}{\theta} \lim_{t \to \infty} \frac{1}{t} \log \mathbf{E}[e^{\theta A(t)}] \tag{9.3}$$

对于一个恒定服务速率 μ,它遵循大偏差理论[2,3],缓存溢出概率表示为

$$\sup_t \Pr(Q(t) \geqslant Q_{\max}) \sim e^{-\theta(\mu)Q_{\max}} \tag{9.4}$$

式中,$f(x) \sim g(x)$ 表示 $\lim_{x \to \infty} f(x)/g(x) = 1$,$Q_{\max}$ 是缓存大小。这里,$\theta(\mu)$ 是恒定服务速率 μ 下的缓存溢出概率的渐近衰减率并被证明是 $\mathcal{B}(\theta) = \mu$[2,3] 的解。因此,有效带宽 $\mathcal{B}(\theta)$ 可被视为实现渐近衰减率 θ 所需的最小恒定服务速率。θ 的值通常用来表征可实现的 QoS,因此被称为 QoS 指数。例如,在多媒体应用中,延迟是主要关注的问题,我们可以将式(9.4)中的缓存溢出概率等效为延迟 $D(t)$ 超过某些延迟要求 $D_{\max}$ 的概率,即

$$\sup_t \Pr(D(t) \geqslant D_{\max}) \sim e^{-\theta(\mu)\mu D_{\max}} \tag{9.5}$$

这是因为 $D(t) = Q(t)/\mu$,$D_{\max} = Q_{\max}/\mu$。然后,延迟界限违反概率的可容忍界限可以转换为[通过式(9.4)]QoS 指数 θ 的界限。θ 的值根据不同应用的 QoS 保证来设定。例如,对于语音和视频应用,衰减率 θ 必须很大,然而对于最大速率数据(例如,文件传输或电子邮件传送),θ 值可能相当小。

另一方面,通过假设到达速率恒定且服务过程可变和随机,有效容量可被类似地定义为恒定到达速率 λ,它可同时满足缓存溢出概率的渐近衰减率或延迟界限违反概率的约束。同样,假定函数

$$\Gamma(-\theta) = \lim_{t \to \infty} \frac{1}{t} \log(\mathbf{E}[e^{-\theta S(t)}])$$

存在并对于所有 $\theta \geqslant 0$ 是可微的。对于一个给定的 θ 值，有效容量定义为

$$\mathcal{C}(\theta) \triangleq -\frac{\Gamma(-\theta)}{\theta} = -\frac{1}{\theta} \lim_{t \to \infty} \frac{1}{t} \log(\mathbf{E}[e^{-\theta S(t)}]) \tag{9.6}$$

通过大偏差理论，缓存溢出概率也可以表示为

$$\sup_{t} \Pr(Q(t) \geqslant Q_{\max}) \sim e^{-\theta(\lambda)Q_{\max}} \tag{9.7}$$

式中，渐近衰减率 $\theta(\lambda)$ 此时满足 $\mathcal{C}(\theta) = \lambda$。由于到达速率是恒定速率 λ，t 时刻被服务的数据实际在更早的时刻 $Q(t)/\lambda$ 已经到达，因此该数据的延迟是 $D(t) = Q(t)/\lambda$。这样，延迟界限违反概率也由下式给出

$$\sup_{t} \Pr(D(t) \geqslant D_{\max}) \sim e^{-\theta(\lambda)\lambda D_{\max}} \tag{9.8}$$

注意，当 θ 变为零，对于一个延迟界限违反概率的固定约束，延迟界限将趋近于无穷大。在这种情况下，将不存在延迟约束，并且有效容量将等效为通过随着时间的推移执行速率和功率分配而最大化的平均信道容量。另一方面，当 θ 趋近于无穷大，系统无法容忍任何延迟，从而信道应该提供一个恒定的吞吐量。在这种情况下，有效容量相当于零故障概率并通过在每一瞬时时间反转信道增益[20]的范围内选择功率来实现。此外，值得注意的是，有效带宽 $\mathcal{B}(\theta)$ 随着 θ 的增加而增加，而有效容量 $\mathcal{C}(\theta)$ 随着 θ 的减少而减少。这正好与实现更严格的 QoS 保证所需要的一个更大的服务速率或更小的到达速率的直觉相一致。

在无线网络中，由于衰落信道的时变特性，每个用户的服务速率随着时间的推移显著变化。由于协作，增加空间自由度可以用来提供更高的可靠性和更大的吞吐量。因此，对于给定的 QoS 指数 θ，看看有多少用户可以从协作最大化系统支持的恒定到达速率这个方面受益很有趣。为了研究协作的优势，我们首先考虑一个简单的三节点中继网络，如图 9.2 所示，得出最大化该系统有效容量的最优功率分配。然后，我们在两个用户之间的总功率约束下研究两用户成对协作系统的有效容量区域。从我们得到的区域中，可以观察到协作的优势和资源竞争的效果。

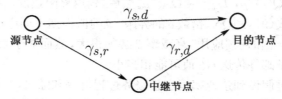

图 9.2　两用户中继网络模型

9.1.1　简单中继网络的服务质量

考虑一个简单的中继网络,包括一个源节点、一个中继节点和一个目的节点,如图 9.2 所示。假设时间分为持续时间为 T_f 的等长时间帧,并假设传输每帧的过程中信道系数保持不变,但是在不同时间帧之间独立同分布(i. i. d.)。具体而言,令 $h_{s,d}[m]$, $h_{s,r}[m]$ 和 $h_{r,d}[m]$ 分别为 $s\text{-}d$, $s\text{-}r$, 和 $r\text{-}d$ 链路上的信道系数,并且在第 m 个时间帧内令 N_0 为噪声方差。然后,我们可以分别定义 $s\text{-}d$, $s\text{-}r$, 和 $r\text{-}d$ 链路的 SNR 为 $\gamma_{s,d}[m] \triangleq |h_{s,d}[m]|^2/N_0W$, $\gamma_{s,r}[m] \triangleq |h_{s,r}[m]|^2/N_0W$ 和 $\gamma_{r,d}[m] \triangleq |h_{r,d}[m]|^2/N_0W$,并令

$$\gamma[m] \triangleq (\gamma_{s,d}[m], \gamma_{s,r}[m], \gamma_{r,d}[m])$$

为链路 SNR 的矢量。

一般情况下,每个时间帧内可达到的容量,例如 $C(\gamma[m])$,可以表示为一个链路 SNR $\gamma[m]$ 的函数。如果 $C(\gamma[m])$ 的单位为比特／秒,那么在第 m 个时隙传输的比特数可以表示为 $R_s[m] = T_f C(\gamma[m])$。到时间 $t = MT_f$ 所提供的比特总数等于

$$S(t) = \sum_{m=1}^{M} R_s[m] = \sum_{m=1}^{M} C(\gamma[m])T_f$$

因此,由式(9.6)并假设信道是独立同分布的,有效容量可以计算为

$$\mathcal{C}(\theta) = -\frac{1}{\theta} \lim_{M \to \infty} \frac{1}{MT_f} \log(\mathbf{E}[e^{-\theta \sum_{m=1}^{M} C(\gamma[m])T_f}]) = -\frac{1}{\theta} \log(\mathbf{E}[e^{-\theta T_f \cdot C(\gamma)}])$$

$$(9.9)$$

式中,由于假设信道为独立同分布的,因此最后一个等式省略了帧索引 m。协作网络可实现的有效容量取决于信道容量 $C(\gamma)$,而 $C(\gamma)$ 取决于链路 SNR 矢量 γ 和所采用的中继策略。

让我们采用一种两阶段协作方案,该方案将每个帧分成两个传输时期。在第一个时期,源节点同时向中继节点和目的节点广播它的消息,在第二个时期,中继节点向目的节点转发源消息。我们假设在发射端有完全 CSI,这样速率和功率可以根据它们的瞬时信道条件得到修正。具体而言,我们可以定义 $P_s(\gamma)$ 和 $P_r(\gamma)$ 分别是在给定信道条件 γ 下源节点和中继节点的发射功率。采用基本 AF 中继方案(参阅第 3 章和参考文献[10]),容量可以表示为

$$C_{\text{AF}}(\gamma) = \frac{W}{2} \log_2\left(1 + \gamma_{s,d} P_s(\gamma) + \frac{\gamma_{s,r} P_s(\gamma) \gamma_{r,d} P_r(\gamma)}{1 + \gamma_{s,r} P_s(\gamma) + \gamma_{r,d} P_r(\gamma)}\right) \quad (9.10)$$

式中,由于同一码字在相同的时间帧(参见第 3 章)中被发射了两次,所以对数函数前要加上因子 1/2。另一方面,采用基本 DF 中继方案(参见第 3 章和参考文

[10]),容量可以写为

$$C_{\mathrm{DF}}(\gamma) = \frac{W}{2}\min\{\log_2(1+\gamma_{s,r}P_s(\gamma)),\log_2(1+\gamma_{s,d}P_s(\gamma)+\gamma_{r,d}P_r(\gamma))\}$$

(9.11)

上面给定的容量以比特/秒计算。因此,如上所述,$R_s(\gamma)=T_fC(\gamma)$ 是每帧可以发射的比特数,其中 $C(\gamma)$ 是由式(9.10)或式(9.11)所给出的容量。

通过式(9.9)中的关系,有效容量可以通过在源节点和中继节点之间进行最优功率分配而达到最大化,而源节点和中继节点满足平均功率约束

$$\mathbf{E}\left[\frac{1}{2}P_s(\gamma)+\frac{1}{2}P_r(\gamma)\right] \leqslant \overline{P}$$

由于 $P_s(\gamma)$ 和 $P_r(\gamma)$ 只通过半个时间帧发射,因此式中有因子 1/2。

令 $\mathbf{P}(\gamma) \triangleq (P_s(\gamma),P_r(\gamma))$ 为链路 SNR γ 的功率分配。在 AF 方案中,最优功率分配策略可通过下式得到:[19]

$$\max_{\mathbf{P}(\gamma)} \quad -\frac{1}{\theta}\log(\mathbf{E}[e^{-\theta T_f \cdot C_{\mathrm{AF}}(\gamma)}])$$

(9.12)

$$满足 \quad \mathbf{E}[P_s(\gamma)+P_r(\gamma)] \leqslant 2\overline{P}$$

$$P_s(\gamma) \geqslant 0, \ P_r(\gamma) \geqslant 0, \ \forall \gamma$$

由于式(9.12)中的目标函数为非凸的,所以该解决方案很难实现。然而,在高信噪比情况下,我们可以得到如下的近似:

$$1+\gamma_{s,r}P_s(\gamma)+\gamma_{r,d}P_r(\gamma) \approx \gamma_{s,r}P_s(\gamma)+\gamma_{r,d}P_r(\gamma)$$

因此,AF 方案下的容量可以表示为

$$C_{\mathrm{AF}}(\gamma) \approx \frac{W}{2}\log_2\left(1+\gamma_{s,d}P_s(\gamma)+\frac{\gamma_{s,r}P_s(\gamma)\gamma_{r,d}P_r(\gamma)}{\gamma_{s,r}P_s(\gamma)+\gamma_{r,d}P_r(\gamma)}\right)$$

(9.13)

相对于 $\mathbf{P}(\gamma)$ 该公式是凸的。将近似容量表达式代入式(9.12),我们可以得到拉格朗日函数

$$\mathcal{L}(\mathbf{P}(\gamma)) = \mathbf{E}\left[\left(1+\gamma_{s,d}P_s(\gamma)+\frac{\gamma_{s,r}P_s(\gamma)\gamma_{r,d}P_r(\gamma)}{\gamma_{s,r}P_s(\gamma)+\gamma_{r,d}P_r(\gamma)}\right)^{-\frac{\beta}{2}}\right]$$
$$+\upsilon\mathbf{E}[P_s(\gamma)+P_r(\gamma)]$$

式中,υ 为拉格朗日乘子并且

$$\beta \triangleq \frac{\theta T_f W}{\log 2}$$

是归一化 QoS 指数。在 KKT 条件下,所衍生的拉格朗日函数必须满足

$$\frac{\partial \mathcal{L}}{\partial P_s(\gamma)} = 0 \quad \text{和} \quad \frac{\partial \mathcal{L}}{\partial P_r(\gamma)} = 0$$

如果存在解决方案 $\mathbf{P}(\gamma)$ 使得 $P_s(\gamma) > 0$ 且 $P_r(\gamma) > 0$ 的话。在这些条件下,得到解决方案为

$$P_s(\gamma) = \mu P_r(\gamma) \tag{9.14a}$$

和

$$P_r(\gamma) = \frac{1}{v} \left(\left[\frac{\gamma_0}{\gamma_{r,d}} \left(\frac{\gamma_{r,d} + c}{\gamma_{s,d} + c} \right)^2 \right]^{\frac{-2}{\beta+2}} - 1 \right)^+ \tag{9.14b}$$

式中参数定义如下

$$c \triangleq \sqrt{\gamma_{s,d}\gamma_{r,d} + \gamma_{s,r}\gamma_{r,d} - \gamma_{s,d}\gamma_{s,r}}$$

$$\mu \triangleq \frac{\gamma_{r,d}(\gamma_{s,d} + c)}{\gamma_{s,r}(\gamma_{r,d} - \gamma_{s,d})}$$

$$v \triangleq \frac{c\gamma_{r,d}(\gamma_{s,d} + c)^2}{(\gamma_{r,d} - \gamma_{s,d})\gamma_{s,r}(\gamma_{r,d} + c)}$$

且 $\gamma_0 \triangleq \mu/\beta$。需要注意的是,式(9.14)中的解决方案只有当 $P_r(\gamma) > 0$ 且 $u > 0$ 时可行。否则,AF 方案将减少直接传输,而最优功率分配可计算如下:[20]

$$P_s(\gamma) = [\gamma_0^{\frac{-2}{\beta+2}} \gamma_{s,d}^{\frac{-\beta}{\beta+2}} - \gamma_{s,d}^{-1}]^+ \quad \text{和} \quad P_r(\gamma) = 0 \tag{9.15}$$

式中,选择 γ_0 以满足功率约束 $\mathbf{E}[P_s(\gamma) + P_r(\gamma)] \leqslant 2\overline{P}$。

类似地,在 DF 方案中,最优功率分配策略可通过下式得到

$$\max_{\mathbf{P}(\gamma)} \quad -\frac{1}{\theta} \log(\mathbf{E}[e^{-\theta T f \cdot C_{\mathrm{DF}}(\gamma)}]) \tag{9.16}$$

满足 $\mathbf{E}[P_s(\gamma) + P_r(\gamma)] \leqslant 2\overline{P}$

$$P_s(\gamma) \geqslant 0, \ P_r(\gamma) \geqslant 0, \ \forall \gamma$$

根据对数函数的单调性并用式(9.11)代替 $C_{\mathrm{DF}}(\gamma)$,则优化问题可以等价为

$$\min_{\mathbf{P}(\gamma)} \quad \mathbf{E}[\max\{\mathcal{F}_1(\gamma), \mathcal{F}_2(\gamma)\}] \tag{9.17}$$

满足 $\mathbf{E}[P_s(\gamma) + P_r(\gamma)] \leqslant 2\overline{P}$

$$P_s(\gamma) \geqslant 0, \ P_r(\gamma) \geqslant 0, \ \forall \gamma$$

式中,

$$\mathcal{F}_1(\gamma) = (1 + \gamma_{s,r}P_s(\gamma))^{-\frac{\beta}{2}}$$

$$\mathcal{F}_2(\gamma) = (1 + \gamma_{s,d}P_s(\gamma) + \gamma_{r,d}P_r(\gamma))^{-\frac{\beta}{2}}$$

注意,在 DF 方案中,目标函数曲线是严格凸的,因此存在唯一的解决方案。该解决方案需要通过考虑两种情况得到。第一种情况,如果 $\gamma_{s,r} < \gamma_{s,d}$,则总有 $\mathcal{F}_1(\gamma) > \mathcal{F}_2(\gamma)$ 且与 $P_2(\gamma)$ 的值无关。所以,我们设 $P_r(\gamma) = 0$,有

$$P_s(\gamma) = \underset{P_s(\gamma):\mathbf{E}[P_s(\gamma)] \leqslant \bar{P}}{\arg\min} \mathbf{E}[\mathcal{F}_1(\gamma)] \tag{9.18}$$

得到的解决方案是

$$P_s(\gamma) = \left[\gamma_0^{\frac{-2}{\beta+2}} \gamma_{s,r}^{\frac{-\beta}{\beta+2}} - \gamma_{s,r}^{-1}\right]^+ \tag{9.19}$$

第二种情况,当 $\gamma_{s,r} \geqslant \gamma_{s,d}$ 时,则发现功率 $\mathcal{F}_1(\gamma) = \mathcal{F}_2(\gamma)$。这就产生了这样一种条件

$$P_r(\gamma) = \frac{\gamma_{s,r} - \gamma_{s,d}}{\gamma_{r,d}} P_s(\gamma) \tag{9.20}$$

将式(9.20)代入目标函数,可以得到拉格朗日函数如下:

$$\mathcal{L}(\mathbf{P}(\gamma)) = \mathbf{E}[\mathcal{F}_1(\gamma)] + \mu\mathbf{E}[P_s(\gamma) + P_r(\gamma)]$$

$$= \mathbf{E}\left[(1 + \gamma_{s,r}P_s(\gamma))^{\frac{-\beta}{2}}\right] + \mu\mathbf{E}\left[\left(1 + \frac{\gamma_{s,r} - \gamma_{s,d}}{\gamma_{r,d}}\right)P_s(\gamma)\right]$$

令 $\dfrac{\partial\mathcal{L}}{\partial P_s(\gamma)} = 0$,可得到解决方案

$$P_s(\gamma) = \left[\left[\left(1 + \frac{\gamma_{s,r} - \gamma_{s,d}}{\gamma_{r,d}}\right)\gamma_0\right]^{\frac{-2}{\beta+2}} \gamma_{s,r}^{\frac{-\beta}{\beta+2}} - \gamma_{s,r}^{-1}\right]^+ \tag{9.21}$$

和

$$P_r(\gamma) = \frac{\gamma_{s,r} - \gamma_{s,d}}{\gamma_{r,d}} P_s(\gamma) \tag{9.22}$$

同样,选择 γ_0 以满足平均功率约束。

图 9.3 中显示 AF 和 DF 方案的归一化有效容量并与直接传输(即 Direct T_x)的情况进行比较。这儿,归一化有效容量定义为有效容量除以系统带宽 W 和帧间隔 T_f。令 $\dfrac{T_f W}{\log 2}$ 等于 1,那么 $\beta = \theta$,而且假定每条链路上的信噪比服从均值与链路距离的四次方成正比的指数分布。源节点和目的节点之间的距离被归一化为 1,而源节点和中继节点之间的距离以及中继节点和目的节点之间的距离分别给定为 d 和 $1-d$。两用户中继网络的归一化有效容量被绘制为距离 d 和 QoS 的指数 θ 间的对比关系。当 QoS 要求宽松时,即当 θ 很小时,协作和非协作系统的归一化有效容量间的差异并不明显。然而,当 QoS 要求变得更加严格时,用户协作就会获得高增

益。在 AF 或 DF 方案中都能观察到这种现象。事实上,用户协作可以使得源节点和中继节点之间的资源得到更灵活的利用,以提供更恒定的服务速率。

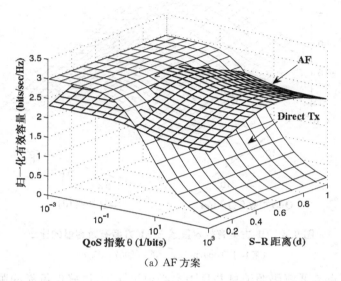

（a）AF 方案

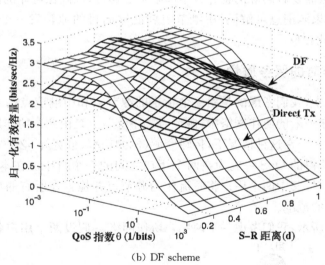

（b）DF scheme

图 9.3　AF 和 DF 方案的归一化有效容量

（来自于 Tong 和 Zhang, © [2007] IEEE）

图 9.4 中所示为 DF 和 AF 方案中考虑到距离 d 和 QoS 指数 θ 时有效容量的比率。我们可以观察到 DF 方案中,当中继节点接近源节点时能产生更高的有效容量,但当源节点和中继节点变得更远时有效容量就降低了。这是由于在 DF 方

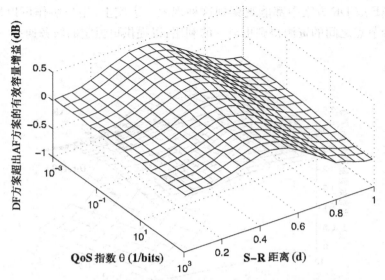

图 9.4 DF 方案有效容量超出 AF 方案有效容量的比率

(来自于 Tong 和 Zhang,© [2007] IEEE)

案中,中继节点需要解码源消息并且距离必须足够近,以确保可靠的源节点到中继节点信道。如果源消息可解码,中继节点就能够向目的地转发一个明确的消息,AF 方案则与此相反。

9.1.2 协作对的服务质量

在上一节中,我们考虑的是由一个指定的源节点和中继节点构成的简单中继网络。然而,在一般的协作网络中,源节点和中继节点是由两个协作用户轮流扮演这两个角色之一。在这种情况下,传输资源(例如功率、带宽等)必须在两个用户间共享,而且所获得的 QoS 将成为在两个用户之间的一个折中。在本节中,我们考虑两用户协作对,其中两个用户将轮流作为源节点并检查在所有的功率分配策略中其有效容量的范围。

如图 9.5 所示,我们考虑一个两用户协作网络。假设两个用户各被分配一个

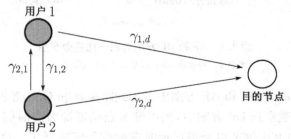

图 9.5 两用户协作网络示意图

带宽 W 和持续时间 T_f 的正交信道。每个信道被进一步分为两个阶段。在阶段 I，这两个用户都作为源节点并彼此广播自己的消息给对方和目的节点。在阶段 II，用户立即重发其伙伴的消息。令 $\gamma_{i,d} \triangleq |h_{i,d}|^2 / N_0 W$ 为 i 用户和目的节点之间链路上的信噪比，$\gamma_{i,j} \triangleq |h_{i,j}|^2 / N_0 W$ 为用户 i 和用户 j 之间链路上的用户间信噪比。因此，瞬时 CSI 可以用矢量 $\gamma = (\gamma_{1,d}, \gamma_{2,d}, \gamma_{1,2}, \gamma_{2,1})$ 来表示。

假设对于 $(\gamma) i \in \{1, 2\}$，$P_i^{\mathrm{I}}(\gamma)$ 和 $P_i^{\mathrm{II}}(\gamma)$ 是当瞬时 CSI 为 γ 时，用户 i 在阶段 I 和阶段 II 的发射功率。我们应该考虑由两个用户给出的平均总功率约束

$$\mathbf{E}\left[\frac{1}{2}P_1^{\mathrm{I}}(\gamma) + \frac{1}{2}P_1^{\mathrm{II}}(\gamma) + \frac{1}{2}P_2^{\mathrm{I}}(\gamma) + \frac{1}{2}P_2^{\mathrm{II}}(\gamma)\right] \leqslant \overline{P} \tag{9.23}$$

假设 $\overline{P}_1$ 和 $\overline{P}_2$ 分别被分配给用户 1 和用户 2 的数据传输，则每个用户的有效容量可以通过分别求解以下两个优化问题达到最大化：

i) $\underset{\mathbf{P}_1(\gamma)}{\arg\max} \quad -\frac{1}{\theta}\log(\mathbf{E}[e^{-\theta T_f \cdot C_1(\gamma)}])$ \hfill (9.24)

满足 $\mathbf{E}[P_1^{\mathrm{I}}(\gamma) + P_2^{\mathrm{II}}(\gamma)] \leqslant 2\overline{P}_1$，$P_1^{\mathrm{I}}(\gamma) \geqslant 0$，$P_2^{\mathrm{II}}(\gamma) \geqslant 0$

ii) $\underset{\mathbf{P}_2(\gamma)}{\arg\max} \quad -\frac{1}{\theta}\log(\mathbf{E}[e^{-\theta T_f \cdot C_2(\gamma)}])$ \hfill (9.25)

满足 $\mathbf{E}[P_2^{\mathrm{I}}(\gamma) + P_1^{\mathrm{II}}(\gamma)] \leqslant 2\overline{P}_2$，$P_2^{\mathrm{I}}(\gamma) \geqslant 0$，$P_1^{\mathrm{II}}(\gamma) \geqslant 0$

回想一下，$C_i(\gamma)$ 是用户 i 在 CSI γ 下的瞬时信道容量，P_i^{II} 是中继其他用户数据所利用的功率。通过采用 AF 和 DF 方案的任意一种，信道容量可以表示为式 (9.10) 和式 (9.11) 之一，最佳功率分配遵循上一节的结果。

显然，当一个用户被分配了更多的功率时，则其有效容量增加，而其他用户的则减小。通过考虑使得 $\overline{P}_1 + \overline{P}_2 = \overline{P}$ 的所有 $(\overline{P}_1, \overline{P}_2)$ 可能值，我们可以得到两用户归一化有效容量域的边界值，如图 9.6 所示。边界上的每个点通过在一个子约束对 $(\overline{P}_1, \overline{P}_2)$ 之上执行最优功率分配得到。在这个实验中，我们令总平均功率为 $\overline{P} = \overline{P}_1 + \overline{P}_2 = 10$，并假定链路信噪比为 $\gamma_{1,d}$，$\gamma_{2,d}$，$\gamma_{1,2}$ 和 $\gamma_{2,1}$ 且服从均值分别为 1，4，10，10 的指数分布。在这种情况下，用户 1 有一个比用户 2 更坏的上行链路信道。因此通过用户协作，用户 1 的归一化有效容量在用户 2 的帮助下得到增加。然而用户 2 的有效容量减少，这是由于用户 1 提供的中继路径没有其到目的节点的直接链路可靠，因此分配给阶段 II 的时间还没有得到有效利用。为了提高两个用户的协作优势，可以进一步调整分配给协作传输阶段 I 和阶段 II 的时间。有关两个阶段的时间间隔调整的问题这里就不讨论了。读者可通过参考文献 [24] 作进一步讨论。

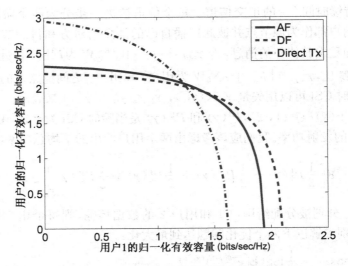

图 9.6　$\theta = 0.01$ 时协作对的有效容量域

9.2　协作网络路由

在前面的章节中,我们已经表明,在协作中继的帮助下,协作传输可用于改善源节点和目的节点之间的链路质量。协作链路在多跳网络中可以用作基本的端到端路由的构建模块。随着每跳链路质量的改善,可以利用较少的传输功率获得所需的源节点和目的节点之间的端到端性能。然而,如何找到任一源节点和目的节点协作对之间的最佳协作路由的问题仍然存在。尽管在过去几年中,传统的路由协议已被广泛研究,但大多数方案只考虑每一跳的点到点传输,因此不能直接应用到协作网络。具体而言,协作使得每个链路可能涉及到多个节点,并且链路成本与传统的点到点链路有很大的差异。由于这些原因,考虑到协作传输的特性新的路由协议的开发必须充分利用协作的优势。接下来,我们将首先介绍的协作路由问题的一般公式,然后总结出一些可以在实践中应用的不是最理想但高效的协作路由算法。

9.2.1　协作路由的一般公式

考虑一个由 N 个节点构成的多跳网络,表示为集合 $\mathcal{K} = \{0, 1, \cdots, N-1\}$。令 $s \in \mathcal{K}$ 是源节点且令 $d \in \mathcal{K} - \{s\}$ 为目的节点。正如参考文献[9]所提出的协作路由的一般公式可以看作扩展集序列结构,其中每个集合包括能够可靠地解码源消息直到那个阶段的节点。具体而言,令 $\mathcal{S}_k$ 是 k 阶段的一个可靠集,它被定义为在 k 个传输时隙后能够可靠地对源消息进行解码的节点的集合。在第 $k+1$ 个时隙，集合 $\mathcal{S}_k$ 中的节点将协作地将源信息传输给网络中的另外一个节点集，例如 $\mathcal{U}_{k+1}$，可靠集就变为 $\mathcal{S}_{k+1} = \mathcal{S}_k \bigcup \mathcal{U}_{k+1}$，其中 $\mathcal{U}_{k+1}$ 是在第 $(k+1)$ 个时隙后新添加到可靠集的节点集。然后，协作路由解决方案是一个扩展可靠集序列

$$\mathcal{S}_0, \mathcal{S}_1, \cdots, \mathcal{S}_k, \cdots, \mathcal{S}_T$$

由 $\mathcal{S}_0 = \{s\}$ 开始，如果 $\mathcal{S}_T$ 是第一个包含目的节点的，则终止状态为 $\mathcal{S}_T$，即 $T = \min\{k : d \in \mathcal{S}_k\}$。请注意，在一般情况下，在每一个阶段执行的传输可能会同时到达多个节点，因此可能有 $|\mathcal{U}_k| \geqslant 1$。图 9.7 给出了协作路由的示意图。

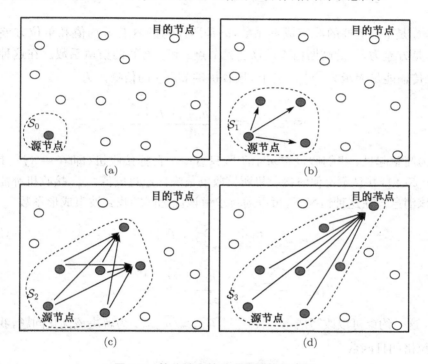

图 9.7 协作路由的扩展集结构示意图

为了确定协作路由 $\{\mathcal{S}_k\}_{k=0}^{T}$（或等价地，接收机端的序列 $\{\mathcal{U}_k\}_{k=1}^{T}$），我们必须计算在每一个阶段，集合 $\mathcal{S}_k$ 和接收端所有可能的集合 $\mathcal{U}_{k+1} \subset \mathcal{K} - \mathcal{S}_k$ 之间的链路成本 $LC(\mathcal{S}_k, \mathcal{U}_{k+1})$。此成本取决于接收机端的目标性能和采用的特定协作传输方案。特别是，链路成本可以定义为在接收机端达到目标信噪比或速率时所需的最小传输能量。当理想的 CSI 在发送机端可用时，能够执行发射波束成形使到达接收机的信号连贯地加起来，因此与非协作情况相比，显然需要更少的能量就能达到目标信噪比。当理想 CSI 在发送机端不可用时，那我们也可以采用在第 3 章和第 4 章

研究的其他的协作传输方案,如选择中继、分布式空时编码、异步协作等,它们在固定性能需求下仍能提供节能效果。下面是一个考虑到发射波束成形的链路成本的例子。

例2:协作波束成形的链路成本

假设在每一阶段都采用发射波束成形,这样集合 $\mathcal{S}_{k-1}$ 中的节点可以预先补偿信道所强加的相位旋转,允许到达接收机的信号有共同相位。假设可以完美实现,则节点 j 接收到的信号可以建模为

$$y_j = \sum_{i \in \mathcal{S}_{k-1}} |h_{i,j}| |f_i| x + w \tag{9.26}$$

式中,f_i 是节点 i 处的波束成形系数,x 是所发射的具有零均值和单位方差的码元,w 是方差为 δ_w^2 的高斯白噪声,$h_{i,j}$ 是节点 i 和 j 之间的信道系数。在这种情况下,总传输能量表示为 $\sum_i |f_i|^2$,接收机端节点 j 的信噪比为

$$\mathrm{SNR}_j = \frac{\left(\sum_i |h_{i,j}| |f_i|\right)^2}{\sigma_w^2}$$

为简单起见,我们假设在每个阶段只有一个目标接收机(即 $\mathcal{U}_k = \{j\}$,其中 $j \in \mathcal{K} - \mathcal{S}_{k-1}$),并且不论何时接收机所接收的信噪比超过阈值 $\rho_{\min}$,接收机都能正确解码该消息。在这种情况下,可以通过求解该优化问题找到波束成形系数

$$\min_{\{f_i, \forall i \in S_{k-1}\}} \sum_{i \in S_{k-1}} |f_i|^2 \tag{9.27}$$

$$满足 \quad \frac{\left(\sum_{i \in S_{k-1}} |h_{i,j}| |f_i|\right)^2}{\sigma_w^2} \geqslant \rho_{\min}$$

注意,这一约束可以改写成 $\sum_i |h_{i,j}| |f_i| \geqslant \sqrt{\rho_{\min} \sigma_w^2}$。为解决该优化问题,我们先得到拉格朗日函数

$$\mathcal{L}(\{f_i\}) = \sum_{i \in S_{k-1}} |f_i|^2 + \lambda \left(\sum_{i \in S_{k-1}} |h_{i,j}| |f_i| - \sqrt{\rho_{\min} \sigma_w^2}\right) \tag{9.28}$$

式中,λ 为拉格朗日乘子。然后,通过设置偏导数 $\frac{\partial \mathcal{L}(\{f_i\})}{\partial |f_i|}$ 等于 0 并选择 λ 以满足信噪比约束,我们可以得到最优波束成形系数为

$$f_i = \frac{h_{i,j}^*}{\sum_i |h_{i,j}|^2} \sqrt{\rho_{\min} \sigma_w^2} \tag{9.29}$$

链路成本定义为所有协作发射机之上传输能量的总和,由下式给出

$$LC(\mathcal{S}_k, j) = \sum_{i \in S_{k-1}} |f_i|^2 = \frac{1}{\sum_{i \in S_{k-1}} \frac{|h_{i,j}|^2}{\rho_{\min}\sigma_w^2}} = \frac{1}{\sum_{i \in S_{k-1}} \frac{1}{LC(i, j)}} \tag{9.30}$$

式中，$LC(i, j) = \dfrac{\rho_{\min}\sigma_w^2}{|h_{i,j}|^2}$ 是节点 i 通过直接传输到达节点 j 所需的最小传输能量。一般情况下，$|\mathcal{U}_k| \geqslant 1$，波束成形系数可以设计成使得最差用户的信噪比超过 $\rho_{\min}$。然而，这个问题被认为是 NP-hard 问题而且必须应用次最优算法。读者可通过参考文献[17]作进一步了解。

考虑到链路成本，一般的协作路由问题可以建模为一个动态编程问题，即在 k 阶段该系统的状态可以由可靠集$\mathcal{S}_k$ 表示。初始状态$\mathcal{S}_0$ 是一个只包含源节点 s 的集合，而终止状态是包含目的节点 d 的集合。我们定义

$$\overline{\mathcal{T}} = \{\mathcal{S}_T \subset \mathcal{K} : d \in S_T\}$$

作为终止状态集合。第 k 个阶段的决策变量是集合$\mathcal{U}_k \in \mathcal{K} - \mathcal{S}_{k-1}$，这是在第 k 次传输中的目标用户集合。动态系统由序列$\mathcal{S}_0$，$\mathcal{S}_1$，$\cdots$，$\mathcal{S}_k$，$\cdots$，$\mathcal{S}_T$ 所描述，其中包括

$$\mathcal{S}_k = \mathcal{S}_{k-1} \bigcup \mathcal{U}_k, \quad k = 1, \cdots, T \tag{9.31}$$

总能量消耗为

$$\varepsilon_C = \sum_{k=1}^{T} LC(\mathcal{S}_{k-1}, \mathcal{U}_k) = \sum_{k=1}^{T} LC(\mathcal{S}_{k-1}, \mathcal{S}_k - \mathcal{S}_{k-1}) \tag{9.32}$$

最小能量路由是通过计算从 $\mathcal{S}_0$ 到终止状态$\overline{\mathcal{T}}$之一的最短路径得到。状态空间由所谓的协作图表示，如图 9.8 所示，其中的网络由集合$\mathcal{K} = \{s, 1, 2, d\}$ 表示

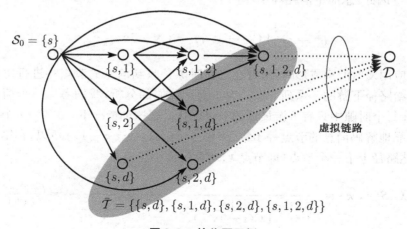

图 9.8　协作图示例

的 4 个节点构成。在该图中,每个顶点由节点子集表示,转移发生在从一个状态$\mathcal{S}$
到另一个状态$\mathcal{S}'$,如果$\mathcal{S} \subset \mathcal{S}'$的话。与转移对应的链路成本是 LC$(\mathcal{S}, \mathcal{S}' - \mathcal{S})$。接
着$\overline{\mathcal{T}}$中所有的终止状态与虚拟状态 D 连接,其链路成本为 0。然而,由于在协作图中
状态的数量随着用户数目 N 呈指数增长,而寻找最短路径的复杂度一般是
$O(2^{2N})$,随着 N 的增加,这很难计算。因此,我们将在下一小节推导出实际应用中
不是很理想但非常有效的算法。尽管如此,协作路由提供了比非协作情况更显著
的节能效果,这一论证可以由下面给出的线性网络的例子来证明。

例 3:线性网络

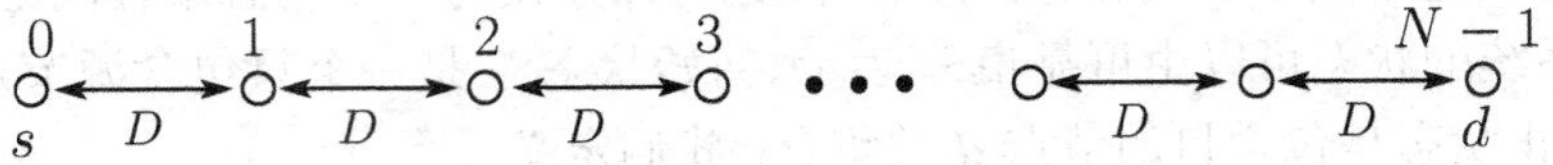

图 9.9　一维线性网络示意图

为了强调协作可以节约能量,我们就考虑一个如图 9.9 所示的由 N 个节点构
成的线性网络,这些节点在一维线上以距离 D 等距分布。节点自左向右标记为 0
到 $N-1$。我们假设节点 0 是源节点,节点 $N-1$ 为目的节点。为简单起见,我们
还假设节点 i 和节点 j 之间的信道增益与距离成比例并随着时间的变化保持不
变,因此我们得到

$$| h_{i,j} |^2 = \frac{1}{| i - j |^\alpha D^\alpha}$$

式中,α 是路径损耗指数。在非协作路由中,最小能量路由是每个节点如节点 $i-1$
沿着目的节点的方向发射到最近的节点即节点 i,它需要的能量为 LC$(i-1, i) =$
$\rho_{\min}\sigma_w^2 D^\alpha$。因此,总能量消耗等于

$$\varepsilon_{NC}^{linear} = \sum_{i=1}^{N-1} LC(i-1, i) = (N-1)\rho_{\min}\sigma_w^2 D^\alpha \qquad (9.33)$$

当应用发射波束成形时,所有在之前时隙接收到消息的节点将进行协作以传
输消息给路径下游的一系列节点。为了简化我们的分析,我们考虑一个简化的策
略,即在每个时隙中只有下游最近的节点可达。在这种情况下,在 $k-1$ 个传输后
可以可靠地解码消息的节点等于集合$\mathcal{S}_{k-1} = \{0, 1, \cdots, k-1\}$。所以,在第 k 个时
隙,到达路径上下一个节点(即节点 k)所需的最小能量是

$$LC(\mathcal{S}_{k-1}, k) = \frac{1}{\sum_{i=1}^{k} \frac{1}{LC(i-1, k)}} = \frac{1}{\sum_{i=1}^{k} \frac{1}{\rho_{\min}\sigma_w^2 i^\alpha D^\alpha}} = \frac{\rho_{\min}\sigma_w^2 D^\alpha}{\zeta(k)}$$

$$(9.34)$$

式中，$\zeta(k) = \sum_{i=1}^{k} \frac{1}{i^{a}}$。在这种情况下总能量消耗等于

$$\varepsilon_{C}^{\text{linear}} = \sum_{k=1}^{N-1} \text{LC}(\mathcal{S}_{k-1}, \ k) = \sum_{k=1}^{N-1} \frac{\rho_{\min} \sigma_{w}^{2} D^{\alpha}}{\zeta(k)} \tag{9.35}$$

通过协作可以节约的能量表示如下

$$\text{节约的能量} = \frac{\varepsilon_{NC}^{\text{linear}} - \varepsilon_{C}^{\text{linear}}}{\varepsilon_{NC}^{\text{linear}}} = 1 - \frac{1}{N-1} \sum_{k=1}^{N-1} \frac{1}{\zeta(k)} \tag{9.36}$$

当 $k \to \infty$ 时 $\zeta(k)$ 的极限是参数为路径损耗指数 α 的黎曼 ξ 函数。特别地，当 $\alpha = 2$ 时，我们得到 $\lim_{k\to\infty}\zeta(k) = \pi^{2}/6$，因此节约的能量接近 $1 - 6/\pi^{2} \approx 39\%$[7]。我们还想说，通过采用网络上的多跳与协作传输，能够进一步降低总能量消耗。因此，上面所指出的能量节约可以看作是一个可实现性能的可达下限。

上面的例子表明，在多跳网络中协作路由可以显著减少端到端的能量消耗。但是，在一般情况下，最优协作路由问题完全是一个 NP 问题[11]，而且每一跳上用到的协作传输需要传统网络中不存在的额外协调。在实际应用中，有必要开发出启发式算法使得计算更易于处理，且在实际网络中需要可控的协调。下一小节总结了一些启发式算法。

9.2.2   协作路由的启发式算法

文献中提出的大多数启发式协作路由协议采用以下两种方法之一：(i)应用传统的非协作路由协议，从而减小寻找每一跳上潜在接收者的复杂性；(ii)在众所周知的最短路径算法中计算协作链路成本。接下来，我们介绍两种路由协议，它们本质上分别是基于非协作和协作的链路成本建立最短路由路径。参考文献[9]中提出沿最小能量非协作路径的协作(CAN)算法应用传统的最短路径算法来寻找最优非协作路由路径，然后允许路由路径上的节点协作发射至下一跳节点以节约能量开支。虽然 CAN 可以有效地降低端到端的成本，但由于最优协作路由与非协作路由有着显著的不同，它可能不能充分地利用协作的优点。第二种方法是，在改进的链路成本上应用传统的最短路径算法直接寻找最优协作路由，这一改进的链路成本是将协作传输的用处考虑在内。基于这种方法提出一个方案，如参考文献[11]中的协作最短路径(CSP)算法，可潜在地寻找与非协作存在很大不同的路由并更接近最优协作解决方案。以上提及的方案总结如下。

沿最小能量非协作路径的协作(CAN)算法

在 CAN 中，从源节点到目的节点的最佳非协作路由最先被选择。然后在每一跳，路由上剩下的 ℓ 个节点将消息协作发射到下一个节点。例如，假设非协作路由由一个节点 ω 序列 $= \{s, r_{1}, r_{2}, \cdots, r_{n}, d\}$ 表征。在第一个时隙，源节点 s 以需要的最

小能量发射至 r_1。然后，在接下来的时隙中，s 和 r_1 协作发射到 r_2，这将产生成本

$$\mathrm{LC}(\{s,\,r_1\},\,r_2) = \cfrac{1}{\cfrac{|h_{s,\,r_2}|^2}{\rho_{\min}\sigma_\omega^2} + \cfrac{|h_{r_1,\,r_2}|^2}{\rho_{\min}\sigma_\omega^2}} = \cfrac{1}{\cfrac{1}{\mathrm{LC}(s,\,r_1)} + \cfrac{1}{\mathrm{LC}(r_1,\,r_2)}}$$

(9.37)

在第 k 个时隙中，例如 $k > \ell$，则节点 $r_{k-\ell}$，$\cdots$，r_{k-1} 协作发射信息至节点 r_k 所需的成本是

$$\mathrm{LC}(\{r_{k-\ell},\,\cdots,\,r_{k-1}\},\,r_k) = \cfrac{1}{\sum_{i=k-\ell}^{k-1} \cfrac{1}{\mathrm{LC}(r_i,\,r_k)}}$$

(9.38)

参数 ℓ 被用于将参与协作通信的邻居限制在某一数量之内，因为从实际角度来看，假设超出某一数量的邻居仍能保持完美的同步是不合理的。CAN 算法的优势在于它仅需要对最优非协作路由的搜索，而该搜索仅需要 $O(N^2)$ 的复杂度，其中 N 是网络中节点的总数。协作传输用于物理层时可以不改变传统非协作多跳网络中的原始路由协议，所以它可以很容易地适用于当前网络系统。如果最优协作路由与非协作路由有明显区别，这种方案可能会失去某些协作优势。

协作最短路径(CSP)算法

不同于基于传统非协作路由的解决方案，另外一种寻找协作路由的方式将众所周知的最短路径算法如 Disjkstra 算法[1]应用于考虑到协作传输的使用的改进的链路成本。特别地，在 CSP 中，每一个节点都有两个标签：$\varepsilon_C(s,\,i)$，表示从源节点 s 到节点 i 的协作最短路径的总成本（或总能量消耗）；$\Pi(i)$，表示沿着协作最短路径的节点 i 的前驱节点。此外，令 $\mathcal{P}$ 为从源节点到其自身的最短协作路径已确定的节点的集合，而令 $\mathcal{Q}$ 为该路径待定的节点的集合。CSP 算法可以描述如下。

初始化：

令 $s \in \{0,\,1,\,\cdots,\,N-1\}$ 为源节点，那么集合

$$\varepsilon_C(s,\,i) = \infty \;\text{且}\; \Pi(i) = \varnothing,\text{对于所有}\; i \neq s$$

并令集合 $\varepsilon_C(s,\,s) = 0$。同时，初始化集合 $\mathcal{P}$ 和集合 $\mathcal{Q}$

$$\mathcal{P} = \varnothing \;\text{且}\; \mathcal{Q} = \{0,\,1,\,\cdots,\,N-1\}$$

当 $\mathcal{Q}$ 非空：

(i) 找出有最小总成本的节点，即

$$u := \arg\min_{i \in \mathcal{Q}} \varepsilon_C(s,\,i)$$

(ii) 更新集合如 $\mathcal{P} := \mathcal{P} \bigcup \{u\}$ 且 $\mathcal{Q} := \mathcal{Q} - \{u\}$。

（iii）通过使用如下描述的松弛过程更新总成本和每个节点 $i \in \mathcal{Q}$ 的前驱节点集合。

如果 $\varepsilon_C(s, i) > \varepsilon_C(s, u) + \mathrm{LC}([\Pi(u), u], i)$，则集合

$$\varepsilon_C(s, i) := \varepsilon_C(s, u) + \mathrm{LC}([\Pi(u), u], i)$$

且

$$\Pi(i) := [\Pi(u), u]$$

相似地，如果协作限制在 ℓ 个最近新添加的节点之间，那么链路成本也应做相应修改。

在图 9.10 中比较了 N 个节点的平均端到端能量节约（即通过应用 CAN/CSP 所消耗的能量与应用非协作最短路径算法所消耗的能量的负比值）。考虑在 10×10 的方形区域随机部署 N 个节点。产生 50 000 个场景并在每一场景中随机选择一个源节点—目的节点对。为不失一般性，这里假设噪声方差与接收机需要的最小 SNR 值都为 1。节点 i 与节点 j 之间的信道增益定义为其距离的负二次方值，即 $|h_{i, j}|^2 = D_{i, j}^{-2}$，其中 $D_{i, j}$ 为节点 i 与节点 j 之间的距离。直觉上看，用户协作传输的数量越多（即 ℓ 值更大），将一个数据包发送到目的地所需的平均能量越少。而且，通过基于用户协作适当地选择路由路径（即 CSP 算法），选择的路由比通过非协作最短路径算法找到的路由节省更多能量。虽然以上描述的方案在减少总端到端传输能量方面很有效，但是在实际应用中，由于它需要中心化控制，可能会带来一些限制。这也促使人们对去中心化协作路由算法进行研究。

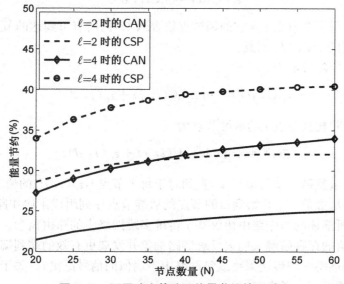

图 9.10　不同路由策略下能量节约情况对比

分布式协作路由算法

分布式协作路由解决方案对实践目的很有必要,但由于协作路径上链路成本的相互关联性而难以获得。为了找到一种去中心化解决方案,可以考虑一个简化的策略,其中每一跳的发送者可以招募协作节点,独立于路径上的其他链路,以作为中继节点。在这样的情况下,每一跳的链路开销将会相互独立,而最短路径也可以通过使用分布式 Bellman-Ford 算法[1]来以一种去中心化的方式被找到,如最早在参考文献[8]中介绍的。

具体来说,令 $\overline{\mathrm{LC}}(i, \mathcal{R}, j)$ 作为节点 i 在集合 $\mathcal{R}$ 中中继节点的帮助下到达节点 j 所需要的最小总能量,令 $\overline{\mathrm{LC}}(i, \varnothing, j)$ 为直接传输的链路成本。假设每一个节点最多只能为协作招募 l 次中继节点。那么,从节点 i 到节点 j 的协作链路成本如下:

$$\mathrm{LC}(i, j) = \min_{\mathcal{R}: |\mathcal{R}| \leqslant l} \overline{\mathrm{LC}}(i, \mathcal{R}, j) \tag{9.39}$$

且从 i 到 j 的传输所使用的中继节点集合如下:

$$\mathcal{R}_{i,j} = \arg\min_{\mathcal{R}: |\mathcal{R}| \leqslant l} \overline{\mathrm{LC}}(i, \mathcal{R}, j) \tag{9.40}$$

通过所具有的每一个节点,如节点 i,对所有 $j \in \mathcal{N}(i)$ 计算链路成本 $\mathrm{LC}(i, j)$,其中 $\mathcal{N}(i)$ 是一个节点 i 的邻居节点中的节点集合,从源到目的地的协作路由可以通过采用分布式 Bellman-Ford 算法找到。分布式协作路由算法可以描述如下。

初始化:每一个节点 $i \in \{i, 2, \cdots, N\}$ 初始化到达目的节点 d 的成本为

$$\varepsilon_C(i, d) = \mathrm{LC}(i, d) \tag{9.41}$$

第一步:每一个节点 i 向它的邻节点集合 $\mathcal{N}(i)$ 内所有可到达的节点发送包含 $\varepsilon_C(i, d)$ 的值的 HELLO 消息。

第二步:更新成本为

$$\varepsilon_C(i, d) = \min_{j \in \mathcal{N}(i)} \mathrm{LC}(i, j) + \varepsilon_C(j, d) \tag{9.42}$$

并找到节点 i 的后继节点为

$$\Xi(i) = \arg\min_{j \in \mathcal{N}(i)} \{\mathrm{LC}(i, j) + \varepsilon_C(j, d)\} \tag{9.43}$$

第三步:重复第一步与第二步,直到对于每个节点 $i, \varepsilon_C(i, d)$ 的值分别汇聚。

第四步:从源节点 s 开始到目的节点的后继节点序列组成了协作路由。

本节中所描述的协作路由协议基于传统多跳网络中的路由概念。然而在物理层中协作通信的存在鼓舞人们去反思链路抽象并发展更有效的端到端协作传输策略(令其成为逐跳令牌传递策略或是网络中雪崩似的信号泛洪)。关于这一主题有兴趣的读者请参阅参考文献[16]。

9.3　协作网络安全问题

本书写到这里,我们已经介绍了数种协作策略,从物理层到 MAC 层再到网络层都有涵盖,而且也显示了通过用户协作所获得的显著性能增益。然而,所有这些工作都依赖于担任中继节点的用户完全协作且值得信任这一假定。很不幸的是,现实往往并非如此。事实上,如果中继节点不服从协作策略或是恶意发射篡改的消息去干扰后续的传输,目的节点的检测性能将会急剧恶化,这样用户可能更愿意脱离协作。在某些情况下,中继节点可能并非出自恶意,而仅仅是私自地将自己的传输资源留予己用。然而,这仍可能破坏用户之间的协作,因为其他用户将缺乏协作的动力。所以,对于目的节点而言,判断出恶意和自私的中继节点并采取合适的措施以确保协作优势得以发挥很有必要。这关系到协作网络安全性的研究。相关问题通常会从网络高层角度去讨论,尤其在自组网络背景中。然而,由于大部分协作方案都与物理层信号处理技术紧密集成在一起,在有效识别恶意中继并避开其攻击时跨层的方式非常必要。

9.3.1　中继网络中的不端行为

在这一小节中,我们概述一些在中继网络中典型的不端行为或攻击并介绍处理这些讨厌行为的可能措施。

下面给出四种不端行为/攻击:

● 自私中继:中继节点在转发源数据时没能耗尽所需数量的资源并为它自己的传输保留了传输资源的情况。

● 错误信息反馈:错误信息如路由路径、CSI、定时等被传递给网络中的其他用户,而在多用户同步与信号检测方面产生负面影响的情况。

● 恶意转发:实际的源消息被中继节点替换为篡改的信号或消息而转发,从而产生对目的节点的干扰的情况。

● 窃听:用户刻意偷听不属于它的消息并侵犯其他用户隐私的情况。

这些已经不是新的问题,事实上,在多跳自组网络中,即一个协作网络的特例,已经得到了广泛的研究。几种确保在包含不端行为用户的中继网络中进行可靠传输的策略已经在文献中提出。例如,为了处理自私用户的影响,参考文献[21]中作者将自私用户的传输建模为一个游戏,而且提出一个以激励为基础的调度策略以鼓励自私中继节点来协作。在这种激励为基础的策略中,愿意作为中继节点的用户将接收更高传输优先级,以便理性的用户选择与其他人协作以提升它们的吞吐量。对于包含恶意中继节点的网络,参考文献[14]中作者提出了使用 *watchdog* 和 *pathrater* 方法去确定不经过自私中继节点或恶意中继节点,而是从源节点到目的节点的可靠路由路径。通过用户监视它们邻居的传输活动(如 watchdog)以识别自私或恶意中继节点。没能转发消息的自私用户或没发射正确包的恶意用户会被它的邻居检测出来(尤其是它前一跳的用户)并被标记为不端行为用户。当一个路由需求出现时,通过联合考虑传输成本和沿路径的每一个节点的可靠性,pathrater 将会计算每一个路由路径的成本。

在过去十年中,自组网络中的安全问题已被广泛研究并且形成一个巨大的研究领域。读者可以通过参考文献[18, 23, 26, 27]对这一领域做更加深入的了解。然而,对于传统自组网络提出的大部分技术都需要对每一个中继节点的活动进行监视并采取行动以对抗单个恶意用户。然而,在协作系统中,一则消息通常被多个中继同时重发,所以无法独立检测一个中继节点的单个行为。甚至当检测到一个由恶意行为导致的传输失败时,在协作用户组中使用单纯的高层方法,如上面描述的例子,去识别恶意中继节点仍是很困难。使用这些传统方法,所有与失效传输相关的中继节点都可能被视作不端行为用户,尽管它们可能并无不端行为。由于许多可信用户可能被排除在未来协作传输以外,分集增益将被减弱。在下面,我们将首次描述一个单中继场景下的基于信号相关的恶意中继节点检测方式。然后,将介绍多中继网络中的恶意中继节点发现过程。

9.3.2 单中继协作网络中的安全问题

首先,让我们考察单中继网络中的恶意中继节点检测问题。我们假设在目的节点已知完全的 CSI,这样从源节点和中继节点收到的信号可以连贯地结合在一起进行检测。在单中继情况下,这种检测方式与前面章节描述的高层网络管理策略可同时使用,以确保整个网络的安全性。

考虑一个应用 DF 中继方案的单中继网络。通过考虑两阶段协作方案,目的节点将会接收到源信号的两个拷贝,一个由源节点发射而来,另外一个由中继节点发射而来。直观地,如果中继节点遵守协作策略,可以认为由源节点发射来的信号与中继节点发射来的信号高度相关。所以,通过检测两个信号之间的相关性,目的节点就可以判别中继节点是否存在不端行为[4, 5]。目的节点检测过程的流程图如图 9.11 所示。

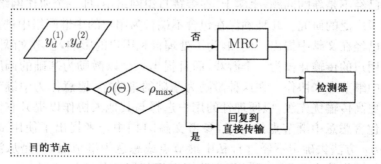

图 9.11　目的节点恶意中继检测过程

假设源节点以发射功率 $\mathbf{E}[\,|\,x_s[m]\,|^2\,] = P_s$，在第 m 个符号周期内发射一个 BPSK 符号 $x_s[m]$。那么目的节点在阶段 I 相接收到的信号如下

$$y_d^{(1)}[m] = h_{s,d}[m]x_s[m] + w_d^{[1]}[m], \text{对于} \ m = 0, \cdots, M-1 \quad (9.44)$$

式中，$h_{s,d}[m]$ 为 s-d 链路的信道系数，$w_d^{[1]}[m] \sim \mathcal{CN}(0, \sigma_w^2)$ 是目的节点的 AWGN。为关注于恶意中继节点行为的影响，我们假设中继节点总能够正确解码数据符号并且它是半恶意，即它只采用协作的方式以一定的概率发射篡改的信号。这是一个普遍模型，其中包含错误中继节点引起的错误或是当它试图避免被源节点或目的节点识别的情况。我们用 $\Theta[m]x_s[m]$ 表示中继节点转发信号，其中 $\Theta[m]$ 是一个用于捕获中继行为的随机变量。假设 $\Theta[m]$ 取 q 个可能的变量值，如 $\theta_1, \theta_2, \cdots, \theta_q$，$\Theta[m]$ 的概率密度函数表示如下：

$$f_\Theta(\theta) = p_1\delta(\theta - \theta_1) + p_2\delta(\theta - \theta_2) + \cdots + p_q\delta(\theta - \theta_q) \quad (9.45)$$

为不失一般性，我们可以假设 $|\Theta[m]| \leqslant 1$。例如，我们考虑三种特殊情况：(i) $|\Theta[m]| = 1$，表示中继节点遵守协作策略并且精确地重发源符号；(ii) $0 \leqslant |\Theta[m]| \leqslant 1$，表示中继以小功率转发符号；(iii) $|\Theta[m]| = -1$，表示中继发射相反符号以干扰目的节点的检测。目的节点在阶段 II 接收的信号可以表示如下：

$$y_d^{(2)}[m] = h_{r,d}[m]\Theta[m]x_{[m]} + w_d^{[2]}[m] \quad (9.46)$$

其中，$m = 0, \cdots, M-1$。

通过将信号与其 MRC 系数相乘，两个阶段中我们得到的信号可以表示为

$$\bar{y}_d^{(1)}[m] = \frac{h_{s,d}^*[m]}{|h_{s,d}[m]|}y_d^{(1)}[m] = |h_{s,d}[m]|x_s[m] + \frac{h_{s,d}^*[m]}{|h_{s,d}[m]|}w_d^{(1)}[m]$$

以及

$$\bar{y}_d^{(2)}[m] = \frac{h_{r,d}^*[m]}{|h_{r,d}[m]|}y_d^{(2)}[m] = |h_{r,d}[m]|\Theta[m]x_s[m] + \frac{h_{r,d}^*[m]}{|h_{r,d}[m]|}w_d^{(2)}[m]$$

然后，目的节点可以通过以下公式对信号的相关性作出估计

$$\hat{R} = \frac{1}{J}\sum_{j=1}^{J} \bar{y}_d^{(2)}[m_j](\bar{y}_d^{(1)}[m_j])^* \quad (9.47)$$

式中，$m_1, m_2, \cdots, m_J$ 可以是从不同时间帧中选择的一个符号周期集合。通过对信号方差的估计，可以对相关性归一化如下：

$$\hat{\sigma}_1^2 = \frac{1}{J}\sum_{j=1}^{J} |\bar{y}_d^{(1)}[m_j]|^2 \ \text{以及} \ \hat{\sigma}_2^2 = \frac{1}{J}\sum_{j=1}^{J} |\bar{y}_d^{(2)}[m_j]|^2$$

获得估计的相关系数

$$\hat{\rho}(\Theta) = \frac{\hat{R}}{\sqrt{\hat{\sigma}_1^2}\sqrt{\hat{\sigma}_2^2}} \tag{9.48}$$

$\hat{\rho}(\Theta)$的值之后可以被用于执行目的节点的恶意中继检测。

当 J 足够大,$\hat{R}$ 将会收敛于值

$$\mathbf{E}[\bar{y}_d^{(2)}(\bar{y}_d^{(1)})^*] = \mathbf{E}[|h_{s,d}|]\mathbf{E}[|h_{r,d}|]\mathbf{E}[\Theta]P_s \tag{9.49}$$

如果我们进一步假设 $s\text{-}d$ 和 $r\text{-}d$ 信道都满足是以 $\mathbf{E}[|h_{s,d}|^2] = \mathbf{E}[|h_{r,d}|^2] = 1$ 分布的 i.i.d. Rayleigh 分布,式(9.49)中的相关性如下:

$$\mathbf{E}[\bar{y}_d^{(2)}(\bar{y}_d^{(1)})^*] = \frac{\pi}{4}\mathbf{E}[\Theta]P_s \tag{9.50}$$

所以,随着 J 的增加,$\hat{\rho}(\Theta)$的估计值将接近如下值:

$$\rho(\Theta) = \frac{\mathbf{E}[\bar{y}_d^{(2)}(\bar{y}_d^{(1)})^*]}{\sqrt{\mathbf{E}[|\bar{y}_d^{(2)}|^2]\mathbf{E}[|\bar{y}_d^{(1)}|^2]}} = \frac{\frac{\pi}{4}\mathbf{E}[\Theta]P_s}{\sqrt{(P_s + \sigma_w^2)(P_s\mathbf{E}[|\Theta|^2] + \sigma_w^2)}} \tag{9.51}$$

从式(9.51)中可以看出,当 $\Pr(\Theta = 1) = 1$ 的情况(即中继节点充分协作的情况)下,将会有最大相关系数

$$\rho_{\max} \triangleq \rho(1) = \frac{\frac{\pi}{4}P_s}{P_s + \sigma_w^2} \tag{9.52}$$

所以,目的节点可以通过比较估计的相关系数与 $\rho_{\max}$ 的值以检测中继节点的协作状态并判断网络应当遵循的协作模式。各个操作总结如图 9.11 所示。注意,为了更精确地估计符号相关性,目的节点可能需要在一个周期时间收集多个符号,然后计算所接收符号的平均相关度。这一过程可以轻易推广到多中继的情况,尤其是假设中继节点在正交信道之上发射的时候。

在图 9.12 中,显示了中继节点完全协作("协作中继"曲线)情况下以及中继节点表现出半恶意行为时的其他三种情况下相关系数 $\rho(\Theta)$ 与 SNR 的关系。在情况 I 中,中继节点引入一个概率 p_a 的幅度失真,在目的节点的接收 SNR 减少。在情况 II 中,中继节点以概率 p_p 施加一个随机相位旋转。在情况 III 中,以概率 $p_a + p_p$,相位与幅度失真都被引入。如图 9.12 中观察到的,相位失真将引起从源节点与中继节点接收的信号之间的相关性明显减弱。这是因为当中继节点再生一个相反的符号(如 $-x_s[m]$)时,接收到的信号将可能被抵消。

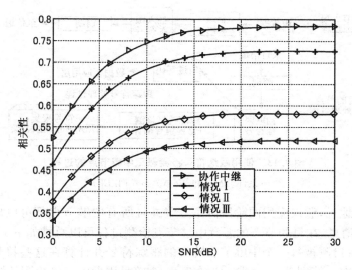

图 9.12　接收信号之间的相关性

(来自于 Dehnie，Sencar 和 Memon，© 2007 IEEE)

9.3.3　多中继协作网络中的安全问题

在本节中,我们考虑在多中继传输中恶意中继节点检测的问题。在目的节点接收的信号是由多个中继节点包含恶意中继节点与协作中继节点转发而来的信号混合而成这一情形下,这个问题将变得极具挑战性。中继节点信号的分离可以通过 ML 检测实现,但由于由恶意中继节点发射的信号可能在目的节点引起严重的干扰,所以这样的检测可能并不可靠(即便对于协作中继节点发射的信号而言)。操作描述如下。

我们先考虑一个源消息通过使用如 4.2～4.4 节中所介绍的非正交协作传输方案的单信道转发的多中继网络的情况。在这种情况下,由中继节点转发的信号将会在接收机端叠加,这使得识别每一个中继节点的信号变得困难。然而,ML 检测可以用于尝试分离信号,如参考文献[12，13]中描述,并用来估计源节点和中继节点之间的信号相关度。取代计算源节点与中继节点的信号之间的相关性,在这种情况下我们首先假设在目的节点的源信号可以忽略,然后对在源节点和目的节点称为先验信号的跟踪符号序列进行相关性测试。假设跟踪符号是由一个伪随机数生成器(PRNG)根据某一源节点和目的节点都知道(但对中继节点隐藏)的跟踪关键字产生并且随机插入到源节点发射的数据流中。通过计算每一个中继节点转发的跟踪符号与其对应正确信号的相关性,目的节点可以识别恶意中继节点。该过程如图 9.13 所示(更多细节见文献[12，13])。

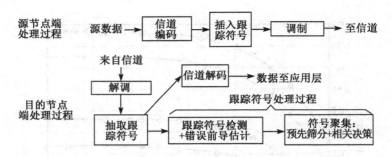

图 9.13 使用跟踪符号检测恶意中继节点的过程

(来自于 Mao 和 Wu,©[2007] IEEE)

更具体地说,假设应用两阶段协作方案并且所有中继节点都可以成功解码阶段Ⅰ中的源消息,在目的节点的恶意中继节点检测过程可以总结如下。

第一步:检测被每一个中继节点转发的跟踪符号并计算在这些符号周期内正确检测的概率。特别地,令 $p_c[m]$ 为在第 m 个符号周期内正确检测的概率。

第二步:去除正确检测概率 $P_c[m]$ 小于某一阈值 τ 的被检测符号。即,只有足够可靠的被检测符号才会被用于进行相关性测试。

第三步:对于 $\ell = 1, \cdots, L$,计算实际跟踪符号与对应于中继节点 ℓ 的被检测符号之间的归一化信号相关性 ρ_ℓ。如果 $\rho_\ell \geqslant \eta$,则认为中继节点 ℓ 为协作中继节点,否则,认为中继节点为恶意中继节点。

一旦中继节点被认为是恶意中继节点,它将从将来传输的协作集中排除掉。下面给出一个例子。

例 4:双中继协作网络

以下,我们首先考虑一个有两个中继节点的 DF 协作网络。通过应用两阶段协作方案,两个中继节点在阶段Ⅱ分别转发 $x_1 \in M$ 以及 $x_2 \in M$,集合 M 即一个包含星座图中所有可能调制的符号点的集合。假设目的节点装备了天线 D,目的节点所接收到的信号可以给出如下:

$$\mathbf{y}_d = \mathbf{h}_{1,d}x_1 + \mathbf{h}_{2,d}x_2 + \mathbf{w}_d \tag{9.53}$$

式中,$\{\mathbf{h}_{i,d}\}_{i=1,2}$ 是从第 i 个中继节点到目的节点接收天线 D 的 $D \times 1$ 信道系数矢量。假设目的节点明确知道信道系数 $\mathbf{h}_{1,d}$ 与 $\mathbf{h}_{2,d}$,通过观察式(9.53),我们可以看到,尽管信号 x_1 与 x_2 来自星座图 M,在目的节点实际接收的信号还是会属于以下给出的合并信号星座图:

$$\mathcal{U} = \{\mathbf{u}: \mathbf{u} = \mathbf{h}_{1,d}x_1 + \mathbf{h}_{2,d}x_2, x_1, x_2 \in \mathcal{M}\}$$

当 $\mathbf{h}_{1,d} \neq \mathbf{h}_{2,d}$(在持续衰减模型下以概率 1 发生),在 $\mathcal{U}$ 中的每一个信号点与由两个中继节点转发的唯一符号矢量 (x_1, x_2) 保持一致并且基数为 $|\mathcal{U}| = |\mathcal{M}|^2$。例

如,考虑 QPSK 符号即 $\mathcal{M} = \{x_0, x_2, x_3, x_4\}$ 由源节点发射并且目的节点只装有单天线的情况。令 $\mathbf{h}_{1,d} = [1/2]$ 且 $\mathbf{h}_{2,d} = [e^{j\pi/4}]$,集合 $\mathcal{U}$ 包含了 16 种合并信号星座图,如图 9.14 所示(由参考文献[12,13] 提供)。由中继节点转发的符号,即 $\mathbf{x}_r = (x_1, x_2)$,可以使用 ML 检测被检测到,足以找到最接近 $\mathbf{y}_d$ 的对应合并信号星座图。

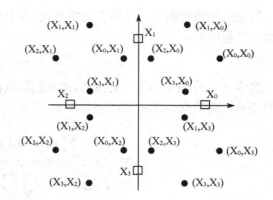

图 9.14 带有传输信号 $\mathcal{M} = \{x_0, x_1, x_2, x_3\}$ 的星座图的合并信号星座图 $\mathcal{U}$,信道系数 $\mathbf{h}_{1,d} = 1/2$ 和 $\mathbf{h}_{2,d} = e^{j\pi/4}$

(来自于 Mao 和 Wu,© 2007 IEEE)

令 $\hat{\mathbf{x}}_d \in \mathcal{U}$ 为目的节点检测到的合并信号矢量。由于合并信号星座图并不同步,当检测到的信号矢量为 $\hat{\mathbf{x}}_d = \mathbf{u}_k$ 时,出错的概率取决于 $\mathbf{u}_k$ 与 $\mathcal{U}$ 中其他合并信号点之间的距离。令 $\mathbf{x}_d$ 为目的节点实际合并信号矢量。那么错误概率可以表示如下:

$$\Pr(e \mid \hat{\mathbf{x}}_d = \mathbf{u}_k) = \frac{\sum_{\mathbf{u}_i \in \mathcal{U}, i \neq k} \Pr(\hat{\mathbf{x}}_d = \mathbf{u}_k \mid \mathbf{x}_d = \mathbf{u}_i) \Pr(\mathbf{x}_d = \mathbf{u}_i)}{\sum_{\mathbf{u}_i \in \mathcal{U}} \Pr(\hat{\mathbf{x}}_d = \mathbf{u}_k \mid \mathbf{x}_d = \mathbf{u}_i) \Pr(\mathbf{x}_d = \mathbf{u}_i)} \tag{9.54}$$

式中,$\Pr(\hat{\mathbf{x}}_d = \mathbf{u}_k \mid \hat{\mathbf{x}}_d = \mathbf{u}_i)$ 是实际合并信号为 $\mathbf{u}_i$ 时检测出 $\mathbf{u}_k$ 的概率,$\Pr(\mathbf{x}_d = \mathbf{u}_i)$ 是实际合并信号矢量为 $\mathbf{u}_i$ 的概率。假设每一个星座点 $\mathbf{u} \in U$ 以等先验概率被发送。通过忽略其他星座点的可能错误,可近似为 $\Pr(\hat{\mathbf{x}}_d = \mathbf{u}_k \mid \hat{\mathbf{x}}_d = \mathbf{u}_i) \approx \Pr(\hat{\mathbf{x}}_d = \mathbf{u}_i \mid \hat{\mathbf{x}}_d = \mathbf{u}_k)$。错误概率可近似为

$$\Pr(e \mid \hat{\mathbf{x}}_d = \mathbf{u}_k) \approx \sum_{\mathbf{u}_i \in \mathcal{U}, i \neq k} \Pr(\hat{\mathbf{x}}_d = \mathbf{u}_i \mid \mathbf{x}_d = \mathbf{u}_k) \tag{9.55}$$

公式(9.55)中的错误概率可以使用 Monte Carlo 方法来估计。而且,应该注意到如果接收天线数量增加,差错概率可以有效地减少。

通过应用之前提到的检测方案以及近似错误概率表达式,目的节点跟踪过程可以描述如下:

<u>第一步</u>:利用 ML 检测来检测被两个中继节点转发的跟踪符号。

<u>第二步</u>:移除检测概率 $p_c[m] = 1 - \Pr(e \mid \hat{\mathbf{x}}_d[m] = \mathbf{u}_k)$ 低于阈值 τ 的检测到的信号。

<u>第三步</u>:假设对应于中继节点 ℓ 的跟踪符号序列被映射为一个二进制序列

$$[t_\ell[m_1], t_\ell[m_2], \cdots, t_\ell[m_J]]$$

根据遵循格雷码的一种预定比特分配,在目的节点检测到的对应符号序列映射为二进制序列

$$[s_\ell[m_1], s_\ell[m_2], \cdots, s_\ell[m_J]]$$

其中,$t_\ell[m]$ 与 $s_\ell[m]$ 是对跖的,即它们的取值在 $\{-1,+1\}$。计算跟踪符号与检测符号之间的归一化相关性如

$$\rho_\ell = \frac{\sum_{j=1}^{J} s_\ell[m_j]t_\ell[m_j]}{\sqrt{\sum_{j=1}^{J} s_\ell[m_j]^2}\sqrt{\sum_{j=1}^{J} t_\ell[m_j]^2}} \tag{9.56}$$

如果 $\rho_l < \eta$,则认为中继节点 ℓ 为恶意中继节点,反之,认为中继节点 ℓ 为协作中继节点。

恶意中继节点检测方案可以轻松推广到有两个中继节点[13]以上的情况。当有 L 个中继节点,在目的节点的接收信号可以表示如下:

$$\mathbf{y}_d = \sum_{\ell=1}^{L} \mathbf{h}_{\ell,d} x_l + \mathbf{w}_d \tag{9.57}$$

令 $\mathbf{x}_r = (x_1, x_2, \cdots x_L)$ 为 L 个中继节点发射的符号矢量,并且令 $\hat{\mathbf{x}}_r$ 为在目的节点检测到的对应符号。通过应用 ML 检测,估计的中继节点符号可以给出如下:

$$\hat{\mathbf{x}}_r = \arg\min_{x_r \in \mathcal{M}^L} \left\| \mathbf{y}_d - \sum_{\ell=1}^{L} \mathbf{h}_{\ell,d} x_\ell \right\|^2 \tag{9.58}$$

在这一情况下,合并信号集 $\mathcal{U}$ 包含 $|\mathcal{M}|^L$ 个点而且检测到的符号的错误概率可以按照式(9.55)进行估计。随后的跟踪过程相似。

值得注意的是计算相关性估计是识别恶意中继节点的关键所在。然而,这需要一些延时开销,以便搜集足够的数据去进行可靠的相关性估计计算。基于相关性估计,恶意中继节点检测问题可以建模为一个二进制假设检验,其中假设 H_0 代表中继节点为协作中继节点的情况,而假设 H_1 代表的情况正相反。不同中继攻击模式下的具体相关性估计统计数据可以在参考文献[13]中找到。

符号相关性的分布可以用随机试验去测量。在双中继节点网络中,ρ 在 SNR $=14$ dB 下的柱状图如图 9.15 所示。在这一试验中,一个随机中继节点有恶意的行为,而另一个则表现为协作的。可以观察到,在 H_0(即中继节点为协作的)下,ρ 的平均值 $\mu_{\rho|H_0}$ 接近于 1,而在(即中继节点为恶意的)下,该平均值 $\mu_{\rho|H_0} = 0$。在这种情况下,设置判定阈值为 $\eta = (\mu_{\rho|H_0} + \mu_{\rho|H_1})/2$ 较为合理。当 ρ 的方差在两个假设下很小时,以上描述的跟踪过程提供了一个可靠的恶意中继节点检测。而且,在实际中,中继节点可能会将其行为随机化以避免被目的节点发现。在这种情况下,恶

意中继节点会以概率 q 篡改中继的符号并以概率 $1-q$ 传输正确符号。当 $q=1/4$，ρ 在 SNR=12 dB 下的柱状图如图 9.16 所示。在这种情况下，我们可以看到在两种假设下，ρ 的期望值差距变得更小，因而也更难以识别恶意中继节点。

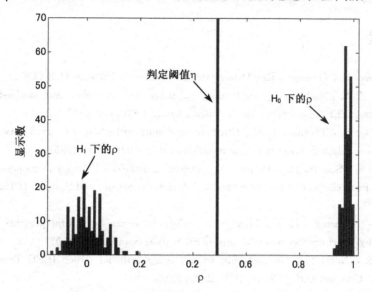

图 9.15　在有完美信道状态信息的一个基本攻击下 ρ 的柱状图

（来自于 Mao 和 Wu，修改了坐标，© 2007 IEEE）

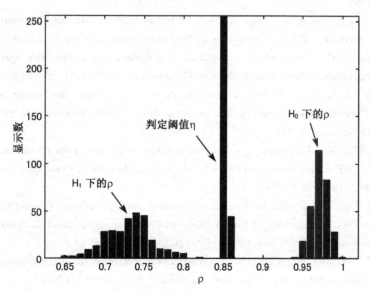

图 9.16　在有完美信道状态信息的随机攻击下 ρ 的柱状图

（来自于 Mao 和 Wu，修改了坐标，© 2007 IEEE）

除了在目的节点检测恶意中继节点,还可以应用更加积极的策略,如基于付费或基于信誉的方式,去激励协作中继节点,以防止其成为自私或恶意的中继节点。更多细节读者可以参阅参考文献[15,25]。

参考文献

1. Bertsekas, D., Gallager, R.: Data Networks, 2nd edn. Prentice Hall (1992)

2. Chang, C.-S.: Stability, queue length, and delay of deterministic and stochastic queueing networks. IEEE Transactions on Automatic Control **39**(5), 913–931(1994)

3. Chang, C.-S., Thomas, J. A.: Effective bandwidth in high-speed digital networks. IEEE Journal on Selected Areas in Communications **13**(6), 1091–1100(1995)

4. Dehnie, S., Sencar, H., Memon, N.: Detecting malicious behavior in cooperative diversity. In: Proceedings of the Conference on Information Science and Systems (CISS), pp. 895–899(2007)

5. Dehnie, S., Sencar, H. T., Memon, N.: Cooperative diversity in the presence of misbehaving relay: Performance analysis. In: IEEE Sarnoff Symposium (2007)

6. Goel, S., Negi, R.: Guaranteeing secrecy using artificial noise. IEEE Transactions on Wireless Communications **7**(6), 2180–2189(2008)

7. Hong, Y.-W., Scaglione, A.: Energy-efficient broadcasting with cooperative transmissions in wireless sensor networks. IEEE Transactions on Wireless Communications **5**(10), 2844–2855(2006)

8. Ibrahim, A. S., Han, Z., Liu, K. J. R.: Distributed energy-efficient cooperative routing in wireless networks. IEEE Transactions on Wireless Communications **7**(10), 3930–394(2008)

9. Khandani, A. E., Abounadi, J., Modiano, E., Zheng, L.: Cooperative routing in static wireless networks. IEEE Transactions on Communications **55**(11), 2185–2192(2007)

10. Laneman, J. N., Tse, D. N. C., Wornell, G. W.: Cooperative diversity in wireless networks: Efficient protocols and outage behavior. IEEE Transactions on Information Theory **50**(12), 3062–3080(2004)

11. Li, F., Wu, K., Lippman, A.: Minimum energy cooperative path routing in all-wireless networks: NP-completeness and heuristic algorithms. Journal of Communications and Networks **10**(2), 204–212(2008)

12. Mao, Y., Wu, M.: Security issues in cooperative communications: Tracing adversarial relays. In: Proceedings of the IEEE International Conference on Acoustics, Speech, and Signal Processing (ICASSP), pp. IV-69–IV-72(2006)

13. Mao, Y., Wu, M.: Tracing malicious relays in cooperative wireless communications. IEEE Transactions on Information Forensics and Security **2**(2), 198–212(2007)

14. Marti, S., Giuli, T., Lai, K., Baker, M.: Mitigating routing misbehavior in mobile ad hoc networks. In: Proceedings of ACM MobiCom, pp. 255–265(2000)

15. Michiardi, P. , Molva, R. : CORE: A collaborative reputation mechanism to enforce node cooperation in mobile ad hoc networks. In: Proceedings of The 6th IFIP Conference on Communications and Multimedia Security, pp. 107-121(2002)

16. Scaglione, A. , Goeckel, D. L. , Laneman, J. N. : Cooperative communications in mobile ad-hoc networks: Rethinking the link abstraction. IEEE Signal Processing Magazine **23**(15), 18-29(2006)

17. Sidiropoulos, N. D. , Davidson, T. D. , Luo, Z. Q. : Transmit beamforming for physicallayer multicasting. IEEE Transactions on Signal Processing **54**(6),2239-2251(2006)

18. Sun, B. , Osborne, L. , Xiao, Y. , Guizani, S. : Intrusion detection techniques in mobile ad hoc and wireless sensor networks. IEEE Wireless Communications **14**(5),56-63(2007)

19. Tang, J. , Zhang, X. : Cross-layer resource allocation over wireless relay networks for quality of service provisioning. IEEE Journal on Selected Areas in Communications **25**(4),645-656(2007)

20. Tang, J. , Zhang, X. : Quality-of-service driven power and rate adaptation for multichannel communications over wireless links. IEEE Transactions on Wireless Communications **6**(12), 4349-4360(2007)

21. Wei, H.-Y. , Gitlin, R. D. : Incentive mechanism design for selfish hybrid wireless relay networks. Mobile Networks and Applications **10**(6),929-937(2005)

22. Wu, D. , Negi, R. : Effective capacity: A wireless link model for support of quality of service. IEEE Transactions on Wireless Communications **2**(4),630-643(2003)

23. Yang, H. , Luo, H. , Ye, F. , Lu, S. , Zhang, U. : Security in mobile ad hoc networks: Challenges and solutions. IEEE Wireless Communications **11**(1)38-47(2004)

24. Yang, J. , Gunduz, D. , Brown III, D. R. , Erkip, E. : Resource allocation for cooperative relaying. In: Proceedings of 42nd Annual Conference on Information Sciences and Systems (CISS), pp 848-853(2008)

25. Yu, W. , Liu, K. J. R. : Game theoretic analysis of cooperation stimulation and security in autonomous mobile ad hoc networks. IEEE Transactions on Mobile Computing **6**(5),507-521(2007)

26. Zhou, D. : Security issues in ad hoc networks. In: the Handbook of Ad Hoc Wireless Networks, M. Ilyas and R. C. Dorf, Eds. The Electrical Engineering Handbook Series. CRC Press, Boca Raton, FL, 569-582(2003)

27. Zhou, L. , Haas, Z. J. : Securing ad hoc networks. IEEE Network **13**(6),24-30(1999)

缩略词

3GPP	第三代合作伙伴计划
ACK	确认
AF	放大转发
ARQ	自动重发请求
AWGN	加性高斯白噪声
BC	广播信道
BER	比特误码率
BS	基站
BPSK	二进制相移键控
CDF	累积分布函数
CDMA	码分多址
CF	压缩转发
CoMP	协调多点
CP	循环前缀
CRC	循环冗余校验
CS/CB	协作调度/波束成形
CSI	信道状态信息
CSMA	载波侦听多址
CSMA/CA	带冲突避免的载波侦听多址
CTS	清除发送
DCF	分布式协调功能

DF	解码转发
DFE	判决反馈均衡器
DFT	离散傅里叶变换
DIFS	DCF 帧间间隔
DMC	离散无记忆信道
DMT	分集复用折中
DS-CDMA	直接序列码分多址
DSTC	分布式空时编码
EGC	等增益合并
eNodeB	演进节点 B
FDMA	频分多址
i. i. d.	独立同分布
JP	联合处理
KKT	Karush-Kuhn-Tucker
LD	线性离散
LMMSE	线性最小均方误差
LOS	视距
LTE	长期演进
MAC	多址接入信道或介质访问控制
MAI	多址干扰
MF	匹配滤波器
MGF	矩母函数
MIMO	多输入多输出
MISO	多输入单输出
ML	最大似然
MMSE	最小均方误差

MRC	最大比合并或最大比合并器
MS	移动基站
MUD	多用户检测
NACK	否定应答
NAV	网络分配向量
NLOS	非视距
NP	非多项式
OFDM	正交频分复用
OSTBC	正交空时分组编码
PCF	点协调功能
PDF	概率密度函数
QoS	服务质量
QPSK	正交相移键控
RS	中继站
RSC	递归系统卷积码
RTS	准备发送
SC	选择合并
SDP	半定规划
SDMA	空分多址
SER	误符号率
SIFS	短帧间间隔
SIMO	单输入多输出
SINR	信号与干扰加噪声比
SISO	单输入单输出
SNR	信噪比
SS	用户站

STBC	空时分组编码
STC	空时编码
STTC	空时网格编码
SVD	奇异值分解
TDMA	时分多址
UE	用户设备
VQ	矢量量化器或矢量量化
WiMAX	全球微波接入互操作性
ZF	迫零